华章IT

U0218166

NIO与Socket
编程技术指南

NIO and Socket Programming Technical Guide

高洪岩 著

机械工业出版社

China Machine Press

图书在版编目（CIP）数据

NIO 与 Socket 编程技术指南 / 高洪岩著 . —北京：机械工业出版社，2018.7
（Java 核心技术系列）

ISBN 978-7-111-60406-8

I. N⋯　 II. 高⋯　 III. JAVA 语言 – 程序设计 – 指南　 IV. TP312.8 – 62

中国版本图书馆 CIP 数据核字（2018）第 141692 号

NIO 与 Socket 编程技术指南

出版发行：机械工业出版社（北京市西城区百万庄大街 22 号　邮政编码：100037）

责任编辑：高婧雅　　　　　　　　　　　　责任校对：李秋荣

印　　刷：三河市宏图印务有限公司　　　　版　　次：2018 年 7 月第 1 版第 1 次印刷

开　　本：186mm×240mm　1/16　　　　　印　　张：28.25

书　　号：ISBN 978-7-111-60406-8　　　　定　　价：99.00 元

为什么要写这本书

早在几年前，笔者就曾想过整理一份基于 Java 语言的 NIO 与 Socket 相关的稿件，因为市面上大部分的 Java 书籍都是以 1 章或 2 章的篇幅介绍 NIO 与 Socket 技术，并没有完整地覆盖该技术的知识点，而限于当时的时间及精力，一直没有如愿。

机会终于来了，公司要搭建基础构架知识体系，我负责公司该技术方向的培训，这重燃了我对 NIO 和 Socket 技术的热情。在学习 Java 技术的过程中，当学习了 Java SE/Java EE 之后想探索更深层次的技术，如大数据、分布式和高并发类等，可能会遇到针对 NIO、Socket 的学习，但 NIO 和 Socket 技术的学习并不像 JDBC 一样简单，学习 NIO 和 Socket 时可能要遇到很多的问题。为了在该技术领域有更高的追求，我将 NIO 和 Socket 的技术点以教案的方式进行了整理，并在公司中与同事一起进行学习和交流，同事的反响非常热烈。若干年前的心愿终于达成，同事们也很期待这本书能早日出版发行，那样他们就有真正的纸质参考资料了。希望本书能够受到其他学习 NIO 和 Socket 的读者喜爱，这是我最大的心愿。

本书介绍 NIO 和 Socket 开发中最值得关注的内容，并给出个人的一些想法和见解，希望拓宽读者的学习思路。

在学习 NIO 和 Socket 技术之前，建议先了解一下多线程与并发相关的知识，这对设计和理解代码有非常大的帮助。多线程方面的资料推荐《Java 多线程编程核心技术》，并发相关的资料推荐《Java 并发编程：核心方法与框架》，这两本书都是笔者编著的，希望可以给读者带来一些帮助。

本书特色

在本书写作的过程中，我尽量做到言简意赅，并且全部用演示案例的方式来讲解技术知识点，使读者看到代码及运行结果后就可以知道此项目要解决的是什么问题。这类似于网络中的博客风格，让读者用最短的时间学习知识点，明白知识点的应用方式及使用时的注意事项，取得快速学习并解决相应问题的效果。

读者对象

- ❑ Java 程序员
- ❑ 系统架构师
- ❑ 大数据开发者
- ❑ 其他对 NIO 和 Socket 技术感兴趣的人员

如何阅读本书

本着实用、易懂的学习原则，本书通过 6 章内容来介绍 Java 多线程相关的技术。

第 1 章介绍 NIO 技术中的缓冲区，包括 Buffer、ByteBuffer、CharBuffer 类的核心 API 的使用。

第 2 章介绍 NIO 技术中的 Channel（通道）类的继承关系、核心接口的作用，并重点介绍 FileChannel 类的使用，以增加读者对 NIO 操作 File 类的熟悉度。

第 3 章介绍如何使用 NetworkInterface 类获得网络接口的信息，包括 IP 地址、子网掩码等，还会介绍 InetAddress 和 InterfaceAddress 类的常见 API。如果进行 Java 开发，且基于 Socket 技术，那么这章可以给你需要的信息。

第 4 章介绍如何使用 Java 语言实现 Socket 通信。Socket 通信是基于 TCP/IP 和 UDP 实现的。另外，将介绍 ServerSocket、Socket、DatagramSocket 和 DatagramPacket 类的全部 API。只有熟练掌握 Socket 技术后，在阅读相关网络框架的源代码时才不会迷茫。也就是说，如果读者想要进行 Java 高性能后台处理，那么必须要学习 Socket，并且它是进行细化学习的基础。

第 5 章介绍 NIO 技术中最重要的 Selector（选择器）技术。NIO 技术的核心——多路复用就是在此章体现的。学习这章内容需要有 Socket 的编程基础，这就是为什么在前面用两章篇幅来介绍 Java 的 Socket 编程的原因。同步非阻塞可以大幅度提升程序运行的效率，就在此章体会一下吧。

第 6 章介绍 AIO。AIO 是异步 IO，NIO 是非阻塞 IO。AIO 在 NIO 的基础上实现了异步执行、回调处理等高级功能，可以在不同的场景使用 AIO 或 NIO，可以说 NIO 和 AIO 是 Java 高级程序员、架构师等必须要掌握的技术。

勘误和支持

由于笔者的水平有限，加之编写仓促，书中难免会出现一些错误或者不准确的地方，恳请读者批评指正，期待能够得到你们的真挚反馈，在技术之路上互勉共进。若读者想与我进行技术交流，可发电子邮件到 279377921@qq.com。

致谢

感谢所在单位领导的支持与厚爱，使我在技术道路上更有信心。

感谢机械工业出版社华章公司的高婧雅，始终支持我的写作，你是我最爱的编辑。因为你们的鼓励和帮助，所以我才会如此顺利地完成了这本书的写作。

高洪岩

目　录 *Contents*

第 1 章 Chapter 1

缓冲区的使用

学习 NIO 能更加接近架构级的技术体系，对未来的职业发展有非常好的促进作用。

当你看到以上这段文字的时候，笔者要恭喜你，因为你正在往 Java 高性能、高并发、高吞吐量技术的道路上迈进，也就代表着未来是有可能将自己的职业规划定位在 Java 高级程序员、Java 资深工程师，以及技术经理、技术总监或首席技术官（CTO）这类职位上。这些职位对 Java 技术的掌握是有一定要求和标准的，至少笔者认为要将自己对技术的关注点从 SSH、SSM 分离出去，落脚在多线程、并发处理、NIO 及 Socket 技术上，因为这些技术是开发 Java 高性能服务器必须要掌握的，甚至有些第三方的优秀框架也在使用这些技术。先不说自己开发框架，即使想要读懂第三方框架的源代码，也要掌握上面提到的多线程、并发处理、NIO 及 Socket 这 4 种核心技术。当你正在进行 SSH、SSM 这类 Web 开发工作时，想要往更高的层次发展，笔者的其他两本书《 Java 多线程编程核心技术》和《 Java 并发编程：核心方法与框架》，以及本书一定会带给你非常大的帮助，因为这些内容是 Java SE 技术中的核心，是衡量一个 Java 程序员是否合格的明显标志。

在正式开始介绍 NIO 之前，先简要介绍一下 Java SE 中的 4 大核心技术：多线程、并发处理、Socket 和 NIO。如果你是这些技术的初学者，那么这将帮助你了解这些技术及其用途，以及它们的应用场景。

（1）多线程

可以这样说，高性能的解决方案一定离不开多线程，它可以使 1 个 CPU 几乎在同一时间运行更多的任务。在指定的时间单位内运行更多的任务，其实就是大幅度提高运行效率，让软件运行更流畅，处理的数据更多，以提升使用软件时的用户体验。在 Java 中，使用 Thread 类来实现多线程功能的处理。在学习多线程时，要注意同步与异步的区别，也就是着重观察 synchronized 关键字在不同代码结构中的使用效果。另外，多线程的随机性，以及多线程运行乱序的可控制性，这些都是在学习该技术时要着重掌握的。在学习 Socket 之前，建议先掌握多线程技术，因为使用 Socket 实现某些功能时是需要借助于多线程的。另外在面试时，多线程方面的知识点是被问及比较多的，可见该技术的重要程度。

推荐笔者的拙作《Java 多线程编程核心技术》，封面如图 1-1 所示。

（2）并发处理

你可以愉快地使用 Thread 类来学习编写多线程的应用程序，但在真实的软件项目开发中实现一些较复杂的逻辑时，其实并不是那么容易，因为多线程的随机性、不方便控制性和调试麻烦等特性也许会给开发过程带来麻烦，但好在 Doug Lea 开发的 java.util.concurrent 并发包提供了绝大多数常用的功能。concurrent 并发包是对多线程技术的封装，使用并发包中的类可以大幅度降低多线程代码的复杂度。使用封装好的 API 就可以实现以前使用几十行甚至上百行才能实现的功能。使用并发包可以限制访问的流量、线程间的数据交流，在同步处理时使用更加方便和高效率的锁（Lock）对象、读写锁对象，以及可以提高运行效率的线程池，支持异步及回调接口，支持计划任务，支持 fork-join 分治编程，而且还提供了并发集合框架。上述功能都是 Doug Lea 的贡献。只有真正地接触到 concurrent 并发包，才能深刻地体会使用 Thread 类编程的原始性，会让你的解题思路更加广阔。

推荐笔者的拙作《Java 并发编程：核心方法与框架》，封面如图 1-2 所示。

图 1-1　Java 多线程编程核心技术

图 1-2　Java 并发编程：核心方法与框架

（3）Socket

高性能服务器的架构设计离不开集群，集群同样离不开 Socket。Socket 技术可以实现不同计算机间的数据通信，从而实现在集群中的服务器之间进行数据交换，因此，Socket 技术是必须要学习的，它也是工作、面试时经常涉及的知识点。即使你是一位 Java 语言 Socket 技术的初学者，如果有 C++ 语言学习的经验，那么在学习 Socket 技术时会觉得得心应手，因为 Java 语言中的 Socket 技术其实是封装了操作系统中 Socket 编程的 API，示例代码如下：

```
JNIEXPORT jobject JNICALL Java_java_net_NetworkInterface_getByIndex0
  (JNIEnv *env, jclass cls, jint index)
{
    netif *ifList, *curr;
    jobject netifObj = NULL;

    //Retained for now to support IPv4 only stack, java.net.preferIPv4Stack
    if (ipv6_available()) {
        return Java_java_net_NetworkInterface_getByIndex0_XP (env, cls, index);
    }

    /* get the list of interfaces */
    if (enumInterfaces(env, &ifList) < 0) {
        return NULL;
    }

    /* search by index */
    curr = ifList;
    while (curr != NULL) {
        if (index == curr->index) {
            break;
        }
        curr = curr->next;
    }

    /* if found create a NetworkInterface */
    if (curr != NULL) {
        netifObj = createNetworkInterface(env, curr, -1, NULL);
    }

    /* release the interface list */
    free_netif(ifList);

    return netifObj;
}
```

　　上面的代码片段出自：http://hg.openjdk.java.net/jdk8u/jdk8u/jdk/file/73a9fef98b93/src/windows/native/java/net/NetworkInterface.c。

　　从上述代码片段中可以发现，使用 Java 语言开发 Socket 软件时，内部调用的还是基于操作系统的 Socket 的 API。

　　如果没有 C++ 编程经验，就不能学习 Java 中的 Socket 技术吗？其实也不是，JDK 已经将 Socket 技术进行了重量级的封装，可以用最简单的代码实现复杂的功能，API 接口设计得简洁、有序，因此，即使不懂 C++，也能顺利地学习 Socket 编程。掌握 C++ 语言其实是更有益于学习底层对 Socket 的封装，研究一些细节问题时会应用到。在常规的学习时，掌握 C++ 语言似乎就没有这么大的帮助了。

　　Socket 技术基于 TCP/IP，提前了解一些协议的知识更有利于学习 Socket。但是 TCP/IP 规范非常复杂，我们不可能把该协议的所有细节都掌握，只需要掌握 TCP 与 UDP 里常规的内容即可，因为这是 Socket 技术实现网络通信主要使用的协议。是否有书籍把 TCP/UDP 的理论知识和 Socket 编程结合起来？真的有这样的书，推荐《UNIX 网络编程（卷 1）：套接

字联网 API》和《 UNIX 网络编程（卷 2）：进程间通信》。这两本书就将 TCP/UDP/Socket
进行整合并介绍，对 TCP 和 UDP 的细节进行文字讲述，并且使用 Socket API 进行代码的演
示，但是演示的代码使用的是 C 语言实现的，并不是 Java，但 Java 程序员可以以这两本书
作为 TCP/UDP 理论知识的参考。如果你想更加深入、细致地研究 TCP/IP 编程，这两本书
会提供很大帮助。

　　Socket 编程其实就是实现服务端与客户端的数据通信，不管使用任何的编程语言，在
实现上基本上都是 4 个步骤：①建立连接；②请求连接；③回应数据；④结束连接，这 4 个
步骤的流程图如图 1-3 所示。

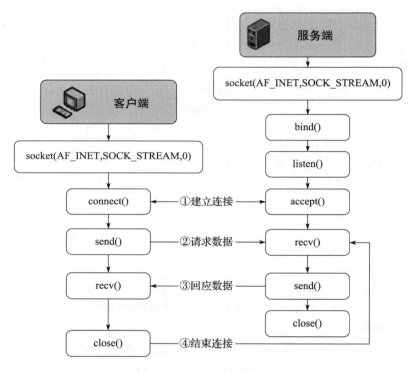

图 1-3　Socket 编程流程图

　　虽然图 1-3 中使用 C 语言实现 Socket 编程，但同样可以使用 Java 中的 ServerSocket 和
Socket 类来代替并实现网络通信。本书中 Socket 的所有案例都是在这 4 个步骤的生命周期
中再结合 ServerSocket 和 Socket 类产生的。

　　另外，本书是将 NIO 与 Socket 相结合的，在学习 NIO 之前，必须先学习 Socket，因
为 NIO 中的核心通道类都是基于 Socket 技术的通道类。学习 Socket 时要着重学习 Socket
Option 特性，因为它会影响程序运行的效率。在网络程序优化时，除了优化代码之外，还
要优化 Socket Option 中的参数。本书将 Socket 有关类中的 API 几乎进行了全部讲解，因为
笔者不希望只列举常用代码，而其他知识点一带而过或根本不介绍的情况发生。学习技术

时就要以"全面覆盖，某点深钻"的方式进行全方位学习，这样在阅读第三方框架的源代码时才不会出现现查 API 的情况，极大地提高了代码阅读效率，也会对 TCP/IP 编程有更深的认识。

（4）NIO

什么是 NIO？百度百科中的解释如图 1-4 所示：

> **简介** ✎编辑
>
> nio 是non-blocking的简称，在jdk1.4 里提供的新api。Sun 官方标榜的特性如下：为所有的原始类型提供(Buffer)缓存支持。字符集编码解码解决方案。Channel：一个新的原始I/O 抽象。支持锁和内存映射文件的文件访问接口。提供多路(non-bloking) 非阻塞式的高伸缩性网络I/O 。

图 1-4　百度百科解释的 NIO

大致来讲，NIO 相比普通的 I/O 提供了功能更加强大、处理数据更快的解决方案，它可以大大提高 I/O（输入 / 输出）吞吐量，常用在高性能服务器上。随着互联网的发展，在大多数涉及 Java 高性能的应用软件中，NIO 是必不可少的技术之一。

NIO 实现高性能处理的原理是使用较少的线程来处理更多的任务，如图 1-5 所示。

使用较少的 Thread 线程，通过 Selector 选择器来执行不同 Channel 通道中的任务，执行的任务再结合 AIO（异步 I/O）就能发挥服务器最大的性能，大大提升软件运行效率。

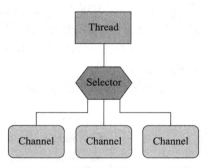

图 1-5　NIO 高性能的核心原理图

通过对前面 4 个核心技术的简单介绍，至少你的思维中不再只是 Struts、Spring、Hibernate、MyBatis、SpringMVC、CSS、jQuery、AJAX 等这些 Java Web 技术了，而是需要思考如何组织软件架构、服务器分布、通信优化、高性能处理等这些高级技能，为以后的学习和工作打下坚实的技术基础。

学习 NIO 能更加接近和了解架构级的技术体系，对未来的职业发展有非常好的辅助作用。

1.1　NIO 概述

常规的 I/O（如 InputStream 和 OutputStream）存在很大的缺点，就是它们是阻塞的，而 NIO 解决的就是常规 I/O 执行效率低的问题。即采用非阻塞高性能运行的方式来避免出现以前"笨拙"的同步 I/O 带来的低效率问题。NIO 在大文件操作上相比常规 I/O 更加优秀，对常规 I/O 使用的 byte[] 或 char[] 进行封装，采用 ByteBuffer 类来操作数据，再结合针对 File 或 Socket 技术的 Channel，采用同步非阻塞技术实现高性能处理。现在主流的高性能服务处理框架 Netty 正是通过封装了 NIO 技术来实现的，许多第三方的框架都以 Netty 框架作为底层再进行封装。可以这样认为，想要成为一个合格的 Java 服务器程序员，NIO 技术是必须要掌握的技能。本书也将 NIO 技术中核心类的 API 几乎进行了全部覆盖，以让读者全面地掌握 NIO 和 Socket 技术。

本章将介绍 NIO 技术中的核心要点：缓冲区（Buffer）。缓冲区在 NIO 的使用中占据了很高的地位，因为数据就是存放到缓冲区中，并对数据进行处理的。例如，进行 CURD 操作时，都是对缓冲区进行处理，也就是数据处理的正确与否与操作缓冲区的正确与否关系紧密。每种缓冲区都有自己独有的 API，这些 API 提供的功能已经足够在大多数的场景下进行软件设计了。那么，我们就开始详细介绍吧！

1.2　缓冲区介绍

在使用传统的 I/O 流 API 时，如 InputStream 和 OutputStream，以及 Reader 和 Writer 联合使用时，常常把字节流中的数据放入 byte[] 字节数组中，或把字符流中的数据放入 char[] 字符数组中，也可以从 byte[] 或 char[] 数组中获取数据来实现功能上的需求，但由于在 Java 语言中对 array 数组自身进行操作的 API 非常少，常用的操作仅仅是 length 属性和下标 [x] 了，在 JDK 中也没有提供更加方便操作数组中数据的 API，如果对数组中的数据进行高级处理，需要程序员自己写代码进行实现，处理的方式是比较原始的，这个问题可以使用 NIO 技术中的缓冲区 Buffer 类来解决，它提供了很多工具方法，大大提高了程序开发的效率。

Buffer 类的声明信息如图 1-6 所示。

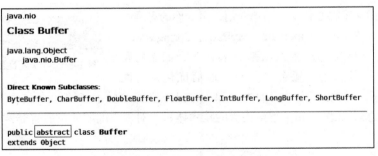

图 1-6　Buffer 类的声明信息

从 Buffer 类的 Java 文档中可以发现，Buffer 类是一个抽象类，它具有 7 个直接子类，分别是 ByteBuffer、CharBuffer、DoubleBuffer、FloatBuffer、IntBuffer、LongBuffer、ShortBuffer，也就是缓冲区中存储的数据类型并不像普通 I/O 流只能存储 byte 或 char 数据类型，Buffer 类能存储的数据类型是多样的。

📷注意　Buffer 类没有 BooleanBuffer 这个子类。

类 java.lang.StringBuffer 是在 lang 包下的，而在 nio 包下并没有提供 java.nio.StringBuffer 缓冲区，在 NIO 中存储字符的缓冲区可以使用 CharBuffer 类。

NIO 中的 Buffer 是一个用于存储基本数据类型值的容器，它以类似于数组有序的方式来存储和组织数据。每个基本数据类型（除去 boolean）都有一个子类与之对应。

1.3　Buffer 类的使用

在 JDK 1.8.0_92 版本中，Buffer 类的 API 列表如图 1-7 所示。

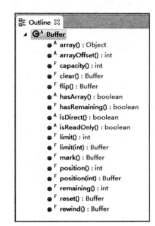

本节会对这些 API 进行演示和讲解，目的就是让读者全面地掌握 NIO 核心类——Buffer 的使用。

需要注意的是，Buffer.java 类是抽象类，并不能直接实例化，而其子类：ByteBuffer、CharBuffer、DoubleBuffer、FloatBuffer、IntBuffer、LongBuffer 和 ShortBuffer 也是抽象类。这 7 个子类的声明信息如下：

```
public abstract class ByteBuffer extends Buffer
public abstract class CharBuffer extends Buffer
public abstract class DoubleBuffer extends Buffer
public abstract class FloatBuffer extends Buffer
public abstract class IntBuffer extends Buffer
public abstract class LongBuffer extends Buffer
public abstract class ShortBuffer extends Buffer
```

图 1-7　Buffer 类的 API 列表

抽象类 Buffer.java 的 7 个子类也是抽象类，也就意味着 ByteBuffer、CharBuffer、DoubleBuffer、FloatBuffer、IntBuffer、LongBuffer 和 ShortBuffer 这些类也不能被直接 new 实例化。如果不能直接 new 实例化，那么如何创建这些类的对象呢？使用的方式是将上面 7 种数据类型的数组包装（wrap）进缓冲区中，此时就需要借助静态方法 wrap() 进行实现。wrap() 方法的作用是将数组放入缓冲区中，来构建存储不同数据类型的缓冲区。

注意　缓冲区为非线程安全的。

下面就要开始介绍 Buffer 类中全部的 API 了。虽然 Buffer 类的 7 个子类都有与其父类（Buffer 类）相同的 API，但为了演示代码的简短性，在测试中只使用 ByteBuffer 或 CharBuffer 类作为 API 功能的演示。

1.3.1　包装数据与获得容量

在 NIO 技术的缓冲区中，存在 4 个核心技术点，分别是：

❑ capacity（容量）

❑ limit（限制）

❏ position（位置）

❏ mark（标记）

这 4 个技术点之间值的大小关系如下：

$$0 \leqslant mark \leqslant position \leqslant limit \leqslant capacity$$

首先介绍一下缓冲区的 capacity，它代表包含元素的数量。缓冲区的 capacity 不能为负数，并且 capacity 也不能更改。

int capacity() 方法的作用：返回此缓冲区的容量。

示例代码如下：

```java
public class Test1 {

public static void main(String[] args) {
    byte[] byteArray = new byte[] { 1, 2, 3 };
    short[] shortArray = new short[] { 1, 2, 3, 4 };
    int[] intArray = new int[] { 1, 2, 3, 4, 5 };
    long[] longArray = new long[] { 1, 2, 3, 4, 5, 6 };
    float[] floatArray = new float[] { 1, 2, 3, 4, 5, 6, 7 };
    double[] doubleArray = new double[] { 1, 2, 3, 4, 5, 6, 7, 8 };
    char[] charArray = new char[] { 'a', 'b', 'c', 'd' };

    ByteBuffer bytebuffer = ByteBuffer.wrap(byteArray);
    ShortBuffer shortBuffer = ShortBuffer.wrap(shortArray);
    IntBuffer intBuffer = IntBuffer.wrap(intArray);
    LongBuffer longBuffer = LongBuffer.wrap(longArray);
    FloatBuffer floatBuffer = FloatBuffer.wrap(floatArray);
    DoubleBuffer doubleBuffer = DoubleBuffer.wrap(doubleArray);
    CharBuffer charBuffer = CharBuffer.wrap(charArray);

    System.out.println("bytebuffer=" + bytebuffer.getClass().getName());
    System.out.println("shortBuffer=" + shortBuffer.getClass().getName());
    System.out.println("intBuffer=" + intBuffer.getClass().getName());
    System.out.println("longBuffer=" + longBuffer.getClass().getName());
    System.out.println("floatBuffer=" + floatBuffer.getClass().getName());
    System.out.println("doubleBuffer=" + doubleBuffer.getClass().getName());
    System.out.println("charBuffer=" + charBuffer.getClass().getName());

    System.out.println();

    System.out.println("bytebuffer.capacity=" + bytebuffer.capacity());
    System.out.println("shortBuffer.capacity=" + shortBuffer.capacity());
    System.out.println("intBuffer.capacity=" + intBuffer.capacity());
    System.out.println("longBuffer.capacity=" + longBuffer.capacity());
    System.out.println("floatBuffer.capacity=" + floatBuffer.capacity());
    System.out.println("doubleBuffer.capacity=" + doubleBuffer.capacity());
    System.out.println("charBuffer.capacity=" + charBuffer.capacity());

}
}
```

程序运行结果如下：

```
bytebuffer=java.nio.HeapByteBuffer
shortBuffer=java.nio.HeapShortBuffer
intBuffer=java.nio.HeapIntBuffer
longBuffer=java.nio.HeapLongBuffer
floatBuffer=java.nio.HeapFloatBuffer
doubleBuffer=java.nio.HeapDoubleBuffer
charBuffer=java.nio.HeapCharBuffer

bytebuffer.capacity=3
shortBuffer.capacity=4
intBuffer.capacity=5
longBuffer.capacity=6
floatBuffer.capacity=7
doubleBuffer.capacity=8
charBuffer.capacity=4
```

由 于 ByteBuffer、CharBuffer、DoubleBuffer、FloatBuffer、IntBuffer、LongBuffer 和 ShortBuffer 是抽象类，因此 wrap() 就相当于创建这些缓冲区的工厂方法，在源代码中创建的流程示例如图 1-8 所示。

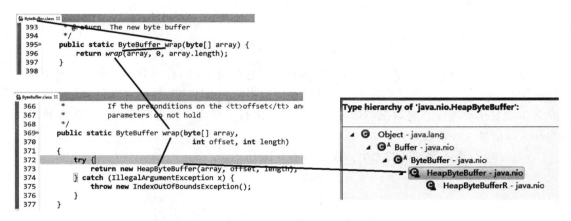

图 1-8　创建流程

从源代码中可以发现，通过创建 HeapByteBuffer 类的实例来实现创建 ByteBuffer 类的实例。因为 ByteBuffer 与 HeapByteBuffer 是父子类的关系，所以在将 HeapByteBuffer 类的对象赋值给数据类型为 ByteBuffer 的变量时产生多态关系。

ByteBuffer 类缓冲区的技术原理就是使用 byte[] 数组进行数据的保存，在后续使用指定的 API 来操作这个数组以达到操作缓冲区的目的，示例代码如图 1-9 所示。

在 HeapByteBuffer 类的构造方法中，使用代码 super(-1, off, off + len, buf.length, buf, 0) 调用父类的构造方法将字节数组 buf 传给父类 ByteBuffer，而且子类 HeapByteBuffer 还重写了父类 ByteBuffer 中的大部分方法，因此，在调用 HeapByteBuffer 类的 API 时，访问的是父类中的 buf 字节数组变量，在调用 API 处理 buf 字节数组中的数据时，执行的是 HeapByteBuffer 类中重写的方法。

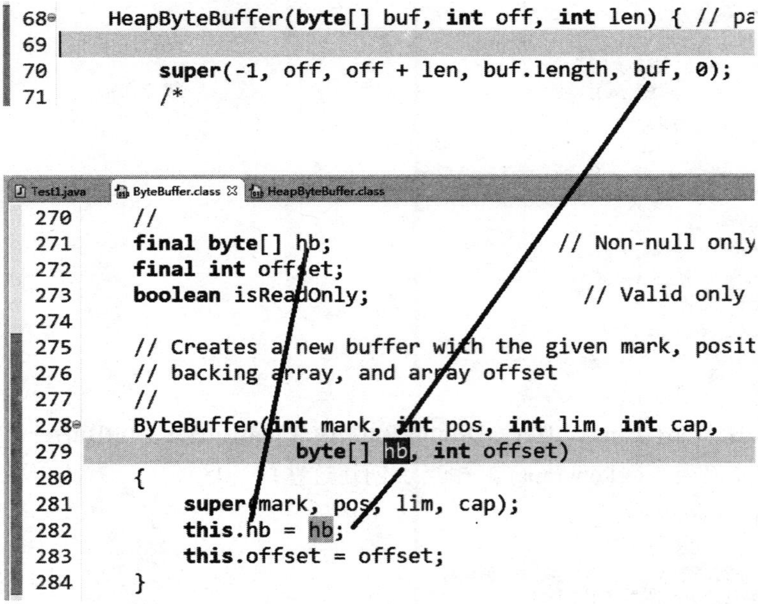

68 HeapByteBuffer(byte[] buf, int off, int len) { // pa
69
70 super(-1, off, off + len, buf.length, buf, 0);
71 /*
Test1.java
ByteBuffer.class
HeapByteBuffer.class
270 //
271 final byte[] hb; // Non-null only
272 final int offset;
273 boolean isReadOnly; // Valid only
274
275 // Creates a new buffer with the given mark, posit
276 // backing array, and array offset
277 //
278 ByteBuffer(int mark, int pos, int lim, int cap,
279 byte[] hb, int offset)
280 {
281 super(mark, pos, lim, cap);
282 this.hb = hb;
283 this.offset = offset;
284 }

图 1-9 HeapByteBuffer 类构造方法的流程

从源代码中可以了解到，缓冲区存储的数据还是存储在 byte[] 字节数组中。使用缓冲区与使用 byte[] 字节数组的优点在于缓冲区将存储数据的 byte[] 字节数组内容与相关的信息整合在 1 个 Buffer 类中，将数据与缓冲区中的信息进行了整合，并进行了封装，这样便于获得相关的信息及处理数据。

capacity 代表着缓冲区的大小，效果如图 1-10 所示。

capacity
是9
A-1
B-2
C-3
D-4
E-5
F-6
G-7
H-8
I-9

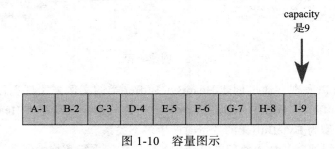

图 1-10 容量图示

缓冲区中的 capacity 其实就是 buf.length 属性值。

1.3.2 限制获取与设置

方法 int limit() 的作用：返回此缓冲区的限制。

方法 Buffer limit(int newLimit) 的作用：设置此缓冲区的限制。

什么是限制呢？缓冲区中的限制代表第一个不应该读取或写入元素的 index（索引）。

缓冲区的限制（limit）不能为负，并且 limit 不能大于其 capacity。如果 position 大于新的 limit，则将 position 设置为新的 limit。如果 mark 已定义且大于新的 limit，则丢弃该 mark。

position 和 mark 这两个知识点在后面的章节有详细的介绍，此处只需要理解"限制（limit）代表第一个不应该读取或写入元素的 index，缓冲区的 limit 不能为负，并且 limit 不能大于其 capacity"即可。

limit 的应用示例如图 1-11 所示。

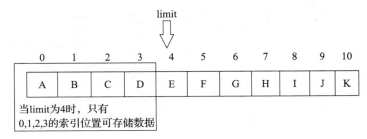

图 1-11　limit 应用示例

虽然图 1-11 中的缓冲区一共有 11 个位置可以存放数据，但只允许前 4 个位置存放数据，后面的其他位置不可以存放数据。因此，JDK API DOC 中对 limit 的解释是：代表第一个不应该读取或写入元素的 index。下面再用代码进行验证，测试源代码如下：

```java
public class Test2 {
public static void main(String[] args) {
    char[] charArray = new char[] { 'a', 'b', 'c', 'd', 'e' };
    CharBuffer buffer = CharBuffer.wrap(charArray);
    System.out.println("A capacity()=" + buffer.capacity() + " limit()=" +
        buffer.limit());
    buffer.limit(3);
    System.out.println();
    System.out.println("B capacity()=" + buffer.capacity() + " limit()=" +
        buffer.limit());
    buffer.put(0, 'o');// 0
    buffer.put(1, 'p');// 1
    buffer.put(2, 'q');// 2
    buffer.put(3, 'r');// 3-- 此位置是第一个不可读不可写的索引
    buffer.put(4, 's');// 4
    buffer.put(5, 't');// 5
    buffer.put(6, 'u');// 6
}
}
```

程序运行后，在第 16 行出现异常，如图 1-12 所示。

在 A 处打印的值是两个 5，说明在调用 wrap() 方法后，limit 的值是 capacity+1，因为 limit 取值范围是从索引 0 开始，而 capacity 是从 1 开始。

Limit 使用的场景就是当反复地向缓冲区中存取数据时使用，比如第 1 次向缓冲区中存

储 9 个数据，分别是 A、B、C、D、E、F、G、H、I，如图 1-13 所示。

图 1-12　出现异常

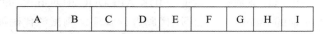

图 1-13　第 1 次存储 9 个数据

然后读取全部 9 个数据，完成后再进行第 2 次向缓冲区中存储数据，第 2 次只存储 4 个数据，分别是 1、2、3、4，效果如图 1-14 所示。

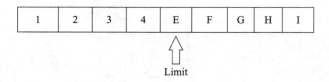

图 1-14　第 2 次存储 4 个数据

当读取时却出现了问题，如果读取全部数据 1、2、3、4、E、F、G、H、I 时是错误的，所以要结合 limit 来限制读取的范围，在 E 处设置 limit，从而实现只能读取 1、2、3、4 这 4 个正确的数据。

1.3.3　位置获取与设置

方法 int position() 的作用：返回此缓冲区的位置。
方法 Buffer position(int newPosition) 的作用：设置此缓冲区新的位置。

什么是位置呢？它代表"下一个"要读取或写入元素的 index（索引），缓冲区的 position（位置）不能为负，并且 position 不能大于其 limit。如果 mark 已定义且大于新的 position，则丢弃该 mark。

position 应用示例如图 1-15 所示。

在图 1-13 中，position 对应的 index 是 3，说明从此位置处开始写入或读取，直到 limit 结束。

下面用代码来验证 position 是下一个读取或写入操作的 index：

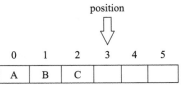

图 1-15　position 应用示例

```java
public class Test3 {

public static void main(String[] args) {
    char[] charArray = new char[] { 'a', 'b', 'c', 'd' };
    CharBuffer charBuffer = CharBuffer.wrap(charArray);
    System.out.println("A capacity()=" + charBuffer.capacity() + " limit()=" +
        charBuffer.limit() + " position()="
            + charBuffer.position());
    charBuffer.position(2);
    System.out.println("B capacity()=" + charBuffer.capacity() + " limit()=" +
        charBuffer.limit() + " position()="
            + charBuffer.position());
    charBuffer.put("z");
    for (int i = 0; i < charArray.length; i++) {
        System.out.print(charArray[i] + " ");
    }
}
}
```

程序运行结果如下：

```
A capacity()=4 limit()=4 position()=0
B capacity()=4 limit()=4 position()=2
a b z d
```

1.3.4　剩余空间大小获取

方法 int remaining() 的作用：返回"当前位置"与 limit 之间的元素数。

方法 remaining() 的应用示例如图 1-16 所示。

方法 int remaining() 的内部源代码如下：

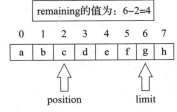

图 1-16　方法 remaining() 应用示例

```java
public final int remaining() {
    return limit - position;
}
```

示例代码如下：

```java
public class Test4 {

public static void main(String[] args) {
    char[] charArray = new char[] { 'a', 'b', 'c', 'd', 'e' };
```

```
        CharBuffer charBuffer = CharBuffer.wrap(charArray);
        System.out.println("A capacity()=" + charBuffer.capacity() + " limit()=" +
            charBuffer.limit() + " position()="
                + charBuffer.position());
        charBuffer.position(2);
        System.out.println("B capacity()=" + charBuffer.capacity() + " limit()=" +
            charBuffer.limit() + " position()="
                + charBuffer.position());
        System.out.println("C remaining()=" + charBuffer.remaining());
    }
}
```

程序运行结果如下：

```
A capacity()=5 limit()=5 position()=0
B capacity()=5 limit()=5 position()=2
C remaining()=3
```

1.3.5 使用 Buffer mark() 方法处理标记

方法 Buffer mark() 的作用：在此缓冲区的位置设置标记。

标记有什么作用呢？缓冲区的标记是一个索引，在调用 reset() 方法时，会将缓冲区的 position 位置重置为该索引。标记（mark）并不是必需的。定义 mark 时，不能将其定义为负数，并且不能让它大于 position。如果定义了 mark，则在将 position 或 limit 调整为小于该 mark 的值时，该 mark 被丢弃，丢弃后 mark 的值是 −1。如果未定义 mark，那么调用 reset() 方法将导致抛出 InvalidMarkException 异常。

缓冲区中的 mark 有些类似于探险或爬山时在关键路口设置"路标"，目的是在原路返回时找到回去的路。

mark 的示例代码如下：

```
public class Test5 {

public static void main(String[] args) {
    byte[] byteArray = new byte[] { 1, 2, 3 };
    ByteBuffer bytebuffer = ByteBuffer.wrap(byteArray);

    System.out.println("bytebuffer.capacity=" + bytebuffer.capacity());
    System.out.println();

    bytebuffer.position(1);
    bytebuffer.mark();      // 在位置 1 设置 mark

    System.out.println("bytebuffer.position=" + bytebuffer.position());

    bytebuffer.position(2);      // 改变位置

    bytebuffer.reset();   // 位置重置

    System.out.println();

    // 回到位置为 1 处
```

```
    System.out.println("bytebuffer.position=" + bytebuffer.position());
}
}
```

程序运行结果如下：

```
bytebuffer.capacity=3

bytebuffer.position=1

bytebuffer.position=1
```

1.3.6　知识点细化测试

前面介绍了缓冲区 4 个核心技术点：capacity、limit、position 和 mark，根据这 4 个技术点，可以设计出以下 7 个实验。

1）缓冲区的 capacity 不能为负数，缓冲区的 limit 不能为负数，缓冲区的 position 不能为负数。

2）position 不能大于其 limit。

3）limit 不能大于其 capacity。

4）如果定义了 mark，则在将 position 或 limit 调整为小于该 mark 的值时，该 mark 被丢弃。

5）如果未定义 mark，那么调用 reset() 方法将导致抛出 InvalidMarkException 异常。

6）如果 position 大于新的 limit，则 position 的值就是新 limit 的值。

7）当 limit 和 position 值一样时，在指定的 position 写入数据时会出现异常，因为此位置是被限制的。

1. 验证第 1 条

验证：缓冲区的 capacity 不能为负数，缓冲区的 limit 不能为负数，缓冲区的 position 不能为负数。

首先测试一下"缓冲区的 capacity 不能为负数"，需要使用 allocate() 方法开辟出指定空间大小的缓冲区，示例代码如下：

```java
public class Test1_1 {
public static void main(String[] args) {
    try {
        ByteBuffer bytebuffer = ByteBuffer.allocate(-1);
    } catch (IllegalArgumentException e) {
        System.out.println("ByteBuffer 容量 capacity 大小不能为负数 ");
    }
}
}
```

allocate(int capacity) 方法分配一个新的缓冲区。

程序运行结果如下：

ByteBuffer 容量 capacity 大小不能为负数

然后测试一下"缓冲区的 limit 不能为负数",示例代码如下:

```java
public class Test1_2 {
public static void main(String[] args) {
    byte[] byteArray = new byte[] { 1, 2, 3 };
    ByteBuffer bytebuffer = ByteBuffer.wrap(byteArray);
    try {
        bytebuffer = (ByteBuffer) bytebuffer.limit(-1);
    } catch (IllegalArgumentException e) {
        System.out.println("ByteBuffer 限制 limit 大小不能为负数 ");
    }
}
}
```

程序运行结果如下:

ByteBuffer 限制 limit 大小不能为负数

最后测试一下"缓冲区的 position 不能为负数",示例代码如下:

```java
public class Test1_3 {
public static void main(String[] args) {
    byte[] byteArray = new byte[] { 1, 2, 3 };
    ByteBuffer bytebuffer = ByteBuffer.wrap(byteArray);
    try {
        bytebuffer = (ByteBuffer) bytebuffer.position(-1);
    } catch (IllegalArgumentException e) {
        System.out.println("ByteBuffer 位置 position 大小不能为负数 ");
    }
}
}
```

程序运行结果如下:

ByteBuffer 位置 position 大小不能为负数

2. 验证第 2 条

验证:position 不能大于其 limit。

示例代码如下:

```java
public class Test2 {

public static void main(String[] args) {
    byte[] byteArray = new byte[] { 1, 2, 3 };
    ByteBuffer bytebuffer = ByteBuffer.wrap(byteArray);
    bytebuffer.limit(2);
    try {
        bytebuffer.position(3);
    } catch (IllegalArgumentException e) {
        System.out.println("ByteBuffer 的 position 位置不能大于其 limit 限制 ");
    }
}
}
```

程序运行结果如下：

ByteBuffer 的 position 位置不能大于其 limit 限制

3. 验证第 3 条

验证：limit 不能大于其 capacity。

示例代码如下：

```java
public class Test3 {

public static void main(String[] args) {
    byte[] byteArray = new byte[] { 1, 2, 3 };
    ByteBuffer bytebuffer = ByteBuffer.wrap(byteArray);
    try {
        bytebuffer.limit(100);
    } catch (IllegalArgumentException e) {
        System.out.println("ByteBuffer 的 limit 不能大于其 capacity 容量 ");
    }
}
}
```

程序运行结果如下：

ByteBuffer 的 limit 不能大于其 capacity 容量

4. 验证第 4 条

验证：如果定义了 mark，则在将 position 或 limit 调整为小于该 mark 的值时，该 mark 被丢弃。

在此处将第 4 条拆分成 4 点来分别进行验证。

1）如果定义了 mark，则在将 position 调整为不小于该 mark 的值时，该 mark 不丢弃。

2）如果定义了 mark，则在将 position 调整为小于该 mark 的值时，该 mark 被丢弃。

3）如果定义了 mark，则在将 limit 调整为不小于该 mark 的值时，该 mark 不丢弃。

4）如果定义了 mark，则在将 limit 调整为小于该 mark 的值时，该 mark 被丢弃。

首先验证一下"如果定义了 mark，则在将 position 调整为不小于该 mark 的值时，该 mark 不丢弃"，示例代码如下：

```java
public class Test4_1 {

public static void main(String[] args) {
    byte[] byteArray = new byte[] { 1, 2, 3 };

    ByteBuffer bytebuffer = ByteBuffer.wrap(byteArray);

    bytebuffer.position(1);
    bytebuffer.mark();

    System.out.println("bytebuffer 在 " + bytebuffer.position() + " 位置设置
        mark 标记 ");
```

```
        bytebuffer.position(2);

        bytebuffer.reset();

        System.out.println();

        System.out.println("bytebuffer 回到 " + bytebuffer.position() + " 位置 ");

    }
}
```

程序运行结果如下：

bytebuffer 在 1 位置设置 mark 标记

bytebuffer 回到 1 位置

然后验证一下 "如果定义了 mark，则在将 position 调整为小于该 mark 的值时，该 mark 将被丢弃"，示例代码如下：

```
public class Test4_2 {

public static void main(String[] args) {
    byte[] byteArray = new byte[] { 1, 2, 3 };

    ByteBuffer bytebuffer = ByteBuffer.wrap(byteArray);

    bytebuffer.position(2);
    bytebuffer.mark();

    bytebuffer.position(1);

    try {
        bytebuffer.reset();
    } catch (InvalidMarkException e) {
        System.out.println("bytebuffer 的 mark 标记无效 ");
    }
}
}
```

程序运行结果如下：

bytebuffer 的 mark 标记无效

接着验证一下 "如果定义了 mark，则在将 limit 调整为不小于该 mark 的值时，该 mark 不丢弃"，示例代码如下：

```
public class Test4_3 {

public static void main(String[] args) {
    byte[] byteArray = new byte[] { 1, 2, 3 };

    ByteBuffer byteBuffer = ByteBuffer.wrap(byteArray);

    System.out.println("A byteBuffer position=" + byteBuffer.position() +
```

```
                " limit=" + byteBuffer.limit());
        System.out.println();

        byteBuffer.position(2);
        byteBuffer.mark();

        System.out.println("B byteBuffer position=" + byteBuffer.position() +
                " limit=" + byteBuffer.limit());

        byteBuffer.position(3);
        byteBuffer.limit(3);
        System.out.println();

        System.out.println("C byteBuffer position=" + byteBuffer.position() +
                " limit=" + byteBuffer.limit());

        byteBuffer.reset();
        System.out.println();

        System.out.println("D byteBuffer position=" + byteBuffer.position() +
                " limit=" + byteBuffer.limit());

    }

}
```

程序运行结果如下：

```
A byteBuffer position=0 limit=3

B byteBuffer position=2 limit=3

C byteBuffer position=3 limit=3

D byteBuffer position=2 limit=3
```

最后验证一下“如果定义了 mark，则在将 limit 调整为小于该 mark 的值时，该 mark 被丢弃”，示例代码如下：

```
public class Test4_4 {

public static void main(String[] args) {
    byte[] byteArray = new byte[] { 1, 2, 3 };

    ByteBuffer byteBuffer = ByteBuffer.wrap(byteArray);

    System.out.println("A byteBuffer position=" + byteBuffer.position() +
            " limit=" + byteBuffer.limit());

    System.out.println();

    byteBuffer.position(2);
    byteBuffer.mark();

    System.out.println("B byteBuffer position=" + byteBuffer.position() +
```

```
        " limit=" + byteBuffer.limit());

    byteBuffer.limit(1);

    System.out.println();

    System.out.println("C byteBuffer position=" + byteBuffer.position() +
        " limit=" + byteBuffer.limit());

    System.out.println();

    try {
        byteBuffer.reset();
    } catch (InvalidMarkException e) {
        System.out.println("byteBuffer mark 丢失 ");
    }
}
}
```

程序运行结果如下：

```
A byteBuffer position=0 limit=3

B byteBuffer position=2 limit=3

C byteBuffer position=1 limit=1

byteBuffer mark 丢失
```

总结：limit 和 position 不能小于 mark，如果小于则 mark 丢弃。

5. 验证第 5 条

验证：如果未定义 mark，那么调用 reset() 方法将导致抛出 InvalidMarkException 异常。
示例代码如下：

```
public class Test5 {

public static void main(String[] args) {
    byte[] byteArray = new byte[] { 1, 2, 3 };
    ByteBuffer bytebuffer = ByteBuffer.wrap(byteArray);
    try {
        bytebuffer.reset();
    } catch (InvalidMarkException e) {
        System.out.println("bytebuffer 的 mark 标记无效 ");
    }
}
}
```

程序运行结果如下：

```
bytebuffer 的 mark 标记无效
```

6. 验证第 6 条

验证：如果 position 大于新的 limit，则 position 的值就是新 limit 的值。

示例代码如下：

```java
public class Test6 {

public static void main(String[] args) {
    byte[] byteArray = new byte[] { 1, 2, 3 };
    ByteBuffer bytebuffer = ByteBuffer.wrap(byteArray);

    bytebuffer.position(3);

    System.out.println("bytebuffer limit(2) 之前的位置: " + bytebuffer.position());

    bytebuffer.limit(2);

    System.out.println();

    System.out.println("bytebuffer limit(2) 之后的位置: " + bytebuffer.position());
}
}
```

程序运行结果如下：

```
bytebuffer limit(2) 之前的位置: 3

bytebuffer limit(2) 之后的位置: 2
```

7. 验证第 7 条

验证：当 limit 和 position 值一样时，在指定的 position 写入数据时会出现异常，因为此位置是被限制的。

示例代码如下：

```java
public class Test7 {

public static void main(String[] args) {
    char[] charArray = new char[] { 'a', 'b', 'c', 'd' };
    CharBuffer charBuffer = CharBuffer.wrap(charArray);
    System.out.println("A capacity()=" + charBuffer.capacity() + " limit()=" +
        charBuffer.limit() + " position()="
            + charBuffer.position());
    System.out.println();
    charBuffer.position(1);
    charBuffer.limit(1);
    charBuffer.put("z");
}
}
```

程序运行结果如下：

```
A capacity()=4 limit()=4 position()=0

Exception in thread "main" java.nio.BufferOverflowException
    at java.nio.CharBuffer.put(CharBuffer.java:922)
```

```
    at java.nio.CharBuffer.put(CharBuffer.java:950)
    at BufferAPITest.Details.Test7.main(Test7.java:15)
```

1.3.7 判断只读

boolean isReadOnly() 方法的作用：告知此缓冲区是否为只读缓冲区。

示例代码如下：

```java
public class Test6 {

public static void main(String[] args) {
    byte[] byteArray = new byte[] { 1, 2, 3 };
    short[] shortArray = new short[] { 1, 2, 3, 4 };
    int[] intArray = new int[] { 1, 2, 3, 4, 5 };
    long[] longArray = new long[] { 1, 2, 3, 4, 5, 6 };
    float[] floatArray = new float[] { 1, 2, 3, 4, 5, 6, 7 };
    double[] doubleArray = new double[] { 1, 2, 3, 4, 5, 6, 7, 8 };
    char[] charArray = new char[] { 'a', 'b', 'c', 'd' };

    ByteBuffer bytebuffer = ByteBuffer.wrap(byteArray);
    ShortBuffer shortBuffer = ShortBuffer.wrap(shortArray);
    IntBuffer intBuffer = IntBuffer.wrap(intArray);
    LongBuffer longBuffer = LongBuffer.wrap(longArray);
    FloatBuffer floatBuffer = FloatBuffer.wrap(floatArray);
    DoubleBuffer doubleBuffer = DoubleBuffer.wrap(doubleArray);
    CharBuffer charBuffer = CharBuffer.wrap(charArray);

    System.out.println("bytebuffer.isReadOnly=" + bytebuffer.isReadOnly());
    System.out.println("shortBuffer.isReadOnly=" + shortBuffer.isReadOnly());
    System.out.println("intBuffer.isReadOnly=" + intBuffer.isReadOnly());
    System.out.println("longBuffer.isReadOnly=" + longBuffer.isReadOnly());
    System.out.println("floatBuffer.isReadOnly=" + floatBuffer.isReadOnly());
    System.out.println("doubleBuffer.isReadOnly=" + doubleBuffer.isReadOnly());
    System.out.println("charBuffer.isReadOnly=" + charBuffer.isReadOnly());

}
}
```

程序运行结果如下：

```
bytebuffer.isReadOnly=false
shortBuffer.isReadOnly=false
intBuffer.isReadOnly=false
longBuffer.isReadOnly=false
floatBuffer.isReadOnly=false
doubleBuffer.isReadOnly=false
charBuffer.isReadOnly=false
```

1.3.8 直接缓冲区

boolean isDirect() 方法的作用：判断此缓冲区是否为直接缓冲区。那什么是"直接缓冲区"呢？先来看看使用非直接缓冲区操作数据的流程，如图 1-17 所示。

在图 1-17 中可以发现，通过 ByteBuffer 向硬盘存取数据时是需要将数据暂存在 JVM 的
中间缓冲区，如果有频繁操作数据的情况
发生，则在每次操作时都会将数据暂存在
JVM 的中间缓冲区，再交给 ByteBuffer
处理，这样做就大大降低软件对数据的
吞吐量，提高内存占有率，造成软件运
行效率降低，这就是非直接缓冲区保存
数据的过程，所以非直接缓冲区的这个
弊端就由直接缓冲区解决了。

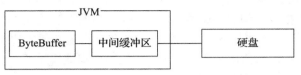

图 1-17　使用非直接缓冲区保存数据的过程

　　使用直接缓冲区操作数据的过程如
图 1-18 所示。

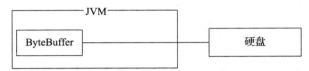

图 1-18　使用直接缓冲区保存数据的过程

　　如果使用直接缓冲区来实现两端数
据交互，则直接在内核空间中就进行了处理，无须 JVM 创建新的缓冲区，这样就减少了在
JVM 中创建中间缓冲区的步骤，增加了程序运行效率。

示例代码如下：

```java
public class Test7_1 {
public static void main(String[] args) {
    ByteBuffer byteBuffer = ByteBuffer.allocateDirect(100);
    System.out.println(byteBuffer.isDirect());
}
}
```

打印结果如下：

```
true
```

成功创建出直接缓冲区。

1.3.9　还原缓冲区的状态

final Buffer clear() 方法的作用：还原缓冲区到初始的状态，包含将位置设置为 0，将限
制设置为容量，并丢弃标记，即"一切为默认"。

clear() 方法的内部源代码如下：

```java
public final Buffer clear() {
    position = 0;
    limit = capacity;
    mark = -1;
    return this;
}
```

clear() 方法的主要使用场景是在对缓冲区存储数据之前调用此方法。例如：

```
buf.clear();        // 准备开始向缓冲区中写数据了，缓冲区的状态要通过 clear() 进行还原
in.read(buf);       // 从 in 开始读数据，将数据写入 buf 中
```

需要注意的是，clear() 方法 "不能真正清除" 缓冲区中的数据，虽然从名称来看它似乎能够这样做，这样命名是因为它在多数情况下确实有清除数据的作用，那么怎么 "清除" 数据呢？例如，调用代码 " buf.clear();" 后将缓冲区的状态进行还原，包含将 position（位置）归 0，再执行写入新数据的代码，将最新版的数据由索引位置 0 开始覆盖，这样就将缓冲区中的旧值用新值覆盖了，相当于数据被清除了。

示例代码如下：

```
public class Test8 {

public static void main(String[] args) {
    byte[] byteArray = new byte[] { 1, 2, 3 };

    ByteBuffer bytebuffer = ByteBuffer.wrap(byteArray);

    bytebuffer.position(2);
    bytebuffer.limit(3);
    bytebuffer.mark();

    bytebuffer.clear();

    System.out.println("bytebuffer.position=" + bytebuffer.position());
    System.out.println();

    System.out.println("bytebuffer.limit=" + bytebuffer.limit());
    System.out.println();
    try {
        bytebuffer.reset();
    } catch (java.nio.InvalidMarkException e) {
        System.out.println("bytebuffer mark 丢失 ");
    }
}
}
```

程序运行结果如下：

```
bytebuffer.position=0

bytebuffer.limit=3

bytebuffer mark 丢失
```

1.3.10   对缓冲区进行反转

final Buffer flip() 方法的作用：反转此缓冲区。首先将限制设置为当前位置，然后将位置设置为 0。如果已定义了标记，则丢弃该标记。

flip() 方法的通俗解释是 "缩小 limit 的范围，类似于 String.subString(0, endIndex) 方法"。

flip() 方法的内部源代码如下：

```
public final Buffer flip() {
```

```
    limit = position;
    position = 0;
    mark = -1;
    return this;
}
```

当向缓冲区中存储数据，然后再从缓冲区中读取这些数据时，就是使用 flip() 方法的最佳时机，示例代码如下：

A——buf.allocate(10)；

B——buf.put(8)；

C——首先向 buf 写入数据，此步骤是重点操作；

D——buf.flip()；

E——然后从 buf 读出数据，此步骤是重点操作。

当执行 A 处代码时，缓冲区出现 10 个空的位置，索引形式如下：

```
0  1  2  3  4  5  6  7  8  9
```

当执行 B 处代码时，position 为 0 的位置存入数字 8，然后 position 自动变成 1，因为 put() 方法会将 position 进行自增，这时缓冲区中的数据如下：

```
0  1  2  3  4  5  6  7  8  9
8
```

当执行 C 处代码时，假设要写入的数据数组为 {11, 22, 33, 44, 55}，将这 5 个数字在 position 是 1 的位置依次存入 buf 中，完成后的缓冲区中的数据如下：

```
0   1   2   3   4   5   6   7   8   9
8   11  22  33  44  55
```

这时 position 的值是 6，下一步要将缓冲区中的数据读取出来时，有效的数据应该是：

```
8  11  22  33  44  55
```

因为位置 6～7～8～9 中存储的值是无效的，所以调用 D 处代码 flip() 后将 position 的值 6 作为 limit 的值，而 position 被重新赋值为 0，有效数据的范围为：

```
0   1   2   3   4   5
8   11  22  33  44  55
```

最后执行 E 处代码，将这些有效的数据读取出来。

final Buffer flip() 方法常用在向缓冲区中写入一些数据后，下一步读取缓冲区中的数据之前，以改变 limit 与 position 的值。

方法 flip 会改变 position 和 limit 的值，示例代码如下：

```java
public class Test11 {

public static void main(String[] args) {
    byte[] byteArray = new byte[] { 1, 2, 3 };
```

```
ByteBuffer bytebuffer = ByteBuffer.wrap(byteArray);

bytebuffer.position(2);
bytebuffer.mark();

bytebuffer.flip();

System.out.println("bytebuffer.position=" + bytebuffer.position());
System.out.println();

System.out.println("bytebuffer.limit=" + bytebuffer.limit());
System.out.println();

try {
    bytebuffer.reset();
} catch (java.nio.InvalidMarkException e) {
    System.out.println("bytebuffer mark 丢失 ");
}
}
}
```

程序运行结果如下：

```
bytebuffer.position=0

bytebuffer.limit=2

bytebuffer mark 丢失
```

final Buffer flip() 方法常用在向缓冲区中写入一些数据后，下一步读取缓冲区中的数据之前调用，以改变 limit 与 position 的值，示例代码如下：

```
public class Test11_1 {

public static void main(String[] args) {
    CharBuffer charBuffer = CharBuffer.allocate(20);
    System.out.println("A position=" + charBuffer.position() + " limit=" +
        charBuffer.limit());
    // 一共写入 14 个字
    charBuffer.put(" 我是中国人我在中华人民共和国 ");
    System.out.println("B position=" + charBuffer.position() + " limit=" +
        charBuffer.limit());
    charBuffer.position(0);// 位置 position 还原成 0
    System.out.println("C position=" + charBuffer.position() + " limit=" +
        charBuffer.limit());
    // 下面 for 语句的打印效果是 "国" 字后面有 6 个空格，这 6 个空格是无效的数据
    // 应该只打印前 14 个字符，后 6 个字符不再读取
    for (int i = 0; i < charBuffer.limit(); i++) {
        System.out.print(charBuffer.get());
    }
    System.out.println();
    // 上面的代码是错误读取数据的代码

    // 下面的代码是正确读取数据的代码
    System.out.println("D position=" + charBuffer.position() + " limit=" +
```

```
            charBuffer.limit());
        // 还原缓冲区的状态
        charBuffer.clear();
        System.out.println("E position=" + charBuffer.position() + " limit=" +
            charBuffer.limit());
        // 继续写入
        charBuffer.put(" 我是美国人 ");
        System.out.println("F position=" + charBuffer.position() + " limit=" +
            charBuffer.limit());
        // 设置 for 循环结束的位置，也就是新的 limit 值
        charBuffer.limit(charBuffer.position());
        charBuffer.position(0);
        System.out.println("G position=" + charBuffer.position() + " limit=" +
            charBuffer.limit());
        for (int i = 0; i < charBuffer.limit(); i++) {
            System.out.print(charBuffer.get());
        }
    }
}
```

程序运行结果如下：

```
A position=0 limit=20
B position=14 limit=20
C position=0 limit=20
我是中国人我在中华人民共和国空格空格空格空格空格空格
D position=20 limit=20
E position=0 limit=20
F position=5 limit=20
G position=0 limit=5
我是美国人
```

上面的程序在读取数据时都要执行以下代码：

```
charBuffer.limit(charBuffer.position());
charBuffer.position(0);
```

这样会显得比较烦琐，可以使用 flip() 方法，示例代码如下：

```
public class Test11_2 {
public static void main(String[] args) {
    CharBuffer charBuffer = CharBuffer.allocate(20);
    System.out.println("A position=" + charBuffer.position() + " limit=" +
        charBuffer.limit());
    // 一共写入 14 个字
    charBuffer.put(" 我是中国人我在中华人民共和国 ");
    System.out.println("B position=" + charBuffer.position() + " limit=" +
        charBuffer.limit());
    charBuffer.position(0);// 位置 position 还原成 0
    System.out.println("C position=" + charBuffer.position() + " limit=" +
        charBuffer.limit());
    // 下面 for 语句的打印效果是 "国" 字后面有 6 个空格，这 6 个空格是无效的数据
    // 应该只打印前 14 个字符，后 6 个字符不再读取
    for (int i = 0; i < charBuffer.limit(); i++) {
        System.out.print(charBuffer.get());
    }
```

```
    System.out.println();
    // 上面的代码是错误读取数据的代码

    // 下面的代码是正确读取数据的代码
    System.out.println("D position=" + charBuffer.position() + " limit=" +
        charBuffer.limit());
    // 还原缓冲区的状态
    charBuffer.clear();
    System.out.println("E position=" + charBuffer.position() + " limit=" +
        charBuffer.limit());
    // 继续写入
    charBuffer.put(" 我是美国人 ");
    System.out.println("F position=" + charBuffer.position() + " limit=" +
        charBuffer.limit());
    // 使用 flip() 方法
    charBuffer.flip();
    System.out.println("G position=" + charBuffer.position() + " limit=" +
        charBuffer.limit());
    for (int i = 0; i < charBuffer.limit(); i++) {
        System.out.print(charBuffer.get());
    }
}
}
```

得出的运行结果是一样的。

1.3.11　判断是否有底层实现的数组

final boolean hasArray() 方法的作用：判断此缓冲区是否具有可访问的底层实现数组。
该方法的内部源代码如下：

```
public final boolean hasArray() {
    return (hb != null) && !isReadOnly;
}
```

示例代码如下：

```
public class Test12 {
public static void main(String[] args) throws IOException {
    ByteBuffer byteBuffer = ByteBuffer.allocate(100);
    byteBuffer.put((byte) 1);
    byteBuffer.put((byte) 2);
    System.out.println(byteBuffer.hasArray());
}
}
```

程序运行结果如下：

```
true
```

也可以对直接缓冲区进行判断，示例代码如下：

```
public class Test12_1 {
public static void main(String[] args) throws IOException {
```

```
ByteBuffer byteBuffer = ByteBuffer.allocateDirect(100);
    byteBuffer.put((byte) 1);
    byteBuffer.put((byte) 2);
    System.out.println(byteBuffer.hasArray());
}
}
```

程序运行结果如下：

```
false
```

打印 true 值是因为在源代码：

```
public abstract class ByteBuffer
    extends Buffer
    implements Comparable<ByteBuffer>
{
    final byte[] hb;
```

程序中使用 byte[] hb 存储数据，所以 hb[] 对象为非空，结果就是 true。

打印 false 代表 byte[] hb 数组值为 null，并没有将数据存储到 hb[] 中，而是直接存储在内存中。

hasArray() 方法的内部源代码

```
public final boolean hasArray() {
    return (hb != null) && !isReadOnly;
}
```

正是以 byte[] hb 是否有值来判断是否有底层数组支持。

1.3.12　判断当前位置与限制之间是否有剩余元素

final boolean hasRemaining() 方法的作用：判断在当前位置和限制之间是否有元素。该方法的内部源代码如下：

```
public final boolean hasRemaining() {
    return position < limit;
}
```

final int remaining() 方法的作用：返回"当前位置"与限制之间的元素个数。该方法的内部源代码如下：

```
public final int remaining() {
    return limit - position;
}
```

示例代码如下：

```
public class Test13 {

public static void main(String[] args) {
    byte[] byteArray = new byte[] { 1, 2, 3 };
```

```
    ByteBuffer bytebuffer = ByteBuffer.wrap(byteArray);

    bytebuffer.limit(3);

    bytebuffer.position(2);

    System.out.println("bytebuffer.hasRemaining=" + bytebuffer.hasRemaining() +
        " bytebuffer.remaining="
            + bytebuffer.remaining());
    }
}
```

程序运行结果如下：

```
bytebuffer.hasRemaining=true bytebuffer.remaining=1
```

这两个方法可以在读写缓冲区中的数据时使用。本例仅测试读数据时的使用情况，示
例代码如下：

```java
public class Test13_1 {

public static void main(String[] args) {
    byte[] byteArray = { 1, 2, 3, 4, 5, 6, 7, 8, 9 };
    ByteBuffer byteBuffer = ByteBuffer.wrap(byteArray);
    int remaining = byteBuffer.remaining();
    for (int i = 0; i < remaining; i++) {
        System.out.print(byteBuffer.get() + " ");
    }
    System.out.println();

    byteBuffer.clear();

    while (byteBuffer.hasRemaining()) {
        System.out.print(byteBuffer.get() + " ");
    }
    System.out.println();

    byteBuffer.clear();
    for (; byteBuffer.hasRemaining() == true;) {
        System.out.print(byteBuffer.get() + " ");
    }
}

}
```

程序运行结果如下：

```
1 2 3 4 5 6 7 8 9
1 2 3 4 5 6 7 8 9
1 2 3 4 5 6 7 8 9
```

运行结果表明成功取出全部的数据。

1.3.13　重绕缓冲区

final Buffer rewind() 方法的作用：重绕此缓冲区，将位置设置为 0 并丢弃标记。该方法

的内部源代码如下。

```
public final Buffer rewind() {
    position = 0;
    mark = -1;
    return this;
}
```

在一系列通道"重新写入或获取"的操作之前调用此方法（假定已经适当设置了限制）。例如：

```
out.write(buf);   // 将 buf 的 remaining 剩余空间的数据输出到 out 中
buf.rewind();     // rewind 重绕缓冲区
buf.get(array);   // 从缓冲区获取数据保存到 array 中
```

rewind() 方法的通俗解释就是"标记清除，位置 position 值归 0，limit 不变"。

rewind() 方法没有设置限制，说明此方法可以结合自定义的 limit 限制值。

注意：rewind() 方法常在重新读取缓冲区中数据时使用。

final Buffer clear() 方法的作用：清除此缓冲区，将位置设置为 0，将限制设置为容量，并丢弃标记，方法内部的源代码如下。

```
public final Buffer clear() {
    position = 0;
    limit = capacity;
    mark = -1;
    return this;
}
```

方法 clear() 的主要使用场景是在对缓冲区进行存储数据之前调用此方法。例如：

```
buf.clear();   // Prepare buffer for reading
in.read(buf);  // Read data
```

此方法不能实际清除缓冲区中的数据，但从名称来看它似乎能够这样做，这样命名是因为它多数情况下确实是在清除数据时使用。

clear () 方法的通俗解释是"一切为默认"。

final Buffer flip() 方法的作用：反转此缓冲区。首先将限制设置为当前位置，然后将位置设置为 0。如果已定义了标记，则丢弃该标记，方法内部的源代码如下：

```
public final Buffer flip() {
    limit = position;
    position = 0;
    mark = -1;
    return this;
}
```

flip() 方法的通俗解释是"缩小 limit 的范围，类似于 String.subString(0, endIndex) 方法"。

rewind()、clear() 和 flip() 方法在官方帮助文档中的解释如下。

❑ rewind()：使缓冲区为"重新读取"已包含的数据做好准备，它使限制保持不变，将位置设置为 0。

❑ clear()：使缓冲区为一系列新的通道读取或相对 put(value) 操作做好准备，即它将限制设置为容量大小，将位置设置为 0。

❑ flip()：使缓冲区为一系列新的通道写入或相对 get(value) 操作做好准备，即它将限制设置为当前位置，然后将位置设置为 0。

这 3 个方法的侧重点在于：

1）rewind() 方法的侧重点在"重新"，在重新读取、重新写入时可以使用；

2）clear() 方法的侧重点在"还原一切状态"；

3）flip() 方法的侧重点在 substring 截取。

示例代码如下：

```java
public class Test14 {
public static void main(String[] args) {
    byte[] byteArray = new byte[] { 1, 2, 3, 4, 5 };
    ByteBuffer byteBuffer = ByteBuffer.wrap(byteArray);
    System.out.println("capacity=" + byteBuffer.capacity() + " limit=" +
        byteBuffer.limit() + " position="
            + byteBuffer.position());

    byteBuffer.position(1);
    byteBuffer.limit(3);
    byteBuffer.mark();

    System.out.println("capacity=" + byteBuffer.capacity() + " limit=" +
        byteBuffer.limit() + " position="
            + byteBuffer.position());

    byteBuffer.rewind();

    System.out.println("capacity=" + byteBuffer.capacity() + " limit=" +
        byteBuffer.limit() + " position="
            + byteBuffer.position());

    byteBuffer.reset();

}
}
```

程序运行结果如下：

```
capacity=5 limit=5 position=0
capacity=5 limit=3 position=1
capacity=5 limit=3 position=0
Exception in thread "main" java.nio.InvalidMarkException
    at java.nio.Buffer.reset(Buffer.java:306)
    at BufferAPITest.Test14.main(Test14.java:24)
```

1.3.14 获得偏移量

final int arrayOffset() 方法的作用：返回此缓冲区的底层实现数组中第一个缓冲区元素的偏移量，这个值在文档中标注为"可选操作"，也就是子类可以不处理这个值。该方法的内部源代码如下：

```
public final int arrayOffset() {
    if (hb == null)
        throw new UnsupportedOperationException();
    if (isReadOnly)
        throw new ReadOnlyBufferException();
    return offset;
}
```

实例变量 offset 是在执行 HeapByteBuffer 类的构造方法时传入的，示例代码如下：

```
HeapByteBuffer(byte[] buf, int off, int len) {
    super(-1, off, off + len, buf.length, buf, 0);
}
```

最后一个参数 0 就是对 ByteBuffer 类的 offset 实例变量进行赋值，源代码如下：

```
ByteBuffer(int mark, int pos, int lim, int cap,    // 包级访问
           byte[] hb, int offset)
{
    super(mark, pos, lim, cap);
    this.hb = hb;
    this.offset = offset;
}
```

示例代码如下：

```
public class Test15 {
public static void main(String[] args) {
    byte[] byteArray = new byte[] { 1, 2, 3 };
    ByteBuffer bytebuffer = ByteBuffer.wrap(byteArray);
    System.out.println("bytebuffer.arrayOffset=" + bytebuffer.arrayOffset());
}
}
```

程序运行结果如下：

```
bytebuffer.arrayOffset=0
```

在上面的示例中，不管怎么进行操作，arrayOffset() 方法的返回值永远是 0，非 0 的情况将在后面的章节介绍。

1.3.15　使用 List.toArray(T[]) 转成数组类型

如果 List 中存储 ByteBuffer 数据类型，则可以使用 List 中的 toArray() 方法转成 ByteBuffer[] 数组类型，示例代码如下：

```
public class Test16 {
public static void main(String[] args) {
    ByteBuffer buffer1 = ByteBuffer.wrap(new byte[] { 'a', 'b', 'c' });
    ByteBuffer buffer2 = ByteBuffer.wrap(new byte[] { 'x', 'y', 'z' });
    ByteBuffer buffer3 = ByteBuffer.wrap(new byte[] { '1', '2', '3' });
```

```java
List<ByteBuffer> list = new ArrayList<>();
list.add(buffer1);
list.add(buffer2);
list.add(buffer3);

ByteBuffer[] byteBufferArray = new ByteBuffer[list.size()];
list.toArray(byteBufferArray);

System.out.println(byteBufferArray.length);

for (int i = 0; i < byteBufferArray.length; i++) {
    ByteBuffer eachByteBuffer = byteBufferArray[i];
    while (eachByteBuffer.hasRemaining()) {
        System.out.print((char) eachByteBuffer.get());
    }
    System.out.println();
}

}
}
```

程序运行结果如下：

```
3
abc
xyz
123
```

至此，已经将 Buffer 类的全部 API 进行了介绍，熟练掌握父类 Buffer 的 API 对学习子类有非常大的帮助，因为这些 API 是可以被子类所继承并使用的。

1.4 ByteBuffer 类的使用

ByteBuffer 类是 Buffer 类的子类，可以在缓冲区中以字节为单位对数据进行存取，而且它也是比较常用和重要的缓冲区类。在使用 NIO 技术时，有很大的概率使用 ByteBuffer 类来进行数据的处理。

在前面的示例中已经使用过 ByteBuffer 类，该类的 API 列表如图 1-19 所示。

ByteBuffer 类提供了 6 类操作。

1）以绝对位置和相对位置读写单个字节的 get() 和 put() 方法。

2）使用相对批量 get(byte[] dst) 方法可以将缓冲区中的连续字节传输到 byte[] dst 目标数组中。

3）使用相对批量 put(byte[] src) 方法可以将 byte[] 数组或其他字节缓冲区中的连续字节存储到此缓冲区中。

4）使用绝对和相对 getType 和 putType 方法可以按照字节顺序在字节序列中读写其他基本数据类型的值，方法 getType 和 putType 可以进行数据类型的自动转换。

5）提供了创建视图缓冲区的方法，这些方法允许将字节缓冲区视为包含其他基本类型值的缓冲区，这些方法有 asCharBuffer()、asDoubleBuffer()、asFloatBuffer()、asIntBuffer()、asLongBuffer() 和 asShortBuffer()。

6）提供了对字节缓冲区进行压缩（compacting）、复制（duplicating）和截取（slicing）的方法。

图 1-19 ByteBuffer 类的 API 列表

字节缓冲区可以通过 allocation() 方法创建，此方法为缓冲区的内容分配空间，或者通过 wrapping 方法将现有的 byte[] 数组包装到缓冲区中来创建。

本节将把 ByteBuffer 类所有 API 的功能进行展示，以促进对该类的学习与掌握。

1.4.1 创建堆缓冲区与直接缓冲区

字节缓冲区分为直接字节缓冲区与非直接字节缓冲区。

如果字节缓冲区为直接字节缓冲区，则 JVM 会尽量在直接字节缓冲区上执行本机 I/O 操作，也就是直接对内核空间进行访问，以提高运行效率。提高运行效率的原理就是在每次调用基于操作系统的 I/O 操作之前或之后，JVM 都会尽量避免将缓冲区的内容复制到中间缓冲区中，或者从中间缓冲区中复制内容，这样就节省了一个步骤。

工厂方法 allocateDirect() 可以创建直接字节缓冲区，通过工厂方法 allocateDirect() 返回的缓冲区进行内存的分配和释放所需的时间成本通常要高于非直接缓冲区。直接缓冲区操作的数据不在 JVM 堆中，而是在内核空间中，根据这个结构可以分析出，直接缓冲区善于保存那些易受操作系统本机 I/O 操作影响的大量、长时间保存的数据。

allocateDirect(int capacity) 方法的作用：分配新的直接字节缓冲区。新缓冲区的位置将为零，其界限将为其容量，其标记是不确定的。无论它是否具有底层实现数组，其标记都是不确定的。

allocate(int capacity) 方法的作用：分配一个新的非直接字节缓冲区。新缓冲区的位置为零，其界限将为其容量，其标记是不确定的。它将具有一个底层实现数组，且其数组偏移量将为零。

在 JDK 中，可以查看一下 allocate() 方法的源代码，从中会发现其会创建一个新的数组，而 wrap() 方法是使用传入的数组作为存储空间，说明对 wrap() 关联的数组进行操作会影响到缓冲区中的数据，而操作缓冲区中的数据也会影响到与 wrap() 关联的数组中的数据，原理其实就是引用同一个数组对象。

示例代码如下：

```
public class Test1 {
public static void main(String[] args) {
    ByteBuffer bytebuffer1 = ByteBuffer.allocateDirect(100);
    ByteBuffer bytebuffer2 = ByteBuffer.allocate(200);
    System.out.println("bytebuffer1 position=" + bytebuffer1.position() +
        " limit=" + bytebuffer1.limit());
    System.out.println("bytebuffer2 position=" + bytebuffer2.position() +
        " limit=" + bytebuffer2.limit());
    System.out.println("bytebuffer1=" + bytebuffer1 + " isDirect=" + bytebuffer1.
        isDirect());
    System.out.println("bytebuffer2=" + bytebuffer2 + " isDirect=" + bytebuffer2.
        isDirect());
}
}
```

程序运行结果如下：

```
bytebuffer1 position=0 limit=100
bytebuffer2 position=0 limit=200
bytebuffer1=java.nio.DirectByteBuffer[pos=0 lim=100 cap=100] isDirect=true
bytebuffer2=java.nio.HeapByteBuffer[pos=0 lim=200 cap=200] isDirect=false
```

使用 allocateDirect() 方法创建出来的缓冲区类型为 DirectByteBuffer，使用 allocate() 方法创建出来的缓冲区类型为 HeapByteBuffer。

使用 allocateDirect() 方法创建 ByteBuffer 缓冲区时，capacity 指的是字节的个数，而创建 IntBuffer 缓冲区时，capacity 指的是 int 值的数目，如果要转换成字节，则 capacity 的值要乘以 4，来算出占用的总字节数。

使用 allocateDirect() 方法创建的直接缓冲区如何释放内存呢？有两种办法，一种是手动释放空间，另一种就是交给 JVM 进行处理。先来看第一种：手动释放空间，示例代码如下：

```
public class Test1 {
public static void main(String[] args) throws NoSuchMethodException, Security
    Exception, IllegalAccessException,
        IllegalArgumentException, InvocationTargetException, Interrupted
            Exception {
```

```
System.out.println("A");
ByteBuffer buffer = ByteBuffer.allocateDirect(Integer.MAX_VALUE);
System.out.println("B");
byte[] byteArray = new byte[] { 1 };
System.out.println(Integer.MAX_VALUE);
for (int i = 0; i < Integer.MAX_VALUE; i++) {
    buffer.put(byteArray);
}
System.out.println("put end!");
Thread.sleep(1000);
Method cleanerMethod = buffer.getClass().getMethod("cleaner");
cleanerMethod.setAccessible(true);
Object returnValue = cleanerMethod.invoke(buffer);
Method cleanMethod = returnValue.getClass().getMethod("clean");
cleanMethod.setAccessible(true);
cleanMethod.invoke(returnValue);
// 此程序运行的效果就是 1 秒钟之后立即回收内存
// 也就是回收"直接缓冲区"所占用的内存
}
}
```

程序运行后，可在"Windows 任务管理器"的"性能"标签页的"物理内存"选项的"可用"节点中查看内存的使用情况。

另一种就是由 JVM 进行自动化的处理，示例代码如下：

```
public class Test2 {
public static void main(String[] args) throws NoSuchMethodException, Security
    Exception, IllegalAccessException,
        IllegalArgumentException, InvocationTargetException, InterruptedException {
System.out.println("A");
ByteBuffer buffer = ByteBuffer.allocateDirect(Integer.MAX_VALUE);
System.out.println("B");
byte[] byteArray = new byte[] { 1 };
System.out.println(Integer.MAX_VALUE);
for (int i = 0; i < Integer.MAX_VALUE; i++) {
    buffer.put(byteArray);
}
System.out.println("put end!");
// 此程序多次运行后，一直在耗费内存，
// 进程结束后，也不会马上回收内存，
// 而是会在某个时机触发 GC 垃圾回收器进行内存的回收
}
}
```

在 Windows 7 系统中出现的现象就是进程结束后，Windows 7 并不立即回收内存，而是在某一个时机回收。

此 *.java 类可以运行多次，产生多个进程，然后再查看内存使用情况会更加直观。

1.4.2 直接缓冲区与非直接缓冲区的运行效率比较

直接缓冲区会直接作用于本地操作系统的 I/O，处理数据的效率相比非直接缓冲区会快一些。

可以创建两者性能比较用的测试程序，如使用直接缓冲区来看看用时是多少，源代码
如下：

```java
public class Test1_2 {
public static void main(String[] args) {
    long beginTime = System.currentTimeMillis();
    ByteBuffer buffer = ByteBuffer.allocateDirect(1900000000);
    for (int i = 0; i < 1900000000; i++) {
        buffer.put((byte) 123);
    }
    long endTime = System.currentTimeMillis();
    System.out.println(endTime - beginTime);
}
}
```

程序运行结果如下：

```
1840
```

使用非直接缓冲区的测试代码如下：

```java
public class Test1_3 {
public static void main(String[] args) {
    long beginTime = System.currentTimeMillis();
    ByteBuffer buffer = ByteBuffer.allocate(1900000000);
    for (int i = 0; i < 1900000000; i++) {
        buffer.put((byte) 123);
    }
    long endTime = System.currentTimeMillis();
    System.out.println(endTime - beginTime);
}
}
```

程序运行结果如下：

```
2309
```

从运行结果来看，直接缓冲区比非直接缓冲区在运行效率上要高一些，是什么原因造
成这样的结果呢？直接缓冲区是使用 DirectByteBuffer 类进行实现的，而非直接缓冲区是使
用 HeapByteBuffer 类进行实现的。直接缓冲区的实现类 DirectByteBuffer 的 put(byte) 方法
的源代码如下：

```java
public ByteBuffer put(byte x) {
    unsafe.putByte(ix(nextPutIndex()), ((x)));
    return this;
}
```

直接缓冲区（DirectByteBuffer）在内部使用 sun.misc.Unsafe 类进行值的处理。Unsafe
类的作用是 JVM 与操作系统进行直接通信，提高程序运行的效率，但正如其类的名称
Unsafe 一样，该类在使用上并不是安全的，如果程序员使用不当，那么极有可能出现处理
数据上的错误，因此，该类并没有公开化（public），仅由 JDK 内部使用。

而非直接缓冲区的实现类 HeapByteBuffer 的 put(byte) 方法的源代码如下：

```
public ByteBuffer put(byte x) {
    hb[ix(nextPutIndex())] = x;
    return this;
}
```

非直接缓冲区（HeapByteBuffer）在内部直接对 byte[] hb 字节数组进行操作，而且还是在 JVM 的堆中进行数据处理，因此运行效率相对慢一些。

1.4.3 包装 wrap 数据的处理

wrap(byte[] array) 方法的作用：将 byte 数组包装到缓冲区中。新的缓冲区将由给定的 byte 数组支持，也就是说，缓冲区修改将导致数组修改，反之亦然。新缓冲区的 capacity 和 limit 将为 array.length，其位置 position 将为 0，其标记 mark 是不确定的。其底层实现数组将为给定数组，并且其 arrayOffset 将为 0。

wrap(byte[] array, int offset, int length) 方法的作用：将 byte 数组包装到缓冲区中。新的缓冲区将由给定的 byte 数组支持，也就是说，缓冲区修改将导致数组修改，反之亦然。新缓冲区的 capacity 将为 array.length，其 position 将为 offset，其 limit 将为 offset + length，其标记是不确定的。其底层实现数组将为给定数组，并且其 arrayOffset 将为 0。

相关参数的解释如下。

1）array：缓冲区中关联的字节数组。

2）offset：设置位置（position）值，该值必须为非负且不大于 array.length。

3）length：将新缓冲区的界限设置为 offset + length，该值必须为非负且不大于 array.length-offset。

注意：wrap(byte[] array, int offset, int length) 方法并不具有 subString() 方法截取的作用，它的参数 offset 只是设置缓冲区的 position 值，而 length 确定 limit 值。

示例代码如下：

```
public class Test2 {
public static void main(String[] args) {
    byte[] byteArray = new byte[] { 1, 2, 3, 4, 5, 6, 7, 8 };
    ByteBuffer bytebuffer1 = ByteBuffer.wrap(byteArray);
    ByteBuffer bytebuffer2 = ByteBuffer.wrap(byteArray, 2, 4);

    System.out.println("bytebuffer1 capacity=" + bytebuffer1.capacity() + "
    limit=" + bytebuffer1.limit()
            + " position=" + bytebuffer1.position());

    System.out.println();

    System.out.println("bytebuffer2 capacity=" + bytebuffer2.capacity() + "
    limit=" + bytebuffer2.limit()
            + " position=" + bytebuffer2.position());
    }
    }
```

程序运行结果如下：

```
bytebuffer1 capacity=8 limit=8 position=0

bytebuffer2 capacity=8 limit=6 position=2
```

1.4.4 put(byte b) 和 get() 方法的使用与 position 自增特性

Buffer 类的每个子类都定义了两种 get（读）和 put（写）操作，分别对应相对位置操作和绝对位置操作。

相对位置操作是指在读取或写入一个或多个元素时，它从“当前位置开始”，然后将位置增加所传输的元素数。如果请求的传输超出限制，则相对 get 操作将抛出 BufferUnderflowException 异常，相对 put 操作将抛出 BufferOverflowException 异常，也就是说，在这两种情况下，都没有数据传输。

绝对位置操作采用显式元素索引，该操作不影响位置。如果索引参数超出限制，则绝对 get 操作和绝对 put 操作将抛出 IndexOutOfBoundsException 异常。

abstract ByteBuffer put(byte b) 方法的作用：使用相对位置的 put() 操作，将给定的字节写入此缓冲区的“当前位置”，然后该位置递增。

abstract byte get() 方法的作用：使用相对位置的 get() 操作，读取此缓冲区“当前位置”的字节，然后该位置递增。

示例代码如下：

```java
public class Test3 {
public static void main(String[] args) {
    ByteBuffer buffer1 = ByteBuffer.allocate(10);
    System.out.println(
            "A1 capacity=" + buffer1.capacity() + " limit=" + buffer1.limit()
            + " position=" + buffer1.position());
    buffer1.put((byte) 125);
    System.out.println(
            "A2 capacity=" + buffer1.capacity() + " limit=" + buffer1.limit()
            + " position=" + buffer1.position());
    buffer1.put((byte) 126);
    System.out.println(
            "A3 capacity=" + buffer1.capacity() + " limit=" + buffer1.limit()
            + " position=" + buffer1.position());
    buffer1.put((byte) 127);
    System.out.println(
            "B capacity=" + buffer1.capacity() + " limit=" + buffer1.limit()
            + " position=" + buffer1.position());
    buffer1.rewind();
    System.out.println(
            "C capacity=" + buffer1.capacity() + " limit=" + buffer1.limit()
            + " position=" + buffer1.position());
    System.out.println(buffer1.get());
    System.out.println(
            "D capacity=" + buffer1.capacity() + " limit=" + buffer1.limit()
            + " position=" + buffer1.position());
    System.out.println(buffer1.get());
```

```
    System.out.println(
            "E capacity=" + buffer1.capacity() + " limit=" + buffer1.limit()
                + " position=" + buffer1.position());
    System.out.println(buffer1.get());
    System.out.println(
            "F capacity=" + buffer1.capacity() + " limit=" + buffer1.limit()
                + " position=" + buffer1.position());
    System.out.println(buffer1.get());
    byte[] getByteArray = buffer1.array();
    for (int i = 0; i < getByteArray.length; i++) {
        System.out.print(getByteArray[i] + " - ");

    }
}
}
```

程序运行结果如下：

```
A1 capacity=10 limit=10 position=0
A2 capacity=10 limit=10 position=1
A3 capacity=10 limit=10 position=2
B capacity=10 limit=10 position=3
C capacity=10 limit=10 position=0
125
D capacity=10 limit=10 position=1
126
E capacity=10 limit=10 position=2
127
F capacity=10 limit=10 position=3
0
125 - 126 - 127 - 0 - 0 - 0 - 0 - 0 - 0 - 0 -
```

从运行结果可以看出，在执行相对位置读或写操作后，位置（position）呈递增的状态，位置自动移动到下一个位置上，也就是位置的值是 ++position 的效果，以便进行下一次读或写操作。

1.4.5　put(byte[] src, int offset, int length) 和 get(byte[] dst, int offset, int length) 方法的使用

put(byte[] src, int offset, int length) 方法的作用：相对批量 put 方法，此方法将把给定源数组中的字节传输到此缓冲区当前位置中。如果要从该数组中复制的字节多于此缓冲区中的剩余字节（即 length > remaining()），则不传输字节且将抛出 BufferOverflowException 异常。否则，此方法将给定数组中的 length 个字节复制到此缓冲区中。将数组中给定 off 偏移量位置的数据复制到缓冲区的当前位置，从数组中复制的元素个数为 length。换句话说，调用此方法的形式为 dst.put(src, offset, length)，效果与以下循环语句完全相同：

```
for (int i = offset; i < offset + length; i++)
    dst.put(a[i]);
```

区别在于它首先检查此缓冲区中是否有足够空间，这样可能效率更高。

put(byte[] src, int offset, int length) 方法的参数的介绍如下。

1）src：缓冲区中当前位置的数据来自于 src 数组。

2）offset：要读取的第一个字节在"数组中的偏移量"，并"不是缓冲区的偏移"，必须为非负且不大于 src.length。

3）length：要从给定数组读取的字节的数量，必须为非负且不大于 src.length-offset。

get(byte[] dst, int offset, int length) 方法的作用：相对批量 get 方法，此方法将此缓冲区当前位置的字节传输到给定的目标数组中。如果此缓冲中剩余的字节少于满足请求所需的字节（即 length > remaining()），则不传输字节且抛出 BufferUnderflowException 异常。否则，此方法将此缓冲区中的 length 个字节复制到给定数组中。从此缓冲区的当前位置和数组中的给定偏移量位置开始复制。然后，此缓冲区的位置将增加 length。换句话说，调用此方法的形式为 src.get(dst, off, len)，效果与以下循环语句完全相同：

```
for (int i = offset; i < offset + length; i++)
    dst[i] = src.get();
```

区别在于 get(byte[] dst, int offset, int length) 方法首先检查此缓冲区中是否具有足够的字节，这样可能效率更高。

get(byte[] dst, int offset, int length) 方法的参数介绍如下。

1）dst：将缓冲区中当前位置的数据写入 dst 数组中。

2）offset：要写入的第一个字节在"数组中的偏移量"，并"不是缓冲区的偏移"，必须为非负且不大于 dst.length。

3）length：要写入到给定数组中的字节的最大数量，必须为非负且不大于 dst.length - offset。

下面来看看这两个方法的基本使用情况，示例代码如下：

```
public class Test5 {
public static void main(String[] args) {
    byte[] byteArrayIn1 = { 1, 2, 3, 4, 5, 6, 7, 8 };
    byte[] byteArrayIn2 = { 55, 66, 77, 88 };
    // 开辟 10 个空间
    ByteBuffer bytebuffer = ByteBuffer.allocate(10);
    // 将 1,2,3,4,5,6,7,8 放入缓冲区的前 8 个位置中
    bytebuffer.put(byteArrayIn1);
    // 执行 put() 方法后位置发生改变，将位置设置成 2
    bytebuffer.position(2);
    // 将数组 55,66,77,88 中的 66,77,88 放入缓冲区的第 3 位
    // 值变成 1,2,66,77,88,6,7,8
    // 说明方法 put(byte[] src, int offset, int length) 放入的位置参考
    // 的是 Buffer 当前的 position 位置
    bytebuffer.put(byteArrayIn2, 1, 3);
    System.out.print("A=");
    byte[] getByte = bytebuffer.array();
    for (int i = 0; i < getByte.length; i++) {
        System.out.print(getByte[i] + " ");
    }
    System.out.println();
```

```
        bytebuffer.position(1);
        // 创建新的 byte[] 数组 byteArrayOut，目的是将缓冲区中的数据导出来
        byte[] byteArrayOut = new byte[bytebuffer.capacity()];
        // 使用 get() 方法从缓冲区 position 值为 1 的位置开始，向 byteArrayOut 数组的
        // 索引为 3 处一共复制 4 个字节
        // 说明方法 get(byte[] dst, int offset, int length) 获得数据的位置参考
        // 的是 Buffer 当前的 position 位置
        bytebuffer.get(byteArrayOut, 3, 4);
        System.out.print("B=");
        // 打印 byteArrayOut 数组中的内容
        for (int i = 0; i < byteArrayOut.length; i++) {
            System.out.print(byteArrayOut[i] + " ");
        }
    }
}
```

程序运行结果如下：

```
A=1 2 66 77 88 6 7 8 0 0
B=0 0 0 2 66 77 88 0 0 0
```

在使用 put(byte[] src, int offset, int length) 方法的过程中，需要注意两种出现异常的情况：

1）当 offset+length 的值大于 src.length 时，抛出 IndexOutOfBoundsException 异常；

2）当参数 length 的值大于 buffer.remaining 时，抛出 BufferOverflowException 异常。

也就是说，在上述两种异常情况下都不传输字节。

先来测试第 1 种情况，代码如下：

```
public class Test5_1 {
public static void main(String[] args) {
    byte[] byteArrayIn1 = { 1, 2, 3, 4, 5, 6, 7 };
    ByteBuffer bytebuffer = ByteBuffer.allocate(10);
    bytebuffer.put(byteArrayIn1, 0, bytebuffer.capacity());
}
}
```

程序运行结果如下：

```
Exception in thread "main" java.lang.IndexOutOfBoundsException
    at java.nio.Buffer.checkBounds(Buffer.java:567)
    at java.nio.HeapByteBuffer.put(HeapByteBuffer.java:187)
    at ByteBufferAPITest.Test5_1.main(Test5_1.java:9)
```

再来测试第 2 种情况，代码如下：

```
public class Test5_2 {
public static void main(String[] args) {
    byte[] byteArrayIn1 = { 1, 2, 3, 4, 5, 6, 7 };
    ByteBuffer bytebuffer = ByteBuffer.allocate(10);
    bytebuffer.position(9);
    bytebuffer.put(byteArrayIn1, 0, 4);
}
}
```

程序运行结果如下：

```
Exception in thread "main" java.nio.BufferOverflowException
    at java.nio.HeapByteBuffer.put(HeapByteBuffer.java:189)
    at ByteBufferAPITest.Test5_2.main(Test5_2.java:10)
```

在调用 put(byte[] src, int offset, int length) 方法时，如果遇到这种向缓冲区中写入数据时有可能写多或写少的情况，那么可以使用如下的示例代码进行解决：

```java
public class Test5_3 {
public static void main(String[] args) {
    byte[] byteArrayIn1 = { 1, 2, 3, 4, 5, 6, 7, 8, 9, 10, 11, 12 };
    ByteBuffer bytebuffer = ByteBuffer.allocate(10);
    int getArrayIndex = 0;
    while (getArrayIndex < byteArrayIn1.length) {
        // 下面代码的作用就是判断：缓冲区的剩余和数组的剩余谁少
        int readLength = Math.min(bytebuffer.remaining(), byteArrayIn1.length -
            getArrayIndex);
        bytebuffer.put(byteArrayIn1, getArrayIndex, readLength);
        bytebuffer.flip();
        byte[] getArray = bytebuffer.array();
        for (int i = 0; i < bytebuffer.limit(); i++) {
            System.out.print(getArray[i] + " ");
        }
        getArrayIndex = getArrayIndex + readLength;
        System.out.println();
        bytebuffer.clear();
    }
}
}
```

程序运行结果如下：

```
1 2 3 4 5 6 7 8 9 10
11 12
```

上面的代码在 byte[] 的 length 大于或等于缓冲区的 remaining() 时，或者小于或等于 remaining() 时都可以正确运行。

在使用 get(byte[] dst, int offset, int length) 方法的过程中，需要注意两种出现异常的情况：

1）当 offset+length 的值大于 dst.length 时，抛出 IndexOutOfBoundsException 异常；

2）当参数 length 的值大于 buffer.remaining 时，抛出 BufferUnderflowException 异常。

也就是说，在上述两种异常情况下都不传输字节。

先来测试第 1 种情况，代码如下：

```java
public class Test5_4 {
public static void main(String[] args) {
    byte[] byteArrayIn1 = { 1, 2, 3, 4, 5, 6, 7 };
    ByteBuffer bytebuffer = ByteBuffer.wrap(byteArrayIn1);
    byte[] byteArrayOut = new byte[5];
    bytebuffer.get(byteArrayOut, 0, 7);
}
}
```

运行效果如下：

```
Exception in thread "main" java.lang.IndexOutOfBoundsException
    at java.nio.Buffer.checkBounds(Buffer.java:567)
    at java.nio.HeapByteBuffer.get(HeapByteBuffer.java:149)
    at ByteBufferAPITest.Test5_4.main(Test5_4.java:10)
```

再来测试第 2 种情况，代码如下：

```java
public class Test5_5 {
public static void main(String[] args) {
    byte[] byteArrayIn1 = { 1, 2, 3, 4, 5, 6, 7 };
    ByteBuffer bytebuffer = ByteBuffer.wrap(byteArrayIn1);
    bytebuffer.position(5);
    byte[] byteArrayOut = new byte[500];
    bytebuffer.get(byteArrayOut, 0, 50);
}
}
```

运行效果如下：

```
Exception in thread "main" java.nio.BufferUnderflowException
    at java.nio.HeapByteBuffer.get(HeapByteBuffer.java:151)
    at ByteBufferAPITest.Test5_5.main(Test5_5.java:11)
```

在调用 get(byte[] dst, int offset, int length) 方法时，如果遇到这种从缓冲区中获得数据时有可能取多或取少的情况，那么可以使用如下的示例代码进行解决：

```java
public class Test5_6 {
public static void main(String[] args) {
    byte[] byteArrayIn = { 1, 2, 3, 4, 5, 6, 7, 8, 9, 10, 11, 12 };
    ByteBuffer bytebuffer = ByteBuffer.wrap(byteArrayIn);
    byte[] byteArrayOut = new byte[5];
    while (bytebuffer.hasRemaining()) {
        int readLength = Math.min(bytebuffer.remaining(), byteArrayOut.length);
        bytebuffer.get(byteArrayOut, 0, readLength);
        for (int i = 0; i < readLength; i++) {
            System.out.print(byteArrayOut[i] + " ");
        }
        System.out.println();
    }
}
}
```

运行效果如下：

```
1 2 3 4 5
6 7 8 9 10
11 12
```

总结一下本小节介绍的 put(byte[] src, int offset, int length) 和 get(byte[] dst, int offset, int length) 方法的执行流程，核心流程代码如下：

```java
public ByteBuffer put(byte[] src, int offset, int length) {
// 能从数组中取出指定长度的数据，就不报错 (size 是 src 数组的长度 )
        if ((off | len | (off + len) | (size - (off + len))) < 0
```

```
        throw new IndexOutOfBoundsException();
// 取出来的数据的大小小于或等于缓冲区的剩余空间，就不报错
        if (length > remaining())
            throw new BufferOverflowException();
        int end = offset + length;
        for (int i = offset; i < end; i++)
            this.put(src[i]);
        return this;
    }
```

get(byte[] dst, int offset, int length) 方法和 put(byte[] src, int offset, int length) 方法的逻辑相同。

1.4.6　put(byte[] src) 和 get(byte[] dst) 方法的使用

put(byte[] src) 方法的作用：相对批量 put 方法，此方法将给定的源 byte 数组的所有内容存储到此缓冲区的当前位置中。与该方法功能完全相同的写法为：dst.put(a, 0, a.length)。

get(byte[] dst) 方法的作用：相对批量 get 方法，此方法将此缓冲区 remaining 的字节传输到给定的目标数组中。与该方法功能完全相同的写法为：src.get(a, 0, a.length)。使用此方法取得数据的数量取决于 byte[] dst 目标数组的大小。

put(byte[] src) 和 get(byte[] dst) 方法调用的是 3 个参数的 put 和 get 方法，源代码如下：

```
public final ByteBuffer put(byte[] src) {
    return put(src, 0, src.length);
}
public ByteBuffer get(byte[] dst) {
    return get(dst, 0, dst.length);
}
```

在上述源代码中调用的是 3 个参数的方法 put(byte[] src, int offset, int length) 和 get(byte[] dst, int offset, int length)。

示例代码如下：

```
public class Test4 {
public static void main(String[] args) {
    byte[] byteArray = new byte[] { 3, 4, 5, 6, 7, 8 };
    ByteBuffer buffer1 = ByteBuffer.allocate(10);
    buffer1.put((byte) 1);
    buffer1.put((byte) 2);
    System.out.println("A=" + buffer1.position());
    buffer1.put(byteArray);// 是相对位置存入操作
    System.out.println("B=" + buffer1.position());
    buffer1.flip();
    buffer1.position(3);
    System.out.println("C=" + buffer1.position());
    byte[] newArray = new byte[buffer1.remaining()];
    buffer1.get(newArray);// 是相对位置读取操作
    for (int i = 0; i < newArray.length; i++) {
        System.out.print(newArray[i] + " ");
    }
}
}
```

程序运行结果如下：

```
A=2
B=8
C=3
4 5 6 7 8
```

在使用 put(byte[] src) 和 get(byte[] dst) 方法的过程中，需要注意异常情况的发生。

（1）public final ByteBuffer put(byte[] src)

1）缓冲区的 remaining 大于或等于数组的 length，不出现异常。

2）缓冲区的 remaining 小于数组的 length，出现异常。

（2）public ByteBuffer get(byte[] dst)

1）缓冲区的 remaining 大于或等于数组的 length，不出现异常。

2）缓冲区的 remaining 小于数组的 length，出现异常。

下面对上述两种方法中出现的两种情况分别进行研究。

1）put(byte[] src) 方法：缓冲区的 remaining 大于或等于数组的 length，不出现异常。

```java
public class Test4_1 {
public static void main(String[] args) {
    byte[] byteArray = new byte[] { 1, 2, 3, 4, 5 };
    ByteBuffer buffer = ByteBuffer.allocate(10);
    buffer.position(1);// 缓冲区的剩余空间足够了，不出现异常
    buffer.put(byteArray);
    byte[] newByteArray = buffer.array();
    for (int i = 0; i < newByteArray.length; i++) {
        System.out.print(newByteArray[i]);
    }
}
}
```

程序运行结果如下：

```
0123450000
```

2）put(byte[] src) 方法：缓冲区的 remaining 小于数组的 length，出现异常。

```java
public class Test4_2 {
public static void main(String[] args) {
    byte[] byteArray = new byte[] { 3, 4, 5, 6, 7, 8 };
    ByteBuffer buffer = ByteBuffer.allocate(10);
    buffer.position(8);// 缓冲区的剩余空间不够了，出现异常
    buffer.put(byteArray);
}
}
```

程序运行结果如下：

```
Exception in thread "main" java.nio.BufferOverflowException
    at java.nio.HeapByteBuffer.put(HeapByteBuffer.java:189)
    at java.nio.ByteBuffer.put(ByteBuffer.java:859)
    at ByteBufferAPITest.Test4_2.main(Test4_2.java:10)
```

3）get(byte[] dst) 方法：缓冲区的 remaining 大于或等于数组的 length，不出现异常。

```
public class Test4_3 {
public static void main(String[] args) {
    byte[] byteArray1 = new byte[] { 1, 2, 3, 4, 5, 6, 7, 8, 9, 10 };
    ByteBuffer buffer = ByteBuffer.wrap(byteArray1);
    byte[] byteArrayNew = new byte[5];
    buffer.get(byteArrayNew);// 不出现异常
    for (int i = 0; i < byteArrayNew.length; i++) {
        System.out.print(byteArrayNew[i]);
    }
}
}
```

程序运行结果如下：

```
12345
```

4）get(byte[] dst) 方法：缓冲区的 remaining 小于数组的 length，出现异常。

```
public class Test4_4 {
public static void main(String[] args) {
    byte[] byteArray1 = new byte[] { 1, 2, 3, 4, 5 };
    ByteBuffer buffer = ByteBuffer.wrap(byteArray1);
    buffer.position(3);
    byte[] byteArrayNew = new byte[3];
    buffer.get(byteArrayNew);
    // 出现异常，因为缓冲区中的剩余数据不够 3 个
}
}
```

程序运行结果如下：

```
Exception in thread "main" java.nio.BufferUnderflowException
    at java.nio.HeapByteBuffer.get(HeapByteBuffer.java:151)
    at java.nio.ByteBuffer.get(ByteBuffer.java:715)
    at ByteBufferAPITest.Test4_4.main(Test4_4.java:11)
```

如果在使用 public final ByteBuffer put(byte[] src) 方法的过程中，出现字节数组的 length 大于或等于或者小于或等于缓冲区的 remaining 剩余空间时，就要进行特殊处理，即分批进行处理，示例代码如下：

```
public class Test4_5 {
public static void main(String[] args) throws NoSuchMethodException, Security
    Exception, IllegalAccessException,
        IllegalArgumentException, InvocationTargetException, Interrupted
            Exception {
    byte[] byteArray1 = { 1, 2, 3, 4, 5, 6, 7, 8, 9, 10 };
    ByteBuffer byteBuffer1 = ByteBuffer.allocate(4);
    int byteArrayCurrentIndex = 0;
    int byteArrayRemaining = 0;
    while (byteArrayCurrentIndex < byteArray1.length) {
        byteArrayRemaining = byteArray1.length - byteArrayCurrentIndex;
        int readLength = Math.min(byteArrayRemaining, byteBuffer1.
            remaining());
```

```
byte[] newByteArray = Arrays.copyOfRange(byteArray1, byteArray
    CurrentIndex,
        byteArrayCurrentIndex + readLength);
byteBuffer1.put(newByteArray);
byteBuffer1.flip();
byte[] getByte = byteBuffer1.array();
for (int i = 0; i < byteBuffer1.limit(); i++) {
    System.out.print(getByte[i] + " ");
}
System.out.println();
byteArrayCurrentIndex = byteArrayCurrentIndex + readLength;
byteBuffer1.clear();
    }
}
}
```

如果在使用 get(byte[] dst) 方法的过程中，出现字节数组的 length 大于或等于或者小于或等于缓冲区的 remaining 时，那么也要进行特殊处理，示例代码如下：

```
public class Test4_6 {
public static void main(String[] args) {
    byte[] byteArray = new byte[] { 1, 2, 3, 4, 5, 6, 7, 8 };
    ByteBuffer buffer = ByteBuffer.wrap(byteArray);
    int copyDataCount = 3;
    while (buffer.hasRemaining()) {
        byte[] copyByteArray = new byte[Math.min(buffer.remaining(), copy
            DataCount)];
        buffer.get(copyByteArray);
        for (int i = 0; i < copyByteArray.length; i++) {
            System.out.print(copyByteArray[i]);
        }
        System.out.println();
    }
}
}
```

1.4.7　put(int index, byte b) 和 get(int index) 方法的使用与 position 不变

put(int index, byte b) 方法的作用：绝对 put 方法，将给定字节写入此缓冲区的给定索引位置。

get(int index) 方法的作用：绝对 get 方法，读取指定位置索引处的字节。

示例代码如下：

```
public class Test6_1 {
public static void main(String[] args) {
    byte[] byteArrayIn1 = { 1, 2, 3, 4, 5, 6, 7, 8 };
    ByteBuffer bytebuffer = ByteBuffer.allocate(10);
    bytebuffer.put(byteArrayIn1);
    bytebuffer.put(2, (byte) 127);//
    System.out.println(bytebuffer.get(2));//
    bytebuffer.position(0);
    byte[] byteArrayOut = new byte[bytebuffer.capacity()];
    bytebuffer.get(byteArrayOut, 0, byteArrayOut.length);
```

```
    for (int i = 0; i < byteArrayOut.length; i++) {
        System.out.print(byteArrayOut[i] + " ");
    }
}
}
```

程序运行结果如下：

```
127
1 2 127 4 5 6 7 8 0 0
```

使用绝对位置操作后，位置（position）并不改变，测试代码如下：

```
public class Test6_2 {
public static void main(String[] args) {
    ByteBuffer bytebuffer = ByteBuffer.allocate(10);
    bytebuffer.position(9);
    System.out.println(bytebuffer.position());
    bytebuffer.put(2, (byte) 127);
    System.out.println(bytebuffer.position());

    bytebuffer.rewind();

    byte[] byteArrayOut = new byte[bytebuffer.capacity()];
    bytebuffer.get(byteArrayOut, 0, byteArrayOut.length);
    for (int i = 0; i < byteArrayOut.length; i++) {
        System.out.print(byteArrayOut[i] + " ");
    }
}
}
```

程序运行结果如下：

```
9
9
0 0 127 0 0 0 0 0 0 0
```

1.4.8 put(ByteBuffer src) 方法的使用

put(ByteBuffer src) 方法的作用：相对批量 put 方法，此方法将给定源缓冲区中的剩余字节传输到此缓冲区的当前位置中。如果源缓冲区中的剩余字节多于此缓冲区中的剩余字节，即 src.remaining() > remaining()，则不传输字节且抛出 BufferOverflowException 异常。否则，此方法将给定缓冲区中的 n = src.remaining() 个字节复制到此缓冲区中，从每个缓冲区的当前位置开始复制。然后，这两个缓冲区的位置都增加 n。

示例代码如下：

```
public class Test7 {
public static void main(String[] args) {
    byte[] byteArrayIn1 = { 1, 2, 3, 4, 5, 6, 7, 8 };
    ByteBuffer bytebuffer1 = ByteBuffer.wrap(byteArrayIn1);

    byte[] byteArrayIn2 = { 55, 66, 77 };
```

```
        ByteBuffer bytebuffer2 = ByteBuffer.wrap(byteArrayIn2);

        bytebuffer1.position(4);
        bytebuffer2.position(1);

        bytebuffer1.put(bytebuffer2);
        System.out.println("bytebuffer1 被改变: " + bytebuffer1.position());
        System.out.println("bytebuffer2 被改变: " + bytebuffer2.position());

        byte[] byteArrayOut = bytebuffer1.array();
        for (int i = 0; i < byteArrayOut.length; i++) {
            System.out.print(byteArrayOut[i] + " ");
        }
    }
}
```

程序运行结果如下：

```
bytebuffer1 被改变: 6
bytebuffer2 被改变: 3
1 2 3 4 66 77 7 8
```

1.4.9　putType() 和 getType() 方法的使用

putChar(char value) 方法的作用：用来写入 char 值的相对 put 方法（可选操作）。将两个包含指定 char 值的字节按照当前的字节顺序写入到此缓冲区的当前位置，然后将该位置增加 2。

putChar(int index, char value) 方法的作用：用于写入 char 值的绝对 put 方法（可选操作）。将两个包含给定 char 值的字节按照当前的字节顺序写入到此缓冲区的给定索引处。

putDouble(double value) 方法的作用：用于写入 double 值的相对 put 方法（可选操作）。将 8 个包含给定 double 值的字节按照当前的字节顺序写入到此缓冲区的当前位置，然后将该位置增加 8。

putDouble(int index, double value) 方法的作用：用于写入 double 值的绝对 put 方法（可选操作）。将 8 个包含给定 double 值的字节按照当前的字节顺序写入到此缓冲区的给定索引处。

putFloat(float value) 方法的作用：用于写入 float 值的相对 put 方法（可选操作）。将 4 个包含给定 float 值的字节按照当前的字节顺序写入到此缓冲区的当前位置，然后将该位置增加 4。

putFloat(int index, float value) 方法的作用：用于写入 float 值的绝对 put 方法（可选操作）。将 4 个包含给定 float 值的字节按照当前的字节顺序写入到此缓冲区的给定索引处。

putInt(int value) 方法的作用：用于写入 int 值的相对 put 方法（可选操作）。将 4 个包含给定 int 值的字节按照当前的字节顺序写入到此缓冲区的当前位置，然后将该位置增加 4。

putInt(int index, int value) 方法的作用：用于写入 int 值的绝对 put 方法（可选操作）。将 4 个包含给定 int 值的字节按照当前的字节顺序写入到此缓冲区的给定索引处。

putLong(long value) 方法的作用：用于写入 long 值的相对 put 方法（可选操作）。将 8

个包含给定 long 值的字节按照当前的字节顺序写入到此缓冲区的当前位置，然后将该位置增加 8。

putLong(int index, long value) 方法的作用：用于写入 long 值的绝对 put 方法（可选操作）。将 8 个包含给定 long 值的字节按照当前的字节顺序写入到此缓冲区的给定索引处。

putShort(short value) 方法的作用：用于写入 short 值的相对 put 方法（可选操作）。将两个包含指定 short 值的字节按照当前的字节顺序写入到此缓冲区的当前位置，然后将该位置增加 2。

putShort(int index, short value) 方法的作用：用于写入 short 值的绝对 put 方法（可选操作）。将两个包含给定 short 值的字节按照当前的字节顺序写入到此缓冲区的给定索引处。

示例代码如下：

```java
public class Test8 {
public static void main(String[] args) {
    ByteBuffer bytebuffer1 = ByteBuffer.allocate(100);
    bytebuffer1.putChar('a');//0-1, char 占 2 个字节
    bytebuffer1.putChar(2, 'b');//2-3

    bytebuffer1.position(4);
    bytebuffer1.putDouble(1.1);//4-11, double 占 8 个字节
    bytebuffer1.putDouble(12, 1.2);//12-19

    bytebuffer1.position(20);
    bytebuffer1.putFloat(2.1F);//20-23, float 占 4 个字节
    bytebuffer1.putFloat(24, 2.2F);//24-27

    bytebuffer1.position(28);
    bytebuffer1.putInt(31);//28-31, int 占 4 个字节
    bytebuffer1.putInt(32, 32);//32-35

    bytebuffer1.position(36);
    bytebuffer1.putLong(41L);//36-43, long 占 8 个字节
    bytebuffer1.putLong(44, 42L);//44-51

    bytebuffer1.position(52);
    bytebuffer1.putShort((short) 51);//52-53, short 占 2 个字节
    bytebuffer1.putShort(54, (short) 52);//54-55

    bytebuffer1.position(0);

    byte[] byteArrayOut = bytebuffer1.array();
    for (int i = 0; i < byteArrayOut.length; i++) {
        // System.out.print(byteArrayOut[i] + " ");
    }
    System.out.println();
    System.out.println(bytebuffer1.getChar());
    System.out.println(bytebuffer1.getChar(2));
    bytebuffer1.position(4);
    System.out.println(bytebuffer1.getDouble());
    System.out.println(bytebuffer1.getDouble(12));
    bytebuffer1.position(20);
```

```
    System.out.println(bytebuffer1.getFloat());
    System.out.println(bytebuffer1.getFloat(24));
    bytebuffer1.position(28);
    System.out.println(bytebuffer1.getInt());
    System.out.println(bytebuffer1.getInt(32));
    bytebuffer1.position(36);
    System.out.println(bytebuffer1.getLong());
    System.out.println(bytebuffer1.getLong(44));
    bytebuffer1.position(52);
    System.out.println(bytebuffer1.getShort());
    System.out.println(bytebuffer1.getShort(54));
}
}
```

程序运行结果如下：

```
a
b
1.1
1.2
2.1
2.2
31
32
41
42
51
52
```

1.4.10　slice() 方法的使用与 arrayOffSet() 为非 0 的测试

slice() 方法的作用：创建新的字节缓冲区，其内容是此缓冲区内容的共享子序列。新缓冲区的内容将从此缓冲区的当前位置开始。此缓冲区内容的更改在新缓冲区中是可见的，反之亦然；这两个缓冲区的位置、限制和标记值是相互独立的。新缓冲区的位置将为 0，其容量和限制将为此缓冲区中所剩余的字节数量，其标记是不确定的。当且仅当此缓冲区为直接缓冲区时，新缓冲区才是直接缓冲区。当且仅当此缓冲区为只读时，新缓冲区才是只读的。

示例代码如下：

```
public class Test9_1 {
public static void main(String[] args) {
    byte[] byteArrayIn1 = { 1, 2, 3, 4, 5, 6, 7, 8 };
    ByteBuffer bytebuffer1 = ByteBuffer.wrap(byteArrayIn1);
    bytebuffer1.position(5);
    ByteBuffer bytebuffer2 = bytebuffer1.slice();
      System.out.println("bytebuffer1.position=" + bytebuffer1.position() +
        " bytebuffer1.capacity="
                + bytebuffer1.capacity() + " bytebuffer1.limit=" + bytebuffer1.
                  limit());
      System.out.println("bytebuffer2.position=" + bytebuffer2.position() +
        " bytebuffer2.capacity="
                + bytebuffer2.capacity() + " bytebuffer2.limit=" + bytebuffer2.
```

```
                    limit());

        bytebuffer2.put(0, (byte) 111);

        byte[] byteArray1 = bytebuffer1.array();
        byte[] byteArray2 = bytebuffer2.array();

        for (int i = 0; i < byteArray1.length; i++) {
            System.out.print(byteArray1[i] + " ");
        }
        System.out.println();
        for (int i = 0; i < byteArray2.length; i++) {
            System.out.print(byteArray2[i] + " ");
        }


    }
}
```

程序运行结果如下：

```
bytebuffer1.position=5 bytebuffer1.capacity=8 bytebuffer1.limit=8
bytebuffer2.position=0 bytebuffer2.capacity=3 bytebuffer2.limit=3
1 2 3 4 5 111 7 8
1 2 3 4 5 111 7 8
```

在使用 slice() 方法后，再调用 arrayOffSet() 方法时，会出现返回值为非 0 的情况，测试代码如下：

```
public class Test9_2 {
public static void main(String[] args) {
    byte[] byteArrayIn1 = { 1, 2, 3, 4, 5, 6, 7, 8 };
    ByteBuffer bytebuffer1 = ByteBuffer.wrap(byteArrayIn1);
    bytebuffer1.position(5);
    ByteBuffer bytebuffer2 = bytebuffer1.slice();
    System.out.println(bytebuffer2.arrayOffset());
}
}
```

程序运行结果如下：

```
5
```

运行结果说明 bytebuffer2 的第 1 个元素的位置是相对于 byteArrayIn1 数组中索引值为 5 的偏移。

1.4.11　转换为 CharBuffer 字符缓冲区及中文的处理

asCharBuffer() 方法的作用：创建此字节缓冲区的视图，作为 char 缓冲区。新缓冲区的内容将从此缓冲区的当前位置开始。此缓冲区内容的更改在新缓冲区中是可见的，反之亦然；这两个缓冲区的位置、限制和标记值是相互独立的。新缓冲区的位置将为 0，其容量和限制将为此缓冲区中所剩余的字节数的 1/2，其标记是不确定的。当且仅当此缓冲区为直接缓冲区时，新缓冲区才是直接缓冲区。当且仅当此缓冲区为只读时，新缓冲区才是只读的。

示例代码如下：

```java
public class Test10 {
public static void main(String[] args) throws UnsupportedEncodingException {
    byte[] byteArrayIn1 = "我是中国人".getBytes();
    // 运行本代码的 *.java 文件是 UTF-8 编码，所以运行环境取得的编码默认是 UTF-8
    System.out.println(Charset.defaultCharset().name());

    ByteBuffer bytebuffer = ByteBuffer.wrap(byteArrayIn1);
    System.out.println("bytebuffer=" + bytebuffer.getClass().getName());

    CharBuffer charBuffer = bytebuffer.asCharBuffer();
    System.out.println("charBuffer=" + charBuffer.getClass().getName());

    System.out.println("bytebuffer.position=" + bytebuffer.position() + "
        bytebuffer.capacity="
            + bytebuffer.capacity() + " bytebuffer.limit=" + bytebuffer.
                limit());
    System.out.println("charBuffer.position=" + charBuffer.position() + "
        charBuffer.capacity="
            + charBuffer.capacity() + " charBuffer.limit=" + charBuffer.
                limit());

    System.out.println(charBuffer.capacity());

    charBuffer.position(0);

    for (int i = 0; i < charBuffer.capacity(); i++) {
        // get() 方法使用的编码为 UTF-16BE
        // UTF-8 与 UTF-16BE 并不是同一种编码
        // 所以这时出现了乱码
        System.out.print(charBuffer.get() + " ");
    }
}

}
```

上述程序运行结果如图 1-20 所示。

```
UTF-8
bytebuffer=java.nio.HeapByteBuffer
charBuffer=java.nio.ByteBufferAsCharBufferB
bytebuffer.position=0 bytebuffer.capacity=15 bytebuffer.limit=15
charBuffer.position=0 charBuffer.capacity=7 charBuffer.limit=7
7
    鍣颯    룏鮻
```

图 1-20　运行结果

上面的代码产生了 4 个步骤。

1）使用代码语句"byte[] byteArrayIn1 = "我是中国人".getBytes();"将中文转成字节数组，数组中存储的编码为 UTF-8。

2）使用代码语句"ByteBuffer bytebuffer = ByteBuffer.wrap(byteArrayIn1);"将 UTF-8 编码的字节数组转换成字节缓冲区（ByteBuffer），缓冲区中存储的编码也为 UTF-8。

3）使用代码语句"CharBuffer charBuffer = bytebuffer.asCharBuffer();"将编码格式为 UTF-8 的 ByteBuffer 中的内容转换成 UTF-8 编码的 CharBuffer。

4）当调用 CharBuffer 类的子类 java.nio.ByteBufferAsCharBufferB 中的 get() 方法时，以 UTF-16BE 的编码格式获得中文时出现编码不匹配的情况，因此出现了乱码。

从上面的运行结果来看，并没有将正确的中文获取出来，相反还出现了乱码，出现乱码的原因就是编码不对称造成的，解决办法就是使编码对称，也就是将中文转成字节数组时使用 UTF-16BE 编码，而使用 ByteBufferAsCharBufferB 的 get() 方法时再以 UTF-16BE 编码转回中文即可，这样就不会出现中文乱码问题了。解决乱码问题的程序代码如下：

```java
public class Test11 {
public static void main(String[] args) throws UnsupportedEncodingException {
    // 将中文转成 UTF-16BE 编码的字节数组
    byte[] byteArrayIn1 = " 我是中国人 ".getBytes("utf-16BE");
    System.out.println(Charset.defaultCharset().name());

    ByteBuffer bytebuffer = ByteBuffer.wrap(byteArrayIn1);
    System.out.println("bytebuffer=" + bytebuffer.getClass().getName());

    CharBuffer charBuffer = bytebuffer.asCharBuffer();
    System.out.println("charBuffer=" + charBuffer.getClass().getName());

    System.out.println("bytebuffer.position=" + bytebuffer.position() + "
        bytebuffer.capacity="
            + bytebuffer.capacity() + " bytebuffer.limit=" + bytebuffer.limit());
    System.out.println("charBuffer.position=" + charBuffer.position() + "
    charBuffer.capacity="
            + charBuffer.capacity() + " charBuffer.limit=" + charBuffer.limit());

    System.out.println(charBuffer.capacity());

    charBuffer.position(0);

    for (int i = 0; i < charBuffer.capacity(); i++) {
        System.out.print(charBuffer.get() + " ");// UTF-16BE
    }
}

}
```

程序运行结果如下：

```
UTF-8
bytebuffer=java.nio.HeapByteBuffer
charBuffer=java.nio.ByteBufferAsCharBufferB
bytebuffer.position=0 bytebuffer.capacity=10 bytebuffer.limit=10
charBuffer.position=0 charBuffer.capacity=5 charBuffer.limit=5
5
我 是 中 国 人
```

从上面输出的结果可以发现，中文乱码的问题解决了。

解决的步骤是什么呢？如下：

1）使用代码语句 " byte[] byteArrayIn1 = " 我是中国人 ".getBytes("utf-16BE");" 将中文转成字节数组，数组中存储的编码为 UTF-16BE。

2）使用代码语句 " ByteBuffer bytebuffer = ByteBuffer.wrap(byteArrayIn1);" 将 UTF-16BE 编码的字节数组转换成 ByteBuffer，ByteBuffer 中存储的编码也为 UTF-16BE。

3）使用代码语句 " CharBuffer charBuffer = bytebuffer.asCharBuffer();" 将编码格式为 UTF-16BE 的 ByteBuffer 中的内容转换成 UTF-16BE 编码的 CharBuffer。

4）当调用 CharBuffer 类的子类 java.nio.ByteBufferAsCharBufferB 中的 get() 方法时，以 UTF-16BE 的编码格式获得中文时不再出现乱码，这样乱码问题就解决了。

当然，还可以使用其他的办法来解决乱码问题。

示例代码如下：

```java
public class Test12 {
public static void main(String[] args) throws UnsupportedEncodingException {
    // 字节数组使用的编码为 UTF-8
    byte[] byteArrayIn1 = " 我是中国人 ".getBytes("utf-8");
    System.out.println(Charset.defaultCharset().name());
    ByteBuffer bytebuffer = ByteBuffer.wrap(byteArrayIn1);
    // 将 bytebuffer 中的内容转成 UTF-8 编码的 CharBuffer
    CharBuffer charBuffer = Charset.forName("utf-8").decode(bytebuffer);

    System.out.println("bytebuffer=" + bytebuffer.getClass().getName());
    System.out.println("charBuffer=" + charBuffer.getClass().getName());

    System.out.println("bytebuffer.position=" + bytebuffer.position() + "
        bytebuffer.capacity="
            + bytebuffer.capacity() + " bytebuffer.limit=" + bytebuffer.limit());
    System.out.println("charBuffer.position=" + charBuffer.position() + "
        charBuffer.capacity="
            + charBuffer.capacity() + " charBuffer.limit=" + charBuffer.limit());
    System.out.println(charBuffer.capacity());
    charBuffer.position(0);
    for (int i = 0; i < charBuffer.limit(); i++) {
        System.out.print(charBuffer.get() + " ");
    }

}
}
```

程序运行结果如下：

```
GBK
bytebuffer=java.nio.HeapByteBuffer
charBuffer=java.nio.HeapCharBuffer
bytebuffer.position=15 bytebuffer.capacity=15 bytebuffer.limit=15
charBuffer.position=0 charBuffer.capacity=15 charBuffer.limit=5
15
我 是 中 国 人
```

输出信息的第一行为 GBK 是因为 *.java 文件的编码就是 GBK，并没有改成 UTF-8。
上面的代码也解决了中文乱码问题，解决步骤如下。

1）使用代码语句"byte[] byteArrayIn1 = " 我是中国人 ".getBytes("utf-8");"将 GBK 编码的中文转换成 UTF-8 编码格式的字节数组。

2）使用代码语句" ByteBuffer bytebuffer = ByteBuffer.wrap(byteArrayIn1);"将 UTF-8 编码的字节数组转换成 ByteBuffer，ByteBuffer 中存储的编码也为 UTF-8。

3）使用代码语句" CharBuffer charBuffer = Charset.forName("utf-8").decode(bytebuffer);"的目的是将编码类型为 UTF-8 的 ByteBuffer 转换成编码类型为 UTF-8 的 java.nio.HeapCharBuffer。HeapCharBuffer 类中的 hb[] 数组中存储的内容已经是正确的 UTF-8 编码的中文了。

4）当调用 CharBuffer 类的子类 java.nio.HeapCharBuffer 中的 get() 方法时，在 hb[] 数组中直接获得中文，不再出现乱码，乱码问题解决了。

使用 asCharBuffer() 方法获得 CharBuffer 后，对 ByteBuffer 的更改会直接影响 CharBuffer 中的值，示例代码如下：

```
public class Test12_sameValue {
public static void main(String[] args) throws UnsupportedEncodingException {
    byte[] byteArray = " 我是中国人 ".getBytes("utf-16BE");
    ByteBuffer byteBuffer1 = ByteBuffer.wrap(byteArray);
    CharBuffer charBuffer = byteBuffer1.asCharBuffer();

    byteBuffer1.put(2, " 为 ".getBytes("utf-16BE")[0]);
    byteBuffer1.put(3, " 为 ".getBytes("utf-16BE")[1]);

    charBuffer.clear();
    for (int i = 0; i < charBuffer.limit(); i++) {
        System.out.print(charBuffer.get() + " ");
    }
}
}
```

运行结果如下：

我 为 中 国 人

1.4.12 转换为其他类型的缓冲区

asDoubleBuffer() 方法的作用： 创建此字节缓冲区的视图，作为 double 缓冲区。新缓冲区的内容将从此缓冲区的当前位置开始。此缓冲区内容的更改在新缓冲区中是可见的，反之亦然；这两个缓冲区的位置、限制和标记值是相互独立的。新缓冲区的位置将为 0，其容量和界限将为此缓冲区中所剩余的字节数的 1/8，其标记是不确定的。当且仅当此缓冲区为直接缓冲区时，新缓冲区才是直接缓冲区。当且仅当此缓冲区为只读时，新缓冲区才是只读的。

asFloatBuffer() 方法的作用： 创建此字节缓冲区的视图，作为 float 缓冲区。新缓冲区的内容将从此缓冲区的当前位置开始。此缓冲区内容的更改在新缓冲区中是可见的，反之亦然；这两个缓冲区的位置、限制和标记值是相互独立的。新缓冲区的位置将为 0，其容量和其限制将为此缓冲区中剩余字节数的 1/4，其标记是不确定的。当且仅当此缓冲区为直接缓冲区时，新缓冲区才是直接缓冲区。当且仅当此缓冲区为只读时，新缓冲区才是只读的。

　　asIntBuffer() 方法的作用：创建此字节缓冲区的视图，作为 int 缓冲区。新缓冲区的内容将从此缓冲区的当前位置开始。此缓冲区内容的更改在新缓冲区中是可见的，反之亦然；这两个缓冲区的位置、限制和标记值是相互独立的。新缓冲区的位置将为 0，其容量和限制将为此缓冲区中所剩余的字节数的 1/4，其标记是不确定的。当且仅当此缓冲区为直接缓冲区时，新缓冲区才是直接缓冲区。当且仅当此缓冲区为只读时，新缓冲区才是只读的。

　　asLongBuffer() 方法的作用：创建此字节缓冲区的视图，作为 long 缓冲区。新缓冲区的内容将从此缓冲区的当前位置开始。此缓冲区内容的更改在新缓冲区中是可见的，反之亦然；这两个缓冲区的位置、限制和标记值是相互独立的。新缓冲区的位置将为 0，其容量和限制将为此缓冲区中所剩余的字节数的 1/8，其标记是不确定的。当且仅当此缓冲区为直接缓冲区时，新缓冲区才是直接缓冲区。当且仅当此缓冲区为只读时，新缓冲区才是只读的。

　　asShortBuffer() 方法的作用：创建此字节缓冲区的视图，作为 short 缓冲区。新缓冲区的内容将从此缓冲区的当前位置开始。此缓冲区内容的更改在新缓冲区中是可见的，反之亦然；这两个缓冲区的位置、限制和标记值是相互独立的。新缓冲区的位置将为 0，其容量和限制将为此缓冲区中所剩余的字节数的 1/2，其标记是不确定的。当且仅当此缓冲区为直接缓冲区时，新缓冲区才是直接缓冲区。当且仅当此缓冲区为只读时，新缓冲区才是只读的。

　　示例代码如下：

```java
public class Test13 {

public static void main(String[] args) throws UnsupportedEncodingException {
    ByteBuffer bytebuffer1 = ByteBuffer.allocate(32);
    bytebuffer1.putDouble(1.1D);
    bytebuffer1.putDouble(1.2D);
    bytebuffer1.putDouble(1.3D);
    bytebuffer1.putDouble(1.4D);
    bytebuffer1.flip();
    DoubleBuffer doubleBuffer = bytebuffer1.asDoubleBuffer();
    for (int i = 0; i < doubleBuffer.capacity(); i++) {
        System.out.print(doubleBuffer.get(i) + " ");
    }

    System.out.println();

    ByteBuffer bytebuffer2 = ByteBuffer.allocate(16);
    bytebuffer2.putFloat(2.1F);
    bytebuffer2.putFloat(2.2F);
    bytebuffer2.putFloat(2.3F);
    bytebuffer2.putFloat(2.4F);
    bytebuffer2.flip();
    FloatBuffer floatBuffer = bytebuffer2.asFloatBuffer();
    for (int i = 0; i < floatBuffer.capacity(); i++) {
        System.out.print(floatBuffer.get(i) + " ");
    }

    System.out.println();

    ByteBuffer bytebuffer3 = ByteBuffer.allocate(16);
```

```
bytebuffer3.putInt(31);
bytebuffer3.putInt(32);
bytebuffer3.putInt(33);
bytebuffer3.putInt(34);
bytebuffer3.flip();
IntBuffer intBuffer = bytebuffer3.asIntBuffer();
for (int i = 0; i < intBuffer.capacity(); i++) {
    System.out.print(intBuffer.get(i) + " ");
}

System.out.println();

ByteBuffer bytebuffer4 = ByteBuffer.allocate(32);
bytebuffer4.putLong(41L);
bytebuffer4.putLong(42L);
bytebuffer4.putLong(43L);
bytebuffer4.putLong(44L);
bytebuffer4.flip();
LongBuffer longBuffer = bytebuffer4.asLongBuffer();
for (int i = 0; i < longBuffer.capacity(); i++) {
    System.out.print(longBuffer.get(i) + " ");
}

System.out.println();

ByteBuffer bytebuffer5 = ByteBuffer.allocate(8);
bytebuffer5.putShort((short) 51);
bytebuffer5.putShort((short) 52L);
bytebuffer5.putShort((short) 53L);
bytebuffer5.putShort((short) 54L);
bytebuffer5.flip();
ShortBuffer shortBuffer = bytebuffer5.asShortBuffer();
for (int i = 0; i < shortBuffer.capacity(); i++) {
    System.out.print(shortBuffer.get(i) + " ");
}
}
}
```

程序运行结果如下：

```
1.1 1.2 1.3 1.4
2.1 2.2 2.3 2.4
31 32 33 34
41 42 43 44
51 52 53 54
```

在调用 ByteBuffer 中的 putXXX() 方法时，比如如下代码：

```
ByteBuffer.putInt(value);
ByteBuffer.getInt();
```

视图缓冲区与之相比有以下三个优势：

1）视图缓冲区不是根据字节进行索引，而是根据其特定于类型的值的大小进行索引；

2）视图缓冲区提供了相对批量 get 和 put 方法，这些方法可在缓冲区和数组或相同类型的其他缓冲区之间传输值的连续序列；

3）视图缓冲区可能更高效，这是因为当且仅当其支持的字节缓冲区为直接缓冲区时，它才是直接缓冲区。

先来验证：视图缓冲区不是根据字节进行索引，而是根据其特定于类型的值的大小进行索引。

示例代码如下：

```java
public class Test13_1 {

public static void main(String[] args) throws UnsupportedEncodingException {
    ByteBuffer bytebuffer = ByteBuffer.allocate(10);
    System.out.println("A1=" + bytebuffer.position());
    bytebuffer.putInt(123);
    System.out.println("A2=" + bytebuffer.position());
    bytebuffer.putInt(456);
    System.out.println("A3=" + bytebuffer.position());

    System.out.println();

    IntBuffer intBuffer = IntBuffer.allocate(10);
    System.out.println("B1=" + intBuffer.position());
    intBuffer.put(456);
    System.out.println("B2=" + intBuffer.position());
    intBuffer.put(789);
    System.out.println("B3=" + intBuffer.position());

}
}
```

程序运行后的结果如下：

```
A1=0
A2=4
A3=8

B1=0
B2=1
B3=2
```

从输出的结果来看，ByteBuffer 是按字节为单位进行存储，而 IntBuffer 是按数据类型为单位进行存储。

再来验证：视图缓冲区提供了相对批量 get 和 put 方法，这些方法可在缓冲区和数组或相同类型的其他缓冲区之间传输值的连续序列。

示例代码如下：

```java
public class Test13_2 {

public static void main(String[] args) throws UnsupportedEncodingException {
    ByteBuffer bytebuffer = ByteBuffer.allocate(10);
    bytebuffer.putInt(123);
```

```
        bytebuffer.putInt(456);
        bytebuffer.flip();
        System.out.println("bytebuffer position=" + bytebuffer.position() + "
            value=" + bytebuffer.getInt());
        System.out.println("bytebuffer position=" + bytebuffer.position() + "
            value=" + bytebuffer.getInt());
        System.out.println("bytebuffer position=" + bytebuffer.position());

        System.out.println();

        IntBuffer intBuffer = IntBuffer.allocate(10);
        intBuffer.put(456);
        intBuffer.put(789);
        intBuffer.flip();
        System.out.println("intBuffer position=" + intBuffer.position() + "
            value=" + intBuffer.get());
        System.out.println("intBuffer position=" + intBuffer.position() + "
            value=" + intBuffer.get());
        System.out.println("intBuffer position=" + intBuffer.position());
    }
}
```

程序运行结果如下：

```
bytebuffer position=0 value=123
bytebuffer position=4 value=456
bytebuffer position=8

intBuffer position=0 value=456
intBuffer position=1 value=789
intBuffer position=2
```

最后验证：视图缓冲区可能更高效，这是因为当且仅当其支持的字节缓冲区为直接缓冲区时，它才是直接缓冲区。

示例代码如下：

```
public class Test13_3 {

public static void main(String[] args) throws UnsupportedEncodingException {
        ByteBuffer bytebuffer = ByteBuffer.allocateDirect(100);
        bytebuffer.putInt(123);
        bytebuffer.putInt(456);
        bytebuffer.flip();
        IntBuffer intBuffer = bytebuffer.asIntBuffer();
        System.out.println(intBuffer.get());
        System.out.println(intBuffer.get());

        System.out.println();

        System.out.println("bytebuffer 是直接缓冲区，效率比较快：");
        System.out.println(bytebuffer);
        System.out.println(" 由于 bytebuffer 是直接的，所以 intBuffer 也是直接缓冲区了：");
        System.out.println(intBuffer);
    }
}
```

程序运行结果如下：

```
123
456

bytebuffer 是直接缓冲区，效率比较快：
java.nio.DirectByteBuffer[pos=0 lim=8 cap=100]
由于 bytebuffer 是直接的，所以 intBuffer 也是直接缓冲区了：
java.nio.DirectIntBufferS[pos=2 lim=2 cap=2]
```

1.4.13　设置与获得字节顺序

order() 方法与字节数据排列的顺序有关，因为不同的 CPU 在读取字节时的顺序是不一样的，有的 CPU 从高位开始读，而有的 CPU 从低位开始读，当这两种 CPU 传递数据时就要将字节排列的顺序进行统一，此时 order(ByteOrder bo) 方法就有用武之地了，它的作用就是设置字节的排列顺序。

什么是高位和低位呢？如果是 16 位（双字节）的数据，如 FF1A，高位是 FF，低位是 1A。如果是 32 位的数据，如 3F68415B，高位字是 3F68，低位字是 415B，右边是低位，左边是高位。

ByteOrder order() 方法的作用：获取此缓冲区的字节顺序。新创建的字节缓冲区的顺序始终为 BIG_ENDIAN。在读写多字节值以及为此字节缓冲区创建视图缓冲区时，使用该字节顺序。

1）public static final ByteOrder BIG_ENDIAN：表示 BIG-ENDIAN 字节顺序的常量。按照此顺序，多字节值的字节顺序是从最高有效位到最低有效位的。

2）public static final ByteOrder LITTLE_ENDIAN：表示 LITTLE-ENDIAN 字节顺序的常量。按照此顺序，多字节值的字节顺序是从最低有效位到最高有效位的。

order(ByteOrder bo) 方法的作用：修改此缓冲区的字节顺序，在默认的情况下，字节缓冲区的初始顺序始终是 BIG_ENDIAN。

示例代码如下：

```java
public class Test14 {
public static void main(String[] args) throws UnsupportedEncodingException {
    int value = 123456789;
    ByteBuffer bytebuffer1 = ByteBuffer.allocate(4);
    System.out.print(bytebuffer1.order() + " ");
    System.out.print(bytebuffer1.order() + " ");
    bytebuffer1.putInt(value);
    byte[] byteArray = bytebuffer1.array();
    for (int i = 0; i < byteArray.length; i++) {
        System.out.print(byteArray[i] + " ");
    }

    System.out.println();

    bytebuffer1 = ByteBuffer.allocate(4);
    System.out.print(bytebuffer1.order() + " ");
```

```
        bytebuffer1.order(ByteOrder.BIG_ENDIAN);
        System.out.print(bytebuffer1.order() + " ");
        bytebuffer1.putInt(value);
        byteArray = bytebuffer1.array();
        for (int i = 0; i < byteArray.length; i++) {
            System.out.print(byteArray[i] + " ");
        }

        System.out.println();

        bytebuffer1 = ByteBuffer.allocate(4);
        System.out.print(bytebuffer1.order() + " ");
        bytebuffer1.order(ByteOrder.LITTLE_ENDIAN);
        System.out.print(bytebuffer1.order() + " ");
        bytebuffer1.putInt(value);
        byteArray = bytebuffer1.array();
        for (int i = 0; i < byteArray.length; i++) {
            System.out.print(byteArray[i] + " ");
        }
    }
}
```

程序运行结果如下：

```
BIG_ENDIAN BIG_ENDIAN 7 91 -51 21
BIG_ENDIAN BIG_ENDIAN 7 91 -51 21
BIG_ENDIAN LITTLE_ENDIAN 21 -51 91 7
```

如果字节顺序不一致，那么在获取数据时就会出现错误的值，示例代码如下：

```
public class Test14_1 {
public static void main(String[] args) throws UnsupportedEncodingException {
    ByteBuffer byteBuffer1 = ByteBuffer.allocate(8);
    byteBuffer1.order(ByteOrder.BIG_ENDIAN);
    byteBuffer1.putInt(123);
    byteBuffer1.putInt(567);
    byteBuffer1.flip();
    System.out.println(byteBuffer1.getInt());
    System.out.println(byteBuffer1.getInt());

    ByteBuffer byteBuffer2 = ByteBuffer.wrap(byteBuffer1.array());
    byteBuffer2.order(ByteOrder.LITTLE_ENDIAN);
    System.out.println(byteBuffer2.getInt());
    System.out.println(byteBuffer2.getInt());

}
}
```

运行结果就是错误的值：

```
123
567
2063597568
922877952
```

1.4.14　创建只读缓冲区

asReadOnlyBuffer() 方法的作用：创建共享此缓冲区内容的新的只读字节缓冲区。新缓冲区的内容将为此缓冲区的内容。此缓冲区内容的更改在新缓冲区中是可见的，但新缓冲区将是只读的并且不允许修改共享内容。两个缓冲区的位置、限制和标记值是相互独立的。新缓冲区的容量、限制、位置和标记值将与此缓冲区相同。

示例代码如下：

```
public class Test15 {
public static void main(String[] args) throws UnsupportedEncodingException {
    byte[] byteArrayIn = { 1, 2, 3, 4, 5 };
    ByteBuffer bytebuffer1 = ByteBuffer.wrap(byteArrayIn);
    ByteBuffer bytebuffer2 = bytebuffer1.asReadOnlyBuffer();
    System.out.println("bytebuffer1.isReadOnly()=" + bytebuffer1.isReadOnly());
    System.out.println("bytebuffer2.isReadOnly()=" + bytebuffer2.isReadOnly());
    bytebuffer2.rewind();
    bytebuffer2.put((byte) 123);
}
}
```

程序运行结果如下：

```
bytebuffer1.isReadOnly()=false
bytebuffer2.isReadOnly()=true
Exception in thread "main" java.nio.ReadOnlyBufferException
    at java.nio.HeapByteBufferR.put(HeapByteBufferR.java:172)
    at ByteBufferAPITest.Test15.main(Test15.java:14)
```

1.4.15　压缩缓冲区

compact() 方法的作用：压缩此缓冲区（可选操作），将缓冲区的当前位置和限制之间的字节（如果有）复制到缓冲区的开始处，即将索引 p = position() 处的字节复制到索引 0 处，将索引 p + 1 处的字节复制到索引 1 处，依此类推，直到将索引 limit() − 1 处的字节复制到索引 n = limit() − 1 − p 处。然后，将缓冲区的位置设置为 n+1，并将其限制设置为其容量。如果已定义了标记，则丢弃它。将缓冲区的位置设置为复制的字节数，而不是 0，以便调用此方法后可以紧接着调用另一个相对 put 方法。

压缩 compact 执行的过程如图 1-21 所示。

将缓冲区中的数据写出之后调用此方法，以防写出不完整。例如，以下循环语句通过 buf 缓冲区将字节从一个端

（1）缓冲区中的内容

（2）执行读取操作到索引3处

（3）经过compact压缩后缓冲区数据内容为

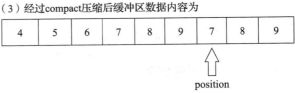

position

图 1-21　压缩 compact 执行的过程

点复制到另一个端点：

```
buf.clear();              // 还原缓冲区的状态
while (in.read(buf) >= 0 || buf.position != 0) {
    buf.flip();
    out.write(buf);
    buf.compact();        // 执行压缩操作
}
```

示例代码如下：

```
public class Test16 {
public static void main(String[] args) throws UnsupportedEncodingException {
    ByteBuffer byteBuffer1 = ByteBuffer.wrap(new byte[] { 1, 2, 3, 4, 5, 6 });
    System.out.println("A capacity=" + byteBuffer1.capacity() + " position=" +
        byteBuffer1.position() + " limit="
            + byteBuffer1.limit());
    System.out.println("1 getValue=" + byteBuffer1.get());
    System.out.println("B capacity=" + byteBuffer1.capacity() + " position=" +
        byteBuffer1.position() + " limit="
            + byteBuffer1.limit());
    System.out.println("2 getValue=" + byteBuffer1.get());
    System.out.println("C capacity=" + byteBuffer1.capacity() + " position=" +
        byteBuffer1.position() + " limit="
            + byteBuffer1.limit());
    byteBuffer1.compact();
    System.out.println("byteBuffer1.compact()");
    System.out.println("D capacity=" + byteBuffer1.capacity() + " position=" +
        byteBuffer1.position() + " limit="
            + byteBuffer1.limit());
    byte[] getByteArray = byteBuffer1.array();
    for (int i = 0; i < getByteArray.length; i++) {
        System.out.print(getByteArray[i] + " ");
    }
}
}
```

程序运行结果如下：

```
A capacity=6 position=0 limit=6
1 getValue=1
B capacity=6 position=1 limit=6
2 getValue=2
C capacity=6 position=2 limit=6
byteBuffer1.compact()
D capacity=6 position=4 limit=6
3 4 5 6 5 6
```

可以在使用完 compact() 方法后再使用 flip() 方法读取压缩后的数据内容。

1.4.16 比较缓冲区的内容

比较缓冲区的内容是否相同有两种方法：equals() 和 compareTo()。这两种方法还是有使用细节上的区别，先来看一下 ByteBuffer 类中的 equals() 方法的源代码：

```
public boolean equals(Object ob) {
    if (this == ob)
        return true;
    if (!(ob instanceof ByteBuffer))
        return false;
    ByteBuffer that = (ByteBuffer)ob;
    if (this.remaining() != that.remaining())
        return false;
    int p = this.position();
    for (int i = this.limit() - 1, j = that.limit() - 1; i >= p; i--, j--)
        if (!equals(this.get(i), that.get(j)))
            return false;
    return true;
}
```

从 equals() 方法的源代码中可以分析出运算的 4 个主要逻辑。

1）判断是不是自身，如果是自身，则返回为 true。

2）判断是不是 ByteBuffer 类的实例，如果不是，则返回 false。

3）判断 remaining() 值是否一样，如果不一样，则返回 false。

4）判断两个缓冲区中的 position 与 limit 之间的数据是否完全一样，只要有一个字节不同，就返回 false，否则返回 true。

通过源代码来看，两个缓冲区的 capacity 可以不相同，说明 equals() 方法比较的是 position 到 limit 的内容是否完全一样。

1）**验证**：判断是不是自身，如果是自身，则返回为 true。

示例代码如下：

```
public class Test17_1 {
public static void main(String[] args) throws UnsupportedEncodingException {
    byte[] byteArrayIn1 = { 1, 2, 3, 4, 5 };
    ByteBuffer bytebuffer1 = ByteBuffer.wrap(byteArrayIn1);
    System.out.println("A=" + bytebuffer1.equals(bytebuffer1));
}
}
```

程序运行结果如下：

```
A=true
```

2）**验证**：判断是不是 ByteBuffer 类的实例，如果不是，则返回 false。

示例代码如下：

```
public class Test17_2 {
public static void main(String[] args) throws UnsupportedEncodingException {
    byte[] byteArrayIn1 = { 1, 2, 3, 4, 5 };
    int[] intArrayIn2 = { 1, 2, 3, 4, 5 };

    ByteBuffer bytebuffer1 = ByteBuffer.wrap(byteArrayIn1);
    IntBuffer intbuffer2 = IntBuffer.wrap(intArrayIn2);
```

```
    System.out.println("A=" + bytebuffer1.equals(intbuffer2));
    }
}
```

程序运行结果如下:

```
A=false
```

3）验证：判断 remaining() 值是否一样，如果不一样，则返回 false。

示例代码如下:

```
public class Test17_3 {
public static void main(String[] args) throws UnsupportedEncodingException {
    byte[] byteArrayIn1 = { 3, 4, 5 };
    byte[] byteArrayIn2 = { 1, 2, 3, 4, 5, 6, 7, 8 };

    ByteBuffer bytebuffer1 = ByteBuffer.wrap(byteArrayIn1);
    ByteBuffer bytebuffer2 = ByteBuffer.wrap(byteArrayIn2);

    bytebuffer1.position(0);
    bytebuffer2.position(3);

    System.out.println("A=" + bytebuffer1.equals(bytebuffer2));
    System.out.println("bytebuffer1.remaining()=" + bytebuffer1.remaining());
    System.out.println("bytebuffer2.remaining()=" + bytebuffer2.remaining());
    }
}
```

程序运行结果如下:

```
A=false
bytebuffer1.remaining()=3
bytebuffer2.remaining()=5
```

4）验证：判断两个缓冲区中的 position 与 limit 之间的数据是否完全一样，只要有一个字节不同，就返回 false，否则返回 true。

示例代码如下:

```
public class Test17_4 {
public static void main(String[] args) throws UnsupportedEncodingException {
    byte[] byteArrayIn1 = { 3, 4, 5 };
    byte[] byteArrayIn2 = { 1, 2, 3, 4, 5, 6, 7, 8 };

    ByteBuffer bytebuffer1 = ByteBuffer.wrap(byteArrayIn1);
    ByteBuffer bytebuffer2 = ByteBuffer.wrap(byteArrayIn2);

    bytebuffer1.position(0);
    bytebuffer1.limit(3);

    bytebuffer2.position(2);
    bytebuffer2.limit(5);

    System.out.println("A=" + bytebuffer1.equals(bytebuffer2));
    System.out.println("AA1 bytebuffer1.remaining()=" + bytebuffer1.remaining());
```

```
        System.out.println("AA2 bytebuffer2.remaining()=" + bytebuffer2.remaining());

        bytebuffer2.put(3, (byte) 44);

        System.out.println("B=" + bytebuffer1.equals(bytebuffer2));
        System.out.println("BB1 bytebuffer1.remaining()=" + bytebuffer1.remaining());
        System.out.println("BB2 bytebuffer2.remaining()=" + bytebuffer2.remaining());
    }
}
```

程序运行结果如下：

```
A=true
AA1 bytebuffer1.remaining()=3
AA2 bytebuffer2.remaining()=3
B=false
BB1 bytebuffer1.remaining()=3
BB2 bytebuffer2.remaining()=3
```

以上的示例展示了 equals(Object object) 方法的使用。

compareTo(ByteBuffer that) 方法的作用：将此缓冲区与另一个缓冲区进行比较。比较两个字节缓冲区的方法是按字典顺序比较它们的剩余元素序列，而不考虑每个序列在其对应缓冲区中的起始位置。该方法的源代码如下：

```
public int compareTo(ByteBuffer that) {
    int n = this.position() + Math.min(this.remaining(), that.remaining());
    for (int i = this.position(), j = that.position(); i < n; i++, j++) {
        int cmp = compare(this.get(i), that.get(j));
        if (cmp != 0)
            return cmp;
    }
    return this.remaining() - that.remaining();
}
```

从 compareTo(ByteBuffer that) 方法的源代码中可以分析出运算的 3 个主要逻辑。

1）判断两个 ByteBuffer 的范围是从当前 ByteBuffer 对象的当前位置开始，以两个 ByteBuffer 对象最小的 remaining() 值结束说明判断的范围是 remaining 的交集。

2）如果在开始与结束的范围之间有一个字节不同，则返回两者的减数，Byte 类中的源代码如下：

```
public static int compare(byte x, byte y) {
    return x - y;
}
```

3）如果在开始与结束的范围之间每个字节都相同，则返回两者 remaining() 的减数。

通过源代码来看，两个缓冲区的 capacity 可以不相同，这个特性和 equals() 方法一致。

1）验证：如果在开始与结束的范围之间有一个字节不同，则返回两者的减数。

示例代码如下：

```
public class Test17_5 {
```

```
public static void main(String[] args) throws UnsupportedEncodingException {
    byte[] byteArrayIn1 = { 3, 4, 5 };
    byte[] byteArrayIn2 = { 1, 2, 3, 104, 5, 6, 7, 8, 9, 10 };

    ByteBuffer bytebuffer1 = ByteBuffer.wrap(byteArrayIn1);
    ByteBuffer bytebuffer2 = ByteBuffer.wrap(byteArrayIn2);

    bytebuffer1.position(0);
    bytebuffer2.position(2);

    System.out.println("A=" + bytebuffer1.compareTo(bytebuffer2));
}
}
```

程序运行结果如下：

```
A=-100
```

2）**验证**：如果在开始与结束的范围之间每个字节都相同，则返回两者 remaining() 的减数。

示例代码如下：

```
public class Test17_6 {
public static void main(String[] args) throws UnsupportedEncodingException {
    byte[] byteArrayIn1 = { 3, 4, 5 };
    byte[] byteArrayIn2 = { 1, 2, 3, 4, 5, 6, 7, 8, 9, 10 };

    ByteBuffer bytebuffer1 = ByteBuffer.wrap(byteArrayIn1);
    ByteBuffer bytebuffer2 = ByteBuffer.wrap(byteArrayIn2);

    bytebuffer1.position(0);
    bytebuffer2.position(2);

    System.out.println("A=" + bytebuffer1.compareTo(bytebuffer2));
}
}
```

程序运行结果如下：

```
A=-5
```

通过查看 equals(Object obj) 和 compareTo(ByteBuffer that) 方法的源代码可以发现，这两个方法的逻辑就是当前 position 到 limit 之间的字符是否逐个相同。

1.4.17　复制缓冲区

ByteBuffer duplicate() 方法的作用：创建共享此缓冲区内容的新的字节缓冲区。新缓冲区的内容将为此缓冲区的内容。此缓冲区内容的更改在新缓冲区中是可见的，反之亦然。在创建新的缓冲区时，容量、限制、位置和标记的值将与此缓冲区相同，但是这两个缓冲区的位置、界限和标记值是相互独立的。当且仅当此缓冲区为直接缓冲区时，新缓冲区才是直接缓冲区。当且仅当此缓冲区为只读时，新缓冲区才是只读的。

下面的示例代码演示了 duplicate() 方法与 slice() 方法的区别。

```java
public class Test18 {
public static void main(String[] args) throws UnsupportedEncodingException {
    byte[] byteArrayIn1 = { 1, 2, 3, 4, 5 };
    ByteBuffer bytebuffer1 = ByteBuffer.wrap(byteArrayIn1);
    bytebuffer1.position(2);

    System.out.println("bytebuffer1 capacity=" + bytebuffer1.capacity() +
        " limit=" + bytebuffer1.limit()
            + " position=" + bytebuffer1.position());

    ByteBuffer bytebuffer2 = bytebuffer1.slice();
    ByteBuffer bytebuffer3 = bytebuffer1.duplicate();
    // bytebuffer4 和 bytebuffer1 指向的地址是一个
    // 所以在 debug 中的 id 是一样的
    ByteBuffer bytebuffer4 = bytebuffer1;

    System.out.println("bytebuffer2 capacity=" + bytebuffer2.capacity() +
        " limit=" + bytebuffer2.limit()
            + " position=" + bytebuffer2.position());
    System.out.println("bytebuffer3 capacity=" + bytebuffer3.capacity() +
        " limit=" + bytebuffer3.limit()
            + " position=" + bytebuffer3.position());

    bytebuffer2.position(0);
    for (int i = bytebuffer2.position(); i < bytebuffer2.limit(); i++) {
        System.out.print(bytebuffer2.get(i) + " ");
    }

    System.out.println();

    bytebuffer3.position(0);
    for (int i = bytebuffer3.position(); i < bytebuffer3.limit(); i++) {
        System.out.print(bytebuffer3.get(i) + " ");
    }

}
}
```

程序运行结果如下：

```
bytebuffer1 capacity=5 limit=5 position=2
bytebuffer2 capacity=3 limit=3 position=0
bytebuffer3 capacity=5 limit=5 position=2
3 4 5
1 2 3 4 5
```

duplicate() 方法和 slice() 方法都会创建新的缓冲区对象，效果如图 1-22 所示。

▷ ⬤ byteArrayIn1	(id=20)
▷ ⬤ bytebuffer1	HeapByteBuffer (id=22)
▷ ⬤ bytebuffer2	HeapByteBuffer (id=26)
▷ ⬤ bytebuffer3	HeapByteBuffer (id=27)
▷ ⬤ bytebuffer4	HeapByteBuffer (id=22)

图 1-22　新创建的缓冲区对象

使用 duplicate() 方法和 slice() 方法能创建新的缓冲区，但这些新缓冲区使用的还是原来缓冲区中的 byte[] 字节数组。

下面验证使用 duplicate() 方法创建新的缓冲区后，在新缓冲区中添加数据时，被复制的缓冲区中的值也发生改变，说明这两个缓冲区用的是同一个 byte[]，代码如下：

```
public class Test19 {
public static void main(String[] args) throws UnsupportedEncodingException {
    byte[] byteArrayIn1 = { 1, 2, 3, 4, 5 };
    ByteBuffer bytebuffer1 = ByteBuffer.wrap(byteArrayIn1);
    ByteBuffer bytebuffer2 = bytebuffer1.duplicate();

    System.out.println("A capacity=" + bytebuffer1.capacity() + " position=" +
        bytebuffer1.position() + " limit="
            + bytebuffer1.limit());
    System.out.println("B capacity=" + bytebuffer2.capacity() + " position=" +
    bytebuffer2.position() + " limit="
            + bytebuffer2.limit());

    bytebuffer2.put(1, (byte) 22);
    bytebuffer2.position(3);

    System.out.println("C capacity=" + bytebuffer1.capacity() + " position=" +
        bytebuffer1.position() + " limit="
            + bytebuffer1.limit());
    System.out.println("D capacity=" + bytebuffer2.capacity() + " position="
        + bytebuffer2.position() + " limit="
            + bytebuffer2.limit() + " bytebuffer2 位置是 3, 而 bytebuffer1 还是
                0, 说明位置、限制和标记值是独立的 ");

    bytebuffer1.position(0);
    for (int i = 0; i < bytebuffer1.limit(); i++) {
        System.out.print(bytebuffer1.get(i) + " ");
    }
}
}
```

程序运行结果如下：

```
A capacity=5 position=0 limit=5
B capacity=5 position=0 limit=5
C capacity=5 position=0 limit=5
D capacity=5 position=3 limit=5 bytebuffer2 位置是 3, 而 bytebuffer1 还是 0, 说明位置、
    限制和标记值是独立的
1 22 3 4 5
```

1.4.18 对缓冲区进行扩容

一旦创建缓冲区，则容量（capacity）就不能被改变。如果想对缓冲区进行扩展，就得进行相应的处理，示例代码如下：

```
public class Test20 {

public static ByteBuffer extendsSize(ByteBuffer buffer, int extendsSize) {
```

```
    ByteBuffer newBytebuffer = ByteBuffer.allocate(buffer.capacity() + extendsSize);
    newBytebuffer.put(buffer);
    return newBytebuffer;
}

public static void main(String[] args) throws UnsupportedEncodingException {
    byte[] byteArrayIn1 = { 1, 2, 3, 4, 5 };
    ByteBuffer bytebuffer1 = ByteBuffer.wrap(byteArrayIn1);
    ByteBuffer bytebuffer2 = extendsSize(bytebuffer1, 2);
    byte[] newArray = bytebuffer2.array();
    for (int i = 0; i < newArray.length; i++) {
        System.out.print(newArray[i] + " ");
    }
}
}
```

程序运行结果如下：

```
1 2 3 4 5 0 0
```

1.5　CharBuffer 类的 API 使用

CharBuffer 类提供一个字符（char）序列缓冲区。

1.5.1　重载 append(char)/append(CharSequence)/append(CharSequence, start, end) 方法的使用

public CharBuffer append(char c) 方法的作用：将指定字符添加到此缓冲区（可选操作）。调用此方法的形式为 dst.append(c)，该调用与以下调用完全相同：dst.put(c)。

public CharBuffer append(CharSequence csq) 方法的作用：将指定的字符序列添加到此缓冲区（可选操作）。调用此方法的形式为 dst.append(csq)，该调用与以下调用完全相同：dst.put(csq.toString())，有可能没有添加整个序列，这取决于针对字符序列 csq 的 toString 规范。例如，调用字符缓冲区的 toString() 方法将返回一个子序列，其内容取决于缓冲区的位置和限制。

public CharBuffer append(CharSequence csq, int start, int end) 方法的作用：将指定字符序列的子序列添加到此缓冲区（可选操作）。当 csq 不为 null 时，调用此方法的形式为 dst.append(csq, start, end)，该调用与以下调用完全相同：dst.put(csq.subSequence(start, end).toString())。

示例代码如下：

```
public class Test1 {
public static void main(String[] args) {
    CharBuffer charbuffer = CharBuffer.allocate(15);
    System.out.println("A " + charbuffer.position());
    charbuffer.append('a');
    System.out.println("B " + charbuffer.position());
```

```
        charbuffer.append("bcdefg");
        System.out.println("C " + charbuffer.position());
        charbuffer.append("abchijklmn", 3, 8);
        System.out.println("D " + charbuffer.position());
        char[] newArray = charbuffer.array();
        for (int i = 0; i < newArray.length; i++) {
            System.out.print(newArray[i] + " ");
        }
        System.out.println();
        System.out.println("charbuffer capacity=" + charbuffer.capacity());
    }
}
```

程序运行结果如下：

```
A 0
B 1
C 7
D 12
a b c d e f g h i j k l
charbuffer capacity=15
```

1.5.2　读取相对于当前位置的给定索引处的字符

public final char charAt(int index) 方法的作用：读取相对于当前位置的给定索引处的字符。

示例代码如下：

```
public class Test2 {
public static void main(String[] args) {
        CharBuffer charbuffer = CharBuffer.allocate(10);
        charbuffer.append("abcdefg");
        charbuffer.position(2);
        System.out.println(charbuffer.charAt(0));
        System.out.println(charbuffer.charAt(1));
        System.out.println(charbuffer.charAt(2));
    }
}
```

程序运行结果如下：

```
c
d
e
```

1.5.3　put(String src)、int read(CharBuffer target) 和 subSequence(int start, int end) 方法的使用

put(String src) 方法的作用：相对批量 put 方法（可选操作）。此方法将给定源字符串中的所有内容传输到此缓冲区的当前位置。调用此方法的形式为 dst.put(s)，该调用与以下调用完全相同：dst.put(s, 0, s.length())。

int read(CharBuffer target) 方法的作用：试图将当前字符缓冲区中的字符写入指定的字符缓冲区。缓冲区可照原样用作字符的存储库：所做的唯一更改是 put 操作的结果。不对

缓冲区执行翻转或重绕操作。

subSequence(int start, int end) 方法的作用：创建表示此缓冲区的指定序列、相对于当前位置的新字符缓冲区。新缓冲区将共享此缓冲区的内容，即如果此缓冲区的内容是可变的，则修改一个缓冲区将导致另一个缓冲区被修改。新缓冲区的容量将为此缓冲区的容量，其位置将为 position() + start，其限制将为 position() + end。当且仅当此缓冲区为直接缓冲区时，新缓冲区才是直接缓冲区。当且仅当此缓冲区为只读时，新缓冲区才是只读的。其中两个参数的解释如下。

1）start：子序列中第一个字符相对于当前位置的索引；必须为非负且不大于 remaining()。

2）end：子序列中最后一个字符后面的字符相对于当前位置的索引；必须不小于 start 且不大于 remaining()。

示例代码如下：

```java
public class Test3 {
public static void main(String[] args) throws IOException {
    CharBuffer buffer1 = CharBuffer.allocate(8);
    buffer1.append("ab123456");
    buffer1.position(2);
    buffer1.put("cde");
    buffer1.rewind();
    for (int i = 0; i < buffer1.limit(); i++) {
        System.out.print(buffer1.get());
    }
    System.out.println();

    buffer1.position(1);
    CharBuffer buffer2 = CharBuffer.allocate(4);
    System.out.println("A buffer2 position=" + buffer2.position());
    buffer1.read(buffer2);// read() 相当于 position 是 1 进行导出
    System.out.println("B buffer2 position=" + buffer2.position());
    buffer2.rewind();
    for (int i = 0; i < buffer2.limit(); i++) {
        System.out.print(buffer2.get());
    }
    System.out.println();

    buffer1.position(2);
    CharBuffer buffer3 = buffer1.subSequence(0, 2);
    System.out.println("C buffer3 position=" + buffer3.position() + " capacity=" +
        buffer3.capacity() + " limit="
            + buffer3.limit());
    for (int i = buffer3.position(); i < buffer3.limit(); i++) {
        System.out.print(buffer3.get());
    }
}
}
```

程序运行结果如下：

```
abcde456
A buffer2 position=0
```

```
B buffer2 position=4
bcde
C buffer3 position=2 capacity=8 limit=4
cd
```

1.5.4 static CharBuffer wrap(CharSequence csq, int start, int end) 方法的使用

public static CharBuffer wrap(CharSequence csq, int start, int end) 方法的作用：将字符序列包装到缓冲区中。新的只读缓冲区的内容将为给定字符序列的内容。缓冲区的容量将为 csq.length()，其位置将为 start，其限制将为 end，其标记是未定义的。

1）参数 csq 代表字符序列，新的字符缓冲区将从中创建。

2）参数 start 代表要使用的第一个字符的索引，必须为非负且不大于 csq.length()。新缓冲区的位置将被设置为此值。

3）参数 end 代表要使用的最后一个字符后面的字符的索引，必须不小于 start 且不大于 csq.length()。将新缓冲区的限制设置为此值。返回值是新的字符缓冲区。

示例代码如下：

```java
public class Test4 {
public static void main(String[] args) throws IOException {
    CharBuffer charbuffer1 = CharBuffer.wrap("abcdefg", 3, 5);
    System.out.println("capacity=" + charbuffer1.capacity() + " limit=" +
        charbuffer1.limit() + " position="
            + charbuffer1.position());
    for (int i = 0; i < charbuffer1.limit(); i++) {
        System.out.print(charbuffer1.get(i) + " ");
    }
    charbuffer1.append("我是只读的，不能添加数据，会出现异常！");
}
}
```

程序运行结果如下：

```
capacity=7 limit=5 position=3
Exception in thread "main" a b c d e java.nio.ReadOnlyBufferException
    at java.nio.CharBuffer.put(CharBuffer.java:920)
    at java.nio.CharBuffer.put(CharBuffer.java:950)
    at java.nio.CharBuffer.append(CharBuffer.java:1351)
    at CharBufferAPITest.Test4.main(Test4.java:14)
```

1.5.5 获得字符缓冲区的长度

public final int length() 方法的作用：返回此字符缓冲区的长度。当将字符缓冲区视为字符序列时，长度只是该位置（包括）和限制（不包括）之间的字符数，即长度等效于 remaining()。

length() 方法的内部源代码如下：

```java
public final int length() {
    return remaining();
}
```

示例代码如下：

```java
public class Test5 {
public static void main(String[] args) throws IOException {
    CharBuffer charbuffer1 = CharBuffer.wrap("abcd");
    System.out.println("position=" + charbuffer1.position() + " remaining=" +
    charbuffer1.remaining() + " length="
        + charbuffer1.length());
    System.out.println(charbuffer1.get());
    System.out.println("position=" + charbuffer1.position() + " remaining=" +
        charbuffer1.remaining() + " length="
        + charbuffer1.length());
    System.out.println(charbuffer1.get());
    System.out.println("position=" + charbuffer1.position() + " remaining=" +
        charbuffer1.remaining() + " length="
        + charbuffer1.length());
    System.out.println(charbuffer1.get());
    System.out.println("position=" + charbuffer1.position() + " remaining=" +
        charbuffer1.remaining() + " length="
        + charbuffer1.length());
    System.out.println(charbuffer1.get());
    System.out.println("position=" + charbuffer1.position() + " remaining=" +
        charbuffer1.remaining() + " length="
        + charbuffer1.length());
}
}
```

程序运行结果如下：

```
position=0 remaining=4 length=4
a
position=1 remaining=3 length=3
b
position=2 remaining=2 length=2
c
position=3 remaining=1 length=1
d
position=4 remaining=0 length=0
```

1.6　小结

本章主要介绍了 NIO 技术中的缓冲区（Buffer），通过上述若干示例可以发现，缓冲区的功能还是非常强大的，而且方法种类繁多，熟练掌握缓冲区是深入学习 NIO 技术的必经之路。

通道和 FileChannel 类的使用

本章将介绍 NIO 技术中的核心要点：通道（Channel）。

在 NIO 技术中，要将操作的数据打包到缓冲区中，而缓冲区中的数据想要传输到目的地是要依赖于通道的。缓冲区是将数据进行打包，而通道是将数据进行传输，可见两者是形影不离的。它们也是 NIO 技术中比较重要的知识点。因此，本章主要介绍 Channel 接口及其子接口，通道接口的实现类，以及 FileChannel 类的使用。

2.1 通道概述

什么是通道呢？先来看看百度百科中关于通道的解释，如图 2-1 所示。

计算机里的通道   ✎ 编辑

　　①传输信息的数据通路。②计算机系统中传送信息和数据的装置。主要有主存储器读写通道和输入、输出通道。能接收中央处理机的命令，独立执行通道程序，协助中央处理机控制与管理外部设备。③来往的路或供上下的楼梯。

图 2-1　百度百科中关于通道的解释

从百度百科关于通道的解释来看，通道主要就是用来传输数据的通路。

NIO 技术中的通道类似中国古代的"丝绸之路"，在"丝绸之路"上，东西方的商品可以运输和进行交易。那么在 NIO 技术中，可以在通道上传输"源缓冲区"与"目的缓冲区"要交互的数据，如图 2-2 所示。

NIO 技术中的数据要放在缓冲区中进行管理，再使用通道将缓冲区中的数据传输到目的地。

NIO 中 Buffer 类的继承关系如图 2-3 所示。

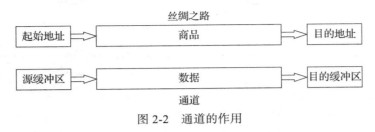

图 2-2 通道的作用

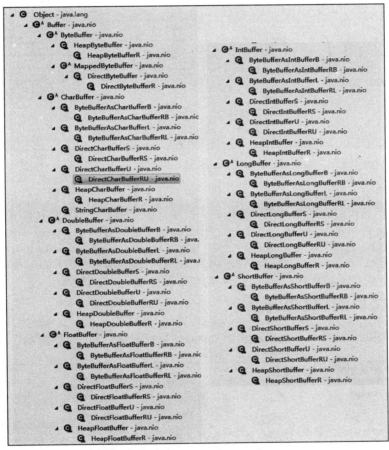

图 2-3 Buffer 类的继承关系

　　Buffer 类的子类只有 ByteBuffer 和 CharBuffer 比较常用，其他缓冲区类的 API 也大同小异。从 Buffer 类的继承关系来看，结构还是比较具有规律性的，比较容易看懂以及掌握。但 Channel 接口的继承结构相对来讲就比较复杂了，以致从视觉效果上来看是比较凌乱的，如图 2-4 所示。

　　从缓冲区和通道的数据类型可以发现，缓冲区都是类，而通道都是接口，这是由于通道的功能实现是要依赖于操作系统的，Channel 接口只定义有哪些功能，而功能的具体实现在不同的操作系统中是不一样的，因此，在 JDK 中，通道被设计成接口数据类型。

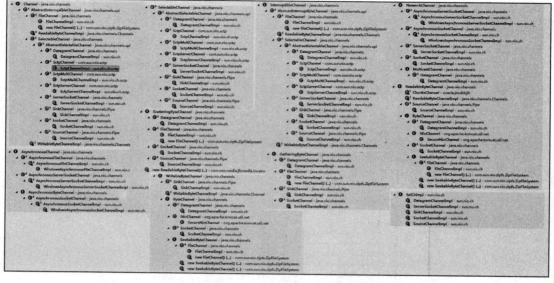

图 2-4　Channel 接口的继承关系

从图 2-4 中可以发现，通道接口有各种实现和继承关系，众多的接口与类结构似乎很难看出规律性，但是再复杂的结构也具有化繁为简的过程，我们只需要将这些大的类结构进行分析并总结，也就不难理解它们之间的关系与区别了。那么从哪里入手呢？最好的办法就是查看 Java API 文档。

2.2　通道接口的层次结构

NIO 技术中的通道是一个接口，其中 Channel 接口的信息如图 2-5 所示。

```
compact1, compact2, compact3
java.nio.channels

Interface Channel


All Superinterfaces:
AutoCloseable, Closeable

All Known Subinterfaces:
AsynchronousByteChannel, AsynchronousChannel, ByteChannel, GatheringByteChannel, InterruptibleChannel, MulticastChannel,
NetworkChannel, ReadableByteChannel, ScatteringByteChannel, SeekableByteChannel, WritableByteChannel

All Known Implementing Classes:
AbstractInterruptibleChannel, AbstractSelectableChannel, AsynchronousFileChannel, AsynchronousServerSocketChannel,
AsynchronousSocketChannel, DatagramChannel, FileChannel, Pipe.SinkChannel, Pipe.SourceChannel, SelectableChannel,
ServerSocketChannel, SocketChannel


public interface Channel
extends Closeable
```

图 2-5　Channel 接口信息

　　图 2-5 就是由 JDK1.8 API 文档提供的信息，从中可以发现，Channel 接口有很多的子接口，这些子接口又有很多的实现类，从此信息来看，NIO 技术中的通道功能非常强大。

　　Channel 接口的继承关系结构如图 2-6 所示。

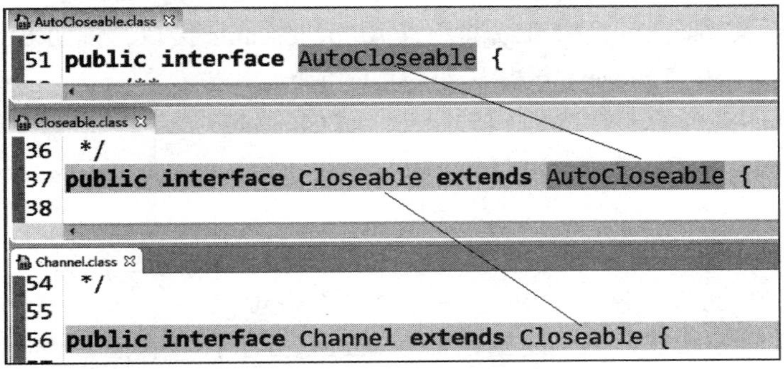

图 2-6　Channel 接口的继承关系结构

　　AutoCloseable 接口的作用是可以自动关闭，而不需要显式地调用 close() 方法，示例代码如下：

```java
public class DBOperate implements AutoCloseable {
@Override
public void close() throws Exception {
    System.out.println("关闭连接");
}
}
```

　　运行类代码如下：

```java
public class Test {
public static void main(String[] args) {
    // 如果 try 后的小括号中有多条语句，则最后一条后是没有分号的
    // 并且小括号中的变量都要实现 AutoCloseable 接口
    try (DBOperate dbo = new DBOperate()) {
        System.out.println("使用 " + dbo + " 开始数据库的操作");
    } catch (Exception e) {
        e.printStackTrace();
    }
}
}
```

　　程序运行后的结果如下：

```
使用 AutoCloseableTest.DBOperate@15db9742 开始数据库的操作
关闭连接
```

　　DBOperate 类实现了 AutoCloseable 接口，使 DBOperate 类具有 close() 方法自动关闭资源的功能。

　　AutoCloseable 接口强调的是与 try() 结合实现自动关闭，该接口针对的是任何资源，不

仅仅是 I/O，因此，void close() 方法抛出 Exception 异常。该接口不要求是幂等的，也就是
重复调用此接口的 close() 方法会出现副作用。

因为 Closeable 接口的作用是关闭 I/O 流，释放系统资源，所以该方法抛出 IOException
异常。该接口的 close() 方法是幂等的，可以重复调用此接口的 close() 方法，而不会出现任
何的效果与影响。Closeable 接口继续继承自 AutoCloseable 接口，说明 Closeable 接口有自
动关闭的功能，也有本身 close() 方法手动关闭的功能。

AutoCloseable 接口的子接口是 Closeable，而 Closeable
的子接口是 Channel 接口。Channel 接口的 API 结构如图 2-7
所示。

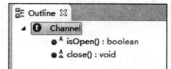

图 2-7　Channel 接口的 API 结构

通道是用于 I/O 操作的连接，更具体地讲，通道代表
数据到硬件设备、文件、网络套接字的连接。通道可处
于打开或关闭这两种状态，当创建通道时，通道就处于打开状态，一旦将其关闭，则保
持关闭状态。一旦关闭了某个通道，则试图对其调用 I/O 操作时就会导致 ClosedChannel
Exception 异常被抛出，但可以通过调用通道的 isOpen() 方法测试通道是否处于打开状
态以避免出现 ClosedChannelException 异常。一般情况下，通道对于多线程的访问是安
全的。

在 JDK 1.8 版本中，Channel 接口具有 11 个子接口，它们列表如下：

1）AsynchronousChannel

2）AsynchronousByteChannel

3）ReadableByteChannel

4）ScatteringByteChannel

5）WritableByteChannel

6）GatheringByteChannel

7）ByteChannel

8）SeekableByteChannel

9）NetworkChannel

10）MulticastChannel

11）InterruptibleChannel

2.2.1　AsynchronousChannel 接口的介绍

AsynchronousChannel 接口的主要作用是使通道支持异步 I/O 操作。异步 I/O 操作有以
下两种方式进行实现。

（1）方法

```
Future<V> operation(...)
```

operation 代表 I/O 操作的名称，大多数都是读或写操作。泛型变量 V 代表经过 I/O 操

作后返回结果的数据类型。使用 Future 对象可以用于检测 I/O 操作是否完成，或者等待完成，以及用于接收 I/O 操作处理后的结果。

（2）回调

```
void operation(... A attachment, CompletionHandler<V,? super A> handler)
```

A 类型的对象 attachment 的主要作用是让外部与 CompletionHandler 对象内部进行通信。使用 CompletionHandler 回调的方式实现异步 I/O 操作的优点是 CompletionHandler 对象可以被复用。当 I/O 操作成功或失败时，CompletionHandler 对象中的指定方法会被调用。

这两种实现异步 I/O 代码的具体使用方式在后续部分会有详细介绍，在这里只是进行概述性的知识点引申。

当一个通道实现了可异步（asynchronously）或可关闭（closeable）相关的接口时，若调用这个正在 I/O 操作通道中的 close() 方法，就会使 I/O 操作发生失败，并且出现 Asynchronous CloseException 异常。

异步通道在多线程并发的情况下是线程安全的。某些通道的实现是可以支持并发读和写的，但是不允许在一个未完成的 I/O 操作上再次调用 read 或 write 操作。

异步通道支持取消的操作，Future 接口定义 cancel() 方法来取消执行，这会导致那些等待处理 I/O 结果的线程抛出 CancellationException 异常。

底层的 I/O 操作是否能被取消，参考的是高层的具体实现，因此没有指定。

取消操作离开通道，或者离开与实体的连接，这会使通道造成不一致的状态，则通道就被置于一个错误的状态，这个状态可以阻止进一步对通道调用 read() 或 write()，以及其他有关联的方法。例如，如果取消了读操作，但实现不能保证在通道中阻止后面的读操作，而且通道还被置于错误的状态，如果进一步尝试启动读操作，就会导致抛出一个未指定的运行时异常。类似的，如果取消一个写操作，但实现不能保证阻止后面的写操作，而且通道还被置于错误的状态，则随后发起一次新的写入的尝试将失败，并出现一个未指定的运行时异常。

当调用通道的 cancel() 方法时，对 mayInterruptIfRunning 参数传入 true 时，在关闭通道时 I/O 操作也许已经被中断。在这种情况下，所有等待 I/O 操作结果的线程会抛出 Cancellation Exception 异常，并且其他在此通道中未完成的操作将会出现 AsynchronousCloseException 异常。

在调用 cancel() 方法以取消读或写操作时，建议废弃 I/O 操作中使用的所有缓冲区，因为缓冲区中的数据并不是完整的，如果再次打开通道，那么也要尽量避免访问这些缓冲区。

AsynchronousChannel 接口的 API 结构如图 2-8 所示。

AsynchronousChannel 接口的结构信息如图 2-9 所示。

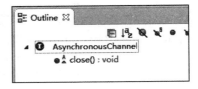

图 2-8　AsynchronousChannel 接口的 API 结构

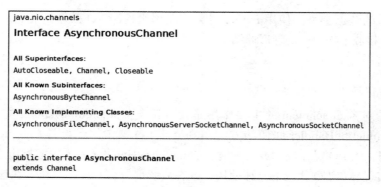

图 2-9　AsynchronousChannel 接口的结构信息

AsynchronousChannel 接口的继承关系如图 2-10 所示。

2.2.2　AsynchronousByteChannel 接口的介绍

AsynchronousByteChannel 接口的主要作用是使通道支持异步 I/O 操作，操作单位为字节。

若在上一个 read() 方法未完成之前，再次调用 read() 方法，就会抛出异常 ReadPending-

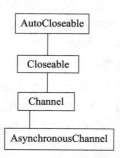

图 2-10　AsynchronousChannel 接口的继承关系

Exception。类似的，在上一个 write() 方法未完成之前再次调用 write() 方法时，也会抛出异常 WritePendingException。其他类型的 I/O 操作是否可以同时进行 read() 操作，取决于通道的类型或实现。ByteBuffers 类不是线程安全的，尽量保证在对其进行读写操作时，没有其他线程一同进行读写操作。

AsynchronousByteChannel 接口的 API 结构如图 2-11 所示。

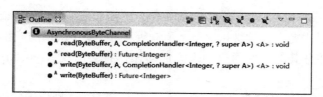

图 2-11　AsynchronousByteChannel 接口的 API 结构

AsynchronousByteChannel 接口的结构信息如图 2-12 所示。

AsynchronousByteChannel 接口的继承关系如图 2-13 所示。

2.2.3　ReadableByteChannel 接口的介绍

ReadableByteChannel 接口的主要作用是使通道允许对字节进行读操作。

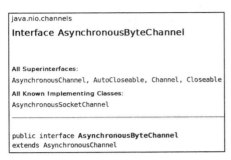

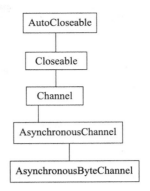

图 2-12　AsynchronousByteChannel 接口的结构信息　图 2-13　AsynchronousByteChannel 接口的继承关系

　　ReadableByteChannel 接口只允许有 1 个读操作在进行。如果 1 个线程正在 1 个通道上执行 1 个 read() 操作，那么任何试图发起另一个 read() 操作的线程都会被阻塞，直到第 1 个 read() 操作完成。其他类型的 I/O 操作是否可以与 read() 操作同时进行，取决于通道的类型。

　　ReadableByteChannel 接口有以下两个特点：

　　1）将通道当前位置中的字节序列读入 1 个 ByteBuffer 中；

　　2）read(ByteBuffer) 方法是同步的。

　　ReadableByteChannel 接口的 API 结构如图 2-14 所示。

　　ReadableByteChannel 接口的结构信息如图 2-15 所示。

　　ReadableByteChannel 接口的继承关系如图 2-16 所示。

图 2-14　ReadableByteChannel 接口的 API 结构

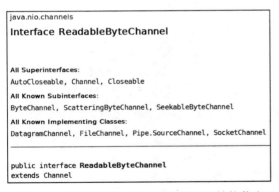

图 2-15　ReadableByteChannel 接口的结构信息

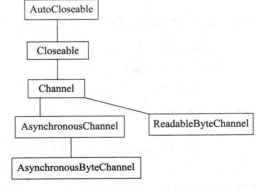

图 2-16　ReadableByteChannel 接口的继承关系

　　通道只接受以字节为单位的数据处理，因为通道和操作系统进行交互时，操作系统只接受字节数据。

2.2.4　ScatteringByteChannel 接口的介绍

　　ScatteringByteChannel 接口的主要作用是可以从通道中读取字节到多个缓冲区中。

ScatteringByteChannel 接口的 API 结构如图 2-17 所示。

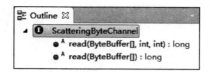

图 2-17　ScatteringByteChannel 接口的 API 结构

ScatteringByteChannel 接口的结构信息如图 2-18 所示。

ScatteringByteChannel 接口的继承关系如图 2-19 所示。

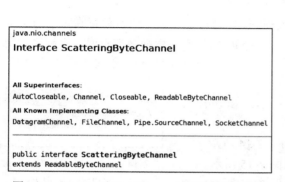

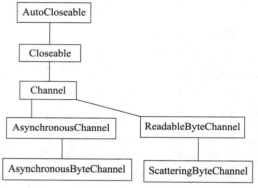

图 2-18　ScatteringByteChannel 接口的结构信息　　图 2-19　ScatteringByteChannel 接口的继承关系

2.2.5　WritableByteChannel 接口的介绍

WritableByteChannel 接口的主要作用是使通道允许对字节进行写操作。

WritableByteChannel 接口只允许有 1 个写操作在进行。如果 1 个线程正在 1 个通道上执行 1 个 write() 操作，那么任何试图发起另一个 write() 操作的线程都会被阻塞，直到第 1 个 write() 操作完成。其他类型的 I/O 操作是否可以与 write() 操作同时进行，取决于通道的类型。

WritableByteChannel 接口有以下两个特点：

1）将 1 个字节缓冲区中的字节序列写入通道的当前位置；

2）write(ByteBuffer) 方法是同步的。

WritableByteChannel 接口的 API 结构如图 2-20 所示。

图 2-20　WritableByteChannel 接口的 API 结构

WritableByteChannel 接口的结构信息如图 2-21 所示。

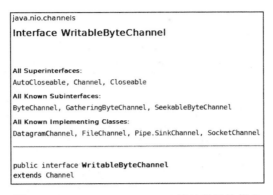

图 2-21 WritableByteChannel 接口的结构信息

WritableByteChannel 接口的继承关系如图 2-22 所示。

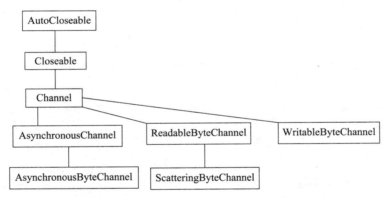

图 2-22 WritableByteChannel 接口的继承关系

2.2.6 GatheringByteChannel 接口的介绍

GatheringByteChannel 接口的主要作用是可以将多个缓冲区中的数据写入到通道中。
GatheringByteChannel 接口的 API 结构如图 2-23 所示。

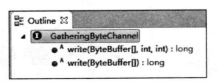

图 2-23 GatheringByteChannel 接口的 API 结构

GatheringByteChannel 接口的结构信息如图 2-24 所示。

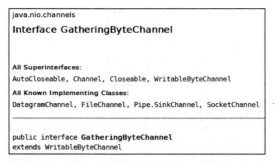

图 2-24　GatheringByteChannel 接口的结构信息

GatheringByteChannel 接口的继承关系如图 2-25 所示。

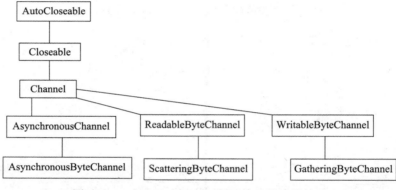

图 2-25　GatheringByteChannel 接口的继承关系

2.2.7　ByteChannel 接口的介绍

　　ByteChannel 接口的主要作用是将 ReadableByteChannel（可读字节通道）与 WritableByteChannel（可写字节通道）的规范进行了统一，也就是 ByteChannel 接口的父接口就是 ReadableByteChannel 和 WritableByteChannel。ByteChannel 接口没有添加任何的新方法。ByteChannel 接口的实现类就具有了读和写的方法，是双向的操作，而单独地实现 ReadableByteChannel 或 WritableByteChannel 接口就是单向的操作，因为实现类只能进行读操作，或者只能进行写操作。

　　ByteChannel 接口的 API 结构如图 2-26 所示。

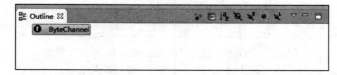

图 2-26　ByteChannel 接口的 API 结构

ByteChannel 接口的结构信息如图 2-27 所示。

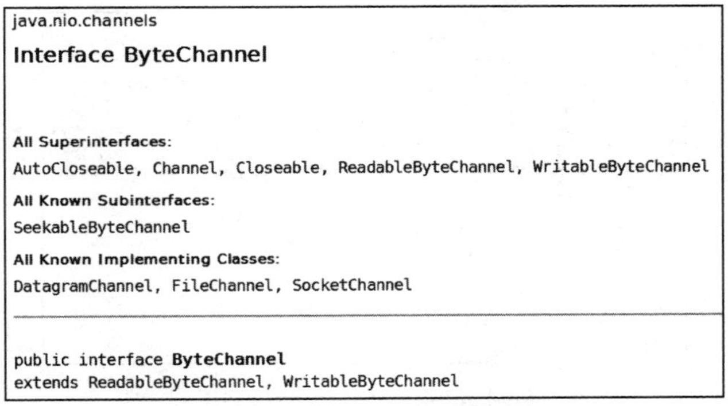

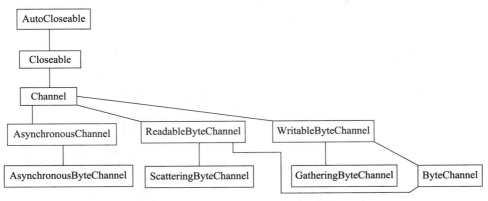

图 2-27　ByteChannel 接口的结构信息

ByteChannel 接口的继承关系如图 2-28 所示。

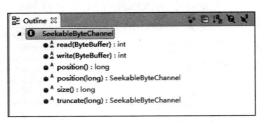

图 2-28　ByteChannel 接口的继承关系

2.2.8　SeekableByteChannel 接口的介绍

SeekableByteChannel 接口的主要作用是在字节通道中维护 position（位置），以及允许 position 发生改变。

SeekableByteChannel 接口的 API 结构如图 2-29 所示。

图 2-29　SeekableByteChannel 接口的 API 结构

SeekableByteChannel 接口的结构信息如图 2-30 所示。

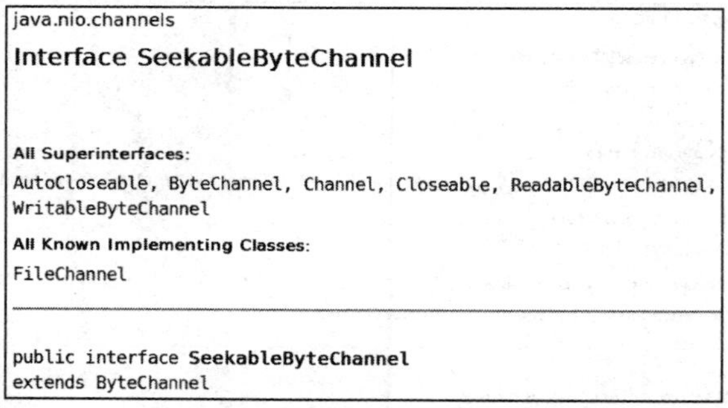

```
java.nio.channels
Interface SeekableByteChannel


All Superinterfaces:
AutoCloseable, ByteChannel, Channel, Closeable, ReadableByteChannel,
WritableByteChannel
All Known Implementing Classes:
FileChannel



public interface SeekableByteChannel
extends ByteChannel
```

图 2-30 SeekableByteChannel 接口的结构信息

SeekableByteChannel 接口的继承关系如图 2-31 所示。

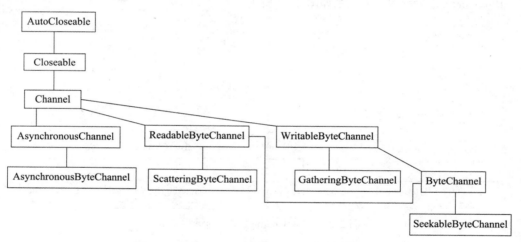

图 2-31 SeekableByteChannel 接口的继承关系

2.2.9 NetworkChannel 接口的介绍

NetworkChannel 接口的主要作用是使通道与 Socket 进行关联，使通道中的数据能在 Socket 技术上进行传输。该接口中的 bind() 方法用于将 Socket 绑定到本地地址，get-LocalAddress() 方法返回绑定到此 Socket 的 SocketAddress 对象，并可以结合 setOption() 和 getOption() 方法用于设置和查询 Socket 相关的选项。

NetworkChannel 接口的 API 结构如图 2-32 所示。

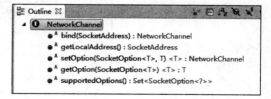

图 2-32 NetworkChannel 接口的 API 结构

NetworkChannel 接口的结构信息如图 2-33 所示。

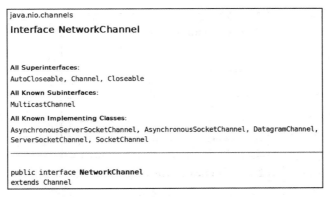

图 2-33　NetworkChannel 接口的结构信息

NetworkChannel 接口的继承关系如图 2-34 所示。

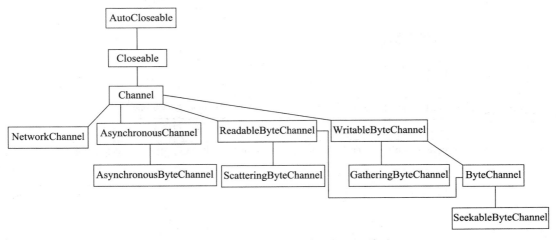

图 2-34　NetworkChannel 接口的继承关系

2.2.10　MulticastChannel 接口的介绍

MulticastChannel 接口的主要作用是使通道支持 Internet Protocol（IP）多播。IP 多播就是将多个主机地址进行打包，形成一个组（group），然后将 IP 报文向这个组进行发送，也就相当于同时向多个主机传输数据。

MulticastChannel 接口的 API 结构如图 2-35 所示。

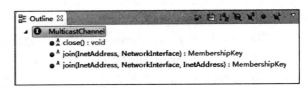

图 2-35　MulticastChannel 接口的 API 结构

MulticastChannel 接口的结构信息如图 2-36 所示。

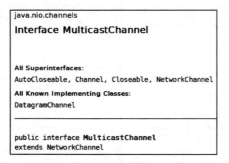

图 2-36　MulticastChannel 接口的结构信息

MulticastChannel 接口的继承关系如图 2-37 所示。

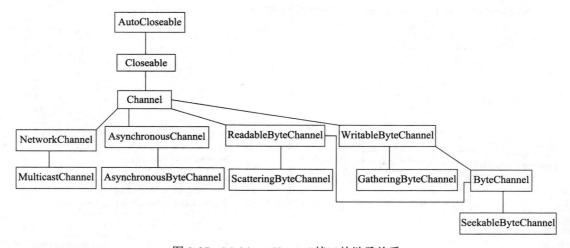

图 2-37　MulticastChannel 接口的继承关系

2.2.11　InterruptibleChannel 接口的介绍

InterruptibleChannel 接口的主要作用是使通道能以异步的方式进行关闭与中断。

当通道实现了 asynchronously 和 closeable 特性：如果一个线程在一个能被中断的通道上出现了阻塞状态，那么当其他线程调用这个通道的 close() 方法时，这个呈阻塞状态的线程将接收到 AsynchronousCloseException 异常。

当通道在实现了 asynchronously 和 closeable 特性的同时还实现了 interruptible 特性：如果一个线程在一个能被中断的通道上出现了阻塞状态，那么当其他线程调用这个阻塞线程的 interrupt() 方法后，通道将被关闭，这个阻塞的线程将接收到 ClosedByInterruptException 异常，这个阻塞线程的状态一直是中断状态。

InterruptibleChannel 接口的 API 结构如图 2-38 所示。

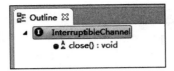

图 2-38　InterruptibleChannel 接口的 API 结构

InterruptibleChannel 接口的结构信息如图 2-39 所示。

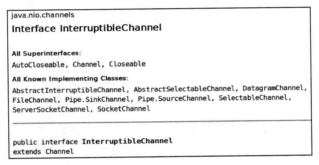

图 2-39　InterruptibleChannel 接口的结构信息

InterruptibleChannel 接口的继承关系如图 2-40 所示。

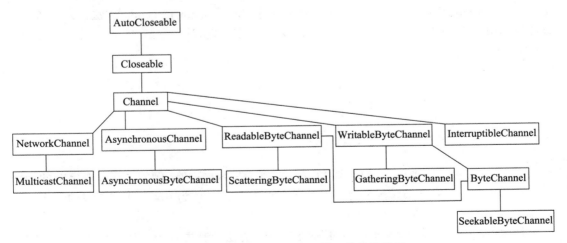

图 2-40　InterruptibleChannel 接口的继承关系

2.3　AbstractInterruptibleChannel 类的介绍

前面介绍了 NIO 核心接口的作用，从本节开始就要学习那些接口的实现类，毕竟在开发时，虽然遵循的是接口，但功能具体的实现还是依赖于实现类的。

NIO 核心接口的实现类列表如下：

1）AbstractInterruptibleChannel

2）AbstractSelectableChannel

3）AsynchronousFileChannel

4）AsynchronousServerSocketChannel

5）AsynchronousSocketChannel

6）DatagramChannel

7）FileChannel

8）Pipe.SinkChannel

9）Pipe.SourceChannel

10）SelectableChannel

11）ServerSocketChannel

12）SocketChannel

本节首先介绍 AbstractInterruptibleChannel 类，因为本章主要介绍 FileChannel 类，而 FileChannel 类的父类正是 AbstractInterruptibleChannel 类。其他类的使用在后面的部分都有所介绍。

AbstractInterruptibleChannel 类的主要作用是提供了一个可以被中断的通道基本实现类。

此类封装了能使通道实现异步关闭和中断所需要的最低级别的机制。在调用有可能无限期阻塞的 I/O 操作的之前和之后，通道类必须分别调用 begin() 和 end() 方法，为了确保始终能够调用 end() 方法，应该在 try ... finally 块中使用这些方法：

```
boolean completed = false;
try {
        begin();
        completed = ...; // 执行 blocking I/O 操作
return ...;                 // 返回结果
    } finally {
        end(completed);
    }
```

end() 方法的 completed 参数告知 I/O 操作实际是否已完成。例如，在读取字节的操作中，只有确实将某些字节传输到目标缓冲区时此参数才应该为 true，代表完成的结果是成功的。

具体的通道类还必须实现 implCloseChannel() 方法，其方式为：如果调用此方法的同时，另一个线程阻塞在该通道上的本机 I/O 操作中，则该操作将立即返回，要么抛出异常，要么正常返回。如果某个线程被中断，或者异步地关闭了阻塞线程所处的通道，则该通道的 end() 方法会抛出相应的异常。

此类执行实现 Channel 规范所需的同步。implCloseChannel() 方法的实现不必与其他可能试图关闭通道的线程同步。

AbstractInterruptibleChannel 类的 API 结构如图 2-41 所示。

AbstractInterruptibleChannel 类的结构信息如图 2-42 所示。

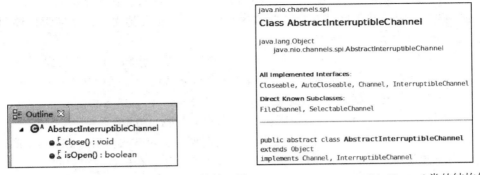

图 2-41　AbstractInterruptibleChannel 类的 API 结构　图 2-42　AbstractInterruptibleChannel 类的结构信息

AbstractInterruptibleChannel 类的继承结构，如图 2-43 所示。

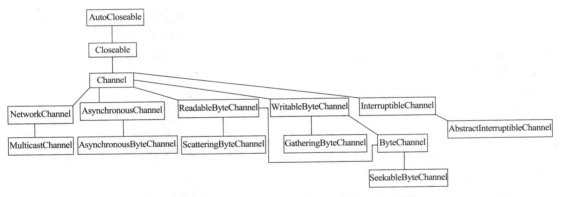

图 2-43　AbstractInterruptibleChannel 类的继承结构

AbstractInterruptibleChannel 类是抽象类，另外其内部的 API 结构比较简单，只有两个方法，因此，具体的使用可参考其子类 FileChannel。

2.4　FileChannel 类的使用

FileChannel 类的主要作用是读取、写入、映射和操作文件的通道。该通道永远是阻塞的操作。

FileChannel 类在内部维护当前文件的 position，可对其进行查询和修改。该文件本身包含一个可读写、长度可变的字节序列，并且可以查询该文件的当前大小。当写入的字节超出文件的当前大小时，则增加文件的大小；截取该文件时，则减小文件的大小。文件可能还有某个相关联的元数据，如访问权限、内容类型和最后的修改时间，但此类未定义访问元数据的方法。

除了字节通道中常见的读取、写入和关闭操作外，此类还定义了下列特定于文件的操作。

1）以不影响通道当前位置的方式，对文件中绝对位置的字节进行读取或写入。

2）将文件中的某个区域直接映射到内存中。对于较大的文件，这通常比调用普通的 read() 或 write() 方法更为高效。

3）强制对底层存储设备进行文件的更新，确保在系统崩溃时不丢失数据。

4）以一种可被很多操作系统优化为直接向文件系统缓存发送或从中读取的高速传输方法，将字节从文件传输到某个其他通道中，反之亦然。

5）可以锁定某个文件区域，以阻止其他程序对其进行访问。

多个并发线程可安全地使用文件通道。可随时调用关闭方法，正如 Channel 接口中所指定的。对于涉及通道位置或者可以更改其文件大小的操作，在任意给定时间只能进行一个这样的操作。如果尝试在第一个操作仍在进行时发起第二个操作，则会导致在第一个操作完成之前阻塞第二个操作。可以并发处理其他操作，特别是那些采用显式位置的操作；但是否并发处理则取决于基础实现，因此是未指定的。

确保此类的实例所提供的文件视图与同一程序中其他实例所提供的相同文件视图是一致的。但是，此类的实例所提供的视图不一定与其他并发运行的程序所看到的视图一致，这取决于底层操作系统所执行的缓冲策略和各种网络文件系统协议所引入的延迟。无论其他程序是以何种语言编写的，而且也无论是运行在相同机器还是不同机器上，都是如此。此种不一致的确切性质取决于系统，因此是未指定的。

此类没有定义打开现有文件或创建新文件的方法，以后的版本中可能添加这些方法。在此版本中，可从现有的 FileInputStream、FileOutputStream 或 RandomAccessFile 对象获得文件通道，方法是调用该对象的 getChannel() 方法，这会返回一个连接到相同底层文件的文件通道。

文件通道的状态与其 getChannel() 方法返回该通道的对象密切相关。显式或者通过读取或写入字节来更改通道的位置将更改发起对象的文件位置，反之亦然。通过文件通道更改此文件的长度将更改通过发起对象看到的长度，反之亦然。通过写入字节更改此文件的内容将更改发起对象所看到的内容，反之亦然。

此类在各种情况下指定要求"允许读取操作""允许写入操作"或"允许读取和写入操作"的某个实例。通过 FileInputStream 实例的 getChannel() 方法所获得的通道将允许进行读取操作。通过 FileOutputStream 实例的 getChannel() 方法所获得的通道将允许进行写入操作。最后，如果使用模式"r"创建 RandomAccessFile 实例，则通过该实例的 getChannel() 方法所获得的通道将允许进行读取操作；如果使用模式"rw"创建实例，则获得的通道将允许进行读取和写入操作。

如果从文件输出流中获得了允许进行写入操作的文件通道，并且该输出流是通过调用 FileOutputStream(File, boolean) 构造方法且为第二个参数传入 true 来创建的，则该文件通道可能处于添加模式。在此模式中，每次调用相关的写入操作都会首先将位置移到文件的末尾，然后写入请求的数据。在单个原子操作中，是否移动位置和写入数据是与系统相关的，因此是未指定的。

FileChannel 类的 API 结构如图 2-44 所示。

FileChannel 类的结构信息如图 2-45 所示。

下面开始介绍 FileChannel 类中的 API。

图 2-44　FileChannel 类的 API 结构

```
public abstract class FileChannel
extends AbstractInterruptibleChannel
implements SeekableByteChannel, GatheringByteChannel, ScatteringByteChannel
```

图 2-45　FileChannel 类的结构信息

2.4.1　写操作与位置的使用

int write(ByteBuffer src) 方法的作用是将 remaining 字节序列从给定的缓冲区写入此通道的当前位置，此方法的行为与 WritableByteChannel 接口所指定的行为完全相同：在任意给定时刻，一个可写入通道上只能进行一个写入操作。如果某个线程在通道上发起写入操作，那么在第一个操作完成之前，将阻塞其他所有试图发起另一个写入操作的线程。其他种类的 I/O 操作是否继续与写入操作并发执行，取决于该通道的类型。该方法的返回值代表写入的字节数，可能为零。

WritableByteChannel 接口有两个特点：

1）将 1 个 ByteBuffer 缓冲区中的 remaining 字节序列写入通道的当前位置；

2）write(ByteBuffer) 方法是同步的。

long position() 方法的作用是返回此通道的文件位置。

public abstract FileChannel position(long newPosition) 方法的作用是设置此通道的文件位置。

1. 验证 int write(ByteBuffer src) 方法是从通道的当前位置开始写入的

下面开始测试 int write(ByteBuffer src) 方法是从通道的当前位置开始写入的，测试代码如下：

```java
public class Test1_1 {

public static void main(String[] args) throws IOException, InterruptedException {
    FileOutputStream fosRef = new FileOutputStream(new File("c:\\abc\\a.txt"));
    FileChannel fileChannel = fosRef.getChannel();
    try {
```

```
        ByteBuffer buffer = ByteBuffer.wrap("abcde".getBytes());
        System.out.println("A fileChannel.position()=" + fileChannel.position());
        System.out.println("write() 1 返回值: " + fileChannel.write(buffer));
        System.out.println("B fileChannel.position()=" + fileChannel.position());
        fileChannel.position(2);
        buffer.rewind();// 注意: 还原 buffer 的 position 为 0
        // 然后在当前位置 position 中再进行写入
        System.out.println("write() 2 返回值: " + fileChannel.write(buffer));
        System.out.println("C fileChannel.position()=" + fileChannel.position());
    } catch (IOException e) {
        e.printStackTrace();
    }
    fileChannel.close();
    fosRef.close();
}


}
```

生成的 a.txt 文件内容如下:

ababcde

控制台输出的结果如下:

```
A fileChannel.position()=0
write() 1 返回值: 5
B fileChannel.position()=5
write() 2 返回值: 5
C fileChannel.position()=7
```

2. 验证 int write(ByteBuffer src) 方法将 ByteBuffer 的 remaining 写入通道

本示例将要测试使用 int write(ByteBuffer src) 方法时是将 ByteBuffer 的 remaining 写入通道的当前位置。

```
public class Test1_2 {
public static void main(String[] args) throws IOException, InterruptedException {
    FileOutputStream fosRef = new FileOutputStream(new File("c:\\abc\\a.txt"));
    FileChannel fileChannel = fosRef.getChannel();
    try {
        ByteBuffer buffer1 = ByteBuffer.wrap("abcde".getBytes());
        ByteBuffer buffer2 = ByteBuffer.wrap("12345".getBytes());
        fileChannel.write(buffer1);
        buffer2.position(1);
        buffer2.limit(3);
        fileChannel.position(2);
        fileChannel.write(buffer2);
    } catch (IOException e) {
        e.printStackTrace();
    }
    fileChannel.close();
    fosRef.close();


}
}
```

在上述程序运行后，a.txt 文件的内容如下：

```
ab23e
```

3. 验证 int write(ByteBuffer src) 方法具有同步特性

下面继续测试，使用多个线程同时对 FileChannel 通道进行写入，并且 int write(ByteBuffer src) 方法彼此之间出现同步的效果，代码如下：

```java
public class Test1_2 {
private static FileOutputStream fosRef;
private static FileChannel fileChannel;

public static void main(String[] args) throws IOException, InterruptedException {
    fosRef = new FileOutputStream(new File("c:\\abc\\a.txt"));
    fileChannel = fosRef.getChannel();
    for (int i = 0; i < 10; i++) {
        Thread thread1 = new Thread() {
            @Override
            public void run() {
                try {
                    ByteBuffer buffer = ByteBuffer.wrap("abcde\r\n".getBytes());
                    fileChannel.write(buffer);
                } catch (IOException e) {
                    e.printStackTrace();
                }
            }
        };

        Thread thread2 = new Thread() {
            @Override
            public void run() {
                try {
                    ByteBuffer buffer = ByteBuffer.wrap("我是中国人\r\n".
                        getBytes());
                    fileChannel.write(buffer);
                } catch (IOException e) {
                    e.printStackTrace();
                }
            }
        };

        thread1.start();
        thread2.start();
    }

    Thread.sleep(3000);
    fileChannel.close();
    fosRef.close();
}

}
```

生成的文本文件的内容如下：

我是中国人

```
abcde
我是中国人
abcde
我是中国人
我是中国人
abcde
我是中国人
abcde
我是中国人
abcde
我是中国人
abcde
我是中国人
abcde
我是中国人
abcde
abcde
abcde
我是中国人
```

一共有 20 个字符串。

字符串"abcde"和"我是中国人"之间或者其自身之间是随机添加顺序的，但字符串"abcde"和"我是中国人"之间或者其自身之间不会出现交叉的情况，如英文和中文有交叉的情况：

abc 我是 de 中国人

或者

我 a 是 b 中 c 国 d 人 e

这也就说明 int write(ByteBuffer src) 方法是同步的。

2.4.2 读操作

int read(ByteBuffer dst) 方法的作用是将字节序列从此通道的当前位置读入给定的缓冲区的当前位置。此方法的行为与 ReadableByteChannel 接口中指定的行为完全相同：在任意给定时刻，一个可读取通道上只能进行一个读取操作。如果某个线程在通道上发起读取操作，那么在第一个操作完成之前，将阻塞其他所有试图发起另一个读取操作的线程。其他种类的 I/O 操作是否继续与读取操作并发执行，取决于该通道的类型。该方法的返回值代表读取的字节数，可能为零。如果该通道已到达流的末尾，则返回 −1。

ReadableByteChannel 接口有以下两个特点：

1）将通道当前位置中的字节序列读入 1 个 ByteBuffer 缓冲区中的 remaining 空间中；

2）read(ByteBuffer) 方法是同步的。

1. 验证 int read(ByteBuffer dst) 方法返回值的意义

int read(ByteBuffer dst) 方法返回 int 类型，存在以下 3 种值。

1）正数：代表从通道的当前位置向 ByteBuffer 缓冲区中读的字节个数。

2）0：代表从通道中没有读取任何的数据，也就是 0 字节，有可能发生的情况就是缓冲区中没有 remainging 剩余空间了。

3）-1：代表到达流的末端。

b.txt 文件的初始内容如下：

abcde

测试用的代码如下：

```java
public class Test2_1 {
private static FileInputStream fisRef;
private static FileChannel fileChannel;

public static void main(String[] args) throws IOException, InterruptedException {
    fisRef = new FileInputStream(new File("c:\\abc\\b.txt"));
    fileChannel = fisRef.getChannel();

    ByteBuffer byteBuffer = ByteBuffer.allocate(5);

    int readLength = fileChannel.read(byteBuffer);
    System.out.println(readLength);         // 取得 5 个字节
    // 将下面的代码添加注释，那么再次执行 read() 方法时，
    // 返回值是 0，因为 byteBuffer 没有 remaining 剩余空间
    // byteBuffer.clear();
    readLength = fileChannel.read(byteBuffer);
    System.out.println(readLength);         // 取得 0 个字节
    // 执行 clear() 方法，使缓冲区状态还原
    byteBuffer.clear();
    readLength = fileChannel.read(byteBuffer);
    System.out.println(readLength);         // 到达流的末尾值为 -1
    byteBuffer.clear();

    fileChannel.close();
    fisRef.close();
}

}
```

上述程序运行结果如下：

```
5
0
-1
```

2. 验证 int read(ByteBuffer dst) 方法是从通道的当前位置开始读取的

测试代码如下：

```java
public class Test2_2 {
private static FileInputStream fisRef;
private static FileChannel fileChannel;

public static void main(String[] args) throws IOException, InterruptedException {
    fisRef = new FileInputStream(new File("c:\\abc\\b.txt"));
```

```java
    fileChannel = fisRef.getChannel();
    fileChannel.position(2);

    ByteBuffer byteBuffer = ByteBuffer.allocate(5);
    fileChannel.read(byteBuffer);

    byte[] getByteArray = byteBuffer.array();
    for (int i = 0; i < getByteArray.length; i++) {
        System.out.print((char) getByteArray[i]);
    }

    fileChannel.close();
    fisRef.close();
}

}
```

上述程序运行的结果如下：

cde 空格空格

3. 验证 int read(ByteBuffer dst) 方法将字节放入 ByteBuffer 当前位置

测试代码如下：

```java
public class Test2_3 {
private static FileInputStream fisRef;
private static FileChannel fileChannel;

public static void main(String[] args) throws IOException, InterruptedException {
    // abcde
    fisRef = new FileInputStream(new File("c:\\abc\\b.txt"));
    fileChannel = fisRef.getChannel();
    fileChannel.position(2);

    ByteBuffer byteBuffer = ByteBuffer.allocate(5);
    byteBuffer.position(3);

    // 向 ByteBuffer 读入 cd
    fileChannel.read(byteBuffer);

    byte[] getByteArray = byteBuffer.array();
    for (int i = 0; i < getByteArray.length; i++) {
        if (getByteArray[i] == 0) {
            System.out.print(" 空格 ");
        } else {
            System.out.print((char) getByteArray[i]);
        }
    }

    fileChannel.close();
    fisRef.close();
}

}
```

上述程序运行的结果如下：

空格空格空格 cd

4. 验证 int read(ByteBuffer dst) 方法具有同步特性

下面的示例将要测试 int read(ByteBuffer dst) 方法具有同步的效果。

首先创建 a.txt 文件，内容如下：

aaaa1aaaa2aaaa3aaaa4aaaa5aaaa6aaaa7aaaa8aaaa9bbbb1bbbb2bbbb3bbbb4bbbb5bbbb6bbb
b7bbbb8bbbb9cccc1cccc2cccc3cccc4cccc5cccc6cccc7cccc8cccc9

虽然 a.txt 文件内容显得比较凌乱，但还是具有规律性的，一共有 27 组字符串。

测试用的代码如下：

```java
public class Test2_4 {
private static FileInputStream fisRef;
private static FileChannel fileChannel;

public static void main(String[] args) throws IOException, InterruptedException {
    fisRef = new FileInputStream(new File("c:\\abc\\a.txt"));
    fileChannel = fisRef.getChannel();

    for (int i = 0; i < 1; i++) {
        Thread thread1 = new Thread() {
            @Override
            public void run() {
                try {
                    ByteBuffer byteBuffer = ByteBuffer.allocate(5);
                    int readLength = fileChannel.read(byteBuffer);
                    while (readLength != -1) {
                        byte[] getByte = byteBuffer.array();
                        System.out.println(new String(getByte, 0, readLength));
                        byteBuffer.clear();
                        readLength = fileChannel.read(byteBuffer);
                    }
                } catch (IOException e) {
                    e.printStackTrace();
                }
            }
        };

        Thread thread2 = new Thread() {
            @Override
            public void run() {
                try {
                    ByteBuffer byteBuffer = ByteBuffer.allocate(5);
                    int readLength = fileChannel.read(byteBuffer);
                    while (readLength != -1) {
                        byte[] getByte = byteBuffer.array();
                        System.out.println(new String(getByte, 0, readLength));
                        byteBuffer.clear();
                        readLength = fileChannel.read(byteBuffer);
                    }
```

```
                    } catch (IOException e) {
                        e.printStackTrace();
                    }
                }
            };

            thread1.start();
            thread2.start();
        }

        Thread.sleep(3000);
        fileChannel.close();
        fisRef.close();
    }

}
```

上述程序运行结果如下：

```
aaaa1
aaaa2
aaaa3
aaaa4
aaaa5
aaaa6
aaaa7
aaaa8
aaaa9
bbbb1
bbbb3
bbbb2
bbbb5
bbbb4
bbbb7
bbbb6
bbbb8
bbbb9
cccc1
cccc2
cccc3
cccc4
cccc5
cccc6
cccc7
cccc8
cccc9
```

一共输出了 27 个字符串。虽然输出的顺序是乱序的，但每组的序号都包含 1 ～ 9，并没有出现重复的字符串，这也就说明 int read(ByteBuffer dst) 方法是同步的。

5. 验证 int read(ByteBuffer dst) 方法从通道读取的数据大于缓冲区容量

创建 a.txt 文件，初始内容为：

abcde

测试用的代码如下:

```java
public class Test2_4 {
public static void main(String[] args) throws IOException, InterruptedException {
    FileInputStream fileInputStream = new FileInputStream(new File("c:\\
        abc\\a.txt"));
    FileChannel fileChannel = fileInputStream.getChannel();
    ByteBuffer byteBuffer = ByteBuffer.allocate(3);
    System.out.println("A " + fileChannel.position());
    fileChannel.read(byteBuffer);
    System.out.println("B " + fileChannel.position());
    fileChannel.close();
    fileInputStream.close();

    byteBuffer.rewind();

    for (int i = 0; i < byteBuffer.limit(); i++) {
        System.out.print((char) byteBuffer.get());
    }
}

}
```

上述程序运行的结果如下:

```
A 0
B 3
abc
```

上述结果说明 ByteBuffer 缓冲区 remaining 为多少,就从通道中读多少字节的数据。

6. 验证 int read(ByteBuffer dst) 方法从通道读取的字节放入缓冲区的 remaining 空间中

测试用的代码如下:

```java
public class Test2_6 {
public static void main(String[] args) throws IOException, InterruptedException {
    FileInputStream fileInputStream = new FileInputStream(new File("c:\\
        abc\\a.txt"));
    FileChannel fileChannel = fileInputStream.getChannel();
    ByteBuffer byteBuffer = ByteBuffer.allocate(100);
    byteBuffer.position(1);
    byteBuffer.limit(3);
    fileChannel.read(byteBuffer);
    fileChannel.close();
    fileInputStream.close();

    byteBuffer.rewind();

    for (int i = 0; i < byteBuffer.limit(); i++) {
        byte eachByte = byteBuffer.get();
        if (eachByte == 0) {
            System.out.print(" 空格 ");
        } else {
```

```
                    System.out.print((char) eachByte);
            }
        }
    }

    }
```

上述程序运行结果如下：

空格 ab

2.4.3 批量写操作

long write(ByteBuffer[] srcs) 方法的作用是将每个缓冲区的 remaining 字节序列写入此通道的当前位置。调用此方法的形式为 c.write(srcs)，该调用与调用 c.write(srcs, 0, srcs.length) 的形式完全相同。

long write(ByteBuffer[] srcs) 方法实现的是 GatheringByteChannel 接口中的同名方法。接口 GatheringByteChannel 的父接口是 WritableByteChannel，说明接口 GatheringByteChannel 具有 WritableByteChannel 接口的以下两个特性：

1）将 1 个 ByteBuffer 缓冲区中的 remaining 字节序列写入通道的当前位置中；

2）write(ByteBuffer) 方法是同步的。

此外，它还具有第 3 个特性：将多个 ByteBuffer 缓冲区中的 remaining 剩余字节序列写入通道的当前位置中。

1. 验证 long write(ByteBuffer[] srcs) 方法是从通道的当前位置开始写入的
测试用的代码如下：

```java
public class Test3_1 {
public static void main(String[] args) throws IOException, InterruptedException {
    FileOutputStream fosRef = new FileOutputStream(new File("c:\\abc\\a.txt"));
    FileChannel fileChannel = fosRef.getChannel();

    fileChannel.write(ByteBuffer.wrap("123456".getBytes()));
    fileChannel.position(3);

    ByteBuffer buffer1 = ByteBuffer.wrap("ooooo1".getBytes());
    ByteBuffer buffer2 = ByteBuffer.wrap("ooooo2".getBytes());
    ByteBuffer[] bufferArray = new ByteBuffer[] { buffer1, buffer2 };
    fileChannel.write(bufferArray);

    fileChannel.close();
    fosRef.close();
}

}
```

在上述程序运行后，a.txt 文件的内容如下：

123ooooo1ooooo2

2. 验证 long write(ByteBuffer[] srcs) 方法将 ByteBuffer 的 remaining 写入通道

测试用的代码如下：

```java
public class Test3_2 {
public static void main(String[] args) throws IOException, InterruptedException {
    FileOutputStream fosRef = new FileOutputStream(new File("c:\\abc\\a.txt"));
    FileChannel fileChannel = fosRef.getChannel();

    fileChannel.write(ByteBuffer.wrap("123456".getBytes()));
    fileChannel.position(3);

    ByteBuffer buffer1 = ByteBuffer.wrap("abcde1".getBytes());
    ByteBuffer buffer2 = ByteBuffer.wrap("uvwxy2".getBytes());
    ByteBuffer[] bufferArray = new ByteBuffer[] { buffer1, buffer2 };

    buffer1.position(1);
    buffer1.limit(3);

    buffer2.position(2);
    buffer2.limit(4);

    fileChannel.write(bufferArray);

    fileChannel.close();
    fosRef.close();
}

}
```

上述程序运行的结果如下：

```
123bcwx
```

3. 验证 long write(ByteBuffer[] srcs) 方法具有同步特性

测试代码如下：

```java
public class Test3_2 {
private static FileOutputStream fosRef;
private static FileChannel fileChannel;

public static void main(String[] args) throws IOException, InterruptedException {
    fosRef = new FileOutputStream(new File("c:\\abc\\a.txt"));
    fileChannel = fosRef.getChannel();
    for (int i = 0; i < 10; i++) {
        Thread thread1 = new Thread() {
            @Override
            public void run() {
                try {
                    ByteBuffer buffer1 = ByteBuffer.wrap("oooool\r\n".getBytes());
                    ByteBuffer buffer2 = ByteBuffer.wrap("ooooo2\r\n".getBytes());
                    ByteBuffer[] bufferArray = new ByteBuffer[] { buffer1,
                        buffer2 };
                    fileChannel.write(bufferArray);
                } catch (IOException e) {
```

```
                                    e.printStackTrace();
                        }
                    }
                };

                Thread thread2 = new Thread() {
                    @Override
                    public void run() {
                        try {
                            ByteBuffer buffer1 = ByteBuffer.wrap("zzzzz1\r\n".
                                getBytes());
                            ByteBuffer buffer2 = ByteBuffer.wrap("zzzzz2\r\n".
                                getBytes());
                            ByteBuffer[] bufferArray = new ByteBuffer[] { buffer1,
                                buffer2 };
                            fileChannel.write(bufferArray);
                        } catch (IOException e) {
                            e.printStackTrace();
                        }
                    }
                };

                thread1.start();
                thread2.start();
            }

            Thread.sleep(3000);
            fileChannel.close();
            fosRef.close();
        }

    }
```

生成的文本文件的内容如下：

```
ooooo1
ooooo2
zzzzz1
zzzzz2
ooooo1
ooooo2
zzzzz1
zzzzz2
ooooo1
ooooo2
ooooo1
ooooo2
zzzzz1
zzzzz2
ooooo1
ooooo2
zzzzz1
zzzzz2
ooooo1
ooooo2
zzzzz1
```

```
zzzzz2
ooooo1
ooooo2
zzzzz1
zzzzz2
ooooo1
ooooo2
zzzzz1
zzzzz2
zzzzz1
zzzzz2
ooooo1
ooooo2
zzzzz1
zzzzz2
zzzzz1
zzzzz2
ooooo1
ooooo2
```

从上述输出的结果来看，ooooo1 和 ooooo2 都是以组为单位出现的，zzzzz1 和 zzzzz2 也是这样的，说明 long write(ByteBuffer[] srcs) 方法具有同步性。

2.4.4　批量读操作

long read(ByteBuffer[] dsts) 方法的作用是将字节序列从此通道读入给定的缓冲区数组中的第 0 个缓冲区的当前位置。调用此方法的形式为 c.read(dsts)，该调用与调用 c.read(dsts, 0, dsts.length) 的形式完全相同。

long read(ByteBuffer[] dsts) 方法实现的是 ScatteringByteChannel 接口中的同名方法，而接口 ScatteringByteChannel 的父接口是 ReadableByteChannel，说明接口 ScatteringByteChannel 具有 ReadableByteChannel 接口的以下两个特性。

1）将通道当前位置中的字节序列读入 1 个 ByteBuffer 缓冲区的 remaining 空间中；

2）read(ByteBuffer) 方法是同步的。

此外，它还具有第 3 个特性：将通道当前位置的字节序列读入多个 ByteBuffer 缓冲区的 remaining 剩余空间中。

1. 验证 long read(ByteBuffer[] dsts) 方法返回值的意义

b.txt 文件的初始内容如下：

abcde

测试用的代码如下：

```java
public class Test4_1 {
private static FileInputStream fisRef;
private static FileChannel fileChannel;

public static void main(String[] args) throws IOException, InterruptedException {
    fisRef = new FileInputStream(new File("c:\\abc\\b.txt"));
```

```
    fileChannel = fisRef.getChannel();

    ByteBuffer byteBuffer1 = ByteBuffer.allocate(2);
    ByteBuffer byteBuffer2 = ByteBuffer.allocate(2);
    ByteBuffer[] bufferArray = new ByteBuffer[] { byteBuffer1, byteBuffer2 };

    long readLength = fileChannel.read(bufferArray);
    System.out.println(readLength);      // 取得 4 个字节
    byteBuffer1.clear();
    byteBuffer2.clear();

    readLength = fileChannel.read(bufferArray);
    System.out.println(readLength);      // 取得 1 个字节
    byteBuffer1.clear();
    byteBuffer2.clear();

    readLength = fileChannel.read(bufferArray);
    System.out.println(readLength);      // 到达流的末尾值为 -1
    byteBuffer1.clear();
    byteBuffer2.clear();

    readLength = fileChannel.read(bufferArray);
    System.out.println(readLength);      // 到达流的末尾值为 -1
    byteBuffer1.clear();
    byteBuffer2.clear();

    fileChannel.close();
    fisRef.close();
}

}
```

上述程序运行结果如下：

```
4
1
-1
-1
```

2. 验证 long read(ByteBuffer[] dsts) 方法是从通道的当前位置开始读取的

测试用的代码如下：

```
public class Test4_2 {
private static FileInputStream fisRef;
private static FileChannel fileChannel;

public static void main(String[] args) throws IOException, InterruptedException {
    fisRef = new FileInputStream(new File("c:\\abc\\b.txt"));
    fileChannel = fisRef.getChannel();
    fileChannel.position(2);

    ByteBuffer byteBuffer1 = ByteBuffer.allocate(2);
    ByteBuffer byteBuffer2 = ByteBuffer.allocate(2);
    ByteBuffer[] bufferArray = new ByteBuffer[] { byteBuffer1, byteBuffer2 };
```

```
fileChannel.read(bufferArray);

for (int j = 0; j < bufferArray.length; j++) {
    byte[] getByte = bufferArray[j].array();
    for (int k = 0; k < getByte.length; k++) {
        System.out.print((char) getByte[k]);
    }
    System.out.println();
}

fileChannel.close();
fisRef.close();
}

}
```

上述程序运行结果如下：

```
cd
e
```

3. 验证 long read(ByteBuffer[] dsts) 方法将字节放入 ByteBuffer 当前位置

测试用的代码如下：

```
public class Test4_3 {
private static FileInputStream fisRef;
private static FileChannel fileChannel;

public static void main(String[] args) throws IOException, InterruptedException {
    // abcde
    fisRef = new FileInputStream(new File("c:\\abc\\b.txt"));
    fileChannel = fisRef.getChannel();
    fileChannel.position(2);

    ByteBuffer byteBuffer1 = ByteBuffer.allocate(2);
    ByteBuffer byteBuffer2 = ByteBuffer.allocate(2);
    ByteBuffer[] bufferArray = new ByteBuffer[] { byteBuffer1, byteBuffer2 };

    byteBuffer1.position(1);//

    fileChannel.read(bufferArray);

    for (int j = 0; j < bufferArray.length; j++) {
        byte[] getByte = bufferArray[j].array();
        for (int k = 0; k < getByte.length; k++) {
            if (getByte[k] == 0) {
                System.out.print(" 空格 ");
            } else {
                System.out.print((char) getByte[k]);
            }
        }
        System.out.println();
    }
```

```
        fileChannel.close();
        fisRef.close();
    }

}
```

上述程序运行结果如下：

空格 c
de

4. 验证 long read(ByteBuffer[] dsts) 方法具有同步特性
首先创建 a.txt 文件，内容如下：

```
ooooo1
ooooo2
zzzzz1
zzzzz2
ooooo1
ooooo2
zzzzz1
zzzzz2
ooooo1
ooooo2
ooooo1
ooooo2
zzzzz1
zzzzz2
ooooo1
ooooo2
zzzzz1
zzzzz2
ooooo1
ooooo2
zzzzz1
zzzzz2
ooooo1
ooooo2
zzzzz1
zzzzz2
ooooo1
ooooo2
zzzzz1
zzzzz2
zzzzz1
zzzzz2
ooooo1
ooooo2
zzzzz1
zzzzz2
zzzzz1
zzzzz2
ooooo1
ooooo2
```

注意：一定要在最后一个字符串的后面追加回车 \r\n，不然会有一次打印未换行的效果。
测试用的代码如下：

```java
public class Test4_4 {

private static FileInputStream fisRef;
private static FileChannel fileChannel;

public static void main(String[] args) throws IOException, InterruptedException {
    fisRef = new FileInputStream(new File("c:\\abc\\a.txt"));
    fileChannel = fisRef.getChannel();

    for (int i = 0; i < 10; i++) {
        Thread thread1 = new Thread() {
            @Override
            public void run() {
                try {
                    ByteBuffer byteBuffer1 = ByteBuffer.allocate(8);
                    ByteBuffer byteBuffer2 = ByteBuffer.allocate(8);
                    ByteBuffer[] bufferArray = new ByteBuffer[] { byteBuffer1,
                        byteBuffer2 };

                    long readLength = fileChannel.read(bufferArray);
                    while (readLength != -1) {
                                // 同步的目的是输出的有序性
                        synchronized (Test4_4.class) {
                            for (int j = 0; j < bufferArray.length; j++) {
                                byte[] getByte = bufferArray[j].array();
                                for (int k = 0; k < getByte.length; k++) {
                                    System.out.print((char) getByte[k]);
                                }
                            }
                        }
                        byteBuffer1.clear();
                        byteBuffer2.clear();
                        readLength = fileChannel.read(bufferArray);
                    }
                } catch (IOException e) {
                    e.printStackTrace();
                }
            }
        };

        Thread thread2 = new Thread() {
            @Override
            public void run() {
                try {
                    ByteBuffer byteBuffer1 = ByteBuffer.allocate(8);
                    ByteBuffer byteBuffer2 = ByteBuffer.allocate(8);
                    ByteBuffer[] bufferArray = new ByteBuffer[] { byteBuffer1,
                        byteBuffer2 };

                    long readLength = fileChannel.read(bufferArray);
                    while (readLength != -1) {
                        synchronized (Test4_4.class) {
```

```
                                  for (int j = 0; j < bufferArray.length; j++) {
                                      byte[] getByte = bufferArray[j].array();
                                      for (int k = 0; k < getByte.length; k++) {
                                          System.out.print((char) getByte[k]);
                                      }
                                  }
                              }
                              byteBuffer1.clear();
                              byteBuffer2.clear();
                              readLength = fileChannel.read(bufferArray);
                          }
                      } catch (IOException e) {
                          e.printStackTrace();
                      }
                  }
              };

              thread1.start();
              thread2.start();
          }

          Thread.sleep(3000);
          fileChannel.close();
          fisRef.close();
      }

  }
```

上述程序运行结果如下：

```
ooooo1
ooooo2
ooooo1
ooooo2
zzzzz1
zzzzz2
ooooo1
ooooo2
zzzzz1
zzzzz2
zzzzz1
zzzzz2
ooooo1
ooooo2
zzzzz1
zzzzz2
ooooo1
ooooo2
zzzzz1
zzzzz2
ooooo1
ooooo2
zzzzz1
zzzzz2
ooooo1
ooooo2
zzzzz1
```

```
zzzzz2
zzzzz1
zzzzz2
ooooo1
ooooo2
zzzzz1
zzzzz2
ooooo1
ooooo2
zzzzz1
zzzzz2
ooooo1
ooooo2
```

经过分析，一共输出了 40 个字符串。ooooo1 和 ooooo2 为一组，一共 10 组；zzzzz1 和 zzzzz2 为一组，一共 10 组，这也就说明 long read(ByteBuffer[] dsts) 方法是同步的。

5. 验证 long read(ByteBuffer[] dsts) 方法从通道读取的数据大于缓冲区容量

如果从通道中读出来的数据大于 ByteBuffer[] 缓冲区数组总共的容量，会出现什么样的情况呢？创建 a.txt 文件，初始内容为：

abcde

测试用的代码如下：

```java
public class Test4_5 {
public static void main(String[] args) throws IOException, InterruptedException {
    FileInputStream fileInputStream = new FileInputStream(new File("c:\\
        abc\\a.txt"));
    FileChannel fileChannel = fileInputStream.getChannel();
    ByteBuffer byteBuffer1 = ByteBuffer.allocate(2);
    ByteBuffer byteBuffer2 = ByteBuffer.allocate(2);
    ByteBuffer[] bufferArray = new ByteBuffer[] { byteBuffer1, byteBuffer2 };

    System.out.println("A " + fileChannel.position());
    long readLength = fileChannel.read(bufferArray);
    System.out.println("B " + fileChannel.position() + " readLength=" + readLength);
    fileChannel.close();
    fileInputStream.close();

    byteBuffer1.rewind();
    byteBuffer2.rewind();

    for (int i = 0; i < bufferArray.length; i++) {
        ByteBuffer eachBuffer = bufferArray[i];
        byte[] byteArray = eachBuffer.array();
        for (int j = 0; j < byteArray.length; j++) {
            System.out.print((char) byteArray[j]);
        }
        System.out.println();
    }

}

}
```

上述程序运行结果如下：

```
A 0
B 4 readLength=4
ab
cd
```

上述结果说明 ByteBuffer[] 缓冲区数组总共的 remaining 剩余容量为多少，就从通道中读多少字节的数据。

6. 验证 long read(ByteBuffer[] dsts) 方法从通道读取的字节放入缓冲区的 remaining 空间中

a.txt 文件的初始内容如下：

```
abcdefg
```

测试用的代码如下：

```java
public class Test4_6 {
public static void main(String[] args) throws IOException, InterruptedException {
    FileInputStream fileInputStream = new FileInputStream(new File("c:\\
        abc\\a.txt"));
    FileChannel fileChannel = fileInputStream.getChannel();
    ByteBuffer byteBuffer1 = ByteBuffer.allocate(7);
    byteBuffer1.position(1);
    byteBuffer1.limit(3);
    ByteBuffer byteBuffer2 = ByteBuffer.allocate(7);
    byteBuffer2.position(2);
    byteBuffer2.limit(4);
    ByteBuffer[] bufferArray = new ByteBuffer[] { byteBuffer1, byteBuffer2 };

    fileChannel.read(bufferArray);
    fileChannel.close();
    fileInputStream.close();

    byteBuffer1.rewind();
    byteBuffer2.rewind();

    for (int i = 0; i < bufferArray.length; i++) {
        ByteBuffer eachBuffer = bufferArray[i];
        byte[] byteArray = eachBuffer.array();
        for (int j = 0; j < byteArray.length; j++) {
            byte eachByte = byteArray[j];
            if (eachByte == 0) {
                System.out.print(" 空格 ");
            } else {
                System.out.print((char) byteArray[j]);
            }
        }
        System.out.println();
    }

}

}
```

上述程序运行结果如下：

```
空格 ab 空格空格空格空格
空格空格 cd 空格空格空格
```

2.4.5　部分批量写操作

long write(ByteBuffer[] srcs, int offset, int length) 方法的作用是以指定缓冲区数组的 offset 下标开始，向后使用 length 个字节缓冲区，再将每个缓冲区的 remaining 剩余字节子序列写入此通道的当前位置。

参数的作用说明如下。

1）offset：第一个缓冲区（要获取该缓冲区中的字节）在缓冲区数组中的偏移量；必须为非负数并且不能大于 srcs.length。

2）length：要访问的最大缓冲区数；必须为非负数并且不能大于 srcs.length - offset。

long write(ByteBuffer[] srcs, int offset, int length) 方法实现的是 GatheringByteChannel 接口中的同名方法，而接口 GatheringByteChannel 的父接口是 WritableByteChannel，说明接口 GatheringByteChannel 也具有 WritableByteChannel 接口的以下两个特性：

1）将 1 个 ByteBuffer 缓冲区中的 remaining 字节序列写入通道的当前位置；

2）write(ByteBuffer) 方法是同步的。

1. 验证 long write(ByteBuffer[] srcs, int offset, int length) 方法是从通道的当前位置开始写入的

测试代码如下：

```
public class Test5_1 {
public static void main(String[] args) throws IOException, InterruptedException {
    FileOutputStream fosRef = new FileOutputStream(new File("c:\\abc\\a.txt"));
    FileChannel fileChannel = fosRef.getChannel();

    ByteBuffer byteBuffer1 = ByteBuffer.wrap("abcde".getBytes());
    ByteBuffer byteBuffer2 = ByteBuffer.wrap("12345".getBytes());

    ByteBuffer[] bufferArray = new ByteBuffer[] { byteBuffer1, byteBuffer2 };

    fileChannel.write(ByteBuffer.wrap("qqqqq".getBytes()));
    fileChannel.position(2);

    fileChannel.write(bufferArray, 0, 2);

    fileChannel.close();
    fosRef.close();
}

}
```

上述程序运行结果如下：

```
qqabcde12345
```

2. 验证 long write(ByteBuffer[] srcs, int offset, int length) 方法将 ByteBuffer 的 remaining 写入通道

测试用的代码如下：

```java
public class Test5_2 {
public static void main(String[] args) throws IOException, InterruptedException {
    FileOutputStream fosRef = new FileOutputStream(new File("c:\\abc\\a.txt"));
    FileChannel fileChannel = fosRef.getChannel();

    ByteBuffer byteBuffer1 = ByteBuffer.wrap("abcde".getBytes());
    ByteBuffer byteBuffer2 = ByteBuffer.wrap("12345".getBytes());
    byteBuffer2.position(1);
    byteBuffer2.limit(3);
    ByteBuffer byteBuffer3 = ByteBuffer.wrap("d1e1f1".getBytes());
    byteBuffer3.position(2);
    byteBuffer3.limit(4);

    ByteBuffer[] bufferArray = new ByteBuffer[] { byteBuffer1, byteBuffer2,
        byteBuffer3 };

    fileChannel.write(bufferArray, 1, 2);

    fileChannel.close();
    fosRef.close();
}

}
```

上述程序运行结果如下：

```
23e1
```

3. 验证 long write(ByteBuffer[] srcs, int offset, int length) 方法具有同步特性

测试用的代码如下：

```java
public class Test5_3 {
private static FileOutputStream fosRef;
private static FileChannel fileChannel;

private static int count = 0;

synchronized public static ByteBuffer[] getByteBufferArray(String printString1,
    String printString2) {
    ++count;
    ByteBuffer byteBuffer1 = ByteBuffer.wrap((printString1 + count + "\r\n").
        getBytes());
    ByteBuffer byteBuffer2 = ByteBuffer.wrap((printString2 + count + "\r\n").
        getBytes());
    ByteBuffer[] returnArray = { byteBuffer1, byteBuffer2 };
    return returnArray;
}

public static void main(String[] args) throws IOException, InterruptedException {
    fosRef = new FileOutputStream(new File("c:\\abc\\a.txt"));
```

```java
        fileChannel = fosRef.getChannel();
        for (int i = 0; i < 10; i++) {
            Thread thread1 = new Thread() {
                @Override
                public void run() {
                    try {
                        ByteBuffer[] bufferArray = getByteBufferArray("aaaa", "bbbb");
                        fileChannel.write(bufferArray, 0, 2);
                    } catch (IOException e) {
                        e.printStackTrace();
                    }
                }
            };

            Thread thread2 = new Thread() {
                @Override
                public void run() {
                    try {
                        ByteBuffer[] bufferArray = getByteBufferArray("xxxx", "yyyy");
                        fileChannel.write(bufferArray, 0, 2);
                    } catch (IOException e) {
                        e.printStackTrace();
                    }
                }
            };

            thread1.start();
            thread2.start();
        }

        Thread.sleep(3000);
        fileChannel.close();
        fosRef.close();
    }

}
```

上述程序运行结果如下：

```
aaaa1
bbbb1
xxxx20
yyyy20
aaaa19
bbbb19
xxxx18
yyyy18
aaaa17
bbbb17
xxxx16
yyyy16
aaaa15
bbbb15
xxxx14
yyyy14
aaaa13
```

```
bbbb13
xxxx12
yyyy12
aaaa11
bbbb11
xxxx10
yyyy10
xxxx9
yyyy9
aaaa8
bbbb8
xxxx7
yyyy7
aaaa6
bbbb6
xxxx4
yyyy4
xxxx5
yyyy5
aaaa3
bbbb3
aaaa2
bbbb2
```

2.4.6　部分批量读操作

long read(ByteBuffer[] dsts, int offset, int length) 方法的作用是将通道中当前位置的字节序列读入以下标为 offset 开始的 ByteBuffer[] 数组中的 remaining 剩余空间中，并且连续写入 length 个 ByteBuffer 缓冲区。

参数的作用说明如下。

1）dsts：要向其中传输字节的缓冲区数组。

2）offset：第一个缓冲区（字节传输到该缓冲区中）在缓冲区数组中的偏移量；必须为非负数并且不能大于 dsts.length。

3）length：要访问的最大缓冲区数；必须为非负数并且不能大于 dsts.length-offset。

long read(ByteBuffer[] dsts, int offset, int length) 方法实现的是 ScatteringByteChannel 接口中的同名方法，而接口 ScatteringByteChannel 的父接口是 ReadableByteChannel，说明接口 ScatteringByteChannel 也具有 ReadableByteChannel 接口的以下两个特性：

1）将通道当前位置的字节序列读入 1 个 ByteBuffer 缓冲区的 remaining 空间中；

2）read(ByteBuffer) 方法是同步的。

1. 验证 long read(ByteBuffer[] dsts, int offset, int length) 方法返回值的意义

b.txt 文件的初始内容如下：

```
12345678
```

测试代码如下：

```
public class Test6_1 {
```

```
private static FileInputStream fisRef;
private static FileChannel fileChannel;

public static void main(String[] args) throws IOException, InterruptedException {
    fisRef = new FileInputStream(new File("c:\\abc\\b.txt"));
    fileChannel = fisRef.getChannel();

    ByteBuffer byteBuffer1 = ByteBuffer.allocate(2);
    ByteBuffer byteBuffer2 = ByteBuffer.allocate(2);
    ByteBuffer[] bufferArray = new ByteBuffer[] { byteBuffer1, byteBuffer2 };

    long readLength = fileChannel.read(bufferArray, 0, 2);
    System.out.println(readLength);      // 取得 4 个字节
    byteBuffer1.clear();
    byteBuffer2.clear();

    readLength = fileChannel.read(bufferArray, 0, 2);
    System.out.println(readLength);      // 取得 4 个字节
    byteBuffer1.clear();
    byteBuffer2.clear();

    readLength = fileChannel.read(bufferArray, 0, 2);
    System.out.println(readLength);      // -1
    byteBuffer1.clear();
    byteBuffer2.clear();

    fileChannel.close();
    fisRef.close();
}

}
```

上述程序运行结果如下：

```
4
4
-1
```

2. 验证 long read(ByteBuffer[] dsts, int offset, int length) 方法是从通道的当前位置开始读取的

b.txt 文件的初始内容如下：

```
12345678
```

测试代码如下：

```
public class Test6_2 {
private static FileInputStream fisRef;
private static FileChannel fileChannel;

public static void main(String[] args) throws IOException, InterruptedException {
    fisRef = new FileInputStream(new File("c:\\abc\\b.txt"));
    fileChannel = fisRef.getChannel();
    fileChannel.position(2);                    // 改变位置
```

```java
        ByteBuffer byteBuffer1 = ByteBuffer.allocate(2);
        ByteBuffer byteBuffer2 = ByteBuffer.allocate(2);

        ByteBuffer[] byteBufferArray = new ByteBuffer[] { byteBuffer1, byteBuffer2 };

        fileChannel.read(byteBufferArray, 0, 2);

        for (int i = 0; i < byteBufferArray.length; i++) {
            ByteBuffer eachByteBuffer = byteBufferArray[i];
            byte[] getByteArray = eachByteBuffer.array();
            for (int j = 0; j < getByteArray.length; j++) {
                System.out.print((char) getByteArray[j]);
            }
            System.out.println();
        }

        fileChannel.close();
        fisRef.close();
    }

}
```

上述程序运行结果如下：

```
34
56
```

3. 验证 long read(ByteBuffer[] dsts, int offset, int length) 方法将字节放入 ByteBuffer 当前位置

b.txt 文件的初始内容如下：

```
12345678
```

测试代码如下：

```java
public class Test6_3 {
private static FileInputStream fisRef;
private static FileChannel fileChannel;

public static void main(String[] args) throws IOException, InterruptedException {

    fisRef = new FileInputStream(new File("c:\\abc\\b.txt"));
    fileChannel = fisRef.getChannel();

    ByteBuffer byteBuffer1 = ByteBuffer.allocate(8);
    ByteBuffer byteBuffer2 = ByteBuffer.allocate(8);
    byteBuffer1.position(3);//
    byteBuffer2.position(4);//

    ByteBuffer[] byteBufferArray = new ByteBuffer[] { byteBuffer1, byteBuffer2 };

    fileChannel.read(byteBufferArray, 0, 2);

    for (int i = 0; i < byteBufferArray.length; i++) {
```

```
        ByteBuffer eachByteBuffer = byteBufferArray[i];
        byte[] getByteArray = eachByteBuffer.array();
        for (int j = 0; j < getByteArray.length; j++) {
            if (getByteArray[j] == 0) {
                System.out.print(" 空格 ");
            } else {
                System.out.print((char) getByteArray[j]);
            }
        }
        System.out.println("");
    }

    fileChannel.close();
    fisRef.close();
}

}
```

上述程序运行结果如下：

```
空格空格空格 12345
空格空格空格空格 678 空格
```

4. 验证 long read(ByteBuffer[] dsts, int offset, int length) 方法具有同步特性

首先创建 a.txt 文件，内容如下：

```
ooooo1
ooooo2
zzzzz1
zzzzz2
ooooo1
ooooo2
zzzzz1
zzzzz2
ooooo1
ooooo2
ooooo1
ooooo2
zzzzz1
zzzzz2
ooooo1
ooooo2
zzzzz1
zzzzz2
ooooo1
ooooo2
zzzzz1
zzzzz2
ooooo1
ooooo2
zzzzz1
zzzzz2
ooooo1
ooooo2
zzzzz1
```

```
zzzzz2
zzzzz1
zzzzz2
ooooo1
ooooo2
zzzzz1
zzzzz2
zzzzz1
zzzzz2
ooooo1
ooooo2
```

测试代码如下：

```java
public class Test6_4 {
private static FileInputStream fisRef;
private static FileChannel fileChannel;

public static void main(String[] args) throws IOException, InterruptedException {
    fisRef = new FileInputStream(new File("c:\\abc\\a.txt"));
    fileChannel = fisRef.getChannel();

    for (int i = 0; i < 10; i++) {
        Thread thread1 = new Thread() {
            @Override
            public void run() {
                try {
                    ByteBuffer byteBuffer1 = ByteBuffer.allocate(8);
                    ByteBuffer byteBuffer2 = ByteBuffer.allocate(8);
                    ByteBuffer[] bufferArray = new ByteBuffer[] { byteBuffer1,
                        byteBuffer2 };

                    long readLength = fileChannel.read(bufferArray, 0, 2);
                    while (readLength != -1) {
                        synchronized (Test6_4.class) {
                            for (int j = 0; j < bufferArray.length; j++) {
                                byte[] getByte = bufferArray[j].array();
                                for (int k = 0; k < getByte.length; k++) {
                                    System.out.print((char) getByte[k]);
                                }
                            }
                        }
                        byteBuffer1.clear();
                        byteBuffer2.clear();
                        readLength = fileChannel.read(bufferArray, 0, 2);
                    }
                } catch (IOException e) {
                    e.printStackTrace();
                }
            }
        };

        Thread thread2 = new Thread() {
            @Override
            public void run() {
```

```java
        try {
            ByteBuffer byteBuffer1 = ByteBuffer.allocate(8);
            ByteBuffer byteBuffer2 = ByteBuffer.allocate(8);
            ByteBuffer[] bufferArray = new ByteBuffer[] { byteBuffer1,
                byteBuffer2 };

            long readLength = fileChannel.read(bufferArray);
            while (readLength != -1) {
                synchronized (Test6_4.class) {
                    for (int j = 0; j < bufferArray.length; j++) {
                        byte[] getByte = bufferArray[j].array();
                        for (int k = 0; k < getByte.length; k++) {
                            System.out.print((char) getByte[k]);
                        }
                    }
                }
                byteBuffer1.clear();
                byteBuffer2.clear();
                readLength = fileChannel.read(bufferArray, 0, 2);
            }
        } catch (IOException e) {
            e.printStackTrace();
        }
    }
};

thread1.start();
thread2.start();
    }

    Thread.sleep(3000);
    fileChannel.close();
    fisRef.close();
}
}
```

上述程序运行结果如下：

```
ooooo1
ooooo2
zzzzz1
zzzzz2
zzzzz1
zzzzz2
ooooo1
ooooo2
zzzzz1
zzzzz2
ooooo1
ooooo2
ooooo1
ooooo2
ooooo1
ooooo2
zzzzz1
```

```
zzzzz2
ooooo1
ooooo2
zzzzz1
zzzzz2
ooooo1
ooooo2
zzzzz1
zzzzz2
zzzzz1
zzzzz2
ooooo1
ooooo2
zzzzz1
zzzzz2
zzzzz1
zzzzz2
ooooo1
ooooo2
zzzzz1
zzzzz2
ooooo1
ooooo2
```

5. 验证 long read(ByteBuffer[] dsts, int offset, int length) 方法从通道读取的数据大于缓冲区容量

a.txt 文件的初始内容如下：

abcde

测试代码如下：

```java
public class Test6_5 {
public static void main(String[] args) throws IOException, InterruptedException {
    FileInputStream fileInputStream = new FileInputStream(new File("c:\\
        abc\\a.txt"));
    FileChannel fileChannel = fileInputStream.getChannel();
    ByteBuffer byteBuffer1 = ByteBuffer.allocate(2);
    ByteBuffer byteBuffer2 = ByteBuffer.allocate(2);
    ByteBuffer[] bufferArray = new ByteBuffer[] { byteBuffer1, byteBuffer2 };

    System.out.println("A " + fileChannel.position());
    long readLength = fileChannel.read(bufferArray, 0, 2);
     System.out.println("B " + fileChannel.position() + " readLength=" +
        readLength);
    fileChannel.close();
    fileInputStream.close();

    byteBuffer1.rewind();
    byteBuffer2.rewind();

    for (int i = 0; i < bufferArray.length; i++) {
        ByteBuffer eachBuffer = bufferArray[i];
```

```
        byte[] byteArray = eachBuffer.array();
        for (int j = 0; j < byteArray.length; j++) {
            System.out.print((char) byteArray[j]);
        }
        System.out.println();
    }

}

}
```

上述程序运行结果如下：

```
A 0
B 4 readLength=4
ab
cd
```

6. 验证 long read(ByteBuffer[] dsts, int offset, int length) 方法从通道读取的字节放入缓冲区的 remaining 空间中

a.txt 文件的初始内容如下：

```
abcdef
```

测试代码如下：

```
public class Test6_6 {
public static void main(String[] args) throws IOException, InterruptedException {
    FileInputStream fileInputStream = new FileInputStream(new File("c:\\
        abc\\a.txt"));
    FileChannel fileChannel = fileInputStream.getChannel();
    ByteBuffer byteBuffer1 = ByteBuffer.allocate(7);
    byteBuffer1.position(1);
    byteBuffer1.limit(3);
    ByteBuffer byteBuffer2 = ByteBuffer.allocate(7);
    byteBuffer2.position(2);
    byteBuffer2.limit(5);
    ByteBuffer[] bufferArray = new ByteBuffer[] { byteBuffer1, byteBuffer2 };

    fileChannel.read(bufferArray, 0, 2);
    fileChannel.close();
    fileInputStream.close();

    byteBuffer1.rewind();
    byteBuffer2.rewind();

    for (int i = 0; i < bufferArray.length; i++) {
        ByteBuffer eachBuffer = bufferArray[i];
        byte[] byteArray = eachBuffer.array();
        for (int j = 0; j < byteArray.length; j++) {
            byte eachByte = byteArray[j];
            if (eachByte == 0) {
                System.out.print(" 空格 ");
            } else {
```

```
                            System.out.print((char) byteArray[j]);
                }
            }
            System.out.println();
        }


    }


}
```

上述程序运行结果如下：

空格 ab 空格空格空格空格
空格空格 cde 空格空格

2.4.7　向通道的指定 position 位置写入数据

write(ByteBuffer src, long position) 方法的作用是将缓冲区的 remaining 剩余字节序列写入通道的指定位置。

参数 src 代表要传输其中字节的缓冲区。position 代表开始传输的文件位置，必须为非负数。

除了从给定的文件位置开始写入各字节，而不是从该通道的当前位置外，此方法的执行方式与 write(ByteBuffer) 方法相同。此方法不修改此通道的位置。如果给定的位置大于该文件的当前大小，则该文件将扩大以容纳新的字节；在以前文件末尾和新写入字节之间的字节值是未指定的。

1. 验证 write(ByteBuffer src, long position) 方法是从通道的指定位置开始写入的

测试代码如下：

```java
public class Test7_1 {

public static void main(String[] args) throws IOException, InterruptedException {
    FileOutputStream fosRef = new FileOutputStream(new File("c:\\abc\\a.txt"));
    FileChannel fileChannel = fosRef.getChannel();
    try {
        ByteBuffer buffer = ByteBuffer.wrap("abcde".getBytes());
        fileChannel.write(buffer);
        buffer.rewind();
        fileChannel.write(buffer, 2);
        System.out.println("C fileChannel.position()=" + fileChannel.position());
    } catch (IOException e) {
        e.printStackTrace();
    }
    fileChannel.close();
    fosRef.close();
}


}
```

上述程序运行结果如下：

ababcde

2. 验证 write(ByteBuffer src, long position) 方法将 ByteBuffer 的 remaining 写入通道

测试代码如下：

```java
public class Test7_2 {
public static void main(String[] args) throws IOException, InterruptedException {
    FileOutputStream fosRef = new FileOutputStream(new File("c:\\abc\\a.txt"));
    FileChannel fileChannel = fosRef.getChannel();
    try {
        ByteBuffer buffer1 = ByteBuffer.wrap("abcde".getBytes());
        ByteBuffer buffer2 = ByteBuffer.wrap("12345".getBytes());
        fileChannel.write(buffer1);
        buffer2.position(1);
        buffer2.limit(3);
        fileChannel.write(buffer2, 2);
    } catch (IOException e) {
        e.printStackTrace();
    }
    fileChannel.close();
    fosRef.close();

}
}
```

上述程序运行结果如下：

```
ab23e
```

3. 验证 write(ByteBuffer src, long position) 方法具有同步特性

测试代码如下：

```java
public class Test7_3 {
private static FileOutputStream fosRef;
private static FileChannel fileChannel;

public static void main(String[] args) throws IOException, InterruptedException {
    fosRef = new FileOutputStream(new File("c:\\abc\\a.txt"));
    fileChannel = fosRef.getChannel();
    Thread thread1 = new Thread() {
        @Override
        public void run() {
            try {
                System.out.println("线程 1 运行 ");
                ByteBuffer buffer = ByteBuffer.wrap("12345".getBytes());
                fileChannel.write(buffer, 0);
            } catch (IOException e) {
                e.printStackTrace();
            }
        }
    };

    Thread thread2 = new Thread() {
        @Override
        public void run() {
```

```
            try {
                System.out.println(" 线程 2 运行 ");
                ByteBuffer buffer = ByteBuffer.wrap("67890".getBytes());
                fileChannel.write(buffer, 0);
            } catch (IOException e) {
                e.printStackTrace();
            }
        }
    };

    thread1.start();
    thread2.start();

    Thread.sleep(3000);
    fileChannel.close();
    fosRef.close();
}

}
```

上述程序运行结果就是哪个线程在最后运行 write() 方法，文本文件里面就是哪个线程写入的数据。

4. 验证 write(ByteBuffer src, long position) 方法中的 position 不变性

执行 write(ByteBuffer src, long position) 方法不改变 position 的位置（也就是绝对位置），操作不影响 position 的值。

测试代码如下：

```
public class Test7_4 {
public static void main(String[] args) throws IOException, InterruptedException {
    FileOutputStream fos = new FileOutputStream("c:\\abc\\abc.txt");
    FileChannel fileChannel = fos.getChannel();
    System.out.println("A position" + fileChannel.position());
    fileChannel.position(3);
    System.out.println("B position" + fileChannel.position());
    fileChannel.write(ByteBuffer.wrap("abcde".getBytes()), 0);
    System.out.println("C position" + fileChannel.position());
    fileChannel.close();
}
}
```

在上述程序运行后，position 不改变，依然还是 3，输出结果如下：

```
A position0
B position3
C position3
```

2.4.8　读取通道指定位置的数据

read(ByteBuffer dst, long position) 方法的作用是将通道的指定位置的字节序列读入给定的缓冲区的当前位置。

参数 dst 代表要向其中传输字节的缓冲区。position 代表开始传输的文件位置，必须为非负数。

除了从给定的文件位置开始读取各字节，而不是从该通道的当前位置外，此方法的执行方式与 read(ByteBuffer) 方法相同。此方法不修改此通道的位置。如果给定的位置大于该文件的当前大小，则不读取任何字节。

1. 验证 read(ByteBuffer dst, long position) 方法返回值的意义

a.txt 文件的初始内容如下：

abcde

测试代码如下：

```java
public class Test8_1 {
private static FileInputStream fisRef;
private static FileChannel fileChannel;

public static void main(String[] args) throws IOException, InterruptedException {
    fisRef = new FileInputStream(new File("c:\\abc\\a.txt"));
    fileChannel = fisRef.getChannel();

    ByteBuffer byteBuffer = ByteBuffer.allocate(2);

    int readLength = fileChannel.read(byteBuffer, 2);
    System.out.println(readLength);      // 读到 2 个字节
    byteBuffer.clear();

    readLength = fileChannel.read(byteBuffer, 10);
    System.out.println(readLength);      // 到达流的末尾值为 -1
    byteBuffer.clear();

    fileChannel.close();
    fisRef.close();
}

}
```

上述程序运行结果如下：

```
2
-1
```

2. 验证 read(ByteBuffer dst, long position) 方法将字节放入 ByteBuffer 当前位置

a.txt 文件的初始内容如下：

abcde

测试代码如下：

```java
public class Test8_3 {
private static FileInputStream fisRef;
```

```
private static FileChannel fileChannel;

public static void main(String[] args) throws IOException, InterruptedException {
    fisRef = new FileInputStream(new File("c:\\abc\\a.txt"));
    fileChannel = fisRef.getChannel();

    ByteBuffer byteBuffer = ByteBuffer.allocate(5);
    byteBuffer.position(3);

    fileChannel.read(byteBuffer, 2);

    byte[] getByteArray = byteBuffer.array();
    for (int i = 0; i < getByteArray.length; i++) {
        if (getByteArray[i] == 0) {
            System.out.print(" 空格 ");
        } else {
            System.out.print((char) getByteArray[i]);
        }
    }

    fileChannel.close();
    fisRef.close();
}

}
```

上述程序运行结果如下：

空格空格空格 cd

3. 验证 read(ByteBuffer dst, long position) 方法具有同步特性

本示例要在 U 盘中读取一个大小为 2GB 的文件，目的是测试 read(ByteBuffer dst, long position) 方法具有同步特性。之所以要在 U 盘中进行测试，是因为 U 盘的读写速度相对较慢，可以实现 read 和 write 同步互斥的效果。

测试代码如下：

```
public class Test8_4 {
private static RandomAccessFile fisRef;
private static FileChannel fileChannel;
private static ByteBuffer byteBuffer1 = ByteBuffer.allocate((int) (1024 * 1024
    * 1024 * 1.3));

public static void main(String[] args) throws IOException, InterruptedException {
    fisRef = new RandomAccessFile(
            new File("H:\\ISOS123\\oepe-indigo-installer-12.1.1.0.1.201203120349-
                12.1.1-win32.exe"), "rw");
    fileChannel = fisRef.getChannel();
    Thread thread1 = new Thread() {
        @Override
        public void run() {
            try {
                fileChannel.read(byteBuffer1, 0);
                System.out.println("  end thread1 " + System.currentTimeMillis());
```

```
            } catch (IOException e) {
                e.printStackTrace();
            }
        }
    };

    Thread thread2 = new Thread() {
        @Override
        public void run() {
            try {
                fileChannel.write(ByteBuffer.wrap("11111111".getBytes()),
                    fileChannel.size() + 1);
                System.out.println("  end thread2 " + System.currentTimeMillis());
            } catch (IOException e) {
                e.printStackTrace();
            }
        }
    };

    System.out.println("  begin time " + System.currentTimeMillis());
    thread1.start();
    Thread.sleep(100);
    thread2.start();
    // fileChannel.close();
    // fisRef.close();
}

}
```

上述程序运行结果如下：

```
begin time 1511253943187
    end thread1 1511253988061
    end thread2 1511253988061
```

从运行结果可以发现，字符串"begin time 1511253943187"和
"end thread1 1511253988061"之间的时间差有近44s，说明读操
作用时44s，而在这44s期间是不能进行写操作的，也就证明 read
(ByteBuffer dst, long position) 方法具有同步特性。

当执行多次上述程序后，EXE 文件会在结尾处出现多个 1，效果
如图 2-46 所示。

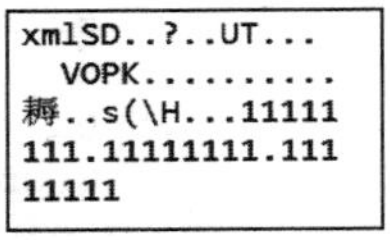

图 2-46　对 EXE 文件
追加了数据

4. 验证 read(ByteBuffer dst, long position) 方法从通道读取的数据大于缓冲区容量

a.txt 文件的初始内容如下：

abcde

测试代码如下：

```
public class Test8_5 {
public static void main(String[] args) throws IOException, InterruptedException {
```

```
FileInputStream fileInputStream = new FileInputStream(new File("c:\\
    abc\\a.txt"));
FileChannel fileChannel = fileInputStream.getChannel();
ByteBuffer byteBuffer = ByteBuffer.allocate(3);
fileChannel.read(byteBuffer, 1);
fileChannel.close();
fileInputStream.close();

byteBuffer.rewind();

for (int i = 0; i < byteBuffer.limit(); i++) {
    System.out.print((char) byteBuffer.get());
}
}

}
```

上述程序运行结果如下：

bcd

5. 验证 read(ByteBuffer dst, long position) 方法从通道读取的字节放入缓冲区的 remaining 空间中

a.txt 文件的初始内容如下：

abcde

测试代码如下：

```
public class Test8_6 {
public static void main(String[] args) throws IOException, InterruptedException {
    FileInputStream fileInputStream = new FileInputStream(new File("c:\\
        abc\\a.txt"));
    FileChannel fileChannel = fileInputStream.getChannel();
    ByteBuffer byteBuffer = ByteBuffer.allocate(100);
    byteBuffer.position(1);
    byteBuffer.limit(3);
    fileChannel.read(byteBuffer, 2);
    fileChannel.close();
    fileInputStream.close();

    byteBuffer.rewind();

    for (int i = 0; i < byteBuffer.limit(); i++) {
        byte eachByte = byteBuffer.get();
        if (eachByte == 0) {
            System.out.print(" 空格 ");
        } else {
            System.out.print((char) eachByte);
        }
    }
}

}
```

上述程序运行结果如下：

空格 cd

2.4.9 设置位置与获得大小

position(long newPosition) 方法的作用是设置此通道的文件位置。将该位置设置为大于文件当前大小的值是合法的，但这不会更改文件的大小，稍后试图在这样的位置读取字节将立即返回已到达文件末尾的指示，稍后试图在这种位置写入字节将导致文件扩大，以容纳新的字节，在以前文件末尾和新写入字节之间的字节值是未指定的。

long size() 方法的作用是返回此通道关联文件的当前大小。

示例代码如下：

```java
public class Test9 {
public static void main(String[] args) throws IOException {
    ByteBuffer byteBuffer1 = ByteBuffer.wrap("abcd".getBytes());
    ByteBuffer byteBuffer2 = ByteBuffer.wrap("cde".getBytes());

    FileOutputStream fileOutputStream = new FileOutputStream(new File("c:\\
        abc\\newtxt.txt"));
    FileChannel fileChannel = fileOutputStream.getChannel();
    System.out.println("A " + "position=" + fileChannel.position() + " size=" +
        fileChannel.size());
    fileChannel.write(byteBuffer1);
    System.out.println("B " + "position=" + fileChannel.position() + " size=" +
        fileChannel.size());
    fileChannel.position(2);
    System.out.println("C " + "position=" + fileChannel.position() + " size=" +
        fileChannel.size());
    fileChannel.write(byteBuffer2);
    System.out.println("D " + "position=" + fileChannel.position() + " size=" +
        fileChannel.size());
    fileChannel.close();
    fileOutputStream.flush();
    fileOutputStream.close();
}

}
```

上述程序运行结果如下：

```
A position=0 size=0
B position=4 size=4
C position=2 size=4
D position=5 size=5
```

最后 D 处的 position 值是 5，说明在下一次的 write() 方法进行写入操作中，要在位置为 5 处进行继续写入。

生成的文本文件的内容如下：

abcde

下面验证"将该位置设置为大于文件当前大小的值是合法的,但这不会更改文件的大小,试图在这样的位置读取字节将立即返回已到达文件末尾的指示,试图在这种位置写入字节将导致文件扩大,以容纳新的字节,在以前文件末尾和新写入字节之间的字节值是未指定的",示例代码如下:

```java
public class Test9_1 {
public static void main(String[] args) throws IOException, InterruptedException {
    RandomAccessFile file = new RandomAccessFile("c:\\abc\\abc.txt", "rw");
    FileChannel fileChannel = file.getChannel();
    System.out.println("A position=" + fileChannel.position() + " size=" +
        fileChannel.size());
    System.out.println(fileChannel.read(ByteBuffer.allocate(10), 10000));
    fileChannel.position(9);
    System.out.println("B position=" + fileChannel.position() + " size=" +
        fileChannel.size());
    fileChannel.write(ByteBuffer.wrap("z".getBytes()));
    System.out.println("C position=" + fileChannel.position() + " size=" +
        fileChannel.size());
    fileChannel.close();
}
}
```

abc.txt 文件默认内容如下:

abcde

在上述程序运行后,控制台输出的结果如下:

```
A position=0 size=5
-1
B position=9 size=5
C position=10 size=10
```

abc.txt 文件内容被更改,新内容如下:

abcde 空格空格空格空格 z

2.4.10 截断缓冲区

truncate(long size) 方法的作用是将此通道的文件截取为给定大小。如果给定大小小于该文件的当前大小,则截取该文件,丢弃文件新末尾后面的所有字节。如果给定大小大于或等于该文件的当前大小,则不修改文件。无论是哪种情况,如果此通道的文件位置大于给定大小,则将位置设置为该大小。

下面测试一下正常截取文件的效果,示例代码如下:

```java
public class Test10 {
public static void main(String[] args) throws IOException {
    ByteBuffer byteBuffer1 = ByteBuffer.wrap("12345678".getBytes());

    FileOutputStream fileOutputStream = new FileOutputStream(new File("c:\\
        abc\\newtxt.txt"));
```

```
        FileChannel fileChannel = fileOutputStream.getChannel();
        fileChannel.write(byteBuffer1);

        System.out.println("A size=" + fileChannel.size() + " position=" + fileChannel.
            position());
        fileChannel.truncate(3);
        System.out.println("B size=" + fileChannel.size() + " position=" + fileChannel.
            position());

        fileChannel.close();
        fileOutputStream.flush();
        fileOutputStream.close();

    }

}
```

上述程序运行结果如下：

```
A size=8 position=8
B size=3 position=3
```

生成的文本文件的内容如下：

```
123
```

下面测试一下如果给定大小大于或等于该文件的当前大小，则不修改文件，示例代码如下：

```
public class Test10_1 {
public static void main(String[] args) throws IOException {
    ByteBuffer byteBuffer1 = ByteBuffer.wrap("12345678".getBytes());

    FileOutputStream fileOutputStream = new FileOutputStream(new File("c:\\
        abc\\abc.txt"));
    FileChannel fileChannel = fileOutputStream.getChannel();
    fileChannel.write(byteBuffer1);

    System.out.println("A size=" + fileChannel.size() + " position=" + fileChannel.
        position());
    fileChannel.truncate(30000);// 很大的值
    System.out.println("B size=" + fileChannel.size() + " position=" + fileChannel.
        position());

    fileChannel.close();
    fileOutputStream.flush();
    fileOutputStream.close();

}

}
```

abc.txt 文件默认内容如下：

```
12345678
```

在上述程序运行后，控制台输出如下：

```
A size=8 position=8
B size=8 position=8
```

abc.txt 文件的内容不变，依然是 12345678。

2.4.11 将数据传输到其他可写入字节通道

long transferTo(position, count, WritableByteChannel dest) 方法的作用是将字节从此通道的文件传输到给定的可写入字节通道。transferTo() 方法的功能相当于 write() 方法，只不过是将通道中的数据传输到另一个通道中，而不是缓冲区中。

试图读取从此通道的文件中给定 position 处开始的 count 个字节，并将其写入目标通道的当前位置。此方法的调用不一定传输所有请求的字节，是否传输取决于通道的性质和状态。如果此通道的文件从给定的 position 处开始所包含的字节数小于 count 个字节，或者如果目标通道是非阻塞的并且其输出缓冲区中的自由空间少于 count 个字节，则所传输的字节数要小于请求的字节数。

此方法不修改此通道的位置。如果给定的位置大于该文件的当前大小，则不传输任何字节，否则从目标通道的 position 位置起始开始写入各字节，然后将该位置增加写入的字节数。

与从此通道读取并将内容写入目标通道的简单循环语句相比，此方法可能高效得多。很多操作系统可将字节直接从文件系统缓存传输到目标通道，而无须实际复制各字节。

该方法中的参数说明如下。

1）position：文件中的位置，从此位置开始传输，必须为非负数。

2）count：要传输的最大字节数；必须为非负数。

3）dest：目标通道。

long transferTo(position, count, WritableByteChannel dest) 方法就是将数据写入 WritableByteChannel 通道中。

1. 如果给定的位置大于该文件的当前大小，则不传输任何字节

a.txt 文件的初始内容如下：

```
abcdefg
```

b.txt 文件的初始内容如下：

```
123456789
```

测试代码如下：

```java
public class Test11_1 {
public static void main(String[] args) throws IOException {
    RandomAccessFile fileA = new RandomAccessFile("c:\\abc\\a.txt", "rw");
```

```
RandomAccessFile fileB = new RandomAccessFile("c:\\abc\\b.txt", "rw");

FileChannel fileChannel1 = fileA.getChannel();
FileChannel fileChannel2 = fileB.getChannel();

fileChannel2.position(8);
fileChannel1.transferTo(1000, 4, fileChannel2);

fileChannel1.close();
fileChannel2.close();

fileA.close();
fileB.close();
}

}
```

在上述程序运行后，b.txt 文件的内容保持不变，内容如下：

```
123456789
```

2. 正常传输数据的测试

a.txt 文件的初始内容如下：

```
abcdefg
```

b.txt 文件的初始内容如下：

```
123456789
```

测试代码如下：

```
public class Test11_2 {
public static void main(String[] args) throws IOException {
    RandomAccessFile fileA = new RandomAccessFile("c:\\abc\\a.txt", "rw");
    RandomAccessFile fileB = new RandomAccessFile("c:\\abc\\b.txt", "rw");

    FileChannel fileChannel1 = fileA.getChannel();
    FileChannel fileChannel2 = fileB.getChannel();

    fileChannel2.position(3);
    fileChannel1.transferTo(2, 3, fileChannel2);

    fileChannel1.close();
    fileChannel2.close();

    fileA.close();
    fileB.close();
}

}
```

在上述程序运行后，b.txt 文件的内容如下：

```
123cde789
```

3. 验证：如果 count 的字节个数大于 position 到 size 的字节个数，则传输通道的 size-position 个字节数到 dest 通道的当前位置

在使用 long transferTo(position, count, WritableByteChannel dest) 方法时，需要注意以下两种情况：

1）如果 count 的字节个数大于 position 到 size 的字节个数，则传输通道的 size-position 个字节数到 dest 通道的当前位置；

2）如果 count 的字节个数小于或等于 position 到 size 的字节个数，则传输 count 个字节数到 dest 通道的当前位置。

下面先来验证第一种情况。

a.txt 文件的默认内容如下：

```
1234567890
```

验证代码如下：

```java
public class Test11_3 {
public static void main(String[] args) throws IOException, InterruptedException {
    RandomAccessFile file1 = new RandomAccessFile("c:\\abc\\a.txt", "rw");
    RandomAccessFile file2 = new RandomAccessFile("c:\\abc\\b.txt", "rw");
    FileChannel fileChannel1 = file1.getChannel();
    FileChannel fileChannel2 = file2.getChannel();

    System.out.println("A position=" + fileChannel2.position());
    fileChannel1.transferTo(0, 1000, fileChannel2);
    System.out.println("B position=" + fileChannel2.position());

    fileChannel1.close();
    fileChannel2.close();

    file1.close();
    file2.close();

}
}
```

在上述程序运行后，b.txt 文件的内容如下：

```
1234567890
```

4. 验证：如果 count 的字节个数小于或等于 position 到 size 的字节个数，则传输 count 个字节数到 dest 通道的当前位置

下面验证上文提到的第二种情况。

a.txt 文件的默认内容如下：

```
1234567890
```

验证代码如下：

```java
public class Test11_4 {
```

```
public static void main(String[] args) throws IOException, InterruptedException {
    RandomAccessFile file1 = new RandomAccessFile("c:\\abc\\a.txt", "rw");
    RandomAccessFile file2 = new RandomAccessFile("c:\\abc\\b.txt", "rw");
    FileChannel fileChannel1 = file1.getChannel();
    FileChannel fileChannel2 = file2.getChannel();

    System.out.println("A position=" + fileChannel2.position());
    fileChannel1.transferTo(1, 5, fileChannel2);
    System.out.println("B position=" + fileChannel2.position());

    fileChannel1.close();
    fileChannel2.close();

    file1.close();
    file2.close();

}
}
```

在上述程序运行后，b.txt 文件的内容如下：

```
23456
```

2.4.12　将字节从给定可读取字节通道传输到此通道的文件中

long transferFrom(ReadableByteChannel src, position, count) 方法的作用是将字节从给定的可读取字节通道传输到此通道的文件中。transferFrom() 方法的功能相当于 read() 方法，只不过是将通道中的数据传输到另一个通道中，而不是缓冲区中。

试着从源通道中最多读取 count 个字节，并将其写入到此通道的文件中从给定 position 处开始的位置。此方法的调用不一定传输所有请求的字节；是否传输取决于通道的性质和状态。如果源通道的剩余空间小于 count 个字节，或者如果源通道是非阻塞的并且其输入缓冲区中直接可用的空间小于 count 个字节，则所传输的字节数要小于请求的字节数。

此方法不修改此通道的位置。如果给定的位置大于该文件的当前大小，则不传输任何字节。从源通道中的当前位置开始读取各字节写入到当前通道，然后将 src 通道的位置增加读取的字节数。

与从源通道读取并将内容写入此通道的简单循环语句相比，此方法可能高效得多。很多操作系统可将字节直接从源通道传输到文件系统缓存，而无须实际复制各字节。

该方法的参数说明如下。

1）src：源通道。

2）position：文件中的位置，从此位置开始传输；必须为非负数。

3）count：要传输的最大字节数；必须为非负数。

注意，参数 position 是指当前通道的位置，而不是指 src 源通道的位置。

long transferFrom(ReadableByteChannel, position, count) 方法就是将数据从 ReadableByteChannel 通道中读取出来。

参数 position 针对于调用 transferTo() 或 transferFrom() 方法的对象。

1. 如果给定的位置大于该文件的当前大小，则不传输任何字节

a.txt 文件的初始内容如下：

abcdefg

b.txt 文件的初始内容如下：

123456789

测试代码如下：

```java
public class Test12_1 {
public static void main(String[] args) throws IOException {
    RandomAccessFile fileA = new RandomAccessFile("c:\\abc\\a.txt", "rw");
    RandomAccessFile fileB = new RandomAccessFile("c:\\abc\\b.txt", "rw");

    FileChannel fileChannelA = fileA.getChannel();
    FileChannel fileChannelB = fileB.getChannel();

    fileChannelB.position(4);
    long readLength = fileChannelA.transferFrom(fileChannelB, 100, 2);
    System.out.println(readLength);

    fileChannelA.close();
    fileChannelB.close();

    fileA.close();
    fileB.close();
}

}
```

在上述程序运行后，a.txt 文件的内容保持不变，内容如下：

Abcdefg

与方法 transferTo 不同，方法 transferFrom 不能使 FileChannel 通道对应的文件大小增长。

2. 正常传输数据的测试

a.txt 文件的初始内容如下：

abcdefg

b.txt 文件的初始内容如下：

123456789

测试代码如下：

```java
public class Test12_2 {
public static void main(String[] args) throws IOException {
    RandomAccessFile fileA = new RandomAccessFile("c:\\abc\\a.txt", "rw");
    RandomAccessFile fileB = new RandomAccessFile("c:\\abc\\b.txt", "rw");

    FileChannel fileChannelA = fileA.getChannel();
```

```
    FileChannel fileChannelB = fileB.getChannel();

    fileChannelB.position(4);
    long readLength = fileChannelA.transferFrom(fileChannelB, 3, 2);
    System.out.println(readLength);

    fileChannelA.close();
    fileChannelB.close();

    fileA.close();
    fileB.close();
}

}
```

在上述程序运行后，a.txt 文件的内容如下：

```
abc56fg
```

3. 验证：如果 count 的字节个数大于 src.remaining，则通道的 src.remaining 字节数传输到当前通道的 position 位置

在使用 long transferFrom(ReadableByteChannel src, position, count) 方法时，需要注意以下两种情况：

1）如果 count 的字节个数大于 src.remaining，则通道的 src.remaining 字节数传输到当前通道的 position 位置；

2）如果 count 的字节个数小于或等于 src.remaining，则 count 个字节传输到当前通道的 position 位置。

下面先来验证第一种情况。

a.txt 文件的默认内容如下：

```
1234567890
```

b.txt 文件的默认内容如下：

```
abcdefg
```

验证代码如下：

```
public class Test12_3 {
public static void main(String[] args) throws IOException {
    RandomAccessFile fileA = new RandomAccessFile("c:\\abc\\a.txt", "rw");
    RandomAccessFile fileB = new RandomAccessFile("c:\\abc\\b.txt", "rw");

    FileChannel fileChannelA = fileA.getChannel();
    FileChannel fileChannelB = fileB.getChannel();

    fileChannelB.position(2);

    long readLength = fileChannelA.transferFrom(fileChannelB, 1, 200);
```

```
    System.out.println(readLength);

    fileChannelA.close();
    fileChannelB.close();

    fileA.close();
    fileB.close();
}

}
```

在上述程序运行后，a.txt 文件的内容如下：

```
1cdefg7890
```

4. 验证：如果 count 的字节个数小于或等于 src.remaining，则 count 个字节传输到当前通道的 position 位置

下面验证上文提到的第二种情况。

a.txt 文件的默认内容如下：

```
1234567890
```

b.txt 文件的默认内容如下：

```
abcdefg
```

验证代码如下：

```
public class Test12_4 {
public static void main(String[] args) throws IOException {
    RandomAccessFile fileA = new RandomAccessFile("c:\\abc\\a.txt", "rw");
    RandomAccessFile fileB = new RandomAccessFile("c:\\abc\\b.txt", "rw");

    FileChannel fileChannelA = fileA.getChannel();
    FileChannel fileChannelB = fileB.getChannel();

    fileChannelB.position(2);

    long readLength = fileChannelA.transferFrom(fileChannelB, 1, 2);
    System.out.println(readLength);

    fileChannelA.close();
    fileChannelB.close();

    fileA.close();
    fileB.close();
}

}
```

上述程序运行结果如下：

```
1cd4567890
```

2.4.13　执行锁定操作

FileLock lock(long position, long size, boolean shared) 方法的作用是获取此通道的文件给定区域上的锁定。在可以锁定该区域之前、已关闭此通道之前或者已中断调用线程之前（以先到者为准），将阻塞此方法的调用。

在此方法调用期间，如果另一个线程关闭了此通道，则抛出 AsynchronousCloseException 异常。

如果在等待获取锁定的同时中断了调用线程，则将状态设置为中断并抛出 FileLock InterruptionException 异常。如果调用此方法时已设置调用方的中断状态，则立即抛出该异常；不更改该线程的中断状态。

由 position 和 size 参数所指定的区域无须包含在实际的底层文件中，甚至无须与文件重叠。锁定区域的大小是固定的；如果某个已锁定区域最初包含整个文件，并且文件因扩大而超出了该区域，则该锁定不覆盖此文件的新部分。如果期望文件大小扩大并且要求锁定整个文件，则应该锁定的 position 从零开始，size 传入大于或等于预计文件的最大值。零参数的 lock() 方法只是锁定大小为 Long.MAX_VALUE 的区域。

文件锁定要么是独占的，要么是共享的。共享锁定可阻止其他并发运行的程序获取重叠的独占锁定，但是允许该程序获取重叠的共享锁定。独占锁定则阻止其他程序获取共享或独占类型的重叠锁定。

某些操作系统不支持共享锁定，在这种情况下，自动将对共享锁定的请求转换为对独占锁定的请求。可通过调用所得锁定对象的 isShared() 方法来测试新获取的锁定是共享的还是独占的。

文件锁定是以整个 Java 虚拟机来保持的。但它们不适用于控制同一虚拟机内多个线程对文件的访问。

1. 验证 FileLock lock(long position, long size, boolean shared) 方法是同步的

本实验要在 2 个进程中进行测试，所以要创建 2 个 Java 文件。

创建测试用的代码如下：

```java
public class Test13_1 {
public static void main(String[] args) throws IOException, InterruptedException {
    RandomAccessFile fileA = new RandomAccessFile("c:\\abc\\a.txt", "rw");
    FileChannel fileChannelA = fileA.getChannel();
    System.out.println("A begin");
    fileChannelA.lock(1, 2, false);
    System.out.println("A    end");
    Thread.sleep(Integer.MAX_VALUE);
    fileA.close();
    fileChannelA.close();
}

}
```

类 Test13_1 锁的范围是 1 到 2。

测试用的代码如下：

```java
public class Test13_2 {
public static void main(String[] args) throws IOException, InterruptedException {
    RandomAccessFile fileA = new RandomAccessFile("c:\\abc\\a.txt", "rw");
    FileChannel fileChannelA = fileA.getChannel();
    System.out.println("B begin");
    fileChannelA.lock(1, 2, false);
    System.out.println("B    end");
    Thread.sleep(Integer.MAX_VALUE);
    fileA.close();
    fileChannelA.close();
}

}
```

类 Test13_2 锁的范围也是 1 到 2。

首先运行 Test13_1 类的实现代码，然后运行 Test13_2 类的实现代码，控制台输出信息如下：

```
B begin
```

上述结果说明 Test13_1 类进程持有文件锁，而 Test13_2 类获取不到这个锁，导致出现阻塞的状态。

2. 验证 AsynchronousCloseException 异常的发生

在 FileLock lock(long position, long size, boolean shared) 方法调用期间，如果另一个线程关闭了此通道，则抛出 AsynchronousCloseException 异常。

测试用的代码如下：

```java
public class Test13_3 {
// 随机出现异步关闭异常
private static FileOutputStream fileA;
private static FileChannel fileChannelA;

public static void main(String[] args) throws IOException, InterruptedException {
    FileOutputStream fileA = new FileOutputStream("c:\\abc\\a.txt");
    FileChannel fileChannelA = fileA.getChannel();
    Thread a = new Thread() {
        @Override
        public void run() {
            try {
                fileChannelA.lock(1, 2, false);
            } catch (IOException e) {
                e.printStackTrace();
            }
        }
    };
    Thread b = new Thread() {
        @Override
        public void run() {
            try {
                fileChannelA.close();
```

```
            } catch (IOException e) {
                e.printStackTrace();
            }
        }
    };
    a.start();
    Thread.sleep(1);
    b.start();

    Thread.sleep(1000);
    fileA.close();
    fileChannelA.close();
    }

}
```

在上述程序运行后，控制台输出信息如下：

```
java.nio.channels.AsynchronousCloseException
    at java.nio.channels.spi.AbstractInterruptibleChannel.end(Unknown Source)
    at sun.nio.ch.FileChannelImpl.lock(Unknown Source)
    at test.Test13_3$1.run(Test13_3.java:19)
```

此测试在运行结果上具有随机性，如果一旦出现 AsynchronousCloseException 异常，说明在执行 lock() 方法时，对通道执行了 close() 方法的关闭操作。

3. 验证 FileLockInterruptionException 异常的发生

如果在等待获取锁定的同时中断了调用线程，则将状态设置为中断并抛出 FileLock InterruptionException 异常。如果调用 FileLock lock(long position, long size, boolean shared) 方法时已设置调用方的中断状态，则立即抛出该异常；不更改该线程的中断状态。

测试用的代码如下：

```
public class Test13_4 {
public static void main(String[] args) throws IOException, InterruptedException {
    FileOutputStream fis = new FileOutputStream("c:\\abc\\a.txt");
    FileChannel fileChannel1 = fis.getChannel();

    Thread t1 = new Thread() {
        public void run() {
            try {
                for (int i = 0; i < 1000000; i++) {
                    System.out.println("i=" + (i + 1));
                }
                fileChannel1.lock(1, 2, false);
            } catch (IOException e) {
                e.printStackTrace();
            }
        }
    };
    t1.start();
    Thread.sleep(50);
```

```
        t1.interrupt();// 先执行中断方法
        Thread.sleep(30000);

        fileChannel1.close();
        fis.close();
    }
}
```

运行 Test13_4 类的实现代码，控制台输出信息如下：

```
i=999997
i=999998
i=999999
i=1000000
java.nio.channels.FileLockInterruptionException
    at sun.nio.ch.FileChannelImpl.lock(FileChannelImpl.java:1092)
    at FileChannelAPITest.Test13_4$1.run(Test13_4.java:18)
```

如果线程在获得锁时，感应到自身已经被中断，则也会抛出 FileLockInterruptionException 异常。

创建测试类代码如下：

```
public class Test13_5_1 {
public static void main(String[] args) throws Exception {
    RandomAccessFile file1 = new RandomAccessFile("c:\\abc\\a.txt", "rw");
    FileChannel fileChanne1 = file1.getChannel();
    System.out.println("A begin");
    fileChannel1.lock(0, 2, false);
    System.out.println("A    end");
    Thread.sleep(20000);
    fileChannel1.close();
    file1.close();
    }
}
```

创建测试类代码如下：

```
public class Test13_5_2 {
public static void main(String[] args) throws Exception {
    Thread t = new Thread() {
        public void run() {
            try {
                RandomAccessFile file1 = new RandomAccessFile("c:\\abc\\a.
                    txt", "rw");
                FileChannel fileChanne1 = file1.getChannel();
                System.out.println("B begin");
                fileChanne1.lock(0, 2, false);
                System.out.println("B    end");
                fileChannel1.close();
                file1.close();
            } catch (FileNotFoundException e) {
                e.printStackTrace();
            } catch (IOException e) {
                e.printStackTrace();
            }
```

```
            };
        };
        t.start();
        Thread.sleep(2000);
        t.interrupt();
    }
}
```

首先运行 Test13_5_1.java，再运行 Test13_5_2.java，20 秒之后 Test13_5_2.java 出现异常 FileLockInterruptionException。

4. 验证共享锁自己不能写（出现异常）

注意，如果操作锁定的区域，就会出现异常；如果操作未锁定的区域，则不出现异常。
测试用的代码如下：

```
public class Test13_6 {
// 共享锁自己不能写
public static void main(String[] args) throws IOException, InterruptedException {
    RandomAccessFile fileA = new RandomAccessFile("c:\\abc\\a.txt", "rw");
    FileChannel fileChannelA = fileA.getChannel();
    fileChannelA.lock(1, 2, true);
    fileChannelA.write(ByteBuffer.wrap("123456".getBytes()));
}

}
```

上述程序运行结果如下：

```
Exception in thread "main" java.io.IOException: 另一个程序已锁定文件的一部分，进程无
    法访问。
    at sun.nio.ch.FileDispatcherImpl.write0(Native Method)
    at sun.nio.ch.FileDispatcherImpl.write(Unknown Source)
    at sun.nio.ch.IOUtil.writeFromNativeBuffer(Unknown Source)
    at sun.nio.ch.IOUtil.write(Unknown Source)
    at sun.nio.ch.FileChannelImpl.write(Unknown Source)
    at test.Test13_6.main(Test13_6.java:14)
```

异常信息有中文的内容存在，是因为使用了中文版的操作系统，在操作系统层面进行了异常的处理，再把这个中文异常信息传给 JVM，然后在控制台进行显示。上述结果说明 FileChannel 通道对文件进行操作时，还需要调用操作系统的 API 进行实现，这点已经在异常信息中的 write0(Native Method) 得到了验证。

5. 验证共享锁别人不能写（出现异常）

类 Fest13_7 使用的是共享锁。
测试用的代码如下：

```
public class Test13_7 {
// 共享锁别人不能写
private static RandomAccessFile fileA;
private static FileChannel fileChannelA;
```

```
public static void main(String[] args) throws IOException, InterruptedException {
    fileA = new RandomAccessFile("c:\\abc\\a.txt", "rw");
    fileChannelA = fileA.getChannel();
    fileChannelA.lock(1, 2, true);
    Thread.sleep(Integer.MAX_VALUE);
}

}
```

测试用的代码如下，功能是写数据

```
public class Test13_8 {
// 共享锁别人不能写
private static RandomAccessFile fileA;
private static FileChannel fileChannelA;

public static void main(String[] args) throws IOException, InterruptedException {
    fileA = new RandomAccessFile("c:\\abc\\a.txt", "rw");
    fileChannelA = fileA.getChannel();
    fileChannelA.write(ByteBuffer.wrap("123456".getBytes()));
}

}
```

首先运行 Test13_7 类的实现代码，然后运行 Test13_8 类的实现代码，控制台输出信息如下：

```
Exception in thread "main" java.io.IOException: 另一个程序已锁定文件的一部分, 进程无
    法访问。
    at sun.nio.ch.FileDispatcherImpl.write0(Native Method)
    at sun.nio.ch.FileDispatcherImpl.write(Unknown Source)
    at sun.nio.ch.IOUtil.writeFromNativeBuffer(Unknown Source)
    at sun.nio.ch.IOUtil.write(Unknown Source)
    at sun.nio.ch.FileChannelImpl.write(Unknown Source)
    at test.Test13_8.main(Test13_8.java:16)
```

6. 验证共享锁自己能读

a.txt 文件的初始内容如下：

abcdefg

测试用的代码如下：

```
public class Test13_9 {
// 共享锁自己能读
public static void main(String[] args) throws IOException, InterruptedException {
    RandomAccessFile fileA = new RandomAccessFile("c:\\abc\\a.txt", "rw");
    FileChannel fileChannelA = fileA.getChannel();
    fileChannelA.lock(1, 2, true);
    ByteBuffer byteBuffer = ByteBuffer.allocate(10);
    fileChannelA.read(byteBuffer);
    byteBuffer.rewind();
    for (int i = 0; i < byteBuffer.limit(); i++) {
```

```
            System.out.print((char) byteBuffer.get());
        }
    }
}
```

上述程序运行结果如下：

abcdefg

7. 验证共享锁别人能读

类 Test13_10 使用的是共享锁。

测试用的代码如下：

```
public class Test13_10 {
// 共享锁别人能读
public static void main(String[] args) throws IOException, InterruptedException {
    RandomAccessFile fileA = new RandomAccessFile("c:\\abc\\a.txt", "rw");
    FileChannel fileChannelA = fileA.getChannel();
    fileChannelA.lock(1, 2, true);
    Thread.sleep(Integer.MAX_VALUE);
}
}
```

测试用的代码如下，功能是读数据。

```
public class Test13_11 {
// 共享锁别人能读
public static void main(String[] args) throws IOException, InterruptedException {
    RandomAccessFile fileA = new RandomAccessFile("c:\\abc\\a.txt", "rw");
    FileChannel fileChannelA = fileA.getChannel();
    ByteBuffer byteBuffer = ByteBuffer.allocate(10);
    fileChannelA.read(byteBuffer);
    byteBuffer.rewind();
    for (int i = 0; i < byteBuffer.limit(); i++) {
        System.out.print((char) byteBuffer.get());

    }
}
}
```

首先运行 Test13_10 类的实现代码，然后运行 Test13_11 类的实现代码，控制台输出信息如下：

abcdefg

通过上面两次测试的结果可知：共享锁是只读的。

8. 验证独占锁自己能写

a.txt 文件的初始内容为空。

测试用的代码如下：

```
public class Test13_12 {
```

```
// 独占锁自己能写
public static void main(String[] args) throws IOException, InterruptedException {
    RandomAccessFile fileA = new RandomAccessFile("c:\\abc\\a.txt", "rw");
    FileChannel fileChannelA = fileA.getChannel();
    fileChannelA.lock(1, 2, false);
    fileChannelA.write(ByteBuffer.wrap("123456".getBytes()));
    fileChannelA.close();
}

}
```

在上述程序运行后，a.txt 文件中的内容如下：

```
123456
```

9. 验证独占锁别人不能写（出现异常）

类 Test13_13 使用的是独占锁。

测试用的代码如下：

```
public class Test13_13 {
// 独占锁别人不能写
public static void main(String[] args) throws IOException, InterruptedException {
    RandomAccessFile fileA = new RandomAccessFile("c:\\abc\\a.txt", "rw");
    FileChannel fileChannelA = fileA.getChannel();
    fileChannelA.lock(1, 2, false);
    Thread.sleep(Integer.MAX_VALUE);
}

}
```

测试用的代码如下，功能是写数据。

```
public class Test13_14 {
// 独占锁别人不能写
public static void main(String[] args) throws IOException, InterruptedException {
    RandomAccessFile fileA = new RandomAccessFile("c:\\abc\\a.txt", "rw");
    FileChannel fileChannelA = fileA.getChannel();
    fileChannelA.write(ByteBuffer.wrap("123456".getBytes()));
}

}
```

首先运行 Test13_13 类的实现代码，然后运行 Test13_14 类的实现代码，控制台输出信息如下：

```
Exception in thread "main" java.io.IOException: 另一个程序已锁定文件的一部分，进程无
    法访问。
    at sun.nio.ch.FileDispatcherImpl.write0(Native Method)
    at sun.nio.ch.FileDispatcherImpl.write(Unknown Source)
    at sun.nio.ch.IOUtil.writeFromNativeBuffer(Unknown Source)
    at sun.nio.ch.IOUtil.write(Unknown Source)
    at sun.nio.ch.FileChannelImpl.write(Unknown Source)
    at test.Test13_14.main(Test13_14.java:13)
```

10. 验证独占锁自己能读

a.txt 文件的初始内容如下：

abcdefg

测试用的代码如下：

```
public class Test13_15 {
// 独占锁自己能读
public static void main(String[] args) throws IOException, InterruptedException {
    RandomAccessFile fileA = new RandomAccessFile("c:\\abc\\a.txt", "rw");
    FileChannel fileChannelA = fileA.getChannel();
    fileChannelA.lock(1, 2, false);
    ByteBuffer byteBuffer = ByteBuffer.allocate(10);
    fileChannelA.read(byteBuffer);
    byteBuffer.rewind();
    for (int i = 0; i < byteBuffer.limit(); i++) {
        System.out.print((char) byteBuffer.get());
    }
}

}
```

上述程序运行结果如下：

abcdefg

11. 验证独占锁别人不能读（出现异常）

类 Test13_16 使用的是独占锁。

测试用的代码如下：

```
public class Test13_16 {
// 独占锁别人不能读
public static void main(String[] args) throws IOException, InterruptedException {
    RandomAccessFile fileA = new RandomAccessFile("c:\\abc\\a.txt", "rw");
    FileChannel fileChannelA = fileA.getChannel();
    fileChannelA.lock(1, 2, false);
    Thread.sleep(Integer.MAX_VALUE);
}

}
```

测试用的代码如下，功能是读数据。

```
public class Test13_17 {
// 独占锁别人不能读
public static void main(String[] args) throws IOException, InterruptedException {
    RandomAccessFile fileA = new RandomAccessFile("c:\\abc\\a.txt", "rw");
    FileChannel fileChannelA = fileA.getChannel();
    ByteBuffer byteBuffer = ByteBuffer.allocate(10);
    fileChannelA.read(byteBuffer);
    byteBuffer.rewind();
    for (int i = 0; i < byteBuffer.limit(); i++) {
```

```
            System.out.print((char) byteBuffer.get());
        }
    }

    }
```

首先运行 Test13_16 类的实现代码，然后运行 Test13_17 类的实现代码，控制台输出信息如下：

```
Exception in thread "main" java.io.IOException: 另一个程序已锁定文件的一部分，进程无
    法访问。
    at sun.nio.ch.FileDispatcherImpl.read0(Native Method)
    at sun.nio.ch.FileDispatcherImpl.read(Unknown Source)
    at sun.nio.ch.IOUtil.readIntoNativeBuffer(Unknown Source)
    at sun.nio.ch.IOUtil.read(Unknown Source)
    at sun.nio.ch.FileChannelImpl.read(Unknown Source)
    at test.Test13_17.main(Test13_17.java:14)
```

总结：独占锁只有自己可以读写，其他人不允许对其读写。

12. 验证 lock() 方法的参数 position 和 size 的含义

上面都是在验证锁的特性，并未针对 position 和 size 这两个参数进行测试，参数 position 的作用是从哪个位置开始上锁，锁的范围由参数 size 来决定。

a.txt 文件的初始内容如下：

abcdefg

测试用的代码如下：

```java
public class Test13_18 {
public static void main(String[] args) {
    try {
        RandomAccessFile fileA = new RandomAccessFile("c:\\abc\\a.txt", "rw");
        FileChannel fileChannelA = fileA.getChannel();
        System.out.println("A " + fileChannelA.position());
        fileChannelA.lock(3, 2, true);////////////////必须使用共享锁
        System.out.println("B " + fileChannelA.position());
        fileChannelA.write(ByteBuffer.wrap("1".getBytes()));// index=0
        System.out.println("C " + fileChannelA.position());
        fileChannelA.write(ByteBuffer.wrap("2".getBytes()));// index=1
        System.out.println("D " + fileChannelA.position());
        fileChannelA.write(ByteBuffer.wrap("3".getBytes()));// index=2
        System.out.println("E " + fileChannelA.position() + " 在 position 为
            3 处再 write() 就出现异常了 ");
        fileChannelA.write(ByteBuffer.wrap("4".getBytes()));// index=3 error
        System.out.println("F " + fileChannelA.position());
        fileChannelA.write(ByteBuffer.wrap("5".getBytes()));
        System.out.println("G " + fileChannelA.position());
    } catch (FileNotFoundException e) {
        e.printStackTrace();

    } catch (IOException e) {
```

```
            e.printStackTrace();
        }
    }

    }
```

在上述程序运行后，控制台输出信息如下：

```
A 0
B 0
C 1
D 2
E 3 在 position 为 3 处再 write() 就出现异常了
java.io.IOException: 另一个程序已锁定文件的一部分，进程无法访问。
    at sun.nio.ch.FileDispatcherImpl.write0(Native Method)
    at sun.nio.ch.FileDispatcherImpl.write(Unknown Source)
    at sun.nio.ch.IOUtil.writeFromNativeBuffer(Unknown Source)
    at sun.nio.ch.IOUtil.write(Unknown Source)
    at sun.nio.ch.FileChannelImpl.write(Unknown Source)
    at test.Test13_18.main(Test13_18.java:23)
```

a.txt 文件的内容更改为：

```
123defg
```

上述结果说明文件未被锁定的部分被成功更新，锁定的部分未被更新。

13. 提前锁定

FileLock lock(long position, long size, boolean shared) 方法可以实现提前锁定，也就是当文件大小小于指定的 position 时，是可以提前在 position 位置处加锁的。

a.txt 文件的默认内容如下：

```
abcde
```

测试用的代码如下：

```java
public class Test13_19 {
public static void main(String[] args) {
    try {
        RandomAccessFile fileA = new RandomAccessFile("c:\\abc\\a.txt", "rw");
        FileChannel fileChannelA = fileA.getChannel();
        fileChannelA.lock(6, 2, true);
        fileChannelA.write(ByteBuffer.wrap("1".getBytes()));
        fileChannelA.write(ByteBuffer.wrap("2".getBytes()));
        fileChannelA.write(ByteBuffer.wrap("3".getBytes()));
        fileChannelA.write(ByteBuffer.wrap("4".getBytes()));
        fileChannelA.write(ByteBuffer.wrap("5".getBytes()));
        fileChannelA.write(ByteBuffer.wrap("6".getBytes()));
        fileChannelA.write(ByteBuffer.wrap("7".getBytes()));// 此行出现异常
    } catch (FileNotFoundException e) {
        e.printStackTrace();
    } catch (IOException e) {
```

```
            e.printStackTrace();
        }
    }

    }
```

在上述程序运行后，控制台出现的异常如下：

```
java.io.IOException: 另一个程序已锁定文件的一部分，进程无法访问。
    at sun.nio.ch.FileDispatcherImpl.write0(Native Method)
    at sun.nio.ch.FileDispatcherImpl.write(Unknown Source)
    at sun.nio.ch.IOUtil.writeFromNativeBuffer(Unknown Source)
    at sun.nio.ch.IOUtil.write(Unknown Source)
    at sun.nio.ch.FileChannelImpl.write(Unknown Source)
    at test.Test13_19.main(Test13_19.java:21)
```

a.txt 文件的内容变成如下：

```
123456
```

14. 验证共享锁与共享锁之间是非互斥关系

在 JDK API 文档中有这样一段话：

文件锁定要么是独占的，要么是共享的。共享锁定可阻止其他并发运行的程序获取重叠的独占锁定，但是允许该程序获取重叠的共享锁定。独占锁定则阻止其他程序获取任一类型的重叠锁定。

共享锁之间、独占锁之间，以及共享锁与独占锁之间的关系，有以下 4 种情况⊖：

1）共享锁与共享锁之间是非互斥关系；

2）共享锁与独占锁之间是互斥关系；

3）独占锁与共享锁之间是互斥关系；

4）独占锁与独占锁之间是互斥关系。

首先测试：共享锁与共享锁之间是非互斥关系。

测试用的代码如下：

```
public class Test13_20 {
public static void main(String[] args) {
    try {
        RandomAccessFile fileA = new RandomAccessFile("c:\\abc\\a.txt", "rw");
        FileChannel fileChannelA = fileA.getChannel();
        fileChannelA.lock(0, Long.MAX_VALUE, true);
        Thread.sleep(Integer.MAX_VALUE);
    } catch (FileNotFoundException e) {
        e.printStackTrace();
    } catch (IOException e) {
        e.printStackTrace();
    } catch (InterruptedException e) {
```

⊖ 第 2 种和第 3 种情况的区别是在代码中验证的顺序。

```
            e.printStackTrace();
        }
    }

    }
```

测试用的代码如下（使用共享锁）：

```java
public class Test13_21 {
public static void main(String[] args) {
    try {
        RandomAccessFile fileA = new RandomAccessFile("c:\\abc\\a.txt", "rw");
        FileChannel fileChannelA = fileA.getChannel();
        System.out.println("begin");
        fileChannelA.lock(0, Long.MAX_VALUE, true);
        System.out.println("  end 拿到锁了");
    } catch (FileNotFoundException e) {
        e.printStackTrace();
    } catch (IOException e) {
        e.printStackTrace();
    }
}

}
```

首先运行 Test13_20 类的实现代码，然后运行 Test13_21 类的实现代码，控制台输出信息如下：

```
begin
    end 拿到锁了
```

上述结果说明共享锁与共享锁之间是非互斥关系这一结论是成立的。

15. 验证共享锁与独占锁之间是互斥关系

测试用的代码如下（使用共享锁）：

```java
public class Test13_22 {
public static void main(String[] args) {
    try {
        RandomAccessFile fileA = new RandomAccessFile("c:\\abc\\a.txt", "rw");
        FileChannel fileChannelA = fileA.getChannel();
        FileLock lock = fileChannelA.lock(0, Long.MAX_VALUE, true);
        Thread.sleep(Integer.MAX_VALUE);
        lock.release();
    } catch (FileNotFoundException e) {
        e.printStackTrace();
    } catch (IOException e) {
        e.printStackTrace();
    } catch (InterruptedException e) {
        e.printStackTrace();
    }
}

}
```

测试用的代码如下（使用独占锁）：

```
public class Test13_23 {
public static void main(String[] args) {
    try {
        RandomAccessFile fileA = new RandomAccessFile("c:\\abc\\a.txt", "rw");
        FileChannel fileChannelA = fileA.getChannel();
        System.out.println("begin " + System.currentTimeMillis());
        fileChannelA.lock(0, Long.MAX_VALUE, false);
        System.out.println("  end 拿到锁了 " + System.currentTimeMillis());
    } catch (FileNotFoundException e) {
        e.printStackTrace();
    } catch (IOException e) {
        e.printStackTrace();
    }
}

}
```

首先运行 Test13_22 类的实现代码，然后立即运行 Test13_23 类的实现代码，控制台输出信息如下：

```
begin 1499934879329
```

上述结果说明共享锁与独占锁之间是互斥关系这一结论是成立的。

16. 验证独占锁与共享锁之间是互斥关系

测试用的代码如下：

```
public class Test13_24 {
public static void main(String[] args) {
    try {
        RandomAccessFile fileA = new RandomAccessFile("c:\\abc\\a.txt", "rw");
        FileChannel fileChannelA = fileA.getChannel();
        fileChannelA.lock(0, Long.MAX_VALUE, false);
        Thread.sleep(Integer.MAX_VALUE);
    } catch (FileNotFoundException e) {
        e.printStackTrace();
    } catch (IOException e) {
        e.printStackTrace();
    } catch (InterruptedException e) {
        e.printStackTrace();
    }
}

}
```

测试用的代码如下：

```
public class Test13_25 {
public static void main(String[] args) {
    try {
        RandomAccessFile fileA = new RandomAccessFile("c:\\abc\\a.txt", "rw");
        FileChannel fileChannelA = fileA.getChannel();
        System.out.println("Test13_25 begin " + System.currentTimeMillis());
```

```
        fileChannelA.lock(0, Long.MAX_VALUE, true);
        System.out.println("Test13_25  end " + System.currentTimeMillis());
    } catch (FileNotFoundException e) {
        e.printStackTrace();
    } catch (IOException e) {
        e.printStackTrace();
    }
}

}
```

首先运行 Test13_24 类的实现代码，然后立即运行 Test13_25 类的实现代码，控制台输出信息如下：

```
Test13_25 begin 1499935209465
```

上述结果说明独占锁与共享锁之间是互斥关系这一结论是成立的。

17. 测试独占锁与独占锁之间是互斥关系

测试用的代码如下（使用独占锁）：

```
public class Test13_26 {
public static void main(String[] args) {
    try {
        RandomAccessFile fileA = new RandomAccessFile("c:\\abc\\a.txt", "rw");
        FileChannel fileChannelA = fileA.getChannel();
        fileChannelA.lock(0, Long.MAX_VALUE, false);
        System.out.println("Test13_26 begin " + System.currentTimeMillis());
        Thread.sleep(Integer.MAX_VALUE);
        System.out.println("Test13_26  end " + System.currentTimeMillis());
    } catch (FileNotFoundException e) {
        e.printStackTrace();
    } catch (IOException e) {
        e.printStackTrace();
    } catch (InterruptedException e) {
        e.printStackTrace();
    }
}

}
```

测试用的代码如下（使用独占锁）：

```
public class Test13_27 {
public static void main(String[] args) {
    try {
        RandomAccessFile fileA = new RandomAccessFile("c:\\abc\\a.txt", "rw");
        FileChannel fileChannelA = fileA.getChannel();
        System.out.println("Test13_27 begin " + System.currentTimeMillis());
        fileChannelA.lock(0, Long.MAX_VALUE, false);
        System.out.println("Test13_27  end " + System.currentTimeMillis());
    } catch (FileNotFoundException e) {
        e.printStackTrace();
    } catch (IOException e) {
```

```
            e.printStackTrace();
        }
    }

}
```

首先运行 Test13_26.java，然后立即运行 Test13_27.java，控制台输出信息如下：

```
Test13_27 begin 1499935311054
```

上述结果说明独占锁与独占锁之间是互斥关系这一结论是成立的。

2.4.14　FileLock lock() 方法的使用

前面介绍的 FileLock lock(long position, long size, boolean shared) 方法可以对文件的某个区域进行部分锁定，而无参方法 FileLock lock() 的作用为获取对此通道的文件的独占锁定，是对文件的整体进行锁定。调用此方法的形式为 fc.lock()，该调用与以下调用完全相同：fc.lock(0L, Long.MAX_VALUE, false)。FileLock lock() 方法的源代码如下：

```
public final FileLock lock() throws IOException {
    return lock(0L, Long.MAX_VALUE, false);
}
```

在源代码的内部调用的还是 FileLock lock(long position, long size, boolean shared) 有参方法，说明 FileLock lock(long position, long size, boolean shared) 方法具有什么特性，FileLock lock() 方法也同样具有什么特性。因此，针对 FileLock lock() 方法进行测试的源代码不再重复给出，具体的使用可参考前面 FileLock lock(long position, long size, boolean shared) 有参方法相关的代码演示。

2.4.15　获取通道文件给定区域的锁定

FileLock tryLock(long position, long size, boolean shared) 方法的作用是试图获取对此通道的文件给定区域的锁定。此方法不会阻塞。无论是否已成功地获得请求区域上的锁定，调用总是立即返回。如果由于另一个程序保持着一个重叠锁定而无法获取锁定，则此方法返回 null。如果由于任何其他原因而无法获取锁定，则抛出相应的异常。

由 position 和 size 参数所指定的区域无须包含在实际的底层文件中，甚至无须与文件重叠。锁定区域的大小是固定的；如果某个已锁定区域最初包含整个文件，但文件因扩大而超出了该区域，则该锁定不覆盖此文件的新部分。如果期望文件大小扩大并且要求锁定整个文件，则应该锁定从零开始，到不小于期望最大文件大小为止的区域。零参数的 tryLock() 方法只是锁定大小为 Long.MAX_VALUE 的区域。

某些操作系统不支持共享锁定，在这种情况下，自动将对共享锁定的请求转换为对独占锁定的请求。可通过调用所得锁定对象的 isShared() 方法来测试新获取的锁是共享的还是独占的。

文件锁定以整个 Java 虚拟机来保持。但它们不适用于控制同一虚拟机内多个线程对文件的访问。

FileLock tryLock(long position, long size, boolean shared) 方法与 FileLock lock(long position, long size, boolean shared) 方法的区别：

1）tryLock() 方法是非阻塞的；

2）lock() 方法是阻塞的。

下面开始测试 FileLock tryLock(long position, long size, boolean shared) 方法是非阻塞的，也就是当 FileLock tryLock(long position, long size, boolean shared) 方法获取不到锁时，返回 null 对象。

创建测试程序，代码如下（使用独占锁）：

```
public class Test14_1 {
public static void main(String[] args) throws IOException, InterruptedException {
    RandomAccessFile fileA = new RandomAccessFile("c:\\abc\\a.txt", "rw");
    FileChannel fileChannelA = fileA.getChannel();
    System.out.println("A begin");
    FileLock fileLock = fileChannelA.tryLock(0, 5, false);
    System.out.println("A    end 获得了锁 fileLock=" + fileLock);
    Thread.sleep(Integer.MAX_VALUE);
}

}
```

在 Test14_1 类中设置的是独占锁。

创建测试程序，代码如下（使用共享锁）：

```
public class Test14_2 {
public static void main(String[] args) throws IOException, InterruptedException {
    RandomAccessFile fileA = new RandomAccessFile("c:\\abc\\a.txt", "rw");
    FileChannel fileChannelA = fileA.getChannel();
    System.out.println("B begin");
    FileLock fileLock = fileChannelA.tryLock(0, 5, true);// 使用的是共享锁定!
    System.out.println("B    end 未获得锁 fileLock=" + fileLock);
    fileA.close();
    fileChannelA.close();
}

}
```

首先运行 Test14_1 类的实现代码，控制台输出结果如下：

```
A begin
A    end 获得了锁 fileLock=sun.nio.ch.FileLockImpl[0:5 exclusive valid]
```

然后运行 Test14_2 类的实现代码，控制台输出信息如下：

```
B begin
B    end 未获得锁 fileLock=null
```

因为 Test14_2 类并未获得锁，所以 tryLock() 方法返回值为 null。

🔍注
意　在本测试中，在 Test14_1 类里设置的是独占锁，如果是共享锁，则 Test14_2 类是可以获得锁的。

2.4.16　FileLock tryLock() 方法的使用

前面介绍的 FileLock tryLock (long position, long size, boolean shared) 方法可以对文件的某个区域进行部分锁定，而且具有非阻塞的特性，而无参方法 FileLock tryLock() 的作用为获取对此通道的文件的独占锁定，是对文件的整体进行锁定。调用此方法的形式为 fc. tryLock()，该调用与以下调用完全相同：fc.tryLock(0L, Long.MAX_VALUE, false)。FileLock tryLock() 方法的源代码如下：

```
public final FileLock tryLock() throws IOException {
    return tryLock(0L, Long.MAX_VALUE, false);
}
```

在源代码的内部调用的还是 FileLock tryLock(long position, long size, boolean shared) 有参方法，说明 FileLock tryLock(long position, long size, boolean shared) 方法具有什么特性，FileLock tryLock() 方法也同样具有什么特性。因此，针对 FileLock tryLock() 方法进行测试的源代码不再重复给出，具体的使用可参考前面 FileLock tryLock(long position, long size, boolean shared) 有参方法相关的代码演示。

2.4.17　FileLock 类的使用

FileLock 类表示文件区域锁定的标记。每次通过 FileChannel 类的 lock() 或 tryLock() 方法获取文件上的锁定时，就会创建一个 FileLock（文件锁定）对象。

文件锁定对象最初是有效的。通过调用 release() 方法、关闭用于获取该锁定的通道，或者终止 Java 虚拟机（以先到者为准）来释放锁定之前，该对象一直是有效的。可通过调用锁定的 isValid() 方法来测试锁定的有效性。

文件锁定要么是独占的，要么是共享的。共享锁定可阻止其他并发运行的程序获取重叠的独占锁定，但是允许该程序获取重叠的共享锁定。独占锁定则阻止其他程序获取任一类型的重叠锁定。一旦释放某个锁定后，它就不会再对其他程序所获取的锁定产生任何影响。

可通过调用某个锁定的 isShared() 方法来确定它是独占的还是共享的。某些平台不支持共享锁定，在这种情况下，对共享锁定的请求被自动转换为对独占锁定的请求。

单个 Java 虚拟机在某个特定文件上所保持的锁定是不重叠的。要测试某个候选锁定范围是否与现有锁定重叠，可使用 overlaps() 方法。

文件锁定对象记录了在其文件上保持锁定的文件通道、该锁定的类型和有效性，以及锁定区域的位置和大小。只有锁定的有效性是随时间而更改的；锁定状态的所有其他方面都是不可变的。

文件锁定以整个 Java 虚拟机来保持。但它们不适用于控制同一虚拟机内多个线程对文件的访问。

多个并发线程可安全地使用文件锁定对象。

FileLock 类具有平台依赖性，此文件锁定 API 直接映射到底层操作系统的本机锁定机制。因此，无论程序是用何种语言编写的，某个文件上所保持的锁定对于所有访问该文件的程序来说都应该是可见的。

由于某个锁定是否实际阻止另一个程序访问该锁定区域的内容是与系统相关的，因此是未指定的。有些系统的本机文件锁定机制只是劝告的，意味着为了保证数据的完整性，各个程序必须遵守已知的锁定协议。其他系统本机文件锁定是强制的，意味着如果某个程序锁定了某个文件区域，则实际上阻止其他程序以违反该锁定的方式访问该区域。但在其他系统上，本机文件锁定是劝告的还是强制的可以以每个文件为基础进行配置。为确保平台间的一致性和正确性，强烈建议将此 API 提供的锁定作为劝告锁定来使用。

在有些系统上，在某个文件区域上获取强制锁定会阻止该区域被 java.nio.channels. FileChannel#map 映射到内存，反之亦然。组合锁定和映射的程序应该为此组合的失败做好准备。

在有些系统上，关闭某个通道会释放 Java 虚拟机在底层文件上所保持的所有锁定，而不管该锁定是通过该通道获取的，还是通过同一文件上打开的另一个通道获取的。强烈建议在某个程序内使用唯一的通道来获取任意给定文件上的所有锁定。

1. 常见 API 的使用

测试用的代码如下：

```
public class FileLockAPI_1 {
public static void main(String[] args) throws IOException {
    File file = new File("c:\\abc\\a.txt");
    RandomAccessFile fileA = new RandomAccessFile(file, "rw");
    FileChannel fileChannelA = fileA.getChannel();
    System.out.println("fileChannelA.hashCode()=" + fileChannelA.hashCode());
    FileLock lock = fileChannelA.lock(1, 10, true);
    System.out.println("A position=" + lock.position() + " size=" + lock.
        size() + " isValid=" + lock.isValid()
            + " isShared=" + lock.isShared() + " channel().hashCode()=" +
                lock.channel().hashCode()
            + " acquiredBy().hashCode()=" + lock.acquiredBy().hashCode());
    lock.release();
    lock = fileChannelA.lock(1, 10, false);
    System.out.println("B position=" + lock.position() + " size=" + lock.
        size() + " isValid=" + lock.isValid()
            + " isShared=" + lock.isShared() + " channel().hashCode()=" +
                lock.channel().hashCode()
            + " acquiredBy().hashCode()=" + lock.acquiredBy().hashCode());
    lock.close();
    fileChannelA.close();
    System.out.println("C position=" + lock.position() + " size=" + lock.
```

```
        size() + " isValid=" + lock.isValid()
           + " isShared=" + lock.isShared() + " channel().hashCode()=" +
              lock.channel().hashCode()
           + " acquiredBy().hashCode()=" + lock.acquiredBy().hashCode());
    }
}
```

上述程序运行结果如下：

```
fileChannelA.hashCode()=366712642
A position=1 size=10 isValid=true isShared=true channel().hashCode()=366712642
    acquiredBy().hashCode()=366712642
B position=1 size=10 isValid=true isShared=false channel().hashCode()=366712642
    acquiredBy().hashCode()=366712642
C position=1 size=10 isValid=false isShared=false channel().hashCode()=366712642
    acquiredBy().hashCode()=366712642
```

FileLock 类的 close() 方法在源代码内部调用的是 release() 方法，源代码如下：

```
public final void close() throws IOException {
    release();
}
```

channel() 方法是返回当前锁所属的 FileChannel 文件通道对象，在最新版本的 JDK 中，该方法已经被 public Channel acquiredBy() 方法所替代，这两个方法的源代码如下：

```
public final FileChannel channel() {
    return (channel instanceof FileChannel) ? (FileChannel)channel : null;
}

public Channel acquiredBy() {
    return channel;
}
```

2. boolean overlaps(long position, long size) 方法的使用

boolean overlaps(long position, long size) 方法的作用：判断此锁定是否与给定的锁定区域重叠。返回值是 boolean 类型，也就是当且仅当此锁定与给定的锁定区域至少重叠一个字节时，才返回 true。

测试用的代码如下：

```
public class FileLockAPI_2 {
public static void main(String[] args) throws InterruptedException, IOException {
    File file = new File("c:\\abc\\a.txt");
    RandomAccessFile fileA = new RandomAccessFile(file, "rw");
    FileChannel fileChannelA = fileA.getChannel();
    FileLock lock = fileChannelA.lock(1, 10, true);
    System.out.println(lock.overlaps(5, 10));
    lock.close();
    }
}
```

上述程序运行结果是 true。

测试用的代码如下：

```
public class FileLockAPI_3 {
public static void main(String[] args) throws InterruptedException, IOException {
    File file = new File("c:\\abc\\a.txt");
    RandomAccessFile fileA = new RandomAccessFile(file, "rw");
    FileChannel fileChannelA = fileA.getChannel();
    FileLock lock = fileChannelA.lock(1, 10, true);
    System.out.println(lock.overlaps(11, 12));
    lock.close();
}
}
```

上述程序运行结果是 false。

2.4.18　强制将所有对通道文件的更新写入包含文件的存储设备

void force(boolean metaData) 方法的作用是强制将所有对此通道的文件更新写入包含该文件的存储设备中。如果此通道的文件驻留在本地存储设备上，则此方法返回时可保证：在此通道创建后或在最后一次调用此方法后，对该文件进行的所有更改都已写入该设备中。这对确保在系统崩溃时不会丢失重要信息特别有用。如果该文件不在本地设备上，则无法提供这样的保证。

metaData 参数可用于限制此方法必须执行的 I/O 操作数量。在为此参数传入 false 时，只需将对文件内容的更新写入存储设备；在传入 true 时，则必须写入对文件内容和元数据的更新，这通常需要一个以上的 I/O 操作。此参数是否实际有效，取决于底层操作系统，因此是未指定的。

调用此方法可能导致发生 I/O 操作，即使该通道仅允许进行读取操作时也是如此。例如，某些操作系统将最后一次访问的时间作为元数据的一部分进行维护，每当读取文件时就更新此时间。实际是否执行操作是与操作系统相关的，因此是未指定的。

此方法只保证强制进行通过此类中已定义的方法对此通道的文件所进行的更改。此方法不一定强制进行那些通过修改已映射字节缓冲区（通过调用 map() 方法获得）的内容所进行的更改。调用已映射字节缓冲区的 force() 方法将强行对要写入缓冲区的内容进行更改。

以上文字是 JDK API 文档对该方法的解释，并不能完全反映出该方法的使用意图与作用，因此，在此着重说明一下，其实在调用 FileChannel 类的 write() 方法时，操作系统为了运行的效率，先是把那些将要保存到硬盘上的数据暂时放入操作系统内核的缓存中，以减少硬盘的读写次数，然后在某一个时间点再将内核缓存中的数据批量地同步到硬盘中，但同步的时间却是由操作系统决定的，因为时间是未知的，这时就不能让操作系统来决定，所以要显式地调用 force(boolean) 方法来强制进行同步，这样做的目的是防止在系统崩溃或断电时缓存中的数据丢失而造成损失。但是，force(boolean) 方法并不能完全保证数据不丢失，如正在执行 force() 方法时出现断电的情况，那么硬盘上的数据有可能就不是完整的，而且由于断电的原因导致内核缓存中的数据也丢失了，最终造成的结果就是 force(boolean) 方法执行了，数据也有可能丢失。既然调用该方法也有可能造成数据的丢失，那么该方法的最终目的是什么呢？其实 force(boolean) 方法的最终目的是尽最大的努力减少数据的丢失。例如，内核缓存中有 10KB 的数据需要同步，那么可以每 2KB 就执行 1 次 force(boolean) 方法来同步到硬盘上，也就不至于缓存中有 10KB 数据，在突然断电时，这 10KB 数据全部丢失的情况发生，因此，force(boolean) 方法的目的是尽可能少地丢失数据，而不是保证完全不丢失数据。

1. void force(boolean metaData) 方法的性能

测试用的代码如下：

```
public class Test15_1 {
public static void main(String[] args) throws IOException, InterruptedException {
    File file = new File("c:\\abc\\a.txt");
    if (file.exists() == false) {
        file.createNewFile();
    } else {
        file.delete();
    }
    FileOutputStream fileA = new FileOutputStream(file);
    FileChannel fileChannelA = fileA.getChannel();
    long beginTime = System.currentTimeMillis();
    for (int i = 0; i < 5000; i++) {
        fileChannelA.write(ByteBuffer.wrap(("abcde").getBytes()));
    }
    long endTime = System.currentTimeMillis();
    System.out.println(endTime - beginTime);
    fileChannelA.close();
    fileChannelA.close();
}
}
```

上述程序运行后在控制台输出时间如下：

24

再继续创建新的测试程序，在下面的代码中执行了 force(boolean) 方法：

```
public class Test15_2 {
public static void main(String[] args) throws IOException, InterruptedException {
    File file = new File("c:\\abc\\a.txt");
    if (file.exists() == false) {
        file.createNewFile();
    } else {
        file.delete();
    }
    FileOutputStream fileA = new FileOutputStream(file);
    FileChannel fileChannelA = fileA.getChannel();
    long beginTime = System.currentTimeMillis();
    for (int i = 0; i < 5000; i++) {
        fileChannelA.write(ByteBuffer.wrap(("abcde").getBytes()));
        fileChannelA.force(false);
    }
    long endTime = System.currentTimeMillis();
```

```
        System.out.println(endTime - beginTime);
        fileChannelA.close();
        fileChannelA.close();
    }
}
```

上述程序运行后在控制台输出运行的时间如下：

19492

因为执行 force(boolean) 方法后性能急剧下降，所以调用该方法是有运行效率成本的。

2. 布尔参数 metaData 的作用

参数 metaData 的作用：如果传入值为 true，则需要此方法强制对要写入存储设备的文件内容和元数据进行更改，否则只需强行写入内容更改。

此方法需要依赖于底层操作系统的支持，在 Linux 所使用的 glibc 库的 2.17 版本中，这两个方法的作用是一样的，因为 fdatasync 调用的就是 fsync() 方法，其调用关系如图 2-47 所示。

如果 Java 代码在 Linux 系统中进行测试，无论传入的是 false 还是 true，都会更新文件的元数据，因为最终调用的就是 fsync() 方法。

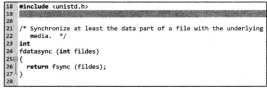

图 2-47　调用关系

2.4.19　将通道文件区域直接映射到内存

MappedByteBuffer map(FileChannel.MapMode mode, long position, long size) 方法的作用是将此通道的文件区域直接映射到内存中。可以通过下列 3 种模式将文件区域映射到内存中。

1）只读：试图修改得到的缓冲区将导致抛出 ReadOnlyBufferException 异常。（MapMode.READ_ONLY）

2）读取 / 写入：对得到的缓冲区的更改最终将传播到文件；该更改对映射到同一文件的其他程序不一定是可见的。（MapMode.READ_WRITE）

3）专用：对得到的缓冲区的更改不会传播到文件，并且该更改对映射到同一文件的其他程序也不是可见的；相反，会创建缓冲区已修改部分的专用副本。（MapMode.PRIVATE）

对于只读映射关系，此通道必须可以进行读取操作；对于读取 / 写入或专用映射关系，此通道必须可以进行读取和写入操作。

此方法返回的已映射字节缓冲区位置为零，限制和容量为 size；其标记是不确定的。在缓冲区本身被作为垃圾回收之前，该缓冲区及其表示的映射关系都是有效的。

映射关系一经创建，就不再依赖于创建它时所用的文件通道。特别是关闭该通道对映射关系的有效性没有任何影响。

很多内存映射文件的细节从根本上是取决于底层操作系统的，因此是未指定的。当所请求的区域没有完全包含在此通道的文件中时，此方法的行为是未指定的：未指定是否将此程序或另一个程序对底层文件的内容或大小所进行的更改传播到缓冲区；未指定将对缓冲区的更改传播到文件的频率。

对于大多数操作系统而言，与通过普通的 read() 和 write() 方法读取或写入数千字节的数据相比，将文件映射到内存中开销更大。从性能的观点来看，通常将相对较大的文件映射到内存中才是值得的。

该方法的 3 个参数的说明如下。

1）mode：根据只读、读取 / 写入或专用（写入时复制）来映射文件，分别为 FileChannel.MapMode 类中所定义的 READ_ONLY、READ_WRITE 和 PRIVATE；

2）position：文件中的位置，映射区域从此位置开始；必须为非负数。

3）size：要映射的区域大小；必须为非负数且不大于 Integer.MAX_VALUE。

1. MapMode 和 MappedByteBuffer 类的介绍

MapMode 类的作用是提供文件映射模式，其结构信息如图 2-48 所示。

java.nio.channels

类 FileChannel.MapMode

java.lang.Object
└ java.nio.channels.FileChannel.MapMode

正在封闭类：
FileChannel

public static class **FileChannel.MapMode**
extends Object

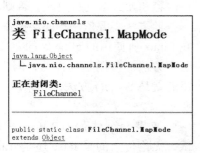

图 2-48　MapMode 类的结构信息

MapMode 类中有 3 个常量，这 3 个常量的说明如图 2-49 所示。

字段摘要	
static FileChannel.MapMode	**PRIVATE** 专用（写入时复制）映射模式
static FileChannel.MapMode	**READ_ONLY** 只读映射模式
static FileChannel.MapMode	**READ_WRITE** 读取 / 写入映射模式

图 2-49　MapMode 类中的常量说明

再来介绍一下 MappedByteBuffer 类，它是直接字节缓冲区，其内容是文件的内存映射区域。映射的字节缓冲区是通过 FileChannel.map() 方法创建的。此类用特定于内存映射文件区域的操作扩展 ByteBuffer 类。

映射的字节缓冲区和它所表示的文件映射关系在该缓冲区本身成为垃圾回收缓冲区之前一直保持有效。

映射的字节缓冲区的内容可以随时更改，如在此程序或另一个程序更改了对应的映射文件区域的内容的情况下。这些更改是否发生（以及何时发生）与操作系统无关，因此是未指定的。

全部或部分映射的字节缓冲区可能随时成为不可访问的，如截取映射的文件。试图访问映射的字节缓冲区的不可访问区域将不会更改缓冲区的内容，并导致在访问时或访问后的某个时刻抛出未指定的异常。因此，强烈推荐采取适当的预防措施，以避免此程序或另一个同时运行的程序对映射的文件执行操作（读写文件内容除外）。

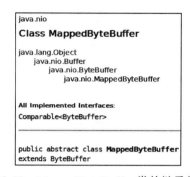

除此之外，映射的字节缓冲区的功能与普通的直接字节缓冲区完全相同。

MappedByteBuffer 类的继承关系如图 2-50 所示。

图 2-50　MappedByteBuffer 类的继承关系

因为 MappedByteBuffer 类的父类是 java.nio. ByteBuffer，所以父类 java.nio.ByteBuffer 中的方法在 MappedByteBuffer 类中也可以使用。MappedByteBuffer 类增加了哪些新的方法呢？其新增方法列表如图 2-51 所示。

方法摘要	
MappedByteBuffer	**force**() 将此缓冲区所做的内容更改强制写入包含映射文件的存储设备中
boolean	**isLoaded**() 判断此缓冲区的内容是否位于物理内存中
MappedByteBuffer	**load**() 将此缓冲区内容加载到物理内存中

图 2-51　MappedByteBuffer 类的自增 API 列表

2. map(MapMode mode, long position, long size) 方法的使用

文件 a.txt 初始内容如下：

abcdefg

测试用的代码如下：

```java
public class Test16_1 {
public static void main(String[] args) throws IOException, InterruptedException {
    File file = new File("c:\\abc\\a.txt");
    RandomAccessFile fileA = new RandomAccessFile(file, "rw");
    FileChannel fileChannelA = fileA.getChannel();
    MappedByteBuffer buffer = fileChannelA.map(FileChannel.MapMode.READ_ONLY,
        0, 5);
    System.out.println((char) buffer.get() + " position=" + buffer.position());//a
    System.out.println((char) buffer.get() + " position=" + buffer.position());//b
    System.out.println((char) buffer.get() + " position=" + buffer.position());//c
    System.out.println((char) buffer.get() + " position=" + buffer.position());//d
    System.out.println((char) buffer.get() + " position=" + buffer.position());//e

    System.out.println();
```

```
        buffer = fileChannelA.map(FileChannel.MapMode.READ_ONLY, 2, 2);
        // 缓冲区第 0 个位置的值是 c
        System.out.println((char) buffer.get() + " position=" + buffer.position());// c
        System.out.println((char) buffer.get() + " position=" + buffer.position());// d

        Thread.sleep(500);

        System.out.println();

        // 下面程序代码出现异常，因为超出映射的范围
        System.out.println((char) buffer.get() + " position=" + buffer.position());

        fileA.close();
        fileChannelA.close();
    }
}
```

在上述程序运行后，控制台输出结果如下：

```
a position=1
b position=2
c position=3
d position=4
e position=5

c position=1
d position=2

Exception in thread "main" java.nio.BufferUnderflowException
    at java.nio.Buffer.nextGetIndex(Unknown Source)
    at java.nio.DirectByteBuffer.get(Unknown Source)
    at test.Test16_1.main(Test16_1.java:32)
```

3. 只读模式（READ_ONLY）的测试

测试用的代码如下：

```
public class Test16_2 {
public static void main(String[] args) throws IOException, InterruptedException {
    File file = new File("c:\\abc\\a.txt");
    RandomAccessFile fileA = new RandomAccessFile(file, "rw");
    FileChannel fileChannelA = fileA.getChannel();
    MappedByteBuffer buffer = fileChannelA.map(FileChannel.MapMode.READ_ONLY,
        0, 5);
    buffer.putChar('1');// 此行出现异常，因为是只读的，不允许更改数据
}
}
```

在上述程序运行后，控制台输出结果如下：

```
Exception in thread "main" java.nio.ReadOnlyBufferException
    at java.nio.DirectByteBufferR.putChar(Unknown Source)
    at test.Test16_2.main(Test16_2.java:15)
```

4. 可写可读模式（READ_WRITE）的测试

a.txt 文件的内容默认为：

abcde

测试用的代码如下：

```java
public class Test16_3 {
public static void main(String[] args) throws IOException, InterruptedException {
    File file = new File("c:\\abc\\a.txt");
    RandomAccessFile fileA = new RandomAccessFile(file, "rw");
    FileChannel fileChannelA = fileA.getChannel();
    MappedByteBuffer buffer = fileChannelA.map(FileChannel.MapMode.READ_WRITE,
        0, 5);
    System.out.println((char) buffer.get() + " position=" + buffer.position());//a
    System.out.println((char) buffer.get() + " position=" + buffer.position());//b
    System.out.println((char) buffer.get() + " position=" + buffer.position());//c
    System.out.println((char) buffer.get() + " position=" + buffer.position());//d
    System.out.println((char) buffer.get() + " position=" + buffer.position());//e

    buffer.position(0);

    buffer.put((byte) 'o');
    buffer.put((byte) 'p');
    buffer.put((byte) 'q');
    buffer.put((byte) 'r');
    buffer.put((byte) 's');

    fileChannelA.close();
    fileA.close();
}
}
```

在上述程序运行后，控制台输出结果如下：

```
a position=1
b position=2
c position=3
d position=4
e position=5
```

a.txt 文件的内容被更改成如下：

opqrs

5. 专用模式（PRIVATE）的测试

专用模式可以使对文件的更改只针对当前的 MappedByteBuffer 可视，并不更改底层文件。

a.txt 文件的内容默认为：

abcde

测试用的代码如下：

```java
public class Test16_4 {
```

```java
public static void main(String[] args) throws IOException, InterruptedException {
    File file = new File("c:\\abc\\a.txt");
    RandomAccessFile fileA = new RandomAccessFile(file, "rw");
    FileChannel fileChannelA = fileA.getChannel();
    MappedByteBuffer buffer = fileChannelA.map(FileChannel.MapMode.PRIVATE,
        0, 5);
    System.out.println((char) buffer.get() + " position=" + buffer.position());//a
    System.out.println((char) buffer.get() + " position=" + buffer.position());//b
    System.out.println((char) buffer.get() + " position=" + buffer.position());//c
    System.out.println((char) buffer.get() + " position=" + buffer.position());//d
    System.out.println((char) buffer.get() + " position=" + buffer.position());//e

    buffer.position(0);

    buffer.put((byte) 'o');
    buffer.put((byte) 'p');
    buffer.put((byte) 'q');
    buffer.put((byte) 'r');
    buffer.put((byte) 's');

    fileChannelA.close();
    fileA.close();
}
}
```

在上述程序运行后，控制台输出结果如下：

```
a position=1
b position=2
c position=3
d position=4
e position=5
```

a.txt 文件的内容未被更改，内容如下：

```
abcde
```

6. MappedByteBuffer 类的 force() 方法的使用

public final MappedByteBuffer force() 方法的作用是将此缓冲区所做的内容更改强制写入包含映射文件的存储设备中。如果映射到此缓冲区中的文件位于本地存储设备上，那么当此方法返回时，可以保证自此缓冲区创建以来，或自最后一次调用此方法以来，已将对缓冲区所做的所有更改写入到该设备。如果文件不在本地设备上，则无法作出这样的保证。如果此缓冲区不是以读 / 写模式（FileChannel.MapMode.READ_WRITE）映射的，则调用此方法无效。

调用该方法后程序在运行效率上会下降，测试代码如下：

创建测试用的代码如下，未使用 force() 方法。

```java
public class Test16_5 {
public static void main(String[] args) throws IOException, InterruptedException {
    File file = new File("c:\\abc\\a.txt");
    RandomAccessFile fileA = new RandomAccessFile(file, "rw");
    FileChannel fileChannelA = fileA.getChannel();
```

```
    MappedByteBuffer buffer = fileChannelA.map(FileChannel.MapMode.READ_WRITE,
        0, 100);
    long beginTime = System.currentTimeMillis();
    for (int i = 0; i < 100; i++) {
        buffer.put("a".getBytes());
    }
    long endTime = System.currentTimeMillis();
    System.out.println(endTime - beginTime);
    fileChannelA.close();
    fileA.close();
}
}
```

在上述程序运行后，控制台输出结果如下：

0

测试用的代码如下，使用 force() 方法。

```
public class Test16_6 {
public static void main(String[] args) throws IOException, InterruptedException {
    File file = new File("c:\\abc\\a.txt");
    RandomAccessFile fileA = new RandomAccessFile(file, "rw");
    FileChannel fileChannelA = fileA.getChannel();
    MappedByteBuffer buffer = fileChannelA.map(FileChannel.MapMode.READ_WRITE,
        0, 100);
    long beginTime = System.currentTimeMillis();
    for (int i = 0; i < 100; i++) {
        buffer.put("a".getBytes());
        buffer.force();
    }
    long endTime = System.currentTimeMillis();
    System.out.println(endTime - beginTime);
    fileChannelA.close();
    fileA.close();
}
}
```

在上述程序运行后，控制台输出结果如下：

418

7. MappedByteBuffer load() 和 boolean isLoaded() 方法的使用

public final MappedByteBuffer load() 方法的作用是将此缓冲区内容加载到物理内存中。此方法最大限度地确保在它返回时此缓冲区内容位于物理内存中。调用此方法可能导致一些页面错误，并导致发生 I/O 操作。

public final boolean isLoaded() 方法的作用是判断此缓冲区的内容是否位于物理内存中。返回值为 true 意味着此缓冲区中所有数据极有可能都位于物理内存中，因此是可访问的，不会导致任何虚拟内存页错误，也无须任何 I/O 操作。返回值为 false 不一定意味着缓冲区的内容不位于物理内存中。返回值是一个提示，而不是保证，因为在此方法的调用返回之前，底层操作系统可能已经移出某些缓冲区数据。

本测试要在 Linux 系统中进行，因为在 Windows 系统中调用 isLoaded() 方法永远返回 false。

测试用的代码如下：

```
public class Test16_7 {
public static void main(String[] args) throws IOException, InterruptedException {
    File file = new File("/home/ghy/ 下载 /a.txt");
    RandomAccessFile fileA = new RandomAccessFile(file, "rw");
    FileChannel fileChannelA = fileA.getChannel();
    MappedByteBuffer buffer = fileChannelA.map(FileChannel.MapMode.READ_
        WRITE, 0, 100);
    System.out.println(buffer + " " + buffer.isLoaded());
    buffer = buffer.load();
    System.out.println(buffer + " " + buffer.isLoaded());
    fileChannelA.close();
    fileA.close();
}

}
```

上述程序在 Linux 系统中运行的结果如图 2-52 所示。

```
<terminated> Test16_7 [Java Application] /usr/lib/jvm/java-1.8.0-openjdk-1.8.0.102-4
java.nio.DirectByteBuffer[pos=0 lim=100 cap=100] false
java.nio.DirectByteBuffer[pos=0 lim=100 cap=100] true
```

图 2-52　运行的结果

2.4.20　打开一个文件

FileChannel open(Path path, OpenOption... options) 方法的作用是打开一个文件，以便对这个文件进行后期处理。

参数 Path 代表一个文件在文件系统中的路径。Path 接口的信息如图 2-53 所示。

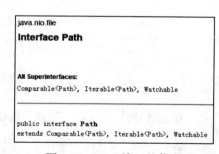

图 2-53　Path 接口的信息

Path 接口的实现类可以使用多种方式进行获取，在本章节中通过调用 File 类的 toPath() 方法进行获取。

参数 OpenOption 代表以什么样的方式打开或创建一个文件。OpenOption 也是一个接口，OpenOption 接口的信息如图 2-54 所示。

OpenOption 接口的实现类通常由 StandardOpenOption 枚举进行代替。枚举 StandardOpenOption 信息如图 2-55 所示。

枚举 StandardOpenOption 有若干枚举常量，下面就

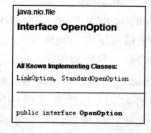

图 2-54　OpenOption 接口的信息

介绍这些常量的使用。

1. 枚举常量 CREATE 和 WRITE 的使用

枚举常量 CREATE 的作用：创建一个新文件（如果它不存在）。如果还设置了 CREATE_NEW 选项，则忽略此选项。此选项只是一个创建文件的意图，并不能真正地创建文件，因此，CREATE 不能单独使用，那样就会出现 java.nio.file.NoSuchFileException 异常。

枚举常量 WRITE 的作用：打开以进行写入访问。

假如路径 C:\abc 下并没有 aaa.txt 文件，测试代码如下：

```
java.nio.file
Enum StandardOpenOption

java.lang.Object
    java.lang.Enum<StandardOpenOption>
        java.nio.file.StandardOpenOption

All Implemented Interfaces:
Serializable, Comparable<StandardOpenOption>, OpenOption


public enum StandardOpenOption
extends Enum<StandardOpenOption>
implements OpenOption
```

图 2-55　枚举 StandardOpenOption 的信息

```java
public class OpenMethod2Param_1 {
public static void main(String[] args) throws IOException {
    File file = new File("c:\\abc\\aaa.txt");
    Path path = file.toPath();
    FileChannel fileChannel = FileChannel.open(path, StandardOpenOption.CREATE);
    fileChannel.close();
}
}
```

运行程序时出现异常，结果如下：

```
Exception in thread "main" java.nio.file.NoSuchFileException: c:\abc\aaa.txt
    at sun.nio.fs.WindowsException.translateToIOException(Unknown Source)
    at sun.nio.fs.WindowsException.rethrowAsIOException(Unknown Source)
    at sun.nio.fs.WindowsException.rethrowAsIOException(Unknown Source)
    at sun.nio.fs.WindowsFileSystemProvider.newFileChannel(Unknown Source)
    at java.nio.channels.FileChannel.open(Unknown Source)
    at java.nio.channels.FileChannel.open(Unknown Source)
    at FileChannelAPITest.OpenMethod2Param_1.main(OpenMethod2Param_1.java:13)
```

上述结果说明单独使用 CREATE 常量并不能创建 1 个 aaa.txt 文件，这时需要结合 WRITE 常量，更改代码如下：

```java
public class OpenMethod2Param_2 {
public static void main(String[] args) throws IOException {
    File file = new File("c:\\abc\\aaa.txt");
    Path path = file.toPath();
    FileChannel fileChannel = FileChannel.open(path, StandardOpenOption.
        CREATE, StandardOpenOption.WRITE);
    fileChannel.close();
}
}
```

上述程序运行后成功创建出 aaa.txt 文件。

如果 aaa.txt 文件存在，则重复执行上面的程序代码，不会更改原始文件的内容。

2. 枚举常量 APPEND 的使用

枚举常量 APPEND 的作用：如果打开文件以进行写入访问，则字节将写入文件末尾而不是开始处。

假设路径 C:\abc 下存在 aaa.txt 文件，并且初始内容为 abcde。

测试代码如下：

```java
public class OpenMethod2Param_3 {
public static void main(String[] args) throws IOException {
    File file = new File("c:\\abc\\aaa.txt");
    Path path = file.toPath();
    FileChannel fileChannel = FileChannel.open(path, StandardOpenOption.APPEND);
    fileChannel.write(ByteBuffer.wrap("123".getBytes()));
    fileChannel.close();
}
}
```

在上述程序运行后，aaa.txt 文件内容变成 abcde123，在文件的结尾处追加了字符 123。

3. 枚举常量 READ 的使用

枚举常量 READ 的作用：打开以进行读取访问。

假设路径 C:\abc 下存在 aaa.txt 文件，并且初始内容为 abcde。

测试代码如下：

```java
public class OpenMethod2Param_4 {
public static void main(String[] args) throws IOException {
    File file = new File("c:\\abc\\aaa.txt");
    Path path = file.toPath();
    FileChannel fileChannel = FileChannel.open(path, StandardOpenOption.READ);
    byte[] byteArray = new byte[(int) file.length()];
    ByteBuffer buffer = ByteBuffer.wrap(byteArray);
    fileChannel.read(buffer);
    fileChannel.close();

    byteArray = buffer.array();
    for (int i = 0; i < byteArray.length; i++) {
        System.out.print((char) byteArray[i]);
    }
}
}
```

上述程序运行后在控制台输出字符 abcde。

4. 枚举常量 TRUNCATE_EXISTING 的使用

枚举常量 TRUNCATE_EXISTING 的作用：如果该文件已存在并且为写入访问而打开，则其长度将被截断为 0。如果只为读取访问打开文件，则忽略此选项。

假设路径 C:\abc 下存在 aaa.txt 文件，并且初始内容为 abcde。

测试代码如下：

```java
public class OpenMethod2Param_5 {
```

```java
public static void main(String[] args) throws IOException {
    File file = new File("c:\\abc\\aaa.txt");
    Path path = file.toPath();
    FileChannel fileChannel = FileChannel.open(path, StandardOpenOption.
        TRUNCATE_EXISTING,
            StandardOpenOption.WRITE);
    fileChannel.close();
}
}
```

上述程序运行后文件 aaa.txt 内容为空。

5. 枚举常量 CREATE_NEW 的使用

枚举常量 CREATE_NEW 的作用：创建一个新文件，如果该文件已存在，则失败。

假设路径 C:\abc 下并没有 aaa.txt 文件。

测试代码如下：

```java
public class OpenMethod2Param_6 {
public static void main(String[] args) throws IOException {
    File file = new File("c:\\abc\\aaa.txt");
    Path path = file.toPath();
    FileChannel fileChannel = FileChannel.open(path, StandardOpenOption.
        CREATE_NEW, StandardOpenOption.WRITE);
    fileChannel.close();
}
}
```

上述程序运行后成功创建出 aaa.txt 文件。

如果 aaa.txt 文件存在，则重复执行上面的程序就会出现异常，异常信息如下：

```
Exception in thread "main" java.nio.file.FileAlreadyExistsException: c:\abc\
    aaa.txt
        at sun.nio.fs.WindowsException.translateToIOException(Unknown Source)
        at sun.nio.fs.WindowsException.rethrowAsIOException(Unknown Source)
        at sun.nio.fs.WindowsException.rethrowAsIOException(Unknown Source)
        at sun.nio.fs.WindowsFileSystemProvider.newFileChannel(Unknown Source)
        at java.nio.channels.FileChannel.open(Unknown Source)
        at java.nio.channels.FileChannel.open(Unknown Source)
        at FileChannelAPITest.OpenMethod2Param_6.main(OpenMethod2Param_6.java:13)
```

如果使用代码

```java
FileChannel.open(path, StandardOpenOption.CREATE, StandardOpenOption.WRITE)
```

重复执行上述程序，则不会出现 java.nio.file.FileAlreadyExistsException 异常。

6. 枚举常量 DELETE_ON_CLOSE 的使用

枚举常量 DELETE_ON_CLOSE 的作用：关闭时删除。

当此选项存在时，实现会尽最大努力尝试在关闭时通过适当的 close() 方法删除该文件。如果未调用 close() 方法，则在 Java 虚拟机终止时尝试删除该文件。此选项主要用于仅由 Java 虚拟机的单个实例使用的工作文件。在打开由其他实体并发打开的文件时，建议不要使用此选项。有关何时以及如何删除文件的许多详细信息都是特定于实现的，因此没有指定。特别是，实现可能无法保证当文件打开或攻击者替换时，它将删除预期的文件。因此，安全敏感的应用程序在使用此选项时应小心。

假设路径 C:\abc 下不存在 aaa.txt 文件。

测试代码如下：

```java
public class OpenMethod2Param_7 {
public static void main(String[] args) throws IOException, InterruptedException {
    File file = new File("c:\\abc\\aaa.txt");
    Path path = file.toPath();
    FileChannel fileChannel = FileChannel.open(path, StandardOpenOption.
        DELETE_ON_CLOSE, StandardOpenOption.CREATE,
            StandardOpenOption.WRITE);
    Thread.sleep(10000);
    fileChannel.close();
}
}
```

上述程序运行后创建了新的文件 aaa.txt，但在 10s 后，即程序运行结束时，则自动删除 aaa.txt 文件。

7. 枚举常量 SPARSE 的使用

枚举常量 SPARSE 的作用：稀疏文件。与 CREATE_NEW 选项一起使用时，此选项提供了一个提示，表明新文件将是稀疏的。当文件系统不支持创建稀疏文件时，将忽略该选项。

什么是稀疏文件呢？在介绍稀疏文件之前，先来看看普通文件存储时硬盘空间占用的情况。

例如，使用如下代码创建 1 个普通的文件，而且文件很大。

```java
public class OpenMethod2Param_8 {
public static void main(String[] args) throws IOException, InterruptedException {
    File file = new File("c:\\abc\\aaa.txt");
    Path path = file.toPath();
    FileChannel fileChannel = FileChannel.open(path, StandardOpenOption.
        CREATE, StandardOpenOption.WRITE);
    long fileSize = Integer.MAX_VALUE;
    fileSize = fileSize + fileSize + fileSize;
    fileSize = fileSize + fileSize + fileSize;
    fileChannel.position(fileSize);
    fileChannel.write(ByteBuffer.wrap("a".getBytes()));
    fileChannel.close();
}
}
```

在未执行上面的代码时，C 盘剩余空间是 152GB，如图 2-56 所示。

当执行上面的代码后，C 盘空间剩余 134GB，如图 2-57 所示。

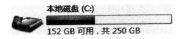

图 2-56　C 盘剩余空间为 152GB

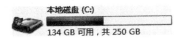

图 2-57　C 盘剩余空间为 134GB

上述结果说明只对 aaa.txt 文件写入了一个字符 a 也要占用 18GB 的硬盘空间。aaa.txt 文件大小如图 2-58 所示。

这个 18GB 大小的文件只有一个字符 a 有效，其他都是不存储数据的空间，而且这些空间还占用硬盘的容量，这样就浪费了硬盘资源。解决问题的思路是对那些不存储数据的空间不让其占用硬盘容量，等以后写入有效的数据时再占用硬盘容量，这样就达到了提高硬盘空间利用率的目的，这个需求可以通过创建 1 个"稀疏文件"进行实现。

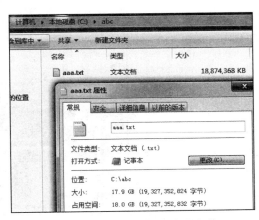

图 2-58　一个 18GB 大小的文件

在删除刚才创建的 aaa.txt 文件后，C 盘使用情况如图 2-59 所示。

测试代码如下：

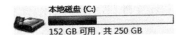

图 2-59　C 盘剩余空间恢复为 152GB

```java
public class OpenMethod2Param_9 {
public static void main(String[] args)
    throws IOException, InterruptedException {
    File file = new File("c:\\abc\\aaa.txt");
    Path path = file.toPath();
    FileChannel fileChannel = FileChannel.open(path, StandardOpenOption.
        SPARSE, StandardOpenOption.CREATE_NEW,
            StandardOpenOption.WRITE);
    long fileSize = Integer.MAX_VALUE;
    fileSize = fileSize + fileSize + fileSize;
    fileChannel.position(fileSize);
    fileChannel.write(ByteBuffer.wrap("a".getBytes()));
    fileChannel.close();
}
}
```

> 注意　不要使用 StandardOpenOption.CREATE 来创建稀疏文件，而是要使用 StandardOpen
> Option.CREATE_NEW 来创建稀疏文件。

在上述程序运行后，创建了新的文件 aaa.txt，但 C 盘空间占用情况基本不变，如图 2-60 所示。

图 2-60　C 盘空间占用情况基本不变

aaa.txt 文件只占用了 64KB 硬盘空间容量，这就是使用稀疏文件后的结果。

8. 枚举常量 SYNC 的使用

枚举常量 SYNC 的作用：要求对文件内容或元数据的每次更新都同步写入底层存储设备。如果这样做，程序运行的效率就降低了。

先来看一个不使用 SYNC 同步选项的程序运行时间。

测试代码如下：

```java
public class OpenMethod2Param_10 {
public static void main(String[] args) throws IOException, InterruptedException {
    File file = new File("c:\\abc\\aaa.txt");
    Path path = file.toPath();
    FileChannel fileChannel = FileChannel.open(path, StandardOpenOption.
        CREATE_NEW, StandardOpenOption.WRITE);
    long beginTime = System.currentTimeMillis();
    for (int i = 0; i < 200; i++) {
        fileChannel.write(ByteBuffer.wrap("a".getBytes()));
    }
    long endTime = System.currentTimeMillis();
    System.out.println(endTime - beginTime);
    fileChannel.close();
}
}
```

在上述程序运行后，控制台输出内容如下：

再来看看经过 SYNC 同步后的运行时间，测试代码如下：

```java
public class OpenMethod2Param_11 {
public static void main(String[] args) throws IOException, InterruptedException {
    File file = new File("c:\\abc\\aaa.txt");
    Path path = file.toPath();
    FileChannel fileChannel = FileChannel.open(path, StandardOpenOption.
        SYNC, StandardOpenOption.CREATE_NEW,
            StandardOpenOption.WRITE);
    long beginTime = System.currentTimeMillis();
    for (int i = 0; i < 200; i++) {
        fileChannel.write(ByteBuffer.wrap("a".getBytes()));
    }
    long endTime = System.currentTimeMillis();
    System.out.println(endTime - beginTime);
    fileChannel.close();
}
}
```

在上述程序运行后，控制台输出内容如下：

```
27
```

上述结果说明使用 SYNC 同步选项后程序运行时间增加了。

9. 枚举常量 DSYNC 的使用

枚举常量 DSYNC 的作用：要求对文件内容的每次更新都同步写入底层存储设备。

枚举常量 SYNC 与 DSYNC 的区别：SYNC 更新内容与元数据，而 DSYNC 只更新内容，与 force(boolean) 方法作用一样。

2.4.21 判断当前通道是否打开

public final boolean isOpen() 方法的作用是判断当前的通道是否处于打开的状态。

示例代码如下：

```java
public class IsOpenTest {
public static void main(String[] args) throws IOException {
    File file = new File("c:\\abc\\a.txt");
    RandomAccessFile fileA = new RandomAccessFile(file, "rw");
    FileChannel fileChannelA = fileA.getChannel();
    System.out.println(fileChannelA.isOpen());
    fileChannelA.close();
    System.out.println(fileChannelA.isOpen());
}

}
```

上述程序运行结果如下：

```
true
false
```

2.5 小结

本章主要介绍了 NIO 技术中的 FileChannel 类的使用，该类提供了大量的 API 供程序员调用。但在使用 FileChannel 类或 MappedByteBuffer 类对文件进行操作时，在大部分情况下，它们的效率并不比使用 InputStream 或 OutputStream 高很多，这是因为 NIO 的出现是为了解决操作 I/O 线程阻塞的问题，使用 NIO 就把线程变成了非阻塞，这样就提高了运行效率。但在本章中并没有体会到非阻塞的特性与优势，在后面的章节就会了解 NIO 真正的优势：非阻塞。NIO 中非阻塞的特性是与 Socket 有关的通道进行实现的，因此，要先掌握 Socket 的使用，然后再来学习非阻塞的特性。下面开始进入 Socket 网络编程的学习。

获取网络设备信息

在计算机软件中，实现计算机之间数据通信的方式有多种。在 Web 开发领域，实现数据通信时使用最多的就是 HTTP，它是 B/S 架构使用的数据通信协议。虽然 HTTP 在开发效率上得到了保障，但运行效率其实并不是最高的，因为 HTTP 属于高层协议，内部封装了很多细节，并且请求（request）进入 Web 容器内部还要执行容器的内部代码，最后执行具体的业务代码。如果想要实现高效率、高并发的数据通信机制，高层协议 HTTP 基本就不太适合了，因此，底层技术 Socket 就成为必须要掌握的内容了。

Socket 技术和 HTTP 有什么关系呢？像 HTTP 这样的高层协议，在通信的原理上，底层还是使用 Socket 技术进行实现。Socket 这项技术并不仅仅在 Java 语言中存在，如 C++、C# 等都支持针对 Socket 技术的软件开发。针对 Socket 技术的软件项目是在 TCP/IP 的基础上进行的，不同的编程语言也可以使用 Socket 技术进行异构平台的通信，只要这些编程语言支持 TCP/IP 编程即可。

Socket 不是协议，是一种实现计算机之间通信的技术，而 HTTP 才是协议。如果计算机之间想互相通信，就必须要使用 Socket 技术，而能读懂对方传递过来的数据是要依靠协议的。

使用任何的编程语言实现套接字（Socket）程序设计，都避免不了要与网络接口进行交互，而在进行网络通信之前获得网络接口的相关信息就显得非常重要，如网卡、IP 地址等信息。本章将介绍如何使用 JDK 中的 NetworkInterface 类获得网络接口信息，掌握这些知识才能深入理解 Java Socket 技术。

需要说明的是，本书不是 TCP/IP 知识大全，也不是网络工程师知识手册，本书主要介绍的是在 Java 语言中应用 Socket 技术进行软件设计，希望可以给想掌握 Socket 这项技术的

Java 程序员一些帮助。

3.1 NetworkInterface 类的常用方法

在学习网络编程时，“IP 地址”是必须要知道的技术点。百度百科中对“IP 地址”的解释如图 3-1 所示。

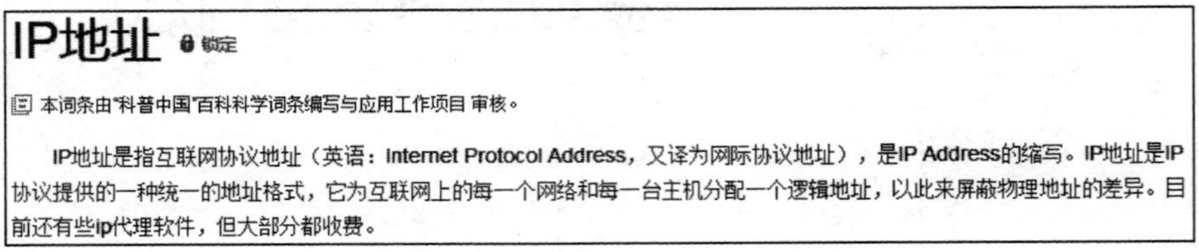
IP地址 锁定

本词条由“科普中国”百科科学词条编写与应用工作项目 审核。

IP地址是指互联网协议地址（英语：Internet Protocol Address，又译为网际协议地址），是IP Address的缩写。IP地址是IP协议提供的一种统一的地址格式，它为互联网上的每一个网络和每一台主机分配一个逻辑地址，以此来屏蔽物理地址的差异。目前还有些ip代理软件，但大部分都收费。

图 3-1　IP 地址的解释

IP 地址就是标识加入到网络中设备的地址，通过 IP 地址就可以在网络中找到指定的设备。

IP 地址分为两种，一种是 IPv4，另一种是 IPv6。在生活和工作中，接触最多的还是 IPv4 地址。IPv4 地址是由 4 组 8 位的二进制数组成，格式如下：

00000001.00000001.00000001.00000001

由于每组的 8 位二进制数比较难记，因此使用十进制数表示，变成：

0 ～ 255. 0 ～ 255. 0 ～ 255. 0 ～ 255

IPv4 地址总数是 2^{32}。IPv4 地址总数可以使用 Java 代码进行计算，代码如下：

```
public class Test1 {
public static void main(String[] args) {
    double getValue = Math.pow(2, 32);
    BigDecimal bigDecimal = new BigDecimal("" + getValue);
    System.out.println(bigDecimal.toString());
}
}
```

程序运行后得出的结果如下：

```
4294967296
```

而 IPv6 地址一共由 128 位二进制数组成，这 128 位被分为 8 组，每组由 16 位的二进制数组成。由于 16 位的二进制数更加难记，因此，在使用 IPv6 地址时，也是被分成 8 组，但每组由 4 个十六进制数组成。因为每 4 个二进制数可以使用 1 个十六进制数作为代替，所以 16 位的二进制数可以使用 4 位十六进制数作为代替。各进制关系表如图 3-2 所示。

二进制	八进制	十进制	十六进制
0	0	0	0
1	1	1	1
10	2	2	2
11	3	3	3
100	4	4	4
101	5	5	5
110	6	6	6
111	7	7	7
1000	10	8	8
1001	11	9	9
1010	12	10	A
1011	13	11	B
1100	14	12	C
1101	15	13	D
1110	16	14	E
1111	17	15	F
10000	20	16	10
10001	21	17	11
10010	22	18	12
10011	23	19	13
10100	24	20	14

图 3-2　各进制关系表

IPv6 地址总数的计算代码如下：

```java
public class Test2 {
public static void main(String[] args) {
    double getValue = Math.pow(2, 128);
    BigDecimal bigDecimal = new BigDecimal("" + getValue);
    System.out.println(bigDecimal.toString());
}
}
```

程序运行结果如下：

```
3.4028236692093846E+38
```

此数的完整格式如下：

```
34028236692093846000000000000000000000
```

了解了 IP 地址相关知识后，下面开始介绍可以获得网络接口信息的 NetworkInterface 类，该类就可以获取 IP 地址信息。

NetworkInterface 类表示一个由名称和分配给此接口的 IP 地址列表组成的网络接口，也就是 NetworkInterface 类包含网络接口名称与 IP 地址列表。该类提供访问网卡设备的相关信息，如可以获取网卡名称、IP 地址和子网掩码等。

想要取得 NetworkInterface 对象，就必须要通过 NetworkInterface 类的 public static Enumeration<NetworkInterface> getNetworkInterfaces() 方法，该方法的返回值是泛型 Enumeration< NetworkInterface>，作用是返回此机器上的所有接口。

NetworkInterface 类中有很多常用的方法，如图 3-3 所示。

下面将开始介绍 NetworkInterface 类中的方法的使用。

3.1.1 获得网络接口的基本信息

public String getName() 方法的作用：取得网络设备在操作系统中的名称。该名称并不能得知具体设备的相关信息，仅仅就是一个代号，多数都以 eth 开头，后面跟着数字序号，如 eth0、eth1、eth2 和 eth3 等这样的格式，但序号并不一定是连续的。eth 代表以太网（Ethernet），它是由 Xerox 公司创建并由 Xerox、英特尔和 DEC 公司联合开发的基带局域网规范，是当今现有局域网采用的通用的通信协议标准。

图 3-3　NetworkInterface 类中的方法

public String getDisplayName() 方法的作用：取得设备在操作系统中的显示名称。此方法返回的字符串包含厂商名称和网卡具体型号等相关信息，此方法返回的信息是对 getName() 返回信息的丰富化。

public int getIndex() 方法的作用：获得网络接口的索引。此索引值在不同的操作系统中有可能不一样。索引是大于或等于 0 的整数，索引未知时，值就是 −1。

public boolean isUp() 方法的作用：判断网络接口是否已经开启并正常工作。

public boolean isLoopback() 方法的作用：判断该网络接口是否为 localhost 回调 / 回环接口。什么是回调 / 回环接口？如果一个网络设备是一个回环 / 回调网络接口，那么它永远工作，并且还是虚拟的，也就是计算机上并不存在这样的硬件网络设备，那么它存在的意义是什么呢？如果某一台计算机没有安装物理硬件网卡，但安装了 Tomcat 后想访问 Tomcat，就可以使用地址 localhost 或 127.0.0.1 进行访问。这里的 localhost 和 127.0.0.1 就是回调 / 回环地址，这时回调地址的作用就体现出来了：没有网卡，使用回调 / 回环地址就能访问 Tomcat。

在学习 Socket 技术时，需要留意一个知识点，就是 localhost 和 127.0.0.1 的区别。其实 localhost 只是一个域名，只有把域名 localhost 解析为 127.0.0.1，才能进行数据传输与通信，这个解析的过程是由 hosts 文件完成的，该文件位置为：C:\Windows\System32\drivers\ etc。

hosts 文件的内容如图 3-4 所示。

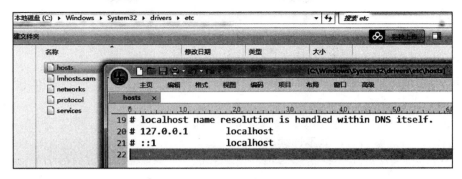

图 3-4　hosts 文件的内容

创建测试用的项目 test1，并创建类文件 Test1.java，文件中的代码如下：

```java
public class Test1 {

public static void main(String[] args) {
    try {
        Enumeration<NetworkInterface> networkInterface = NetworkInterface
                .getNetworkInterfaces();
        while (networkInterface.hasMoreElements()) {
            NetworkInterface eachNetworkInterface = networkInterface
                    .nextElement();
            System.out.println(" ■ getName 获得网络设备名称 ="
                    + eachNetworkInterface.getName());
            System.out.println(" ■ getDisplayName 获得网络设备显示名称 ="
                    + eachNetworkInterface.getDisplayName());
            System.out.println(" ■ getIndex 获得网络接口的索引 ="
                    + eachNetworkInterface.getIndex());
            System.out.println(" ■ isUp 是否已经开启并运行 ="
                    + eachNetworkInterface.isUp());
            System.out.println(" ■ isLoopback 是否为回调接口 ="
                    + eachNetworkInterface.isLoopback());
            System.out.println();
            System.out.println();
        }
    } catch (SocketException e) {
        e.printStackTrace();
    }
}
}
```

程序运行结果如下：

■ getName 获得网络设备名称 =lo
■ getDisplayName 获得网络设备显示名称 =MS TCP Loopback interface
■ getIndex 获得网络接口的索引 =1
■ isUp 是否已经开启并运行 =true
■ isLoopback 是否为回调接口 =true

■ getName 获得网络设备名称 =eth0

■ getDisplayName 获得网络设备显示名称 =Realtek PCIe GBE Family Controller
■ getIndex 获得网络接口的索引 =65539
■ isUp 是否已经开启并运行 =true
■ isLoopback 是否为回调接口 =false

控制台输出了两组日志，说明当前操作系统中有两个网络接口，一个是 localhost 回调，另一个是真实的物理网卡设备。

从上面输出的结果可以得出如下 4 个结论。

1）网络设备的索引有可能不连续。

2）isLoopback() 方法针对 lo 设备返回值是 true，针对其他设备返回值为 false，因为系统中只有 1 个回调 / 回环地址。

3）而 isUp() 方法的返回值都是 true，那什么时候为 false 呢？返回值为 true 是因为网络设备正在工作，如图 3-5 所示。

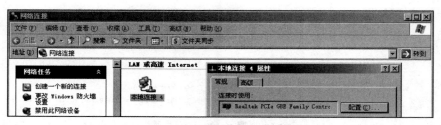

图 3-5　网络设备状态正确

继续实验，将网线拔掉，出现的状态如图 3-6 所示。

图 3-6　网络设备状态错误

这时再运行 Test1.java 文件会出现如下运行结果：

■ getName 获得网络设备名称 =lo
■ getDisplayName 获得网络设备显示名称 =MS TCP Loopback interface
■ getIndex 获得网络接口的索引 =1
■ isUp 是否已经开启并运行 =true
■ isLoopback 是否为回调接口 =true

■ getName 获得网络设备名称 =eth0
■ getDisplayName 获得网络设备显示名称 =Realtek PCIe GBE Family Controller
■ getIndex 获得网络接口的索引 =131075

- isUp 是否已经开启并运行 =false
- isLoopback 是否为回调接口 =false

针对 eth0 的网络设备，isUp() 方法返回值为 false 了。

4）getDisplayName() 方法的返回值是有据可查的。从控制台输出的运行结果来看，该计算机有两个网络接口，名称分别是 lo 和 eth0，而设备名分别是 MS TCP Loopback interface 和 Realtek PCIe GBE Family Controller，其中值 Realtek PCIe GBE Family Controller 的来源如图 3-7 所示。

在设备管理器中，可以找到名称为 "Realtek PCIe GBE Family Controller" 的网络设备。

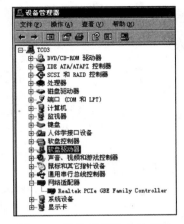

图 3-7　设备管理器中的信息

3.1.2　获取 MTU 大小

public int getMTU() 方法的作用：返回 MTU 大小。在网络传输中是以数据包为基本传输单位，可以使用 MTU（Maximum Transmission Unit，最大传输单元）来规定网络传输最大数据包的大小，单位为字节。以太网的网卡 MTU 大多数默认值是 1500 字节，在 IPv6 协议中，MTU 的范围是 1280 ～ 65 535。MTU 值设置的大小与传输效率有关，如果 MTU 设置大值，则传输速度很快，因为发送的数据包数量少了，但延迟很大，因为对方需要一点一点地处理数据；如果 MTU 设置小值，则传输速度慢，因为发送的数据包数量多了。建议不要随意更改网卡的 MTU 值，因为有可能造成网络传输数据故障，致使数据传输不完整，发生丢包的现象。

创建类文件 Test2.java，其中的代码如下：

```java
public class Test2 {

public static void main(String[] args) {
    try {
        Enumeration<NetworkInterface> networkInterface = NetworkInterface
                .getNetworkInterfaces();
        while (networkInterface.hasMoreElements()) {
            NetworkInterface eachNetworkInterface = networkInterface
                .nextElement();
            System.out.println(" ■ getName 获得网络设备名称 ="
                    + eachNetworkInterface.getName());
            System.out.println(" ■ getDisplayName 获得网络设备显示名称 ="
                    + eachNetworkInterface.getDisplayName());
            System.out.println(" ■ getMTU 获得最大传输单元 ="
                    + eachNetworkInterface.getMTU());
            System.out.println();
            System.out.println();
        }
    } catch (SocketException e) {
        e.printStackTrace();
    }
}
}
```

程序运行结果如下：

■ getName 获得网络设备名称 =lo
■ getDisplayName 获得网络设备显示名称 =MS TCP Loopback interface
■ getMTU 获得最大传输单元 =1520

■ getName 获得网络设备名称 =eth0
■ getDisplayName 获得网络设备显示名称 =Realtek PCIe GBE Family Controller
■ getMTU 获得最大传输单元 =1500

从上面输出的结果来看，两种网络设备的 MTU 值是不一样的。MTU 的值为 -1 会出现在网络接口禁用的情况下。

3.1.3　子接口的处理

public Enumeration<NetworkInterface> getSubInterfaces() 方法的作用：取得子接口。什么是子接口？子接口的作用是在不添加新的物理网卡的基础上，基于原有的网络接口设备再创建出一个虚拟的网络接口设备进行通信，这个虚拟的网络接口可以理解成是一个由软件模拟的网卡。Windows 操作系统不支持子接口，而 Linux 支持。

public boolean isVirtual() 方法的作用：判断当前的网络接口是否为 "虚拟子接口"。在 Linux 操作系统上，虚拟子接口作为物理接口的子接口被创建，并给予不同的设置（如 IP 地址或 MTU 等）。通常，虚拟子接口的名称将是父网络接口的名称加上冒号（:），再加上标识该子接口的编号，因为一个物理网络接口可以存在多个虚拟子接口。需要注意的是，"虚拟接口" 也就是非硬件类的网络设备，是由软件模拟的网络设备，这些网络设备并不一定就是 "虚拟子接口"，因为有可能该虚拟网络接口没有父网络接口。总结一下：①虚拟接口就是软件模拟的，没有父网络接口；②虚拟子接口也是由软件模拟的，但有父网络接口；③虚拟接口并不一定就是虚拟子接口，而虚拟子接口一定是虚拟接口。

public NetworkInterface getParent() 方法的作用：获得父接口。一个虚拟的子网络接口必须依赖于父网络接口，可以使用此方法来取得虚拟子网络设备所属的父接口，也就是所属的硬件网卡。

上文提到 Windows 操作系统中是不存在网络子接口的概念的，因此，这个实验是在 Linux 操作系统中实现的。

在 Linux 中，创建子接口的步骤如图 3-8 所示。

在 Linux 的终端工具中，画粗线的地方就是输入的命令，当命令执行完毕后，子接口也就成功创建了。

创建 Test3.java 文件，其中的代码如下：

```java
public class Test3 {

public static void main(String[] args) {
    try {
        Enumeration<NetworkInterface> networkInterface = NetworkInterface
```

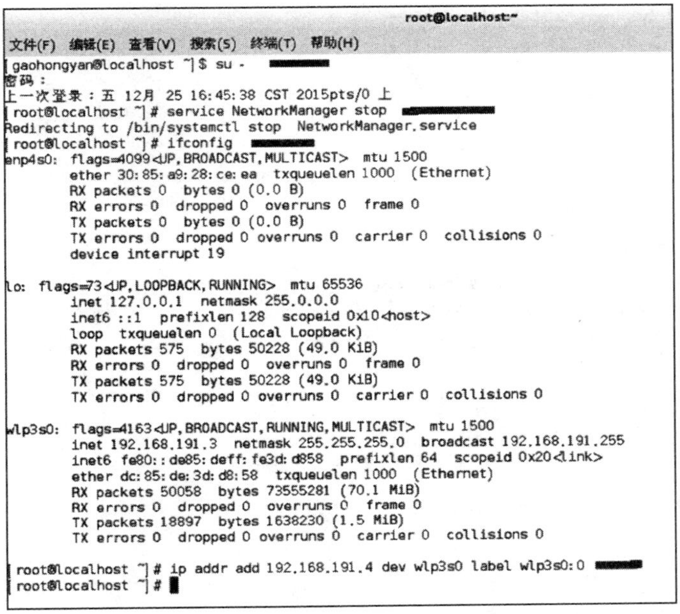

图 3-8 创建子接口的步骤

```
            .getNetworkInterfaces();
while (networkInterface.hasMoreElements()) {
    NetworkInterface eachNetworkInterface = networkInterface
            .nextElement();
    System.out.println(" ■eachNetworkInterface 父接口的 hashCode="
            + eachNetworkInterface.hashCode());
    System.out.println(" ■getName 获得网络设备名称 ="
            + eachNetworkInterface.getName());
    System.out.println(" ■getDisplayName 获得网络设备显示名称 ="
            + eachNetworkInterface.getDisplayName());
    System.out.println(" ■isVirtual 是否为虚拟接口 ="
            + eachNetworkInterface.isVirtual());
    System.out.println(" ■getParent 获得父接口 ="
            + eachNetworkInterface.getParent());
    System.out.println(" ■getSubInterfaces 取得子接口信息 =");
    Enumeration<NetworkInterface> networkInterfaceSub = eachNetwork
        Interface
            .getSubInterfaces();
    while (networkInterfaceSub.hasMoreElements()) {
        NetworkInterface eachNetworkInterfaceSub = networkInterfaceSub
            .nextElement();
        System.out.println("    getName 获得网络设备名称 ="
                + eachNetworkInterfaceSub.getName());
        System.out.println("    getDisplayName 获得网络设备显示名称 ="
                + eachNetworkInterfaceSub.getDisplayName());
        System.out.println("    isVirtual 是否为虚拟接口 ="
                + eachNetworkInterfaceSub.isVirtual());
        System.out.println("    getParent 获得父接口的 hashCode="
                + eachNetworkInterfaceSub.getParent().hashCode());
    }
```

```
                System.out.println();
                System.out.println();
            }
        } catch (SocketException e) {
            e.printStackTrace();
        }
    }
}
```

程序运行结果如下：

■ eachNetworkInterface 父接口的 hashCode=-784968843
■ getName 获得网络设备名称 =wlp3s0
■ getDisplayName 获得网络设备显示名称 =wlp3s0
■ isVirtual 是否为虚拟接口 =false
■ getParent 获得父接口 =null
■ getSubInterfaces 取得子接口信息 =
    getName 获得网络设备名称 =wlp3s0:0
    getDisplayName 获得网络设备显示名称 =wlp3s0:0
    isVirtual 是否为虚拟接口 =true
    getParent 获得父接口的 hashCode=-784968843

■ eachNetworkInterface 父接口的 hashCode=3459
■ getName 获得网络设备名称 =lo
■ getDisplayName 获得网络设备显示名称 =lo
■ isVirtual 是否为虚拟接口 =false
■ getParent 获得父接口 =null
■ getSubInterfaces 取得子接口信息 =

从控制台输出的结果来看，使用 getSubInterfaces() 方法在 Linux 操作系统中获得了子接口的集合 Enumeration<NetworkInterface>，而且名称为 wlp3s0:0 的子接口的确是虚拟的，从子接口中获得父接口的 hashCode 有两处，出现一样的 -784968843 值，说明父接口是一个。

3.1.4　获得硬件地址

public byte[] getHardwareAddress() 方法的作用：获得网卡的硬件地址。什么是硬件地址？硬件地址也称为物理地址，或 MAC（Media Access Control，媒体访问控制）。它用来定义网络设备的位置，也是网卡设备的唯一 ID，采用十六进制表示，一共 48 位。MAC 地址包含由 IEEE 的注册管理机构 RA 负责给不同厂商分配的唯一标识，因此，正规厂商出厂的网卡的 MAC 地址永远不会出现重复。

物理地址、MAC 地址和硬件地址，这三者的含义是一样的。

可以在 CMD 中输入"ipconfig -all"来查看物理地址。

创建 Test4.java 文件，其中的代码如下：

```
public class Test4 {

public static void main(String[] args) {
    try {
        Enumeration<NetworkInterface> networkInterface = NetworkInterface
                .getNetworkInterfaces();
        while (networkInterface.hasMoreElements()) {
```

```
            NetworkInterface eachNetworkInterface = networkInterface
                    .nextElement();
            System.out.println(" ■ getName 获得网络设备名称 ="
                    + eachNetworkInterface.getName());
            System.out.println(" ■ getDisplayName 获得网络设备显示名称 ="
                    + eachNetworkInterface.getDisplayName());
            System.out.print(" ■ getHardwareAddress 获得网卡的物理地址 =");
            byte[] byteArray = eachNetworkInterface.getHardwareAddress();
            if (byteArray != null && byteArray.length != 0) {
                for (int i = 0; i < byteArray.length; i++) {
                    System.out.print(byteArray[i] + " ");
                }
                System.out.println();
            }
            System.out.println();
            System.out.println();
        }
    } catch (SocketException e) {
        e.printStackTrace();
    }
}
}
```

程序运行结果如下：

■ getName 获得网络设备名称 =lo
■ getDisplayName 获得网络设备显示名称 =MS TCP Loopback interface
■ getHardwareAddress 获得网卡的物理地址 =

■ getName 获得网络设备名称 =eth0
■ getDisplayName 获得网络设备显示名称 =Realtek PCIe GBE Family Controller
■ getHardwareAddress 获得网卡的物理地址 =28 111 101 -66 8 73

　　设备 eth0 的物理地址为 "28 111 101 -66 8 73"，这些值是十进制的，真正的物理地址是十六进制的，将这些值转换成十六进制，就变成 "1C 6F 65 BE 8 49"，由于 -66 是负数，需要多计算一步：256 - 66 = 190，然后将十进制的 190 转换成十六进制，也就是 BE。

　　转换后的值到底对不对呢？在 CMD 控制台输入命令 "ipconfig -all" 运行结果如图 3-9 所示。

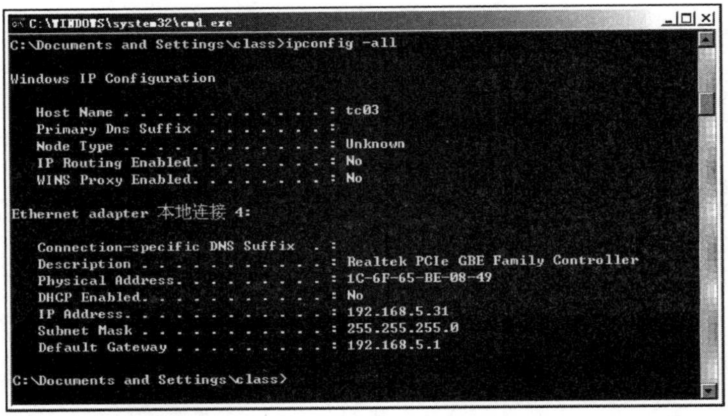

图 3-9　控制台中输出的物理地址

其中 "Physical Address. . . . . : 1C-6F-65-BE-08-49" 后的 "1C-6F-65-BE-08-49" 和我们之前转换出的 "1C 6F 65 BE 8 49" 结果一模一样, 说明转换是正确的。

3.1.5 获得 IP 地址

public Enumeration<InetAddress> getInetAddresses() 方法的作用: 获得绑定到此网络接口的 InetAddress 列表, 此方法返回泛型 Enumeration<InetAddress>。

InetAddress 类可以表示成互联网协议(IP)地址, 通过使用 InetAddress 对象中的若干方法来获取该 IP 地址相关信息。一个网络接口可以使用多个 IP 地址。

InetAddress 类代表 IP 地址, 它有两个子类, 分别是 Inet4Address.java 和 Inet6Address.java, 它们用来描述 IPv4 和 IPv6 的地址信息。因为 InetAddress 类没有公共(public)的构造方法, 所以它不能直接实例化, 要借助它的静态方法来实现对象的创建, 静态方法列表如图 3-10 所示。

1. 获得 IP 地址的基本信息

先来测试 InetAddress 类中的 4 个方法的使用效果, 类 NetworkInterface 中的 getInetAddresses() 方法的返回值是 Enumeration<InetAddress> 泛型。InetAddress.java 类中的常用方法解释如下。

图 3-10　静态方法

1)getCanonicalHostName() 方法获取此 IP 地址的完全限定域名(Fully Qualified Domain Name, FQDN)。完全限定域名是指主机名加上全路径, 全路径中列出了序列中所有域成员。

2)getHostName() 方法获取此 IP 地址的主机名, 该方法与 getCanonicalHostName() 方法的区别在下文中会进行介绍。

3)getHostAddress() 方法返回 IP 地址字符串(以文本表现形式)。

4)getAddress() 方法返回此 InetAddress 对象的原始 IP 地址, 返回值是 byte[] 数组。

创建 Test5.java 文件, 其中的代码如下:

```java
public class Test5 {

public static void main(String[] args) {
    try {
        Enumeration<NetworkInterface> networkInterface = NetworkInterface
                .getNetworkInterfaces();
        while (networkInterface.hasMoreElements()) {
            NetworkInterface eachNetworkInterface = networkInterface
                    .nextElement();
            System.out.println("■getName 获得网络设备名称 ="
                    + eachNetworkInterface.getName());
            System.out.println("■getDisplayName 获得网络设备显示名称 ="
                    + eachNetworkInterface.getDisplayName());
            System.out.println("■getInetAddresses 获得网络接口的 InetAddress
                信息: ");
            Enumeration<InetAddress> enumInetAddress = eachNetworkInterface
```

```
                                   .getInetAddresses();
          while (enumInetAddress.hasMoreElements()) {
             InetAddress inetAddress = enumInetAddress.nextElement();
             System.out.println("  getCanonicalHostName 获取此 IP 地址的完全
                限定域名 ="
                        + inetAddress.getCanonicalHostName());
             System.out.println("  getHostName 获取此 IP 地址的主机名 ="
                        + inetAddress.getHostName());
             System.out.println("  getHostAddress 返回 IP 地址字符串 ="
                        + inetAddress.getHostAddress());
             System.out.print("  getAddress 返回此 InetAddress 对象的原始 IP
                地址 =");
             byte[] addressByte = inetAddress.getAddress();
             for (int i = 0; i < addressByte.length; i++) {
                System.out.print(addressByte[i] + " ");
             }
             System.out.println();
          }
          System.out.println();
          System.out.println();
      }
   } catch (SocketException e) {
      e.printStackTrace();
   }
}
}
```

程序运行结果如下：

■ getName 获得网络设备名称 =lo
■ getDisplayName 获得网络设备显示名称 =MS TCP Loopback interface
■ getInetAddresses 获得网络接口的 InetAddress 信息：
　getCanonicalHostName 获取此 IP 地址的完全限定域名 =activate.adobe.com
　getHostName 获取此 IP 地址的主机名 =activate.adobe.com
　getHostAddress 返回 IP 地址字符串 =127.0.0.1
　getAddress 返回此 InetAddress 对象的原始 IP 地址 =127 0 0 1

■ getName 获得网络设备名称 =eth0
■ getDisplayName 获得网络设备显示名称 =Realtek PCIe GBE Family Controller
■ getInetAddresses 获得网络接口的 InetAddress 信息：
　getCanonicalHostName 获取此 IP 地址的完全限定域名 =tc03
　getHostName 获取此 IP 地址的主机名 =tc03
　getHostAddress 返回 IP 地址字符串 =192.168.5.31
　getAddress 返回此 InetAddress 对象的原始 IP 地址 =-64 -88 5 31

2. 获得本地主机和回环地址的基本信息

static InetAddress getLocalHost() 方法的作用：返回本地主机的 IP 地址信息。如果本
机拥有多个 IP，则 getLocalHost() 方法只返回下标为 [0] 的第一个 IP。如果想返回本机
全部的 IP，就需要使用 getAllByName() 方法。在 JDK 源代码中，getLocalHost() 方法与
getAllByName() 方法调用相同的方法：private static InetAddress[] getAddressesFromNameSe
rvice(String host, InetAddress reqAddr)，来实现取得 InetAddress[] 数组。

static InetAddress getLoopbackAddress() 方法的作用：返回回环 / 回调的 IP 地址信息。
创建测试用的代码如下：

```java
public class Test5_1 {
public static void main(String[] args) throws UnknownHostException {
    InetAddress localhost = InetAddress.getLocalHost();
    System.out.print(" localhost.getAddress() 地址为 =");
    byte[] localIPAddress = localhost.getAddress();
    for (int i = 0; i < localIPAddress.length; i++) {
        System.out.print(" " + localIPAddress[i] + " ");
    }
    System.out.println();
    System.out.println(" " + localhost.getClass().getName());
    System.out.println();
    System.out.print(" inetAddress.getLoopbackAddress() 地址为 =");
    InetAddress loopbackAddress = InetAddress.getLoopbackAddress();
    byte[] loopbackIPAddress = loopbackAddress.getAddress();
    for (int i = 0; i < loopbackIPAddress.length; i++) {
        System.out.print(" " + loopbackIPAddress[i] + " ");
    }
    System.out.println();
    System.out.println(" " + localhost.getClass().getName());
}
}
```

程序运行结果如下：

```
localhost.getAddress() 地址为 =  -64   -88   0    102
java.net.Inet4Address

inetAddress.getLoopbackAddress() 地址为 =  127   0    0    1
java.net.Inet4Address
```

3. 根据主机名获得 IP 地址

static InetAddress getByName(String host) 方法的作用：在给定主机名的情况下确定主机
的 IP 地址。参数 host 可以是计算机名、IP 地址，也可以是域名。

测试用的代码如下：

```java
public class Test5_2 {

public static void main(String[] args) throws UnknownHostException {
    InetAddress myAddress = InetAddress.getByName("gaohongyan-pc");
    InetAddress baiduAddress = InetAddress.getByName("www.baidu.com");
    // 192.168.0.100 是本地的 IP 地址
    InetAddress ipStringAddress = InetAddress.getByName("192.168.0.100");
    InetAddress localhostAddress = InetAddress.getByName("localhost");
    System.out.println(localhostAddress.getClass().getName() + " " + localhost-
        Address.getHostAddress());
    System.out.println(myAddress.getClass().getName() + " " + myAddress.getHost-
        Address());
    System.out.println(baiduAddress.getClass().getName() + " " + baiduAddress.
        getHostAddress());
    System.out.println(ipStringAddress.getClass().getName() + " " + ipString-
```

```
                    Address.getHostAddress());

            // 以下 2 个示例为错误的情况：
            // 没有 192.168.0.777 这个 IP 地址
            InetAddress notIPAddress = InetAddress.getByName("192.168.0.777");
            System.out.println(notIPAddress.getClass().getName() + " " + notIPAddress.
                    getHostAddress());
            // 不存在的域名
            InetAddress notDomainAddress = InetAddress.getByName("www.123123452345-
                    2345123423423413412341234.com");
            System.out.println(notDomainAddress.getClass().getName() + " " + notDomain-
                    Address.getHostAddress());

    }

}
```

程序运行后前 4 个输出信息如下：

```
java.net.Inet4Address 127.0.0.1
java.net.Inet4Address 192.168.0.101
java.net.Inet4Address 180.149.131.98
java.net.Inet4Address 192.168.0.100
```

而后两个输出出现异常，原因是 IP 地址和域名并不存在。

4. 根据主机名获得所有的 IP 地址

static InetAddress[] getAllByName(String host) 方法的作用：在给定主机名的情况下，根据系统上配置的名称服务返回其 IP 地址所组成的数组。

测试用的程序代码如下：

```java
public class Test5_3 {

public static void main(String[] args) throws UnknownHostException {
    InetAddress[] myAddressArray = InetAddress.getAllByName("gaohongyan-pc");
    InetAddress[] baiduAddressArray = InetAddress.getAllByName("www.baidu.com");
    InetAddress[] ipStringAddressArray = InetAddress.getAllByName("192.168.0.102");

    for (int i = 0; i < myAddressArray.length; i++) {
        InetAddress myAddress = myAddressArray[i];
        System.out.println(
                "myAddress.getHostAddress()=" + myAddress.getHostAddress()
                    + " " + myAddress.getClass().getName());
    }
    System.out.println();
    for (int i = 0; i < baiduAddressArray.length; i++) {
        InetAddress baiduAddress = baiduAddressArray[i];
        System.out.println("baiduAddress.getHostAddress()=" + baiduAddress.
            getHostAddress() + " "
                + baiduAddress.getClass().getName());
    }
    System.out.println();
    for (int i = 0; i < ipStringAddressArray.length; i++) {
        InetAddress ipStringAddress = ipStringAddressArray[i];
```

```
        System.out.println("ipStringAddress.getHostAddress()=" + ipStringAddress.
            getHostAddress() + " "
                + ipStringAddress.getClass().getName());
    }
}

}
```

程序运行结果如下：

```
myAddress.getHostAddress()=192.168.0.102 java.net.Inet4Address
myAddress.getHostAddress()=192.168.136.1 java.net.Inet4Address
myAddress.getHostAddress()=192.168.56.1 java.net.Inet4Address
myAddress.getHostAddress()=fe80:0:0:0:85bb:af35:e9d8:b53c%13 java.net.Inet6Address
myAddress.getHostAddress()=fe80:0:0:0:a438:fb81:122c:c98f%19 java.net.Inet6Address
myAddress.getHostAddress()=fe80:0:0:0:5161:632:7109:2e40%21 java.net.Inet6Address

baiduAddress.getHostAddress()=220.181.111.188 java.net.Inet4Address
baiduAddress.getHostAddress()=220.181.112.244 java.net.Inet4Address

ipStringAddress.getHostAddress()=192.168.0.102 java.net.Inet4Address
```

5. 根据 IP 地址 byte[]addr 获得 InetAddress 对象

static InetAddress getByAddress(byte[] addr) 方法的作用：在给定原始 IP 地址的情况下，返回 InetAddress 对象。参数按网络字节顺序：地址的高位字节位于 getAddress()[0] 中。

测试代码如下：

```
public class Test5_4 {

public static void main(String[] args) throws UnknownHostException {
    byte[] byteArray = new byte[] { -64, -88, 0, 102 };
    InetAddress myAddress = InetAddress.getByAddress(byteArray);
    System.out.println("myAddress.getHostAddress()=" + myAddress.getHostAddress());
    System.out.println("myAddress.getHostName()=" + myAddress.getHostName());
    System.out.println("myAddress.getClass().getName()=" + myAddress.getClass().
        getName());
}

}
```

程序运行结果如下：

```
myAddress.getHostAddress()=192.168.0.102
myAddress.getHostName()=gaohongyan-PC
myAddress.getClass().getName()=java.net.Inet4Address
```

6. 根据主机名和 IP 地址 byte[]addr 获得 InetAddress 对象

static InetAddress getByAddress(String host, byte[] addr) 方法的作用：根据提供的主机名和 IP 地址创建 InetAddress，并不对 host 的有效性进行验证。

其中参数 host 仅仅是参数 addr 的一个说明及备注，代表 addr 这个地址所属的主机名是 host。

测试代码如下：

```
public class Test5_5 {
public static void main(String[] args) throws UnknownHostException {
    byte[] byteArray = new byte[] { -64, -88, 0, 102 };
    InetAddress myAddress = InetAddress.getByAddress("zzzzzzzzz", byteArray);
    System.out.println("myAddress.getHostAddress()=" + myAddress.
        getHostAddress());
    System.out.println("myAddress.getHostName()=" + myAddress.getHostName());
    System.out.println("myAddress.getClass().getName()=" + myAddress.getClass().
        getName());
}
}
```

程序运行结果如下：

```
myAddress.getHostAddress()=192.168.0.102
myAddress.getHostName()=zzzzzzzzz
myAddress.getClass().getName()=java.net.Inet4Address
```

7. 获得全限主机名和主机名

getCanonicalHostName() 方法的作用是取得主机完全限定域名，而 getHostName() 方法是取得主机别名。

测试代码如下：

```
public class Test5_6 {
public static void main(String[] args) throws Exception {
    // 使用 getLocalHost() 创建 InetAddress
    // getCanonicalHostName() 和 getHostName() 都是本地名称
    InetAddress address1 = InetAddress.getLocalHost();
    System.out.println("A1 " + address1.getCanonicalHostName());
    System.out.println("A2 " + address1.getHostName());
    System.out.println();
    // 使用域名创建 InetAddress
    InetAddress address2 = InetAddress.getByName("www.ibm.com");
    System.out.println("B1 " + address2.getCanonicalHostName());
    System.out.println("B2 " + address2.getHostName());
    System.out.println();

    // 使用 IP 地址创建 InetAddress
    // getCanonicalHostName() 和 getHostName() 结果都是 IP 地址
    InetAddress address3 = InetAddress.getByName("14.215.177.38");
    System.out.println("C1 " + address3.getCanonicalHostName());
    System.out.println("C2 " + address3.getHostName());
    System.out.println();
}

}
```

程序运行后在控制台输出的结果如下：

```
A1 gaohongyan-PC
A2 gaohongyan-PC

B1 a23-211-146-231.deploy.static.akamaitechnologies.com
B2 www.ibm.com
```

```
C1 14.215.177.38
C2 14.215.177.38
```

在以域名"www.ibm.com"作为 getByName() 方法的参数时，getCanonicalHostName() 方法和 getHostName() 方法的输出结果是不一样的。

输出的信息"a23-211-146-231.deploy.static.akamaitechnologies.com"是完全限定域名，而输出的信息"www.ibm.com"是别名。不过，由于 DNS 服务处理的原因，有时输出的结果是两个"www.ibm.com"，因此，输出的结果和 DNS 服务有直接关系。

3.1.6　InterfaceAddress 类的使用

public java.util.List<InterfaceAddress> getInterfaceAddresses() 方法的作用：获取网络接口的 InterfaceAddresses 列表。通过使用 InterfaceAddresses 类中的方法可以取得网络接口对应的 IP 地址、子网掩码和广播地址等相关信息。对于 IPv4 地址，可以取得 IP 地址、子网掩码和广播地址，而对于 IPv6 地址，可以取得 IP 地址和网络前缀长度这样的信息。

什么是网络前缀长度？网络前缀长度在 IPv4 地址上下文中也称为子网掩码。典型的 IPv4 值是 8（255.0.0.0）、16（255.255.0.0）或 24（255.255.255.0）；典型的 IPv6 值是 128（::1/128）或 10（fe80::203:baff:fe27:1243/10）。

前面介绍过 InetAddress 类是对应 IP 地址信息的，而 InterfaceAddress 类是对应网络接口信息的，可以在 InterfaceAddress 对象中取得 IP 地址的 InetAddress 对象信息，以及多播地址的 InetAddress 对象信息，还有子网掩码等。

InetAddress getAddress()/InetAddress getBroadcast()/short getNetworkPrefixLength() 方法的使用

public InetAddress getAddress() 方法的作用：返回此 InterfaceAddress 的 InetAddress。

public InetAddress getBroadcast() 方法的作用：返回此 InterfaceAddress 广播地址的 InetAddress。由于只有 IPv4 网络具有广播地址，因此对于 IPv6 网络将返回 null。

public short getNetworkPrefixLength() 方法的作用：返回此 InterfaceAddress 的网络前缀长度。

创建 Test6.java 文件，其中的代码如下：

```java
public class Test6 {

public static void main(String[] args) {
    try {
        Enumeration<NetworkInterface> networkInterface = NetworkInterface.
            getNetworkInterfaces();
        while (networkInterface.hasMoreElements()) {
            NetworkInterface eachNetworkInterface = networkInterface.nextElement();
            System.out.println(" ■ getName 获得网络设备名称 =" + eachNetworkInterface.
                getName());
            System.out.println(" ■ getDisplayName 获得网络设备显示名称 =" + eachNetwork
                Interface.getDisplayName());
            List<InterfaceAddress> addressList = eachNetworkInterface.getInter
```

```
                faceAddresses();
            for (int i = 0; i < addressList.size(); i++) {
                InterfaceAddress eachAddress = addressList.get(i);
                InetAddress inetaddress = eachAddress.getAddress();
                if (inetaddress != null) {
                    System.out.println("    eachAddress.getAddress()=" +
                        inetaddress.getHostAddress());
                }
                inetaddress = eachAddress.getBroadcast();
                if (inetaddress != null) {
                    System.out.println("    eachAddress.getBroadcast()=" +
                        inetaddress.getHostAddress());
                }
                System.out.println("    getNetworkPrefixLength=" + eachAddress.
                    getNetworkPrefixLength());
                System.out.println();
            }
            System.out.println();
        }
    } catch (SocketException e) {
        e.printStackTrace();
    }
}

}
```

程序运行后输出的部分结果如下：

- getName 获得网络设备名称 =wlan0
- getDisplayName 获得网络设备显示名称 =Intel(R) Dual Band Wireless-AC 7260
    eachAddress.getAddress()=192.168.0.102
    eachAddress.getBroadcast()=192.168.0.255
    getNetworkPrefixLength=24

    eachAddress.getAddress()=fe80:0:0:0:85bb:af35:e9d8:b53c%wlan0
    getNetworkPrefixLength=64

NetworkInterface、InterfaceAddress 和 InetAddress 这三者之间的关系如图 3-11 所示。

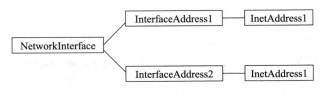

图 3-11　三者之间的关系

每个 NetworkInterface 有多个 InterfaceAddress 对象，从方法可以证明：

public java.util.List<InterfaceAddress> getInterfaceAddresses()

而每一个 InterfaceAddress 对象只有一个 InetAddress 对象，从方法可以证明：

public InetAddress getAddress()

间接着也代表每个 NetworkInterface 有多个 InetAddress 对象，从方法可以证明：

```
public Enumeration<InetAddress> getInetAddresses()
```

3.1.7 判断是否为点对点设备

public boolean isPointToPoint() 方法的作用：判断当前的网络设备是不是点对点设备。什么是 point to point（点对点）？它被设计的主要目的就是用来通过拨号或专线方式建立点对点连接以发送数据，使其成为各种主机、网桥和路由器之间简单连接的一种通信解决方案。

创建 Test7.java 文件，其中的代码如下：

```
public class Test7 {

public static void main(String[] args) {
    try {
        Enumeration<NetworkInterface> networkInterface = NetworkInterface
                .getNetworkInterfaces();
        while (networkInterface.hasMoreElements()) {
            NetworkInterface eachNetworkInterface = networkInterface
                    .nextElement();
            System.out.println(" ■ getName 获得网络设备名称 ="
                    + eachNetworkInterface.getName());
            System.out.println(" ■ getDisplayName 获得网络设备显示名称 ="
                    + eachNetworkInterface.getDisplayName());
            System.out.println(" ■ isPointToPoint 是不是点对点设备 ="
                    + eachNetworkInterface.isPointToPoint());
            System.out.println();
            System.out.println();
        }
    } catch (SocketException e) {
        e.printStackTrace();
    }
}
}
```

程序运行后，输出的部分结果如下：

```
■ getName 获得网络设备名称 =net6
■ getDisplayName 获得网络设备显示名称 =Microsoft ISATAP Adapter
■ isPointToPoint 是不是点对点设备 =true
```

上述结果说明名称为 Microsoft ISATAP Adapter 的网络设备是点对点设备，因为判断结果为 true。ISATAP 的英文全称是 Internet/Site Automatic Tunnel Addressing Protocol，是一个把 IPv6 转换到旧的 IPv4 系统的转换器。

3.1.8 是否支持多播

public boolean supportsMulticast() 方法的作用：判断当前的网络设备是否支持多播。

什么是多播？在讨论多播之前，先来学习一下**单播**和**广播**。所谓的单播大多数都是点对点式的网络，如打开网页、发送邮件和两人网络聊天等情况，都是在使用点对点方式传输数据。

再来看看**广播**。广播是一种一对多的形式，是对网络中所有的计算机发送数据，不区分目标，这就极易造成网络中存在大量无用的垃圾通信数据，造成 "广播风暴"，使网络变慢，严重时网络会彻底瘫痪。

下面开始介绍**多播**。多播也称为组播，它也是一种一对多的网络。从组播的名字来看，它可以对某些计算机分配多播类型的 IP 地址以进行分组，然后只针对这些计算机发送数据，这就是多播。多播比广播传输数据更加有效率，因为发送的目标是确定的，而不是网络中全部的计算机。在网络中，多播一般通过多播 IP 地址来实现，多播 IP 地址就是 D 类 IP 地址，即 224.0.0.0 ～ 239.255.255.255 之间的 IP 地址。

单播、广播和组播的作用总结如下。

1）单播：单台主机与单台主机之间的通信。

2）广播：单台主机与网络中所有主机的通信。

3）组播：单台主机与选定的一组主机的通信。

创建 Test8.java 文件，其中的代码如下：

```java
public class Test8 {

public static void main(String[] args) {
    try {
        Enumeration<NetworkInterface> networkInterface = NetworkInterface
                .getNetworkInterfaces();
        while (networkInterface.hasMoreElements()) {
            NetworkInterface eachNetworkInterface = networkInterface
                    .nextElement();
            System.out.println(" ■ getName 获得网络设备名称 ="
                    + eachNetworkInterface.getName());
            System.out.println(" ■ getDisplayName 获得网络设备显示名称 ="
                    + eachNetworkInterface.getDisplayName());
            System.out.println(" ■ supportsMulticast 是否支持多地址广播 ="
                    + eachNetworkInterface.supportsMulticast());
            System.out.println();
            System.out.println();
        }
    } catch (SocketException e) {
        e.printStackTrace();
    }
}
}
```

程序运行后，控制台输出的部分结果如下：

```
■ getName 获得网络设备名称 =wlan15
■ getDisplayName 获得网络设备显示名称 =Microsoft Virtual WiFi Miniport Adapter #3-
    QoS Packet Scheduler-0000
■ supportsMulticast 是否支持多地址广播 =true


■ getName 获得网络设备名称 =wlan16
■ getDisplayName 获得网络设备显示名称 =Microsoft Virtual WiFi Miniport Adapter #3-
    WFP LightWeight Filter-0000
■ supportsMulticast 是否支持多地址广播 =true
```

3.2 NetworkInterface 类的静态方法

NetworkInterface 类除了有 getNetworkInterfaces() 方法外，还有 3 个静态方法，分别介绍如下。

1）public static NetworkInterface getByIndex(int index) 方法的作用：根据指定的索引取得 NetworkInterface 对象。

2）public static NetworkInterface getByName(String name) 方法的作用：根据指定的 Network Interface 的 name 名称来获取 NetworkInterface 对象。

3）public static NetworkInterface getByInetAddress(InetAddress addr) 方法的作用：根据指定的 InetAddress 对象获得 NetworkInterface。如果指定的 IP 地址绑定到多个网络接口，则不确定返回哪个网络接口。

3.2.1 根据索引获得 NetworkInterface 对象

测试用的代码如下：

```
public class Test9 {
public static void main(String[] args) {
    try {
        Enumeration<NetworkInterface> networkInterface = NetworkInterface.
            getNetworkInterfaces();
        while (networkInterface.hasMoreElements()) {
            NetworkInterface eachNetworkInterface = networkInterface.nextElement();
            System.out.println("■ getName=" + eachNetworkInterface.getName());
            System.out.println("■ getDisplayName=" + eachNetworkInterface.
                getDisplayName());
            System.out.println("■ getIndex=" + eachNetworkInterface.getIndex());
            System.out.println();
        }
        // 通过上面代码的输出，可知 localhost 的索引是 1
        System.out.println();
        NetworkInterface newNetworkInterface = NetworkInterface.getByIndex(1);
        System.out.println("----->>>> " + newNetworkInterface.getName());
    } catch (SocketException e) {
        e.printStackTrace();
    }
}
}
```

程序运行后，控制台输出的部分结果如下：

```
■ getName=lo
■ getDisplayName=Software Loopback Interface 1
■ getIndex=1

----->>>> lo
```

3.2.2 根据网络接口名称获得 NetworkInterface 对象

测试用的代码如下：

```
public class Test10 {
public static void main(String[] args) {
    try {
        NetworkInterface newNetworkInterface = NetworkInterface.getByName("lo");
        System.out.println("----->>>> " + newNetworkInterface.getName());
    } catch (SocketException e) {
        e.printStackTrace();
    }
}
}
```

程序运行后，控制台输出的结果如下：

```
----->>>> lo
```

3.2.3　根据 IP 地址获得 NetworkInterface 对象

测试用的代码如下：

```
public class Test11 {
public static void main(String[] args) throws UnknownHostException {
    try {
        InetAddress localhostAddress = InetAddress.getByName("127.0.0.1");

        NetworkInterface newNetworkInterface = NetworkInterface.getByInetA
            ddress(localhostAddress);
        System.out.println(newNetworkInterface.getName());
        System.out.println(newNetworkInterface.getDisplayName());
    } catch (SocketException e) {
        e.printStackTrace();
    }
}
}
```

程序运行后，控制台输出的结果如下：

```
lo
Software Loopback Interface 1
```

如果指定的 IP 地址绑定到多个网络接口，则不确定返回哪个网络接口，这个功能是可以实现的。在 Linux 中，bonding 的含义是将多个物理的网卡抽象成 1 块网卡，能够提升网络吞吐量，实现网络冗余、负载等功能，有很大的好处。

3.3　小结

本章主要介绍了 NetworkInterface 类、InetAddress 类和 InterfaceAddress 类中常见方法的使用。这 3 个类主要获取的就是网络接口、IP 地址及接口地址的相关信息。熟悉这 3 个类的基本使用是熟练掌握使用 Java 获取网络接口设备相关信息的前提。

Chapter 4 第 4 章

实现 Socket 通信

本章在 TCP/IP 的基础上介绍如何使用 Java 语言来实现 Socket 通信，如何使用 Server-Socket. 类处理服务端（Server），如何使用 Socket 类处理客户端（Client），如何实现服务端与客户端之间的交互。

基于 UDP 时，会使用 DatagramSocket 类处理服务端与客户端之间的 Socket 通信，传输的数据要存放在 DatagramPacket 类中。

另外，详细介绍这 4 个类的 API 的使用细节和注意事项。

4.1 基于 TCP 的 Socket 通信

TCP 提供基于"流"的"长连接"的数据传递，发送的数据带有顺序性。TCP 是一种流协议，以流为单位进行数据传输。

什么是长连接？长连接可以实现当服务端与客户端连接成功后连续地传输数据，在这个过程中，连接保持开启的状态，数据传输完毕后连接不关闭。长连接是指建立 Socket 连接后，无论是否使用这个连接，该连接都保持连接的状态。

什么是短连接？ 短连接是当服务端与客户端连接成功后开始传输数据，数据传输完毕后则连接立即关闭，如果还想再次传输数据，则需要再创建新的连接进行数据传输。

什么是连接？ 在 TCP/IP 中，连接可以认为是服务端与客户端确认彼此都存在的过程。这个过程需要实现，就要创建连接，如何创建连接（环境）呢？需要服务端与客户端进行 3 次握手，握手成功之后，说明服务端与客户端之间能实现数据通信。如果建立连接的过程是成功的，就说明连接被成功创建。在创建好的 1 个连接中，使用 TCP 可以实现多次的数据通信。在多次数据通信的过程中，服务端与客户端要进行彼此都存在的过程验证，也就是验证连接是否正常，如果连接正常，并且多次通信，则这就是长连接。长连接就是复用当前的连接以达到数据多次通信的目的。由于复用当前的连接进行数据通信，因此不需要重复创建连接，传输效率比较高。而当实现 1 次数据通信之后，关闭连接，这种情况就可称为短连接。使用短连接进行数据传输时，由于每次传输数据前都要创建连接，这样会产生多个连接对象，增大占用内存的空间，在创建连接时也要进行服务端与客户端之间确认彼此存在，确认的过程比较耗时，因此运行效率较低。由于 UDP 是无连接协议，也就是服务端与客户端没有确认彼此都存在的握手过程，因此在 UDP 里面不存在长连接与短连接的概念。

（1）长连接的优缺点

1）**优点**：除了第一次之外，客户端不需要每次传输数据时都先与服务端进行握手，这样就减少了握手确认的时间，直接传输数据，提高程序运行效率。

2）**缺点**：在服务端保存多个 Socket 对象，大量占用服务器资源。

（2）短连接的优缺点

1）**优点**：在服务端不需要保存多个 Socket 对象，降低内存占用率。

2）**缺点**：每次传输数据前都要重新创建连接，也就是每次都要进行 3 次握手，增加处理的时间。

4.1.1　验证 ServerSocket 类的 accept() 方法具有阻塞特性

ServerSocket 类的作用是创建 Socket（套接字）的服务端，而 Socket 类的作用是创建 Socket 的客户端。在代码层面使用的方式就是使用 Socket 类去连接 ServerSocket 类，也就是客户端要主动连接服务端。

ServerSocket 类中的 public Socket accept() 方法的作用是侦听并接受此套接字的连接。此方法在连接传入之前一直阻塞。public Socket accept() 方法的返回值是 Socket 类型。

在本实验中，将验证 ServerSocket 类中的 accept() 方法具有阻塞特性，也就是当没有客户端连接服务端时，呈阻塞状态。

创建名为 test2 的项目，并创建 Server.java 文件，其中的代码如下：

```java
public class Server {
public static void main(String[] args) {
    try {
        ServerSocket socket = new ServerSocket(8088);
        System.out.println("server 阻塞开始=" + System.currentTimeMillis());
        socket.accept();
        System.out.println("server 阻塞结束=" + System.currentTimeMillis());
        socket.close();
    } catch (IOException e) {
        e.printStackTrace();
    }
}
}
```

代码语句"new ServerSocket (8088);"中的 8088 是设置的服务器的 Socket 端口号，客户端要连接到 8088 这个端口才可以实现服务端与客户端的通信。

上述程序运行后的结果如图 4-1 所示。

那么什么时候不阻塞呢？有客户端连接到服务
端时就不再出现阻塞了，服务端的程序会继续运行。
针对该结论，下面继续进行验证。

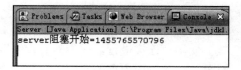

图 4-1　accept() 方法的阻塞特性

创建 Client.java 文件，其中的代码如下：

```java
public class Client {
public static void main(String[] args) {
    try {
        System.out.println("client 连接准备 =" + System.currentTimeMillis());
        Socket socket = new Socket("localhost", 8088);
        System.out.println("client 连接结束 =" + System.currentTimeMillis());
        socket.close();
    } catch (UnknownHostException e) {
        e.printStackTrace();
    } catch (IOException e) {
        e.printStackTrace();
    }

}
```

构造方法 new Socket ("localhost", 8088) 中的参数值 localhost 代表服务器的地址，8088
代表服务器的端口，将这两个参数传给 Socket 类后，客户端就确定了服务端的地址及端口
号，然后客户端 Socket 就开始连接到服务端了。

Client 类运行后的服务端日志如图 4-2 所示。

Client 类运行后的客户端日志如图 4-3 所示。

图 4-2　服务端不再阻塞

图 4-3　客户端日志

此实验结果证明服务端与客户端连接成功。

构造方法 public Socket (String host, int port) 的第一个参数 host 可以写成 IP 地址或域
名。如果写成域名，就会使用 DNS 服务转成 IP 地址再访问服务端。下面的代码就是使用
Socket 类作为客户端来连接 www.csdn.net 网站。

```java
public class Test1 {
public static void main(String[] args) throws IOException {
    Socket socket = null;
    try {
        socket = new Socket("www.csdn.net", 80);
        System.out.println("socket 连接成功 ");
    } catch (IOException e) {
```

```
        System.out.println("socket 连接失败 ");
        e.printStackTrace();
    } finally {
        socket.close();
    }
}
}
```

程序运行结果如下：

socket 连接成功

如果 host 改成不存在的域名，则会出现异常，示例代码如下：

```
public class Test2 {
public static void main(String[] args) throws IOException {
    Socket socket = null;
    try {
        socket = new Socket("www.csdncasdfq34w21342345345634567.com", 80);
        System.out.println("socket 连接成功 ");
    } catch (IOException e) {
        System.out.println("socket 连接失败 ");
        e.printStackTrace();
    } finally {
        socket.close();
    }
}
}
```

程序运行后出现异常，结果如下：

```
socket 连接失败
java.net.UnknownHostException: www.csdncasdfq34w21342345345634567.com
    at java.net.AbstractPlainSocketImpl.connect(AbstractPlainSocketImpl.java:184)
    at java.net.PlainSocketImpl.connect(PlainSocketImpl.java:172)
    at java.net.SocksSocketImpl.connect(SocksSocketImpl.java:392)
    at java.net.Socket.connect(Socket.java:589)
    at java.net.Socket.connect(Socket.java:538)
    at java.net.Socket.<init>(Socket.java:434)
    at java.net.Socket.<init>(Socket.java:211)
    at test.Test2.main(Test2.java:10)
Exception in thread "main" java.lang.NullPointerException
    at test.Test2.main(Test2.java:16)
```

上面的实验是使用 Socket 类实现 www.csdn.net 网站的连接，下面介绍如何使用 ServerSocket 类创建一个 Web 服务器。

测试用的代码如下：

```
public class CreateWebServer {

public static void main(String[] args) throws IOException {
    ServerSocket serverSocket = new ServerSocket(6666);
```

```java
        Socket socket = serverSocket.accept();
        InputStream inputStream = socket.getInputStream();
        InputStreamReader inputStreamReader = new InputStreamReader(inputStream);
        BufferedReader bufferedReader = new BufferedReader(inputStreamReader);

        String getString = "";
        while (!"".equals(getString = bufferedReader.readLine())) {
            System.out.println(getString);
        }

        OutputStream outputStream = socket.getOutputStream();
        outputStream.write("HTTP/1.1 200 OK\r\n\r\n".getBytes());
        outputStream.write(
                "<html><body><a href='http://www.baidu.com'>i am baidu.com welcome
                    you!</a></body></html>".getBytes());
        outputStream.flush();

        inputStream.close();
        outputStream.close();
        socket.close();
        serverSocket.close();
    }

}
```

在 IE 浏览器地址栏中输入以下网址：

```
http://127.0.0.1:6666
```

按 Enter 键后，控制台输出的结果如下：

```
GET / HTTP/1.1
Accept: text/html, application/xhtml+xml, */*
Accept-Language: zh-CN
User-Agent: Mozilla/5.0 (Windows NT 6.1; WOW64; Trident/7.0; rv:11.0) like Gecko
Accept-Encoding: gzip, deflate
Host: 127.0.0.1:6666
DNT: 1
Connection: Keep-Alive
```

而 IE 浏览器也接收到了从服务端传递过来的数据，效果如图 4-4 所示。

4.1.2 验证 Socket 中 InputStream 类的 read() 方法也具有阻塞特性

除了 ServerSocket 类中的 accept() 方法具有阻塞特性外，InputStream 类中的 read() 方法也同样具有阻塞特性。

图 4-4 浏览器显示的数据

通过使用 Socket 类的 getInputStream() 方法可以获得输入流，从输入流中获取从对方发送过来的数据。

创建名为 test3 的项目，服务端类 Server 代码如下：

```java
public class Server {

public static void main(String[] args) {
    try {
        byte[] byteArray = new byte[1024];
        ServerSocket serverSocket = new ServerSocket(8088);
        System.out.println("accept begin " + System.currentTimeMillis());
        Socket socket = serverSocket.accept();//呈阻塞效果
        System.out.println("accept  end " + System.currentTimeMillis());

        InputStream inputStream = socket.getInputStream();
        System.out.println("read begin " + System.currentTimeMillis());
        int readLength = inputStream.read(byteArray);//呈阻塞效果
        System.out.println("read  end " + System.currentTimeMillis());
        inputStream.close();
        socket.close();
        serverSocket.close();
    } catch (IOException e) {
        e.printStackTrace();
    }
}

}
```

客户端类 Client 代码如下：

```java
public class Client {

public static void main(String[] args) {
    try {
        System.out.println("socket begin " + System.currentTimeMillis());
        Socket socket = new Socket("localhost", 8088);
        System.out.println("socket  end " + System.currentTimeMillis());
        Thread.sleep(Integer.MAX_VALUE);
        socket.close();
    } catch (IOException e) {
        e.printStackTrace();
    } catch (InterruptedException e) {
        e.printStackTrace();
    }
}

}
```

首先执行 Server 类，可以发现 accept() 方法具有阻塞特性，效果如图 4-5 所示。

然后执行客户端类 Client，发现客户端运行结束但进程并未销毁，如图 4-6 所示。

再次查看服务端控制台，发现服务端在 read() 方法处阻塞，如图 4-7 所示。

图 4-5　服务端阻塞了，进程不销毁

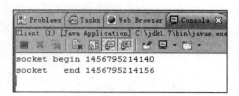

图 4-6 客户端运行结束但进程并未销毁

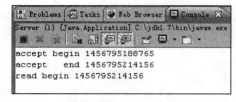

图 4-7 服务端在 read() 方法处阻塞

read() 方法阻塞的原因是客户端并未发送数据到服务端，服务端一直在尝试读取从客户端传递过来的数据，因为客户端从未发送数据给服务端，所以服务端一直在阻塞。

4.1.3 客户端向服务端传递字符串

本实验是学习 Socket 编程的经典案例，真正实现了服务端与客户端进行通信。

创建名为 test4 的项目，Server 类的实现代码如下：

```java
public class Server {

public static void main(String[] args) {
    try {
        char[] charArray = new char[3];
        ServerSocket serverSocket = new ServerSocket(8088);
        System.out.println("accept begin " + System.currentTimeMillis());
        Socket socket = serverSocket.accept();
        System.out.println("accept   end " + System.currentTimeMillis());

        InputStream inputStream = socket.getInputStream();
        InputStreamReader inputStreamReader = new InputStreamReader(inputStream);
        System.out.println("read begin " + System.currentTimeMillis());
        int readLength = inputStreamReader.read(charArray);
        while (readLength != -1) {
            String newString = new String(charArray, 0, readLength);
            System.out.println(newString);
            readLength = inputStreamReader.read(charArray);
        }
        System.out.println("read    end " + System.currentTimeMillis());
        inputStreamReader.close();
        inputStream.close();
        socket.close();
        serverSocket.close();
    } catch (IOException e) {
        e.printStackTrace();
    }
}

}
```

Client 类的实现代码如下：

```java
public class Client {
public static void main(String[] args) {
```

```
try {
    System.out.println("socket begin " + System.currentTimeMillis());
    Socket socket = new Socket("localhost", 8088);
    System.out.println("socket   end " + System.currentTimeMillis());
    Thread.sleep(3000);
    OutputStream outputStream = socket.getOutputStream();
    outputStream.write(" 我是外星人 ".getBytes());
    outputStream.close();
    socket.close();
} catch (IOException e) {
    e.printStackTrace();
} catch (InterruptedException e) {
    e.printStackTrace();
}
}

}
```

首先运行 Server 类的实现代码，结果如图 4-8 所示。

然后运行客户端类 Client 的实现代码，结果如图 4-9 所示。

在 3 秒之后，服务端正确输出从客户端传递过来的字符串，结果如图 4-10 所示。

```
accept begin 1501743875607
```

图 4-8　服务端发生阻塞

```
socket begin 1501743899899
socket   end 1501743899913
```

图 4-9　客户端进程销毁

4.1.4　服务端向客户端传递字符串

上一节已经实现了从客户端向服务端传递数据，本小节将实现反向操作，也就是从服务端向客户端传递数据。

创建名为 test41 的项目，Server 类的实现代码如下：

```
accept begin 1524049902922
accept   end 1524049906161
read begin 1524049906161
我是外
星人
read   end 1524049909165
```

图 4-10　服务端取得客户端传递过来的数据

```java
public class Server {

public static void main(String[] args) {
    try {
        ServerSocket serverSocket = new ServerSocket(8088);
        System.out.println("server 阻塞开始 =" + System.currentTimeMillis());
        Socket socket = serverSocket.accept();
        System.out.println("server 阻塞结束 =" + System.currentTimeMillis());

        OutputStream outputStream = socket.getOutputStream();
        outputStream.write(" 我是高洪岩，我来自 server 端！ ".getBytes());
        outputStream.close();
        socket.close();
        serverSocket.close();

    } catch (IOException e) {
        e.printStackTrace();
    }

}

}
```

Client 类的实现代码如下：

```java
public class Client {

public static void main(String[] args) {
    try {
        System.out.println("client 连接准备 =" + System.currentTimeMillis());
        Socket socket = new Socket("localhost", 8088);
        System.out.println("client 连接结束 =" + System.currentTimeMillis());

        char[] charBuffer = new char[3];
        InputStream inputStream = socket.getInputStream();
        InputStreamReader inputStreamReader = new InputStreamReader(
                inputStream);
        System.out.println("serverB begin " + System.currentTimeMillis());
        int readLength = inputStreamReader.read(charBuffer);
        System.out.println("serverB   end " + System.currentTimeMillis());

        while (readLength != -1) {
            System.out.print(new String(charBuffer, 0, readLength));
            readLength = inputStreamReader.read(charBuffer);
        }
        System.out.println();
        inputStream.close();
        socket.close();

        System.out.println("client 运行结束 =" + System.currentTimeMillis());
    } catch (IOException e) {
        e.printStackTrace();
    }
}

}
```

首先运行服务端类 Server 的实现程序，发现呈阻塞状态，如图 4-11 所示。

然后运行客户端类 Client 的实现程序，结果如图 4-12 所示。

客户端执行完毕后，服务端进程也销毁了，结果如图 4-13 所示。

图 4-11　服务端阻塞

图 4-12　成功接收服务端传递过来的数据　　　　图 4-13　服务端进程销毁

4.1.5　允许多次调用 write() 方法进行写入操作

write() 方法允许多次被调用，每执行一次就代表传递一次数据。

创建名为 test5 的项目，Server 类的实现代码如下：

```java
public class Server {

public static void main(String[] args) {
    try {
        char[] charBuffer = new char[15];

        ServerSocket serverSocket = new ServerSocket(8088);
        System.out.println("server 阻塞开始=" + System.currentTimeMillis());
        Socket socket = serverSocket.accept();
        System.out.println("server 阻塞结束=" + System.currentTimeMillis());

        InputStream inputStream = socket.getInputStream();
        InputStreamReader inputStreamReader = new InputStreamReader(
                inputStream);

        System.out.println("serverB begin " + System.currentTimeMillis());
        int readLength = inputStreamReader.read(charBuffer);
        System.out.println("serverB   end " + System.currentTimeMillis());
        while (readLength != -1) {
            System.out.println(new String(charBuffer, 0, readLength)
                    + " while " + System.currentTimeMillis());
            readLength = inputStreamReader.read(charBuffer);
        }
        inputStream.close();
        socket.close();
        serverSocket.close();
        System.out.println("server 端运行结束=" + System.currentTimeMillis());
    } catch (IOException e) {
        e.printStackTrace();
    }

}

}
```

Client 类的实现代码如下：

```java
public class Client {

public static void main(String[] args) {
    try {
        System.out.println("client 连接准备=" + System.currentTimeMillis());
        Socket socket = new Socket("localhost", 8088);
        System.out.println("client 连接结束=" + System.currentTimeMillis());
        Thread.sleep(2000);
        OutputStream outputStream = socket.getOutputStream();
        outputStream.write(" 我是高洪岩 1".getBytes());
        Thread.sleep(3000);
        outputStream.write(" 我是高洪岩 2".getBytes());
        Thread.sleep(3000);
```

```
        outputStream.write(" 我是高洪岩 3".getBytes());
        Thread.sleep(3000);
        outputStream.write(" 我是高洪岩 4".getBytes());
        Thread.sleep(3000);
        outputStream.write(" 我是高洪岩 5".getBytes());
        System.out.println("client close begin="
                + System.currentTimeMillis());
        outputStream.close();
        socket.close();
        System.out.println("client close   end="
                + System.currentTimeMillis());
    } catch (IOException e) {
        e.printStackTrace();
    } catch (InterruptedException e) {
        e.printStackTrace();
    }
}

}
```

首先运行服务端类 Server 的实现代码，发现呈阻塞状态，如图 4-14 所示。

然后运行客户端类 Client 的实现代码，结果如图 4-15 所示。

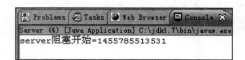

图 4-14　服务端阻塞

图 4-15　客户端多次调用 write() 方法写入数据

客户端执行完毕后，服务端以多次的方式取得数据，结果如图 4-16 所示。

服务端不执行 while() 循环的条件是当客户端调用了 outputStream.close() 方法时，代表到达流的结尾 (end)，不再传输数据。

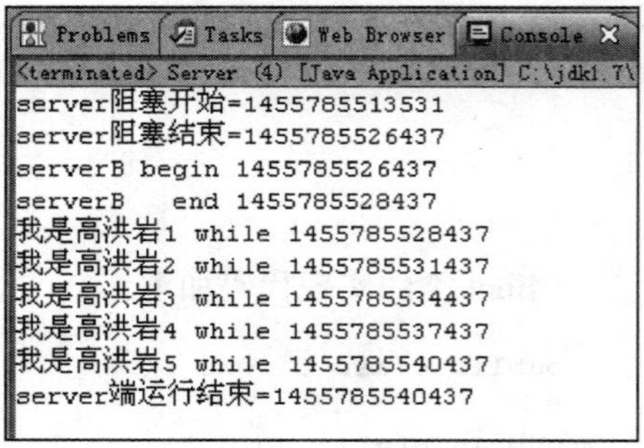

4.1.6　实现服务端与客户端多次的往来通信

前面的实验都是服务端与客户端只进行了 1 次通信，那么如何实现连续多次的长连接通信呢？

创建名为 doubleSayString 的 Java 项目。

Server 类的实现代码如下：

图 4-16　服务端日志

```
public class Server {
public static void main(String[] args) {
    try {
        ServerSocket serverSocket = new ServerSocket(8088);
```

```java
Socket socket = serverSocket.accept();

// 输入开始
InputStream inputStream = socket.getInputStream();
ObjectInputStream objectInputStream = new ObjectInputStream(inputStream);
int byteLength = objectInputStream.readInt();
byte[] byteArray = new byte[byteLength];
objectInputStream.readFully(byteArray);
String newString = new String(byteArray);
System.out.println(newString);
// 输入结束

// 输出开始
OutputStream outputStream = socket.getOutputStream();
String strA = "客户端你好 A\n";
String strB = "客户端你好 B\n";
String strC = "客户端你好 C\n";

int allStrByteLength = (strA + strB + strC).getBytes().length;

ObjectOutputStream objectOutputStream = new ObjectOutputStream(outputStream);
objectOutputStream.writeInt(allStrByteLength);
objectOutputStream.flush();

objectOutputStream.write(strA.getBytes());
objectOutputStream.write(strB.getBytes());
objectOutputStream.write(strC.getBytes());
objectOutputStream.flush();
// 输出结束

// 输入开始
byteLength = objectInputStream.readInt();
byteArray = new byte[byteLength];
objectInputStream.readFully(byteArray);
newString = new String(byteArray);
System.out.println(newString);
// 输入结束

// 输出开始
strA = "客户端你好 D\n";
strB = "客户端你好 E\n";
strC = "客户端你好 F\n";

allStrByteLength = (strA + strB + strC).getBytes().length;

objectOutputStream.writeInt(allStrByteLength);
objectOutputStream.flush();

objectOutputStream.write(strA.getBytes());
objectOutputStream.write(strB.getBytes());
objectOutputStream.write(strC.getBytes());
objectOutputStream.flush();
// 输出结束

inputStream.close();
```

```
            socket.close();
            serverSocket.close();
        } catch (IOException e) {
            e.printStackTrace();
        }
    }

}
```

Client 类的实现代码如下：

```java
public class Client {
public static void main(String[] args) {
    try {
        Socket socket = new Socket("localhost", 8088);
        OutputStream outputStream = socket.getOutputStream();
        InputStream inputStream = socket.getInputStream();
        // 输出开始
        ObjectOutputStream objectOutputStream = new ObjectOutputStream(outputStream);
        String strA = "服务端你好 A\n";
        String strB = "服务端你好 B\n";
        String strC = "服务端你好 C\n";
        int allStrByteLength = (strA + strB + strC).getBytes().length;
        objectOutputStream.writeInt(allStrByteLength);
        objectOutputStream.flush();
        objectOutputStream.write(strA.getBytes());
        objectOutputStream.write(strB.getBytes());
        objectOutputStream.write(strC.getBytes());
        objectOutputStream.flush();
        // 输出结束

        // 输入开始
        ObjectInputStream objectInputStream = new ObjectInputStream(inputStream);
        int byteLength = objectInputStream.readInt();
        byte[] byteArray = new byte[byteLength];
        objectInputStream.readFully(byteArray);
        String newString = new String(byteArray);
        System.out.println(newString);
        // 输入结束

        // 输出开始
        strA = "服务端你好 D\n";
        strB = "服务端你好 E\n";
        strC = "服务端你好 F\n";
        allStrByteLength = (strA + strB + strC).getBytes().length;
        objectOutputStream.writeInt(allStrByteLength);
        objectOutputStream.flush();
        objectOutputStream.write(strA.getBytes());
        objectOutputStream.write(strB.getBytes());
        objectOutputStream.write(strC.getBytes());
        objectOutputStream.flush();
        // 输出结束

        // 输入开始
        byteLength = objectInputStream.readInt();
```

```
            byteArray = new byte[byteLength];
            objectInputStream.readFully(byteArray);
            newString = new String(byteArray);
            System.out.println(newString);
            // 输入结束

            objectOutputStream.close();
            outputStream.close();
            socket.close();
        } catch (IOException e) {
            e.printStackTrace();
        }
    }

}
```

程序运行后，服务端控制台输出的结果如下：

服务端你好 A
服务端你好 B
服务端你好 C

服务端你好 D
服务端你好 E
服务端你好 F

客户端控制台输出的结果如下：

客户端你好 A
客户端你好 B
客户端你好 C

客户端你好 D
客户端你好 E
客户端你好 F

4.1.7 调用 Stream 的 close() 方法造成 Socket 关闭

创建名为 test6 的项目，Server 类的实现代码如下：

```java
public class Server {
public static void main(String[] args) {
    try {
        byte[] charArray = new byte[10];
        ServerSocket serverSocket = new ServerSocket(8088);
        Socket socket = serverSocket.accept();

        InputStream inputStream = socket.getInputStream();
        int readLength = inputStream.read(charArray);
        while (readLength != -1) {
            String newString = new String(charArray, 0, readLength);
            System.out.println(newString + " " + System.currentTimeMillis());
            readLength = inputStream.read(charArray);
        }
        inputStream.close();
```

```
            //OutputStream outputStream = socket.getOutputStream();

            socket.close();
            serverSocket.close();

        } catch (IOException e) {
            e.printStackTrace();
        }
    }

}
```

Client 类的实现代码如下：

```
public class Client {
public static void main(String[] args) throws UnknownHostException, IOException,
    InterruptedException {
    Socket socket = new Socket("localhost", 8088);
    OutputStream outputStream = socket.getOutputStream();
    outputStream.write(" 我是中国人 ".getBytes());
    outputStream.close();
    Thread.sleep(Integer.MAX_VALUE);
}

}
```

首先运行服务端类 Server 的实现代码，然后运行客户端类 Client 的实现代码，服务端成功取得字符串，结果如图 4-17 所示。

```
<terminated> Server (6) [Java Application] C:\jdk
我是中国人 1509419321445
```

图 4-17　服务端正确输出数据

在 Server 类的实现代码中，如果将代码语句“ // OutputStream outputStream = socket.getOutputStream();”中的注释符号去掉，再运行服务端类 Server 的实现代码，接着运行客户端类 Client 的实现代码，就出现了异常，结果如图 4-18 所示。

```
我是中国人 1509419377283
java.net.SocketException: Socket is closed
	at java.net.Socket.getOutputStream(Socket.java:943)
	at test.Server.main(Server.java:25)
```

图 4-18　服务端异常

出现异常的原因是在 Server 类中调用了下列代码：

```
inputStream.close();
```

此行代码的功能是将 InputStream 关闭。Stream 在 Socket 技术中进行应用时，如果关闭返回的 Stream，将关闭关联的 Socket（套接字），类型为 InputStream 的对象 inputStream 的真正数据类型是 java.net.SocketInputStream，其 close() 方法源代码如下：

```
public void close() throws IOException {
```

```
// Prevent recursion. See BugId 4484411
if (closing)
    return;
closing = true;
if (socket != null) {
    if (!socket.isClosed())
        socket.close();//// 此行代码将会被执行，将 Socket 关闭
} else
    impl.close();
closing = false;
}
```

从上述源代码可知，当调用 java.net.SocketInputStream 类的 close() 方法时，顺便也将 Socket（套接字）close() 关闭。如果 Socket 关闭，则服务端与客户端不能进行通信。因此，当执行代码 OutputStream outputStream = socket.getOutputStream() 取得输出流时，就会出现异常。

4.1.8　使用 Socket 传递 PNG 图片文件

本实验要实现的是客户端向服务器端传递 PNG 图片文件，练习一下使用 Socket 传递字节数据。

创建名为 beginTransFile 的 Java 项目。

Server 类的实现代码如下：

```
public class Server {

public static void main(String[] args) {
    try {
        byte[] byteArray = new byte[2048];
        ServerSocket serverSocket = new ServerSocket(8088);
        Socket socket = serverSocket.accept();

        InputStream inputStream = socket.getInputStream();
        int readLength = inputStream.read(byteArray);

        FileOutputStream pngOutputStream = new FileOutputStream(new File(
                "c:\\newqq.png"));

        while (readLength != -1) {
            pngOutputStream.write(byteArray, 0, readLength);
            readLength = inputStream.read(byteArray);
        }
        pngOutputStream.close();
        inputStream.close();
        socket.close();
        serverSocket.close();
    } catch (IOException e) {
        e.printStackTrace();
    }
}
}
```

Client 类的实现代码如下：

```java
public class Client {

public static void main(String[] args) {
    try {
        String pngFile = "c:\\qq.png";
        FileInputStream pngStream = new FileInputStream(new File(pngFile));
        byte[] byteArray = new byte[2048];

        System.out.println("socket begin " + System.currentTimeMillis());
        Socket socket = new Socket("localhost", 8088);
        System.out.println("socket   end " + System.currentTimeMillis());

        OutputStream outputStream = socket.getOutputStream();

        int readLength = pngStream.read(byteArray);
        while (readLength != -1) {
            outputStream.write(byteArray, 0, readLength);
            readLength = pngStream.read(byteArray);
        }
        outputStream.close();
        pngStream.close();
        socket.close();
    } catch (IOException e) {
        e.printStackTrace();
    }
}

}
```

首先运行 Server 类的实现代码，再运行 Client 类的实现代码，在 C 盘中出现了名为 newqq.png 的图片，如图 4-19 所示。

图 4-19　正确传递 PNG 图片文件

4.1.9　TCP 连接的 3 次"握手"过程

在使用 TCP 进行服务端与客户端连接时，需要进行 3 次"握手"。3 次"握手"是学习

Socket 的必备知识，更是学习 TCP/IP 的必备技能，下面就介绍 3 次"握手"的过程。

创建项目 test2_1。

创建测试用的服务端代码如下：

```java
public class Server {
public static void main(String[] args) {
    try {
        ServerSocket socket = new ServerSocket(8088);
        System.out.println("server 阻塞开始 =" + System.currentTimeMillis());
        socket.accept();
        System.out.println("server 阻塞结束 =" + System.currentTimeMillis());
        Thread.sleep(Integer.MAX_VALUE);
        socket.close();
    } catch (IOException e) {
        e.printStackTrace();
    } catch (InterruptedException e) {
        e.printStackTrace();
    }
}
}
```

创建测试用的客户端代码如下：

```java
public class Client {
public static void main(String[] args) {
    try {
        System.out.println("client 连接准备 =" + System.currentTimeMillis());
        Socket socket = new Socket("localhost", 8088);
        System.out.println("client 连接结束 =" + System.currentTimeMillis());
        OutputStream outputStream = socket.getOutputStream();
        outputStream.write("111".getBytes());
        outputStream.write("11111".getBytes());
        outputStream.write("1111111111".getBytes());
        Thread.sleep(500000000);
        socket.close();
    } catch (UnknownHostException e) {
        e.printStackTrace();
    } catch (IOException e) {
        e.printStackTrace();
    } catch (InterruptedException e) {
        e.printStackTrace();
    }
}
}
```

在这个实验中，使用 wireshark 工具结合 npcap 进行抓包，过滤规则如下：

```
(ip.src ==127.0.0.1 and tcp.port==8088) or (ip.dst==127.0.0.1 and tcp.port==8088)
```

首先运行服务端，然后运行客户端，在 wirkshark 工具中捕获完整的通信过程，结果如图 4-20 所示。

```
51812 → 8088 [SYN] Seq=0 Win=8192 Len=0 MSS=65495 WS=256 SACK_PERM=1
8088 → 51812 [SYN, ACK] Seq=0 Ack=1 Win=8192 Len=0 MSS=65495 WS=256 SACK_PERM=1
51812 → 8088 [ACK] Seq=1 Ack=1 Win=8192 Len=0
51812 → 8088 [PSH, ACK] Seq=1 Ack=1 Win=8192 Len=3 [TCP segment of a reassembled PDU]
8088 → 51812 [ACK] Seq=1 Ack=4 Win=7936 Len=0
51812 → 8088 [PSH, ACK] Seq=4 Ack=1 Win=8192 Len=5 [TCP segment of a reassembled PDU]
8088 → 51812 [ACK] Seq=1 Ack=9 Win=7936 Len=0
51812 → 8088 [PSH, ACK] Seq=9 Ack=1 Win=8192 Len=10 [TCP segment of a reassembled PDU]
8088 → 51812 [ACK] Seq=1 Ack=19 Win=7936 Len=0
```

图 4-20　通信的全部过程

其中 3 次"握手"的过程如图 4-21 所示。

```
51812 → 8088 [SYN] Seq=0 Win=8192 Len=0 MSS=65495 WS=256 SACK_PERM=1
8088 → 51812 [SYN, ACK] Seq=0 Ack=1 Win=8192 Len=0 MSS=65495 WS=256 SACK_PERM=1
51812 → 8088 [ACK] Seq=1 Ack=1 Win=8192 Len=0
```

图 4-21　3 次"握手"的过程

第 1 次"握手"的信息如图 4-22 所示。

```
51812 → 8088 [SYN] Seq=0 Win=8192 Len=0 MSS=65495 WS=256 SACK_PERM=1
```

图 4-22　第 1 次"握手"的过程

在第一次"握手"时，客户端向服务端发送 SYN 标志位，目的是与服务端建立连接。
SYN 标志位的值表示发送数据流序号 sequence number 的最大值。例如，Seq 的值是 5，
说明在数据流中曾经一共发送了 1, 2, 3, 4 这 4 个字节。而在本次"握手"中，Seq 的值是 0，
代表发送数据流的大小是 0。另外，从 Len=0 也可以看出来是没有数据可供发送的，客户端
仅仅发送一个 SYN 标志位到服务端，代表要进行连接。

第 2 次"握手"的信息如图 4-23 所示。

```
8088 → 51812 [SYN, ACK] Seq=0 Ack=1 Win=8192 Len=0 MSS=65495 WS=256 SACK_PERM=1
```

图 4-23　第 2 次"握手"的过程

第 2 次"握手"时，服务端向客户端发送 SYN 和 ACK 标志位，其中 ACK 标志位表示
是对收到的数据包的确认，说明服务端接收到了客户端的连接。ACK 的值是 1，表示服务
端期待下一次从客户端发送数据流的序列号是 1，而 Seq=0 代表服务端曾经并没有给客户端
发送数据，而本次也没有发送数据，因为 Len=0 也证明了这一点。

第 3 次"握手"的信息如图 4-24 所示。

第 3 次"握手"时，客户端向服务端
发送的 ACK 标志位为 1，Seq 的值是 1。

```
51812 → 8088 [ACK] Seq=1 Ack=1 Win=8192 Len=0
```

图 4-24　第 3 次"握手"的过程

Seq=1 代表这正是服务端所期望的 Ack=
1。虽然 Seq=1，但 Len=0 说明客户端这次还是没有向服务端传递数据。而客户端向服务端
发送 ACK 标志位为 1 的信息，说明客户端期待服务端下一次传送的 Seq 的值是 1。

3 次"握手"的过程如下。

1）客户端到服务端：我要连接。

2）服务端到客户端：好的，已经连接上了。

3）客户端到服务端：收到，确认已连接上了。

4.1.10　标志位 SYN 与 ACK 值的自增特性

在服务端与客户端进行数据传输时，标志位 SYN 和 ACK 的值具有确认自增机制，这个机制在 4.1.9 节的截图中已经看到了，效果如图 4-25 所示。

```
51812 → 8088 [SYN] Seq=0 Win=8192 Len=0 MSS=65495 WS=256 SACK_PERM=1
8088 → 51812 [SYN, ACK] Seq=0 Ack=1 Win=8192 Len=0 MSS=65495 WS=256 SACK_PERM=1
51812 → 8088 [ACK] Seq=1 Ack=1 Win=8192 Len=0
51812 → 8088 [PSH, ACK] Seq=1 Ack=1 Win=8192 Len=3 [TCP segment of a reassembled PDU]
8088 → 51812 [ACK] Seq=1 Ack=4 Win=7936 Len=0
51812 → 8088 [PSH, ACK] Seq=4 Ack=1 Win=8192 Len=5 [TCP segment of a reassembled PDU]
8088 → 51812 [ACK] Seq=1 Ack=9 Win=7936 Len=0
51812 → 8088 [PSH, ACK] Seq=9 Ack=1 Win=8192 Len=10 [TCP segment of a reassembled PDU]
8088 → 51812 [ACK] Seq=1 Ack=19 Win=7936 Len=0
```

图 4-25　标志位 SYN 的展示和 ACK 值自增特性

TCP 数据包中的序列号（Sequence Number）不是以报文包的数量来进行编号的，而是将传输的所有数据当作一个字节流，序列号就是整个字节流中每个字节的编号。一个 TCP 数据包中包含多个字节流的数据（即数据段），而且每个 TCP 数据包中的数据大小不一定相同。在建立 TCP 连接的 3 次"握手"过程中，通信双方各自已确定了初始的序号 x 和 y，TCP 每次传送的报文段中的序号字段值表示所要传送本报文中的第一个字节在整体字节流中的序号。

TCP 的报文到达确认（ACK），是对接收到的数据的最高序列号的确认，并向发送端返回一个下次接收时期望的 TCP 数据包的序列号（Ack Number）。例如，主机 A 发送的当前数据序号是 400，数据长度是 100，则接收端收到后会返回一个 500 的确认号给主机 A。

当客户端第一次调用 write ("111".getBytes()) 代码向服务端传输数据时，客户端发送标志位 PSH 和 ACK，结果如图 4-26 所示。

```
51812 → 8088 [SYN] Seq=0 Win=8192 Len=0 MSS=65495 WS=256 SACK_PERM=1
8088 → 51812 [SYN, ACK] Seq=0 Ack=1 Win=8192 Len=0 MSS=65495 WS=256 SACK_PERM=1
51812 → 8088 [ACK] Seq=1 Ack=1 Win=8192 Len=0
51812 → 8088 [PSH, ACK] Seq=1 Ack=1 Win=8192 Len=3 [TCP segment of a reassembled PDU]
8088 → 51812 [ACK] Seq=1 Ack=4 Win=7936 Len=0
```

图 4-26　客户端第一次调用 write ("111".getBytes()) 方法时的"握手"过程

标志位 PSH 的作用是发送数据，让接收方立即处理数据。

先来看看客户端发送的信息，如图 4-27 所示。

```
51812 → 8088 [PSH, ACK] Seq=1 Ack=1 Win=8192 Len=3 [TCP segment of a reassembled PDU]
```

图 4-27　客户端第一次调用 write() 发送的 Flag

客户端发送 Seq=1、Ack=1 和 Len=3 信息给服务端。Len=3 代表发送数据段的大小为 3，数据内容是 "111"。Seq=1 代表以前从未传输数据，此次是从第 1 位开始发送数据给服务端。Ack=1 表示客户端期望服务端返回 Seq=1 的数据包。

再来看看服务端对客户端第一次使用 write() 方法写入的响应，结果如图 4-28 所示。

服务器发送给客户端 Seq=1、Ack=4

```
8088 → 51812 [ACK] Seq=1 Ack=4 Win=7936 Len=0
```

和 Len=0 的信息。Seq=1 正是客户端所

图 4-28　服务端对 write ("111".getBytes()) 方法的响应

期望的 Ack=1，但由于 Len=0，说明服务端并没有给客户端发送任何数据。而服务端期待客户端继续发送第 4 个字节的数据，说明服务端已经接收到从客户端传递过来的 "111" 这 3 个字节的数据。

后面的过程以此类推即可。

4.1.11　TCP 断开连接的 4 次 "挥手" 过程

在使用 TCP 时，若要断开服务端与客户端的连接，需要进行 4 次 "挥手"，本小节将会介绍 4 次 "挥手" 的过程。

创建项目 test2_2。

创建测试用的服务端代码如下：

```java
public class Server {
public static void main(String[] args) {
    try {
        ServerSocket serverSocket = new ServerSocket(8088);
        System.out.println("server 阻塞开始 =" + System.currentTimeMillis());
        Socket socket = serverSocket.accept();
        System.out.println("server 阻塞结束 =" + System.currentTimeMillis());
        socket.close();
        serverSocket.close();
        Thread.sleep(2000);
    } catch (IOException e) {
        e.printStackTrace();
    } catch (InterruptedException e) {
        e.printStackTrace();
    }
}
}
```

创建测试用的客户端代码如下：

```java
public class Client {
public static void main(String[] args) {
    try {
        System.out.println("client 连接准备 =" + System.currentTimeMillis());
        Socket socket = new Socket("localhost", 8088);
```

```
            System.out.println("client 连接结束 =" + System.currentTimeMillis());
            socket.close();
            Thread.sleep(2000);
        } catch (UnknownHostException e) {
            e.printStackTrace();
        } catch (IOException e) {
            e.printStackTrace();
        } catch (InterruptedException e) {
            e.printStackTrace();
        }
    }
}
```

首先运行服务端，然后运行客户端，在 wirkshark 工具中捕获了 4 次"挥手"的过程，结果如图 4-29 所示。

```
53165 → 8088 [SYN] Seq=0 Win=8192 Len=0 MSS=65495 WS=256 SACK_PERM=1
8088 → 53165 [SYN, ACK] Seq=0 Ack=1 Win=8192 Len=0 MSS=65495 WS=256 SACK_PERM=1
53165 → 8088 [ACK] Seq=1 Ack=1 Win=8192 Len=0
53165 → 8088 [FIN, ACK] Seq=1 Ack=1 Win=8192 Len=0
8088 → 53165 [ACK] Seq=1 Ack=2 Win=8192 Len=0
8088 → 53165 [FIN, ACK] Seq=1 Ack=2 Win=8192 Len=0
53165 → 8088 [ACK] Seq=2 Ack=2 Win=8192 Len=0
```

图 4-29 4 次"挥手"过程

图 4-29 中的 FIN 标志代表结束会话。

4 次"挥手"的过程如下。

1）客户端到服务端：我关了。

2）服务端到客户端：好的，收到。

3）服务端到客户端：我也关了。

4）客户端到服务端：好的，收到。

4.1.12 "握手"的时机与立即传数据的特性

服务端与客户端进行"握手"的时机不是在执行 accpet() 方法时，而是在 ServerSocket 对象创建出来并且绑定到指定的地址与端口时。

创建测试用的项目 beforeTest。

创建 Server 类代码如下：

```
public class Server {
public static void main(String[] args) throws IOException, InterruptedException,
    ClassNotFoundException {
    ServerSocket serverSocket = new ServerSocket(8088);
    Thread.sleep(Integer.MAX_VALUE);
}
}
```

创建 Client 类代码如下：

```java
package beforeTest;

import java.io.IOException;
import java.io.OutputStream;
import java.net.Socket;

public class Client {
public static void main(String[] args) throws IOException, InterruptedException,
    ClassNotFoundException {
    Socket socket = new Socket("localhost", 8088);
    OutputStream outputStream = socket.getOutputStream();
    for (int i = 0; i < 3; i++) {
        outputStream.write("1234567890".getBytes());
        System.out.println(i + 1);
    }
    outputStream.close();
    socket.close();
}
}
```

程序运行后，通过抓包工具可以分析出的确在 ServerSocket 绑定到地址时就可以实现 3 次"握手"了，如图 4-30 所示。

```
Info
51211 → 8088 [SYN] Seq=0 Win=8192 Len=0 MSS=65495 WS=256 SACK_PERM=1
8088 → 51211 [SYN, ACK] Seq=0 Ack=1 Win=8192 Len=0 MSS=65495 WS=256 SACK_PERM=1
51211 → 8088 [ACK] Seq=1 Ack=1 Win=8192 Len=0
51211 → 8088 [PSH, ACK] Seq=1 Ack=1 Win=8192 Len=10 [TCP segment of a reassembled PDU]
8088 → 51211 [ACK] Seq=1 Ack=11 Win=7936 Len=0
51211 → 8088 [PSH, ACK] Seq=11 Ack=1 Win=8192 Len=10 [TCP segment of a reassembled PDU]
8088 → 51211 [ACK] Seq=1 Ack=21 Win=7936 Len=0
51211 → 8088 [PSH, ACK] Seq=21 Ack=1 Win=8192 Len=10 [TCP segment of a reassembled PDU]
8088 → 51211 [ACK] Seq=1 Ack=31 Win=7936 Len=0
```

图 4-30 "握手"的时机

4.1.13 结合多线程 Thread 实现通信

在 Socket 技术中，常用的实践方式就是 Socket 结合 Thread 多线程技术，客户端每发起一次新的请求，就把这个请求交给新创建的线程来执行这次业务。当然，如果使用线程池技术，则会更加高效。本示例先使用原始的非线程池来进行演示。

创建测试用的项目 socket_thread。

创建 BeginServer 类代码如下：

```java
public class BeginServer {
public static void main(String[] args) throws IOException {
    ServerSocket serverSocket = new ServerSocket(8888);
    int runTag = 1;
    while (runTag == 1) {
```

```
        Socket socket = serverSocket.accept();
        BeginThread beginThread = new BeginThread(socket);
        beginThread.start();
    }
    serverSocket.close();
    }
}
```

创建 BeginThread 类代码如下：

```
public class BeginThread extends Thread {

private Socket socket;

public BeginThread(Socket socket) {
    super();
    this.socket = socket;
}


@Override
public void run() {
    try {
        InputStream inputStream = socket.getInputStream();
        InputStreamReader reader = new InputStreamReader(inputStream);
        char[] charArray = new char[1000];
        int readLength = -1;
        while ((readLength = reader.read(charArray)) != -1) {
            String newString = new String(charArray, 0, readLength);
            System.out.println(newString);
        }
        reader.close();
        inputStream.close();
        socket.close();
    } catch (IOException e) {
        e.printStackTrace();
    }


}


}
```

创建 BeginClient 类代码如下：

```
public class BeginClient {
public static void main(String[] args) throws IOException {
    Socket socket = new Socket("localhost", 8888);
    OutputStream outputStream = socket.getOutputStream();
    outputStream.write(" 我是中国人 ".getBytes());
    outputStream.close();
    socket.close();
}
}
```

在上述程序运行后，服务端与客户端成功地进行通信，每个任务以异步的方式一起执行，大大增加程序运行时的吞吐量，提高了数据处理的能力。

再来看看使用线程池的代码，创建 Runnable 实现类代码如下：

```java
public class ReadRunnable implements Runnable {
private Socket socket;

public ReadRunnable(Socket socket) {
    super();
    this.socket = socket;
}

@Override
public void run() {
    try {
        InputStream inputStream = socket.getInputStream();
        byte[] byteArray = new byte[100];
        int readLength = inputStream.read(byteArray);
        while (readLength != -1) {
            System.out.println(new String(byteArray, 0, readLength));
            readLength = inputStream.read(byteArray);
        }
        inputStream.close();
        socket.close();
    } catch (IOException e) {
        e.printStackTrace();
    }
}
}
```

创建服务器运行类代码如下：

```java
public class Server {
private ServerSocket serverSocket;
private Executor pool;

public Server(int port, int poolSize) {
    try {
        serverSocket = new ServerSocket(port);
        pool = Executors.newFixedThreadPool(poolSize);
    } catch (IOException e) {
        e.printStackTrace();
    }
}

public void startService() {
    try {
        for (;;) {
            Socket socket = serverSocket.accept();
            pool.execute(new ReadRunnable(socket));
        }
    } catch (IOException e) {
        e.printStackTrace();
    }
}

public static void main(String[] args) throws Exception {
```

```
    Server server = new Server(8088, 10000);
    server.startService();
}
}
```

4.1.14 服务端与客户端互传对象以及 I/O 流顺序问题

本实验将实现 Server 与 Client 交换 Userinfo 对象，而不是前面章节 String 类型的数据。
创建测试用的项目 server_object_client。

实体类代码如下：

```
public class Userinfo implements Serializable {
private long id;
private String username;
private String password;

public Userinfo() {
}

public Userinfo(long id, String username, String password) {
    super();
    this.id = id;
    this.username = username;
    this.password = password;
}

    // 省略 get 和 set 方法
}
```

服务端示例代码如下：

```
public class Server {
public static void main(String[] args) throws IOException, ClassNotFoundException {
    ServerSocket serverSocket = new ServerSocket(8888);
    Socket socket = serverSocket.accept();
    InputStream inputStream = socket.getInputStream();
    OutputStream outputStream = socket.getOutputStream();

    ObjectInputStream objectInputStream = new ObjectInputStream(inputStream);
    ObjectOutputStream objectOutputStream = new ObjectOutputStream(outputStream);
    for (int i = 0; i < 5; i++) {
        Userinfo userinfo = (Userinfo) objectInputStream.readObject();
        System.out.println("在服务端打印" + (i + 1) + ": " + userinfo.getId() +
            " " + userinfo.getUsername() + " "
                + userinfo.getPassword());

        Userinfo newUserinfo = new Userinfo();
        newUserinfo.setId(i + 1);
        newUserinfo.setUsername("serverUsername" + (i + 1));
        newUserinfo.setPassword("serverPassword" + (i + 1));

        objectOutputStream.writeObject(newUserinfo);
    }
```

```
        objectOutputStream.close();
        objectInputStream.close();

        outputStream.close();
        inputStream.close();

        socket.close();
        serverSocket.close();
    }

}
```

客户端示例代码如下：

```
public class Client {
public static void main(String[] args) throws IOException, ClassNotFoundException {
    Socket socket = new Socket("localhost", 8888);
    InputStream inputStream = socket.getInputStream();
    OutputStream outputStream = socket.getOutputStream();
    ObjectOutputStream objectOutputStream = new ObjectOutputStream(outputStream);
    ObjectInputStream objectInputStream = new ObjectInputStream(inputStream);
    for (int i = 0; i < 5; i++) {
        Userinfo newUserinfo = new Userinfo();
        newUserinfo.setId(i + 1);
        newUserinfo.setUsername("clientUsername" + (i + 1));
        newUserinfo.setPassword("clientPassword" + (i + 1));

        objectOutputStream.writeObject(newUserinfo);

        Userinfo userinfo = (Userinfo) objectInputStream.readObject();
        System.out.println("在客户端打印 " + (i + 1) + ": " + userinfo.getId() +
            " " + userinfo.getUsername() + " "
                + userinfo.getPassword());

    }
    objectOutputStream.close();
    objectInputStream.close();

    outputStream.close();
    inputStream.close();

    socket.close();

    }

}
```

程序运行后在控制台输出的结果如下：

```
在服务端打印 1: 1 clientUsername1 clientPassword1
在服务端打印 2: 2 clientUsername2 clientPassword2
在服务端打印 3: 3 clientUsername3 clientPassword3
在服务端打印 4: 4 clientUsername4 clientPassword4
在服务端打印 5: 5 clientUsername5 clientPassword5

在客户端打印 1: 1 serverUsername1 serverPassword1
```

在客户端打印 2：2 serverUsername2 serverPassword2
在客户端打印 3：3 serverUsername3 serverPassword3
在客户端打印 4：4 serverUsername4 serverPassword4
在客户端打印 5：5 serverUsername5 serverPassword5

控制台输出的信息证明服务端与客户端成功互传 Userinfo 对象。

但在这里需要注意的是，如果在服务端使用程序代码：

```
public class Server {
public static void main(String[] args) throws IOException, ClassNotFoundException {
    ServerSocket serverSocket = new ServerSocket(8888);
    Socket socket = serverSocket.accept();
    InputStream inputStream = socket.getInputStream();
    OutputStream outputStream = socket.getOutputStream();

    ObjectInputStream objectInputStream = new ObjectInputStream(inputStream);
    ObjectOutputStream objectOutputStream = new ObjectOutputStream(outputStream);
```

那么先获得 ObjectInputStream 对象，然后获得 ObjectOutputStream 对象。如果客户端
也使用同样顺序的代码：

```
public class Client {
public static void main(String[] args) throws IOException, ClassNotFoundException {
    Socket socket = new Socket("localhost", 8888);
    InputStream inputStream = socket.getInputStream();
    OutputStream outputStream = socket.getOutputStream();
    ObjectInputStream objectInputStream = new ObjectInputStream(inputStream);
    ObjectOutputStream objectOutputStream = new ObjectOutputStream(outputStream);
```

那么客户端也是先获得 ObjectInputStream 对象，然后获得 ObjectOutputStream 对象。
这样的话，在运行程序时，会在服务端的程序代码：

```
ObjectInputStream objectInputStream = new ObjectInputStream(inputStream);
```

出现阻塞的现象。

正确的写法应该是：

1）服务端先获得 ObjectInputStream 对象，客户端就要先获得 ObjectOutputStream 对象；

2）服务端先获得 ObjectOutputStream 对象，客户端就要先获得 ObjectInputStream 对象。

4.2　ServerSocket 类的使用

ServerSocket 类中有很多方法，熟悉这些方法的功能与使用是掌握 Socket 的基础，下
面就开始介绍其常用的 API 方法。

4.2.1　接受 accept 与超时 Timeout

public Socket accept() 方法的作用就是侦听并接受此套接字的连接。此方法在连接传入
之前一直阻塞。

setSoTimeout (timeout) 方法的作用是设置超时时间，通过指定超时 timeout 值启用 / 禁用 SO_TIMEOUT，以 ms 为单位。在将此选项设为非零的超时 timeout 值时，对此 Server-Socket 调用 accept() 方法将只阻塞 timeout 的时间长度。如果超过超时值，将引发 java.net. SocketTimeoutException，但 ServerSocket 仍旧有效，在结合 try-catch 结构后，还可以继续进行 accept() 方法的操作。SO_TIMEOUT 选项必须在进入阻塞操作前被启用才能生效。注意，超时值必须是大于 0 的数。超时值为 0 被解释为无穷大超时值。参数 int timeout 的作用是在指定的时间内必须有客户端的连接请求，超过这个时间即出现异常，默认值是 0，即永远等待。

int getSoTimeout() 方法的作用是获取 SO_TIMEOUT 的设置。返回 0 意味着禁用了选项（即无穷大的超时值）。

创建名为 test7 的项目，Server 类的实现代码如下：

```java
public class Server {

public static void main(String[] args) {
    try {
        ServerSocket serverSocket = new ServerSocket(8000);
        System.out.println(serverSocket.getSoTimeout());
        serverSocket.setSoTimeout(4000);
        System.out.println(serverSocket.getSoTimeout());
        System.out.println();

        System.out.println("begin " + System.currentTimeMillis());
        serverSocket.accept();
        System.out.println("  end " + System.currentTimeMillis());
    } catch (IOException e) {
        e.printStackTrace();
        System.out.println("catch " + System.currentTimeMillis());
    }
}

}
```

在上面的示例代码中，设置超时时间为 4s，目的是验证在 4s 内没有客户端连接时服务端是否出现超时异常。

Client 类的实现代码如下：

```java
public class Client {

public static void main(String[] args) {
    try {
        System.out.println("client begin " + System.currentTimeMillis());
        Socket socket = new Socket("localhost", 8000);
        System.out.println("client   end " + System.currentTimeMillis());
    } catch (IOException e) {
        e.printStackTrace();
        System.out.println("catch " + System.currentTimeMillis());
    }
}

}
```

首先运行 Server 类的实现代码，等待 4s 后出现异常，结果如图 4-31 所示。

```
0
4000

begin 1456878342156
java.net.SocketTimeoutException: Accept timed out
catch 1456878346156
        at java.net.TwoStacksPlainSocketImpl.socketAccept(Native Method)
        at java.net.AbstractPlainSocketImpl.accept(AbstractPlainSocketImpl.java:398)
        at java.net.PlainSocketImpl.accept(PlainSocketImpl.java:199)
        at java.net.ServerSocket.implAccept(ServerSocket.java:530)
        at java.net.ServerSocket.accept(ServerSocket.java:498)
        at test.Server.main(Server.java:17)
```

图 4-31　超时后出现异常

出现 "java.net.SocketTimeoutException: Accept timed out" 异常的原因是在 4s 之内并没有客户端连接服务端。

再次运行 Server 类的实现代码，然后以最快的速度运行 Client 类的实现代码，结果如图 4-32 所示。

服务端运行结果如图 4-33 所示。

```
client begin 1502351073249
client   end 1502351073263
```

图 4-32　客户端运行结果

客户端在设置的超时时间之内连接到服务端，并没有发生超时现象。

4.2.2　构造方法的 backlog 参数含义

ServerSocket 类的构造方法

```
public ServerSocket(int port, int backlog)
```

中的参数 backlog 的主要作用就是允许接受客户端连接请求的个数。客户端有很多连接进入到操作系统

```
Problems  Tasks  Web Browser  Console
<terminated> Server (1) [Java Application] C:\jdk1.7\
0
4000

begin 1456878364546
  end 1456878366687
```

图 4-33　未超时时运行正确

中，将这些连接放入操作系统的队列中，当执行 accept() 方法时，允许客户端连接的个数要取决于 backlog 参数。

利用指定的 backlog 创建服务器套接字并将其绑定到指定的本地端口号 port。对 port 端口参数传递值为 0，意味着将自动分配空闲的端口号。

传入 backlog 参数的作用是设置最大等待队列长度，如果队列已满，则拒绝该连接。backlog 参数必须是大于 0 的正值，如果传递的值等于或小于 0，则使用默认值 50。

创建名为 test71 的 Java 项目。

Server 类的实现代码如下：

```
public class Server {

public static void main(String[] args) throws IOException, InterruptedException {
    ServerSocket serverSocket = new ServerSocket(8088, 3);
```

```
// sleep(5000) 的作用是不让 ServerSocket 调用 accept() 方法,
// 而是由客户端 Socket 先发起 10 个连接请求
// 然后在执行 accept() 方法时只能接收 3 个连接
Thread.sleep(5000);

System.out.println("accept1 begin");
Socket socket1 = serverSocket.accept();
System.out.println("accept1    end");

System.out.println("accept2 begin");
Socket socket2 = serverSocket.accept();
System.out.println("accept2    end");

System.out.println("accept3 begin");
Socket socket3 = serverSocket.accept();
System.out.println("accept3    end");

System.out.println("accept4 begin");
Socket socket4 = serverSocket.accept();
System.out.println("accept4    end");

System.out.println("accept5 begin");
Socket socket5 = serverSocket.accept();
System.out.println("accept5    end");

socket1.close();
socket2.close();
socket3.close();
socket4.close();
socket5.close();

serverSocket.close();

    }

}
```

accept() 方法被调用了 5 次，而构造方法的参数 backlog 值却为 3，实际也只能接受 3 个连接的请求，其他的连接请求被忽略。

Client 类的实现代码如下：

```
public class Client {
public static void main(String[] args) throws IOException, InterruptedException {
    Socket socket1 = new Socket("localhost", 8088);
    Socket socket2 = new Socket("localhost", 8088);
    Socket socket3 = new Socket("localhost", 8088);
    Socket socket4 = new Socket("localhost", 8088);
    Socket socket5 = new Socket("localhost", 8088);
}
}
```

首先运行 Server 类的实现代码，然后以最快的速度运行 Client 类的实现代码，结果如图 4-34 所示。

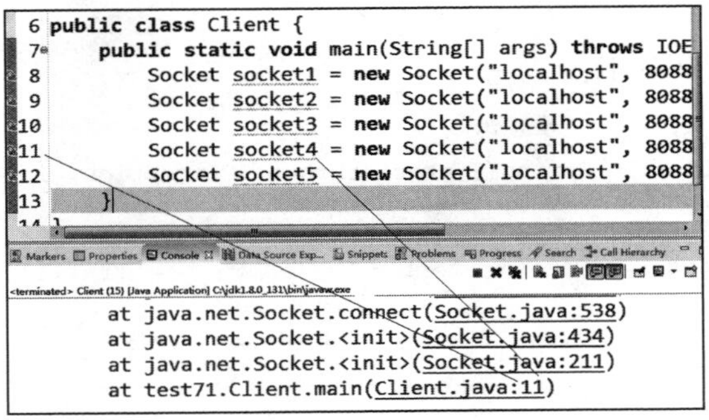

图 4-34　客户端第 4 次连接请求出现异常

第 4 次连接请求出现的异常类型为：

```
java.net.ConnectException: Connection refused: connect
```

相应的服务端日志如图 4-35 所示。

服务端 main 线程呈阻塞状态。

```
accept1 begin
accept1    end
accept2 begin
accept2    end
accept3 begin
accept3    end
accept4 begin
```

图 4-35　服务端仅接受 3 个连接

4.2.3　参数 backlog 的默认值

在不更改参数 backlog 设置的情况下，其默认值是 50。需要注意的是，backlog 限制的连接数量是由操作系统进行处理的，因为 backlog 最终会传递给用 native 声明的方法，下面验证一下这个结论。

创建名为 test72 的 Java 项目。

Server 类的实现代码如下：

```java
public class Server {

public static void main(String[] args) throws IOException, InterruptedException {
    // 默认 backlog 值是 50
    ServerSocket serverSocket = new ServerSocket(8088);

    Thread.sleep(5000);

    for (int i = 0; i < 100; i++) {
        System.out.println("accept1 begin " + (i + 1));
        Socket socket = serverSocket.accept();
        System.out.println("accept1    end" + (i + 1));
    }

    serverSocket.close();
}

}
```

上述代码对 ServerSocket 类的构造方法不传入 backlog 参数，目的是分析默认时的

backlog 的值是多少。

Client 类的实现代码如下：

```
public class Client {
public static void main(String[] args) throws IOException, InterruptedException {
    for (int i = 0; i < 100; i++) {
        Socket socket1 = new Socket("localhost", 8088);
        System.out.println("client 发起连接次数: " + (i + 1));
    }
}

}
```

首先运行 Server 类的实现代码，然后以最快的速度运行 Client 类的实现代码，客户端控制台部分输出结果如下：

```
client 发起连接次数: 48
client 发起连接次数: 49
client 发起连接次数: 50
Exception in thread "main" java.net.ConnectException: Connection refused: connect
    at java.net.DualStackPlainSocketImpl.connect0(Native Method)
    at java.net.DualStackPlainSocketImpl.socketConnect(DualStackPlainSocketImpl.java:79)
    at java.net.AbstractPlainSocketImpl.doConnect(AbstractPlainSocketImpl.java:350)
    at java.net.AbstractPlainSocketImpl.connectToAddress(AbstractPlainSocketImpl.java:206)
    at java.net.AbstractPlainSocketImpl.connect(AbstractPlainSocketImpl.java:188)
    at java.net.PlainSocketImpl.connect(PlainSocketImpl.java:172)
    at java.net.SocksSocketImpl.connect(SocksSocketImpl.java:392)
    at java.net.Socket.connect(Socket.java:589)
    at java.net.Socket.connect(Socket.java:538)
    at java.net.Socket.<init>(Socket.java:434)
    at java.net.Socket.<init>(Socket.java:211)
    at test72.Client.main(Client.java:9)
```

从客户端的控制台输出的结果可以发现，客户端在发起第 51 次连接请求时出现异常，因为服务端的连接队列默认只允许接受 50 个连接请求，其他的客户端请求被操作系统忽略了。

服务端日志如图 4-36 所示。

从图 4-36 可以看出，服务端仅接受了 50 个连接，而第 51 个连接被操作系统拒绝了。

```
accept1 begin 49
accept1     end49
accept1 begin 50
accept1     end50
accept1 begin 51
```

图 4-36　服务端仅接受 50 个连接

4.2.4　构造方法 ServerSocket (int port, int backlog, InetAddress bindAddr) 的使用

构造方法

```
public ServerSocket(int port, int backlog, InetAddress bindAddr)
```

的作用是使用指定的 port 和 backlog 将 Socket 绑定到本地 InetAddress bindAddr 来创建服务

器。bindAddr 参数可以在 ServerSocket 的多宿主主机（multi-homed host）上使用，Server-Socket 仅接受对其多个地址的其中一个的连接请求。如果 bindAddr 为 null，则默认接受任何 / 所有本地地址上的连接。注意，端口号必须 0 ～ 65535（包括两者）。

多宿主主机代表一台计算机有两块网卡，每个网卡有不同的 IP 地址，也有可能出现一台计算机有 1 块网卡，但这块网卡有多个 IP 地址的情况。

backlog 参数必须是大于 0 的正值。如果传递的值等于或小于 0，则使用默认值 50。

创建名为 test73 的 Java 项目，目的是验证在以显式的方式对 backlog 传入指定的值时，accept() 的次数就是 backlog 的值。

Server 类的实现代码如下：

```java
public class Server {

public static void main(String[] args) throws IOException, InterruptedException {
    InetAddress inetAddress = InetAddress.getLocalHost();
    ServerSocket serverSocket = new ServerSocket(8088, 50, inetAddress);

    Thread.sleep(5000);

    for (int i = 0; i < 100; i++) {
        System.out.println("accept1 begin " + (i + 1));
        Socket socket = serverSocket.accept();
        System.out.println("accept1   end" + (i + 1));
    }

    serverSocket.close();
}

}
```

Client 类的实现代码如下：

```java
public class Client {
public static void main(String[] args) throws IOException, InterruptedException {
    InetAddress inetAddress = InetAddress.getLocalHost();
    for (int i = 0; i < 100; i++) {
        Socket socket1 = new Socket(inetAddress, 8088);
        System.out.println("client 发起连接次数: " + (i + 1));
    }
}
}
```

上述程序运行的结果和 4.2.3 节一样，accept() 方法执行了 50 次，第 51 次出现异常。

ServerSocket 类有 3 个构造方法，在使用上还是有一些区别的。

1）使用构造方法 public ServerSocket (int port) 和 public ServerSocket (int port, int backlog) 创建 ServerSocket 对象，则客户端可以使用服务器任意的 IP 连接到 ServerSocket 对象中。

2）在使用 public ServerSocket (int port, int backlog, InetAddress bindAddr) 构造方法中的参数 bindAddr 创建 ServerSocket 对象后，客户端想要连接到服务端，则客户端 Socket 的构造方法的参数要写上与 ServerSocket 构造方法的参数 bindAddr 相同的 IP 地址，不然就会

出现异常。

4.2.5 绑定到指定的 Socket 地址

public void bind (SocketAddress endpoint) 方法的主要作用是将 ServerSocket 绑定到特定的 Socket 地址（IP 地址和端口号），使用这个地址与客户端进行通信。如果地址为 null，则系统将挑选一个临时端口和一个有效本地地址来绑定套接字。

该方法的使用场景就是在使用 ServerSocket 类的无参构造方法后想指定本地端口。

因为 SocketAddress 类表示不带任何协议附件的 Socket Address，所以 SocketAddress 类的源代码非常简单，如下：

```
public abstract class SocketAddress implements java.io.Serializable {
    static final long serialVersionUID = 5215720748342549866L;
}
```

作为一个抽象（abstract）类，应通过特定的、协议相关的实现为其创建子类。它提供不可变对象，供套接字用于绑定、连接或用作返回值。

SocketAddress 类是抽象类，其相关信息如图 4-37 所示。

SocketAddress 类有 1 个子类 InetSocketAddress，该类的信息如图 4-38 所示。

需要注意的是，InetAddress 类代表 IP 地址，而 InetSocketAddress 类代表 Socket 地址。

InetSocketAddress 类的 API 列表如图 4-39 所示。

图 4-37　SocketAddress 类的信息

图 4-38　InetSocketAddress 类的信息

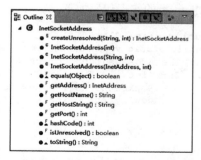

图 4-39　InetSocketAddress 类的 API 列表

InetSocketAddress 类有 3 个构造方法，说明如下。

1）构造方法 public InetSocketAddress (int port) 的作用是创建套接字地址，其中 IP 地址为通配符地址，端口号为指定值。有效的端口值介于 0 ～ 65535 之间。端口号传入 0 代表在 bind 操作中随机挑选空闲的端口。

2）构造方法 public InetSocketAddress (String hostname, int port) 的作用是根据主机名和

端口号创建套接字地址。有效的端口值介于 0 ～ 65535 之间。端口号传入 0 代表在 bind 操作中随机挑选空闲的端口。

3）构造方法 public InetSocketAddress (InetAddress addr, int port) 的作用根据 IP 地址和端口号创建套接字地址。有效的端口值介于 0 ～ 65535 之间。端口号传入 0 代表在 bind 操作中随机挑选空闲的端口。

创建名为 test8 的 Java 项目，观察一下 bind() 方法的使用。

Server 类的实现代码如下：

```java
public class Server {

public static void main(String[] args) {
    try {
        ServerSocket serverSocket = new ServerSocket();
        serverSocket.bind(new InetSocketAddress(8888));

        System.out.println("server begin accept");
        serverSocket.accept();
        System.out.println("server    end accept");
    } catch (IOException e) {
        e.printStackTrace();
        System.out.println("catch " + System.currentTimeMillis());
    }
}

}
```

Client 类的实现代码如下：

```java
public class Client {

public static void main(String[] args) {
    try {
        System.out.println("client request begin");
        Socket socket = new Socket("localhost", 8888);
        System.out.println("client request    end");
    } catch (UnknownHostException e) {
        e.printStackTrace();
    } catch (IOException e) {
        e.printStackTrace();
    }
}

}
```

首先执行 Server 类的实现代码，结果如图 4-40 所示。

然后执行 Client 类的实现代码，结果如图 4-41 所示。

此时服务端日志如图 4-42 所示。

图 4-40　等待连接中

图 4-41　客户端日志　　　　　　　　　　　　图 4-42　服务端日志

4.2.6　绑定到指定的 Socket 地址并设置 backlog 数量

bind (SocketAddress endpoint, int backlog) 方法不仅可以绑定到指定 IP，而且还可以设置 backlog 的连接数量。

创建名为 test9 的 Java 项目，测试一下该方法的使用。

Server 类的实现代码如下：

```java
public class Server {

public static void main(String[] args) throws IOException, InterruptedException {
    ServerSocket serverSocket = new ServerSocket();
    serverSocket.bind(new InetSocketAddress(8888), 50);// 参数 backlog 设置为 50
    Thread.sleep(8000);
    for (int i = 0; i < 100; i++) {
        System.out.println("server accept begin " + (i + 1));
        Socket socket = serverSocket.accept();
        System.out.println("server accept   end " + (i + 1));
        socket.close();
    }
    serverSocket.close();
}

}
```

Client 类的实现代码如下：

```java
public class Client {
public static void main(String[] args) throws IOException {
    for (int i = 0; i < 100; i++) {
        System.out.println("client begin " + (i + 1));
        Socket socket = new Socket("localhost", 8888);
        System.out.println("client   end " + (i + 1));
    }
}
}
```

首先执行 Server 类的实现代码，然后以最快的速度执行 Client 类的实现代码，控制台输出的信息说明客户端在发起 50 个连接后被拒绝连接了，信息如下：

```
client begin 50
client   end 50
client begin 51
Exception in thread "main" java.net.ConnectException: Connection refused: connect
    at java.net.DualStackPlainSocketImpl.connect0(Native Method)
```

```
    at java.net.DualStackPlainSocketImpl.socketConnect(DualStackPlainSocketImpl.
        java:79)
    at java.net.AbstractPlainSocketImpl.doConnect(AbstractPlainSocketImpl.java:350)
```

服务端日志如图 4-43 所示。

Server 类的实现代码如下：在 Windows 7 操作系统中，backlog 的极限就是 200，下面对此进行测试。

```
server accept begin 50
server accept     end 50
server accept begin 51
```

图 4-43　服务端在等待第 51 个连接

```
public class Server {
public static void main(String[] args) throws
    IOException, InterruptedException {
    ServerSocket serverSocket = new ServerSocket();
    serverSocket.bind(new InetSocketAddress(8088), Integer.MAX_VALUE);
    Thread.sleep(20000);
    serverSocket.close();
}
}
```

Client 类的实现代码如下：

```
public class Client {
public static void main(String[] args) throws IOException, InterruptedException {
    for (int i = 0; i < 5000; i++) {
        Socket socket1 = new Socket("localhost", 8088);
        System.out.println("client send request " + (i + 1));
    }
}
}
```

首先执行 Server 类的实现代码，然后执行 Client 类的实现代码，控制台输出的结果如图 4-44 所示。

```
d request 196
d request 197
d request 198
d request 199
d request 200
in thread "main" java.net.ConnectException: Connection refused: connect
java.net.DualStackPlainSocketImpl.connect0(Native Method)
java.net.DualStackPlainSocketImpl.socketConnect(DualStackPlainSocketImp
java.net.AbstractPlainSocketImpl.doConnect(AbstractPlainSocketImpl.java
java.net.AbstractPlainSocketImpl.connectToAddress(AbstractPlainSocketIm
```

图 4-44　Windows 7 操作系统中的 backlog 的极限值为 200

4.2.7　获取本地 SocketAdress 对象以及本地端口

getLocalSocketAddress() 方法用来获取本地的 SocketAddress 对象，它返回此 Socket 绑定的端点的地址，如果尚未绑定，则返回 null。getLocalPort() 方法用来获取 Socket 绑定到本地的端口。

创建名为 test12 的 Java 项目，测试一下 getLocalSocketAddress() 和 getLocalPort() 方法的使用。

Server 类的实现代码如下：

```java
public class Server {

public static void main(String[] args) throws IOException {
    ServerSocket serverSocket = new ServerSocket();
    System.out.println("new ServerSocket() 无参构造的端口是: " + serverSocket.get-
        LocalPort());
    serverSocket.bind(new InetSocketAddress("192.168.0.103", 8888));
    System.out.println("调用完 bind 方法之后的端口是: " + serverSocket.getLocalPort());

    InetSocketAddress inetSocketAddress = (InetSocketAddress) serverSocket.
        getLocalSocketAddress();
    System.out.println("inetSocketAddress.getHostName=" + inetSocketAddress.
        getHostName());
    System.out.println("inetSocketAddress.getHostString=" + inetSocketAddress.
        getHostString());
    System.out.println("inetSocketAddress.getPort=" + inetSocketAddress.getPort());

    serverSocket.close();
}

}
```

InetSocketAddress 类主要表示 Socket 的 IP 地址，而 InetAddress 类主要表示一个 IP 地址。
上述程序运行结果如图 4-45 所示。

```
new ServerSocket()无参构造的端口是: -1
调用完bind方法之后的端口是: 8888
inetSocketAddress.getHostName=gaohongyan-PC
inetSocketAddress.getHostString=gaohongyan-PC
inetSocketAddress.getPort=8888
```

图 4-45 运行结果

4.2.8 InetSocketAddress 类的使用

InetSocketAddress 类表示此类实现 IP 套
接字地址（IP 地址 + 端口号）。它还可以是
一个（主机名 + 端口号），在此情况下，将尝
试解析主机名，如果解析失败，则该地址将被视为未解析的地址，但是其在某些情形下仍然
可以使用，如通过代理连接。它提供不可变对象，供套接字用于绑定、连接或用作返回值。

通配符是一个特殊的本地 IP 地址。它通常表示"任何"，只能用于 bind 操作。

SocketAddress 与 InetAddress 本质的区别就是 SocketAddress 不基于任何协议。

1. 构造方法 public InetSocketAddress (InetAddress addr, int port) 的使用

创建项目 test12_1，用来测试构造方法 public InetSocketAddress (InetAddress addr, int
port) 的使用。

创建服务端 Server 类，代码如下：

```java
public class Server {
public static void main(String[] args) throws IOException {
    ServerSocket serverSocket = new ServerSocket();
    InetAddress inetAddress = InetAddress.getByName("localhost");
    InetSocketAddress inetSocketAddress = new InetSocketAddress(inetAddress, 8888);
    serverSocket.bind(inetSocketAddress);
    System.out.println("server begin");
    Socket socket = serverSocket.accept();
    System.out.println("server    end");
```

```
        socket.close();
        serverSocket.close();
    }
}
```

创建客户端 Client 类，代码如下：

```
public class Client {
public static void main(String[] args) throws IOException {
    System.out.println("client begin");
    Socket socket = new Socket("localhost", 8888);
    System.out.println("client    end");
}
}
```

执行上述代码后，客户端正确连接服务端。

2. getHostName() 和 getHostString() 方法的区别

public final String getHostName() 方法的作用是获取主机名。注意，如果地址是用字面 IP 地址创建的，则此方法可能触发名称服务反向查找，也就是利用 DNS 服务通过 IP 找到域名。

public final String getHostString() 方法的作用是返回主机名或地址的字符串形式，如果它没有主机名，则返回 IP 地址。这样做的好处是不尝试反向查找。

测试用的代码如下：

```
public class Test1 {
public static void main(String[] args) throws IOException {
    InetSocketAddress inetSocketAddress1 = new InetSocketAddress("192.168.
        0.103", 80);
    InetSocketAddress inetSocketAddress2 = new InetSocketAddress("192.168.
        0.103", 80);
    System.out.println(inetSocketAddress1.getHostName());
    System.out.println(inetSocketAddress2.getHostString());
}
}
```

注意，此例需要创建两个 InetSocketAddress 类的对象才能分析出这两种方法的区别。
上述程序运行结果如下：

```
gaohongyan-PC
192.168.0.103
```

之所以要创建两个对象来进行测试，是因为这两种方法的执行顺序是有关系的，先执行 get HostName() 方法的示例代码如下：

```
public class Test1 {
public static void main(String[] args) throws IOException, InterruptedException,
    ClassNotFoundException {
    InetSocketAddress address1 = new InetSocketAddress("192.168.0.150", 8088);
    InetSocketAddress address2 = new InetSocketAddress("192.168.0.150", 8088);
    // 如果先输出 getHostName()，再输出 getHostString()，
```

```
// 则在笔者计算机中输出 2 个相同的值 "gaohongyan-PC",
// 之所以出现这样的情况是因为先使用 getHostName() 取得了 hostName 的值,
// 在这个过程中进行了 DNS 解析, hostName 的值为 "gaohongyan-PC"。
// 然后在调用 getHostString() 方法时, 在源代码中使用:
// if (hostname != null)
// return hostname;
// 直接将 hostname 的值 "gaohongyan-PC" 进行返回, 因此, 这两种方法输出的结果是一样的
System.out.println(address1.getHostName());
System.out.println(address1.getHostString());
}
}
```

再来看看另外一种顺序, 即执行 getHostString() 方法的代码如下:

```
public class Test2 {
public static void main(String[] args) throws IOException, InterruptedException,
    ClassNotFoundException {
    InetSocketAddress address1 = new InetSocketAddress("192.168.0.150", 8088);
    InetSocketAddress address2 = new InetSocketAddress("192.168.0.150", 8088);
    // 但是, 如果先输出 getHostString(), 再输出 getHostName(),
    // 运行结果输出 2 个字符串:
    // 192.168.0.150
    // gaohongyan-PC

    // 这是因为 getHostString() 方法的源代码调用了代码:
    // return addr.getHostAddress();
    // 将地址直接返回, 该地址是由 InetSocketAddress 构造方法第 1 个参数决定的。
    // 在执行 getHostName() 方法时, 在源代码会调用方法:
    // InetAddress.getHostFromNameService(this, check);
    // 对这个 IP 进行 DNS 解析
    System.out.println(address1.getHostString());
    System.out.println(address1.getHostName());
}
}
```

3. 获取 IP 地址 InetAddress 对象

public final InetAddress getAddress() 方法的作用是获取 InetAddress 对象。

示例代码如下:

```
public class Test2 {
public static void main(String[] args) throws IOException {
    InetSocketAddress inetSocketAddress = new InetSocketAddress("localhost",
    8080);
    InetAddress inetAddress = inetSocketAddress.getAddress();
    byte[] ipAddress = inetAddress.getAddress();
    for (int i = 0; i < ipAddress.length; i++) {
        System.out.print((byte) ipAddress[i] + " ");
    }
}
}
```

上述程序运行结果如下:

```
127 0 0 1
```

4. 创建未解析的套接字地址

public static InetSocketAddress createUnresolved (String host, int port) 方法的作用是根据主机名和端口号创建未解析的套接字地址，但不会尝试将主机名解析为 InetAddress。该方法将地址标记为未解析，有效端口值介于 0 ～ 65535 之间。端口号 0 代表允许系统在 bind 操作中随机挑选空闲的端口。

public final boolean isUnresolved() 方法的作用：如果无法将主机名解析为 InetAddress，则返回 true。

示例代码如下：

```
public class Test3 {
public static void main(String[] args) throws IOException {
    InetSocketAddress inetSocketAddress1 = new InetSocketAddress("www.baidu.
        com", 80);
    // 输出 false 的原因是可以对 www.baidu.com 进行解析
    System.out.println(inetSocketAddress1.isUnresolved());

    InetSocketAddress inetSocketAddress2 = new InetSocketAddress("www.baidu
        3245fdgsadfasdfasdfasdf.com", 80);
    // 输出 true 的原因是不能对这个域名进行解析
    System.out.println(inetSocketAddress2.isUnresolved());

    // 输出 true 是因为即使能对 www.baidu.com 进行解析，内部也不解析
    InetSocketAddress inetSocketAddress3 = InetSocketAddress.createUnresolved
        ("www.baidu.com", 80);
    System.out.println(inetSocketAddress3.isUnresolved());

    // 输出 true 的原因是内部从来不解析
    InetSocketAddress inetSocketAddress4 = InetSocketAddress
            .createUnresolved("www.baidu3245fdgsadfasdfasdfasdf.com", 80);
    System.out.println(inetSocketAddress4.isUnresolved());
}
}
```

上述程序运行结果如下：

```
false
true
true
true
```

4.2.9　关闭与获取关闭状态

public void close() 方法的作用是关闭此套接字。在 accept() 中，所有当前阻塞的线程都将会抛出 SocketException。如果此套接字有一个与之关联的通道，则关闭该通道。

public boolean isClosed() 方法的作用是返回 ServerSocket 的关闭状态。如果已经关闭了套接字，则返回 true。

创建名为 test10 的 Java 项目。

Server 类的实现代码如下：

```java
public class Server {

public static void main(String[] args) {
    try {
        ServerSocket serverSocket = new ServerSocket(8888);
        System.out.println(serverSocket.isClosed());
        serverSocket.close();
        System.out.println(serverSocket.isClosed());
    } catch (IOException e) {
        e.printStackTrace();
    }
}

}
```

上述程序运行结果如下：

```
false
true
```

4.2.10 判断 Socket 绑定状态

public boolean isBound() 方法的作用是返回 ServerSocket 的绑定状态。如果将 Server-Socket 成功地绑定到一个地址，则返回 true。

创建名为 test11 的 Java 项目。

Server1 类的实现代码如下：

```java
public class Server1 {

public static void main(String[] args) {
    try {
        ServerSocket serverSocket = new ServerSocket();
        System.out.println("bind begin " + serverSocket.isBound());
        serverSocket.bind(new InetSocketAddress("localhost", 8888));
        System.out.println("bind    end " + serverSocket.isBound());
    } catch (IOException e) {
        e.printStackTrace();
        System.out.println("catch come in!");
    }
}

}
```

Server1 类的实现代码的执行结果如图 4-46 所示。

Server2 类的实现代码如下：

```java
public class Server2 {

public static void main(String[] args) {
    try {
        ServerSocket serverSocket = new ServerSocket();
```

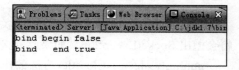

图 4-46 正确绑定到 IP 地址及端口

```
        System.out.println("bind begin " + serverSocket.isBound());
        serverSocket.bind(new InetSocketAddress("www.baidubaidu 不存在的网址 .com",
            8888));
        System.out.println("bind   end " + serverSocket.isBound());
    } catch (IOException e) {
        e.printStackTrace();
        System.out.println("catch come in!");
    }
}

}
```

执行 Server2 类的实现代码的结果如图 4-47 所示。

```
bind begin false
java.net.SocketException: Unresolved address
catch come in!
        at java.net.ServerSocket.bind(ServerSocket.java:369)
        at java.net.ServerSocket.bind(ServerSocket.java:330)
        at test.Server2.main(Server2.java:13)
```

图 4-47　绑定失败

4.2.11　获得 IP 地址信息

getInetAddress() 方法用来获取 Socket 绑定的本地 IP 地址信息。如果 Socket 是未绑定的，则该方法返回 null。

创建名为 test13 的 Java 项目。

Server 类的实现代码如下：

```
public class Server {
public static void main(String[] args) throws IOException, Interrupted-
    Exception, ClassNotFoundException {
    ServerSocket serverSocket = new ServerSocket();
    serverSocket.bind(new InetSocketAddress("192.168.0.150", 8088));
    System.out.println(serverSocket.getInetAddress().getHostAddress());
    System.out.println(serverSocket.getInetAddress().getLoopbackAddress());
}
}
```

上述程序运行结果如下：

```
192.168.0.150
localhost/127.0.0.1
```

4.2.12　Socket 选项 ReuseAddress

public void setReuseAddress (boolean on) 方法的作用是启用 / 禁用 SO_REUSEADDR 套接字选项。关闭 TCP 连接时，该连接可能在关闭后的一段时间内保持超时状态（通常称为 TIME_WAIT 状态或 2MSL 等待状态）。对于使用已知套接字地址或端口的应用程序而言，如果存在处于超时状态的连接（包括地址和端口），则应用程序可能不能将套接字绑定到所需的 SocketAddress 上。

如果在使用 bind (SocketAddress) 方法 "绑定套接字之前" 启用 SO_REUSEADDR 选项，就可以允许绑定到处于超时状态的套接字。

当创建 ServerSocket 时，SO_REUSEADDR 的初始设置是不确定的，要依赖于操作系统的实现。在使用 bind() 方法绑定套接字后，启用或禁用 SO_REUSEADDR 时的行为是不确定的，也要依赖于操作系统的实现。

应用程序可以使用 getReuseAddress() 来判断 SO_REUSEADDR 的初始设置。

public boolean getReuseAddress() 方法的作用是测试是否启用 SO_REUSEADDR。

在调用 Socket 类的 close() 方法时，会关闭当前连接，释放使用的端口，但在操作系统层面，并不会马上释放当前使用的端口。如果端口呈 TIME_WAIT 状态，则在 Linux 操作系统中可以重用此状态的端口。setReuseAddress (boolean) 方法就是用来实现这样的功能的，也就是端口复用。端口复用的优点是可以大幅提升端口的使用率，用较少的端口数完成更多的任务。

什么是 TIME_WAIT 状态？服务端（Server）与客户端（Client）建立 TCP 连接之后，主动关闭连接的一方就会进入 TIME_WAIT 状态。例如，客户端主动关闭连接时，会发送最后一个 ACK，然后客户端就会进入 TIME_WAIT 状态，再 "停留若干时间"，然后进入 CLOSED 状态。在 Linux 操作系统中，当在 "停留若干时间" 段时，应用程序是可以复用呈 TIME_WAIT 状态的端口的，这样可提升端口利用率。

在 Linux 发行版 CentOS 中，默认允许端口复用。

本节将对 ServerSocket 类的 setReuseAddress (boolean) 方法在 Linux 操作系统中进行复用地址的测试。因为 Windows 操作系统并没有完全实现 BSD Socket 的标准，所以意味着在 Windows 操作系统中不能使用 setReuseAddress (boolean) 方法来实现端口复用。

注意，本小节的代码要在 Linux 操作系统中进行测试才可以出现预期的结果。

1. 服务端实现端口不允许被复用

先来看一下服务端不允许复用端口的测试。

创建名为 ServerSocketReuseAddress_server 的 Java 项目。

Test1 类的实现代码如下：

```
public class Test1 {
public static void main(String[] args) throws IOException, InterruptedException {
    Thread server = new Thread() {
        @Override
        public void run() {
            try {
                ServerSocket serverSocket = new ServerSocket();
                serverSocket.setReuseAddress(false);
                serverSocket.bind(new InetSocketAddress("localhost", 8888));
                Socket socket = serverSocket.accept();
                Thread.sleep(1000);
```

```
            socket.close();            // 服务端首先主动关闭连接■■■■■
            serverSocket.close();      // 服务端首先主动关闭连接■■■■■
        } catch (SocketException e) {
            e.printStackTrace();
        } catch (IOException e) {
            e.printStackTrace();
        } catch (InterruptedException e) {
            e.printStackTrace();
        }
    }
};
server.start();

Thread.sleep(500);

Thread client = new Thread() {
    @Override
    public void run() {
        try {
            Socket socket = new Socket("localhost", 8888);
            Thread.sleep(3000);
            socket.close();
        } catch (UnknownHostException e) {
            e.printStackTrace();
        } catch (IOException e) {
            e.printStackTrace();
        } catch (InterruptedException e) {
            e.printStackTrace();
        }
    }
};
client.start();
}
}
```

上述程序中的代码语句“ServerSocket.setReuseAddress(false);”的含义是不允许端口复用。

Test3 类的现实代码如下：

```
public class Test3 {
public static void main(String[] args) throws IOException, InterruptedException {
    try {
        ServerSocket serverSocket = new ServerSocket(8888);
        System.out.println("accept begin");
        Socket socket = serverSocket.accept();
        System.out.println("accept   end");
        socket.close();
        serverSocket.close();
    } catch (SocketException e) {
        e.printStackTrace();
    } catch (IOException e) {
        e.printStackTrace();
    }
}
}
```

Test3 类的实现代码的主要作用是使用服务端的端口 8888。

首先运行 Test1 类的实现代码，两个线程按顺序执行，然后在终端中查看一下端口的状态，结果如图 4-48 所示。

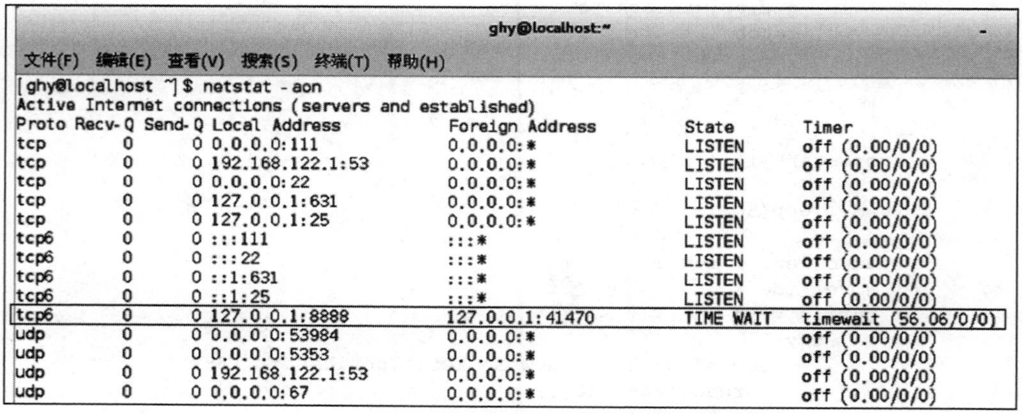

图 4-48　端口 8888 呈 TIME_WAIT 状态

然后运行 Test3 类的实现代码，结果出现端口被使用的异常提示，说明端口 8888 并不允许复用。异常结果如下所示：

```
java.net.BindException: 地址已在使用
    at java.net.PlainSocketImpl.socketBind(Native Method)
    at java.net.AbstractPlainSocketImpl.bind(AbstractPlainSocketImpl.java:387)
    at java.net.ServerSocket.bind(ServerSocket.java:375)
    at java.net.ServerSocket.<init>(ServerSocket.java:237)
    at java.net.ServerSocket.<init>(ServerSocket.java:128)
    at test.Test3.main(Test3.java:11)
```

上述结果表明服务端的端口不允许被复用的测试成功了。

2. 服务端实现端口允许被复用

下面进行服务端允许复用端口的测试。

在名为 ServerSocketReuseAddress_server 的 Java 项目中，创建 Test2 类，代码如下：

```java
public class Test2 {
public static void main(String[] args) throws IOException, InterruptedException {
    Thread server = new Thread() {
        @Override
        public void run() {
            try {
                ServerSocket serverSocket = new ServerSocket();
                serverSocket.setReuseAddress(true);
                serverSocket.bind(new InetSocketAddress("localhost", 8888));
                Socket socket = serverSocket.accept();
                Thread.sleep(1000);
                socket.close();        // 服务端首先主动关闭连接■■■■■
                serverSocket.close();  // 服务端首先主动关闭连接■■■■
```

```
            } catch (SocketException e) {
                e.printStackTrace();
            } catch (IOException e) {
                e.printStackTrace();
            } catch (InterruptedException e) {
                e.printStackTrace();
            }
        }
    };
    server.start();

    Thread.sleep(500);

    Thread client = new Thread() {
        @Override
        public void run() {
            try {
                Socket socket = new Socket("localhost", 8888);
                Thread.sleep(3000);
                socket.close();
            } catch (UnknownHostException e) {
                e.printStackTrace();
            } catch (IOException e) {
                e.printStackTrace();
            } catch (InterruptedException e) {
                e.printStackTrace();
            }
        }
    };
    client.start();
}
}
```

Test2 类中的代码：`serverSocket.setReuseAddress(true);` 的含义是允许端口复用。

首先运行 Test2 类，然后在终端中查看一下端口的状态，状态结果如图 4-49 所示。

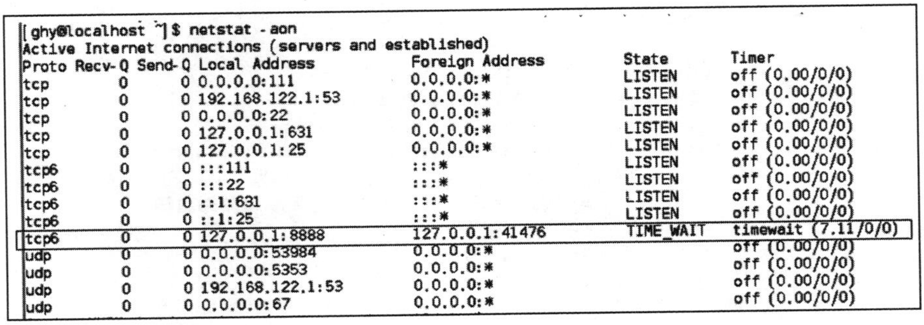

图 4-49　端口 8888 呈 TIME_WAIT 状态

然后运行 Test3 类的实现代码，并未出现异常提示，说明端口 8888 允许复用，控制台输出信息如下：

```
accept begin
```

上述结果表明服务端的端口允许被复用的测试成功了。

3. 客户端实现端口不允许被复用

下面进行客户端不允许复用端口的测试。

创建名为 ServerSocketReuseAddress_client 的 Java 项目。

Test1 类的实现代码如下：

```java
public class Test1 {
public static void main(String[] args) throws IOException, InterruptedException {
    Thread server = new Thread() {
        @Override
        public void run() {
            try {
                ServerSocket serverSocket = new ServerSocket();
                serverSocket.setReuseAddress(true);
                serverSocket.bind(new InetSocketAddress("localhost", 8888));
                Socket socket = serverSocket.accept();
                Thread.sleep(3000);
                socket.close();
                serverSocket.close();
            } catch (SocketException e) {
                e.printStackTrace();
            } catch (IOException e) {
                e.printStackTrace();
            } catch (InterruptedException e) {
                e.printStackTrace();
            }
        }
    };
    server.start();

    Thread.sleep(500);

    Thread client = new Thread() {
        @Override
        public void run() {
            try {
                Socket socket = new Socket();
                socket.setReuseAddress(false);
                socket.bind(new InetSocketAddress(7777));
                socket.connect(new InetSocketAddress(8888));
                System.out.println("socket.getLocalPort()=" + socket.getLocalPort());
                socket.close();// 客户端首先主动关闭连接■■■■■
            } catch (UnknownHostException e) {
                e.printStackTrace();
            } catch (IOException e) {
                e.printStackTrace();
            }
        }
    };
    client.start();
}
}
```

Test1 类中的代码 "socket.setReuseAddress(**false**);" 的含义是不允许端口复用。
首先运行 Test1 类，程序运行结果如图 4-50 所示。

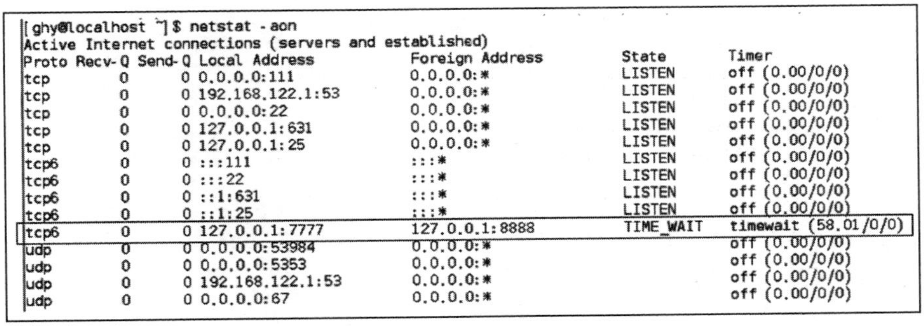

图 4-50 端口 7777 呈 TIME_WAIT 状态

然后再运行 Test1 类的实现代码，出现端口被使用的异常提示，说明端口 7777 并不允许复用，异常结果如图 4-51 所示。

上述结果表明客户端的端口不允许被复用的测试成功了。

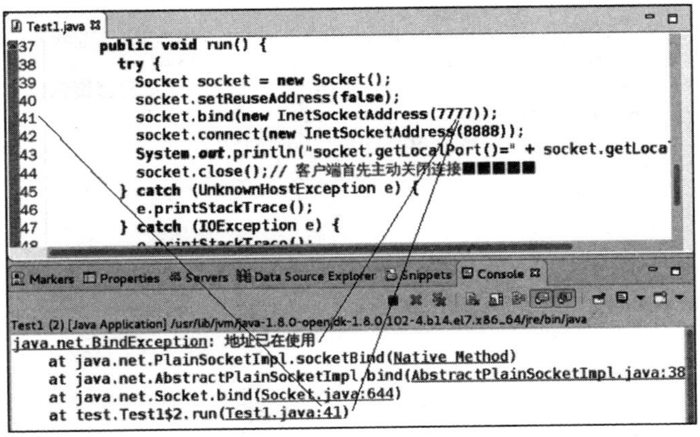

图 4-51 端口 7777 不允许复用

4. 客户端实现端口允许被复用

下面进行客户端允许复用端口的测试。

在名为 ServerSocketReuseAddress_client 的 Java 项目中创建 Test2 类，代码如下：

```java
public class Test2 {
public static void main(String[] args) throws IOException, InterruptedException {
    Thread server = new Thread() {
        @Override
        public void run() {
            try {
                ServerSocket serverSocket = new ServerSocket();
                serverSocket.setReuseAddress(true);
```

```
                    serverSocket.bind(new InetSocketAddress("localhost", 8888));
                    Socket socket = serverSocket.accept();
                    Thread.sleep(3000);
                    socket.close();
                    serverSocket.close();
                } catch (SocketException e) {
                    e.printStackTrace();
                } catch (IOException e) {
                    e.printStackTrace();
                } catch (InterruptedException e) {
                    e.printStackTrace();
                }
            }
        };
        server.start();

        Thread.sleep(500);

        Thread client = new Thread() {
            @Override
            public void run() {
                try {
                    Socket socket = new Socket();
                    socket.setReuseAddress(true);
                    socket.bind(new InetSocketAddress(7777));
                    socket.connect(new InetSocketAddress(8888));
                    System.out.println("socket.getLocalPort()=" + socket.getLocalPort());
                    socket.close();// 客户端首先主动关闭连接■■■■■
                } catch (UnknownHostException e) {
                    e.printStackTrace();
                } catch (IOException e) {
                    e.printStackTrace();
                }
            }
        };
        client.start();
    }
}
```

Test2类中的代码“`socket.setReuseAddress(true);`”的含义是允许端口复用。首先运行Test2类，程序运行结果如图4-52所示。

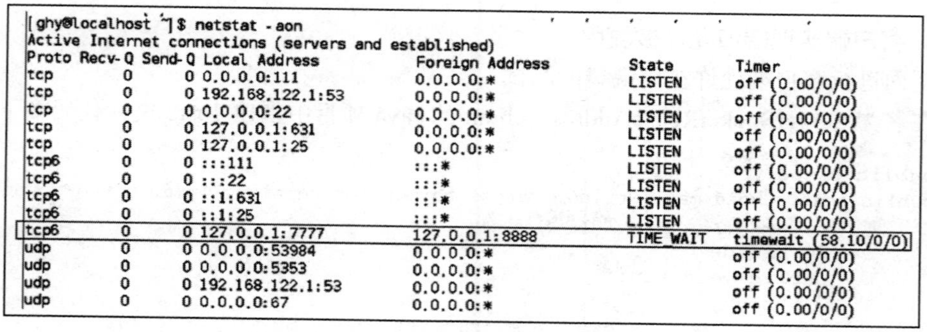

```
[ghy@localhost ~]$ netstat -aon
Active Internet connections (servers and established)
Proto Recv-Q Send-Q Local Address           Foreign Address         State       Timer
tcp        0      0 0.0.0.0:111             0.0.0.0:*               LISTEN      off (0.00/0/0)
tcp        0      0 192.168.122.1:53        0.0.0.0:*               LISTEN      off (0.00/0/0)
tcp        0      0 0.0.0.0:22              0.0.0.0:*               LISTEN      off (0.00/0/0)
tcp        0      0 127.0.0.1:631           0.0.0.0:*               LISTEN      off (0.00/0/0)
tcp        0      0 127.0.0.1:25            0.0.0.0:*               LISTEN      off (0.00/0/0)
tcp6       0      0 :::111                  :::*                    LISTEN      off (0.00/0/0)
tcp6       0      0 :::22                   :::*                    LISTEN      off (0.00/0/0)
tcp6       0      0 ::1:631                 :::*                    LISTEN      off (0.00/0/0)
tcp6       0      0 ::1:25                  :::*                    LISTEN      off (0.00/0/0)
tcp6       0      0 127.0.0.1:7777          127.0.0.1:8888          TIME_WAIT   timewait (58.10/0/0)
udp        0      0 0.0.0.0:53984           0.0.0.0:*                           off (0.00/0/0)
udp        0      0 0.0.0.0:5353            0.0.0.0:*                           off (0.00/0/0)
udp        0      0 192.168.122.1:53        0.0.0.0:*                           off (0.00/0/0)
udp        0      0 0.0.0.0:67              0.0.0.0:*                           off (0.00/0/0)
```

图4-52　端口7777呈TIME_WAIT状态

然后再运行 Test2 类的实现代码，并未出现异常提示，说明端口 7777 允许复用。
上述结果表明客户端的端口允许被复用的测试成功了。

4.2.13　Socket 选项 ReceiveBufferSize

public void setReceiveBufferSize (int size) 方法的作用是为从此 ServerSocket 接受的套
接字的 SO_RCVBUF 选项设置新的建议值。在接受的套接字中，实际被采纳的值必须在
accept() 方法返回套接字后通过调用 Socket.getReceiveBufferSize() 方法进行获取。

SO_RCVBUF 的值用于设置内部套接字接收缓冲区的大小和设置公布到远程同位体的 TCP
接收窗口的大小。随后可以通过调用 Socket.setReceiveBufferSize (int) 方法更改该值。但是，如
果应用程序希望允许大于 RFC 1323 中定义的 64KB 的接收窗口，则在将 ServerSocket 绑定到
本地地址之前必须在其中设置建议值。这意味着，必须用无参数构造方法创建 ServerSocket，
然后必须调用 setReceiveBufferSize() 方法，最后通过调用 bind() 将 ServerSocket 绑定到地址。
如果不是按照前面的顺序设置接收缓冲区的大小，也不会导致错误，缓冲区大小可能被设置为
所请求的值，但是此 ServerSocket 中接受的套接字中的 TCP 接收窗口将不再大于 64KB。

public int getReceiveBufferSize() 方法的作用是获取此 ServerSocket 的 SO_RCVBUF 选
项的值，该值是将用于从此 ServerSocket 接受的套接字的建议缓冲区大小。

在接受的套接字中，实际设置的值通过调用 Socket.getReceiveBufferSize() 方法来确定。

注意，对于客户端，SO_RCVBUF 选项必须在 connect 方法调用之前设置，对于服务端，
SO_RCVBUF 选项必须在 bind() 前设置。

创建名为 test15 的 Java 项目。

Server 类的实现代码如下：

```java
public class Server {
public static void main(String[] args) {
    try {
        ServerSocket serverSocket = new ServerSocket();
        System.out.println("A server serverSocket.getReceiveBufferSize()=" +
            serverSocket.getReceiveBufferSize());
        serverSocket.setReceiveBufferSize(66);
        System.out.println("B server serverSocket.getReceiveBufferSize()=" +
            serverSocket.getReceiveBufferSize());
        serverSocket.bind(new InetSocketAddress("localhost", 8088));
        Socket socket = serverSocket.accept();
        InputStream inputStream = socket.getInputStream();
        InputStreamReader inputStreamReader = new InputStreamReader(inputStream);
        char[] charArray = new char[1024];
        int readLength = inputStreamReader.read(charArray);
        while (readLength != -1) {
            String newString = new String(charArray, 0, readLength);
            System.out.println(newString);
            readLength = inputStreamReader.read(charArray);
        }
        socket.close();
        serverSocket.close();
```

```
        } catch (SocketTimeoutException e) {
            e.printStackTrace();
        } catch (IOException e) {
            e.printStackTrace();
        }
    }

}
```

Client 类的实现代码如下：

```
public class Client {
public static void main(String[] args) {
    try {
        Socket socket = new Socket();
        System.out.println("begin " + socket.getReceiveBufferSize());
        socket.connect(new InetSocketAddress("localhost", 8088));
        System.out.println(" end " + socket.getReceiveBufferSize());
        OutputStream outputStream = socket.getOutputStream();
        for (int i = 0; i < 100; i++) {
            outputStream
                    .write("12345678912345678912345678912345678912345678912345678 9123
                        4567891234567891234567891234567891234567891234567891 23456789
                        1234567891234567891234567891234567891234567891234567 89123456
                        7891234567891234567891234567891234567891234567891234 567891234
                        5678912345678912345678912345678912345678912345678912 34567 89
                        1234567891234567891234567891234567891234567891234567 89123456
                        7891234567891234567891234567891234567891234567891234 567891 23
                        4567891234567891234567891234567891234567891234567891 234567 89
                        1234567891234567891234567891234567891234567891234567 89123456
                        7891234567891234567891234567891234567891234567891234 567891 23
                        4567891234567891234567891234567891234567891234567891 234567 89
                        1234567891234567891234567891234567891234567891234567 89123456
                        789123456789123456789"
                            .getBytes());
        }
        outputStream.write("end!".getBytes());
        outputStream.close();
        socket.close();
    } catch (UnknownHostException e) {
        e.printStackTrace();
    } catch (IOException e) {
        e.printStackTrace();
    }
}
}
```

首先运行服务端，再运行客户端，抓包的结果如图 4-53 所示。
在服务端的控制台中首先输出如下结果：

```
A server serverSocket.getReceiveBufferSize()=8192
B server serverSocket.getReceiveBufferSize()=66
```

上述输出结果说明服务端的接收缓冲区大小被更改了。

在客户端的控制台中输出如下结果：

```
begin 8192
    end 8192
```

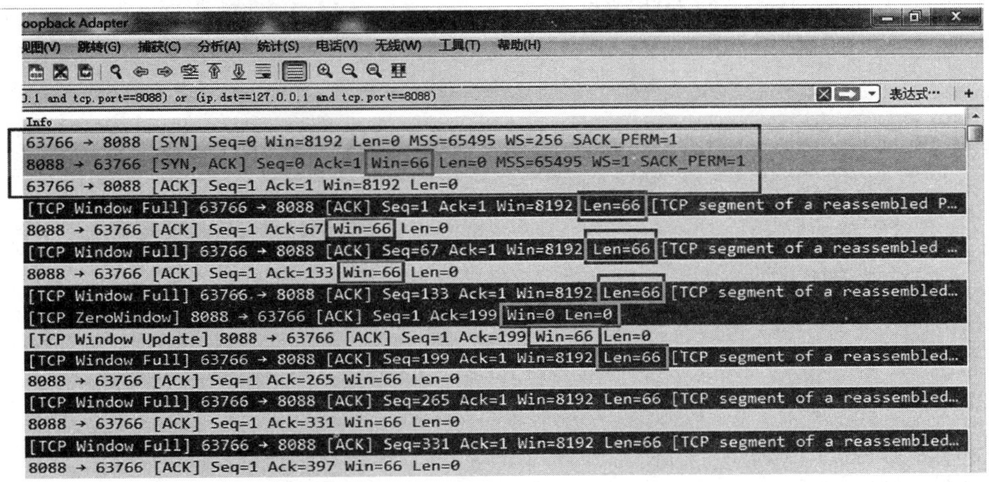

图 4-53　抓包的结果

上述输出结果说明在 3 次"握手"的第 2 步，服务端只是告诉客户端，下一次客户端向服务端传输数据的 windowsSize 窗口大小，但并没有更改客户端的接收缓冲区的大小，只是更改了服务端接收缓冲区的大小。

4.3　Socket 类的使用

ServerSocket 类作用是搭建 Socket 的服务端环境，而 Socket 类的主要作用是使 Server 与 Client 进行通信。Socket 类包含很多实用且能增加软件运行效率的 API 方法，本节将介绍这些方法的功能及使用。

4.3.1　绑定 bind 与 connect 以及端口生成的时机

public void bind (SocketAddress bindpoint) 方法的作用是将套接字绑定到本地地址。如果地址为 null，则系统将随机挑选一个空闲的端口和一个有效的本地地址来绑定套接字。

在 Socket 通信的过程中，服务端和客户端都需要端口来进行通信。而在前面的示例中，都是使用" new ServerSocket (8888)"的代码格式来创建 Socket 服务端，其中 8888 就是服务端的端口号。使用代码" new Socket ("localhost", 8888)"来创建客户端的 Socket 并连接服务端的 8888 端口，客户端的端口并没有指定，而是采用自动分配端口号的算法。当然，在客户端的 Socket 中是可以指定使用某个具体的端口的，这个功能就由 bind() 方法提供。

bind() 方法就是将客户端绑定到指定的端口上，该方法要优先于 connect() 方法执行，也就是先绑定本地端口再执行连接方法。

public void connect (SocketAddress endpoint) 方法的作用就是将此套接字连接到服务端。

创建名为 SocketTest_1 的 Java 项目。

Server 类的实现代码如下：

```java
public class Server {

public static void main(String[] args) throws IOException {
    ServerSocket serverSocket = new ServerSocket(8888);
    Socket socket = serverSocket.accept();
    socket.close();
    serverSocket.close();
    System.out.println("server end!");
}

}
```

Client 类的实现代码如下：

```java
public class Client {
public static void main(String[] args) throws IOException {
    Socket socket = new Socket();
    socket.bind(new InetSocketAddress("localhost", 7777));
    socket.connect(new InetSocketAddress("localhost", 8888));
    socket.close();
    System.out.println("client end!");
}

}
```

首先运行服务端，再运行客户端，控制台输出结果如图 4-54 所示。

如果使用 Socket 类的无参的构造方法结合 connect() 方法连接到服务端，那么，在调用 socket.connect() 方法时，在内部首先绑定到客户端的一个空闲的随机端口，然后使用这个端口再去连接服务端。

创建测试用的项目 socketPortCreateTime。

Server 类的示例代码如下：

```java
public class Server {
public static void main(String[] args) throws
    IOException, InterruptedException,
    ClassNotFoundException {
    ServerSocket serverSocket = new
    ServerSocket(8088);
    Thread.sleep(10000);
    serverSocket.close();
}
}
```

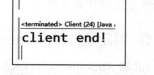

图 4-54　服务端与客户端成功进行连接

Client 类的示例代码如下：

```java
public class Client {
public static void main(String[] args) throws IOException, InterruptedException,
    ClassNotFoundException {
    Socket socket = new Socket();
    System.out.println("A=" + socket.getLocalPort());
    socket.connect(new InetSocketAddress("localhost", 8088));
    System.out.println("B=" + socket.getLocalPort());
    socket.close();
}
}
```

在上述程序运行后，客户端控制台输出如下结果：

```
A=-1
B=57561
```

上述结果说明 Socket 类的无参构造方法结合 connect() 方法实现的功能是：在 connect() 方法执行时，在 connect 内部自动绑定了一个空闲的随机端口 57561，再使用这个 57561 端口连接到服务端。在第一次"握手"时，客户端使用 57561 端口连接服务端，抓包结果如图 4-55 所示。

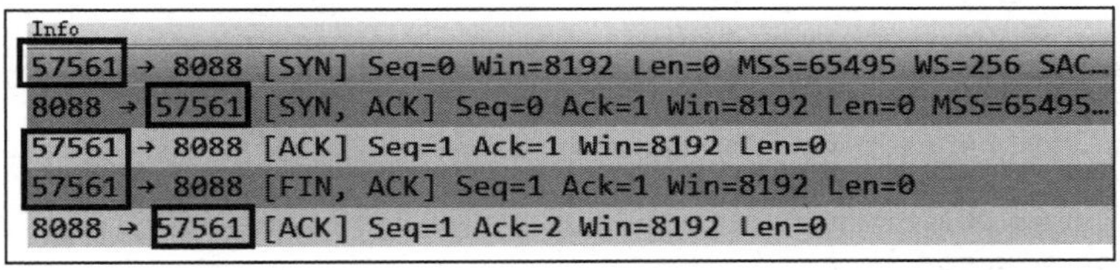

图 4-55　抓包结果

如果在 connect() 方法之后又显式执行 bind() 方法，则出现"java.net.SocketException: Already bound"异常。

4.3.2　连接与超时

public void connect (SocketAddress endpoint, int timeout) 方法的作用是将此套接字连接到服务端，并指定一个超时值。超时值是 0 意味着无限超时。在 Windows 操作系统中，默认的超时时间为 20s。

若时间超过 timeout 还没有连接到服务端，则出现异常。

创建测试用的项目 SocketTest_2。

Client1 类的实现代码如下：

```java
public class Client1 {
public static void main(String[] args) throws IOException {
    long beginTime = 0;
    try {
        Socket socket = new Socket();
```

```
            socket.bind(new InetSocketAddress("192.168.0.101", 7777));
            beginTime = System.currentTimeMillis();
            socket.connect(new InetSocketAddress("1.1.1.1", 8888), 6000);
            socket.close();
            System.out.println("client end!");
        } catch (Exception e) {
            long endTime = System.currentTimeMillis();
            System.out.println(endTime - beginTime);
            e.printStackTrace();
        }
    }

    }
```

上述代码语句"socket.bind (new InetSocketAddress("192.168.0.101", 7777));"中的"192.
168.0.101"不要写成"localhost",因为远程计算机连接不到"localhost"这个地址。

本测试代码中的 IP 地址 1.1.1.1 是不存在的 IP 地址,即故意制造一个连接不成功的场景。

Client2 类的实现代码如下:

```
public class Client2 {
public static void main(String[] args) throws IOException {
    long beginTime = 0;
    try {
        Socket socket = new Socket();
        beginTime = System.currentTimeMillis();
        socket.connect(new InetSocketAddress("1.1.1.1", 8888), 6000);
        socket.close();
        System.out.println("client end!");
    } catch (Exception e) {
        long endTime = System.currentTimeMillis();
        System.out.println(endTime - beginTime);
        e.printStackTrace();
    }
    }

    }
```

上面的代码并没有执行 bind() 操作。

这两个 Java 类运行的效果是一样的,也就是在 6s 之后出现"java.net.SocketTimeoutException:
connect timed out"超时异常。

4.3.3 获得远程端口与本地端口

public int getPort() 方法的作用是返回此套接字连接到的远程端口。

public int getLocalPort() 方法的作用是返回此套接字绑定到的本地端口。

创建测试用的项目 SocketTest_3。

Server 类的实现代码如下:

```
public class Server {
```

```
public static void main(String[] args) throws IOException {
    ServerSocket serverSocket = new ServerSocket(8888);
    Socket socket = serverSocket.accept();
    System.out.println("服务端的输出: ");
    System.out.println("服务端的端口号 socket.getLocalPort()=" + socket.get-
        LocalPort());
    System.out.println("客户端的端口号 socket.getPort()=" + socket.getPort());
    socket.close();
    serverSocket.close();
    System.out.println("server end!");
}

}
```

Client 类的实现代码如下：

```
public class Client {
public static void main(String[] args) throws IOException {
    Socket socket = new Socket();
    socket.bind(new InetSocketAddress("localhost", 7777));
    socket.connect(new InetSocketAddress("localhost", 8888));
    System.out.println("客户端的输出: ");
    System.out.println("客户端的端口号 socket.getLocalPort()=" + socket.getLocal-
        Port());
    System.out.println("服务端的端口号 socket.getPort()=" + socket.getPort());
    socket.close();
}

}
```

在上述程序运行后，控制台输出的结果如图 4-56 所示。

4.3.4　获得本地 InetAddress 地址与本地 SocketAddress 地址

public InetAddress getLocalAddress() 方法的作用是获取套接字绑定的本地 InetAddress 地址信息。

```
服务端的输出:
服务端的端口号socket.getLocalPort()=8888
客户端的端口号socket.getPort()=7777
server end!

客户端的输出:
客户端的端口号socket.getLocalPort()=7777
服务端的端口号socket.getPort()=8888
```

图 4-56　控制台输出的结果

public SocketAddress getLocalSocketAddress() 方法的作用是返回此套接字绑定的端点的 Socket-Address 地址信息。如果尚未绑定，则返回 null。

创建测试用的项目 SocketTest_4。

Server 类的实现代码如下：

```
public class Server {

public static void main(String[] args) throws IOException {
    ServerSocket serverSocket = new ServerSocket(8888);
    Socket socket = serverSocket.accept();
```

```
        InetAddress inetAddress = socket.getLocalAddress();
        InetSocketAddress inetSocketAddress = (InetSocketAddress) socket.getLocal-
            SocketAddress();
        byte[] byteArray1 = inetAddress.getAddress();
        System.out.print("服务端的 IP 地址为: ");
        for (int i = 0; i < byteArray1.length; i++) {
            System.out.print(byteArray1[i] + " ");
        }
        System.out.println();
        System.out.println("服务端的端口为: " + inetSocketAddress.getPort());
        socket.close();
        serverSocket.close();
    }

}
```

Client 类的实现代码如下：

```
public class Client {
public static void main(String[] args) throws IOException {
    Socket socket = new Socket("localhost", 8888);
    socket.close();
}

}
```

上述程序运行后在控制台输出如下信息：

```
服务端的 IP 地址为: 127 0 0 1
服务端的端口为: 8888
```

4.3.5   获得远程 InetAddress 与远程 SocketAddress() 地址

public InetAddress getInetAddress() 方法的作用是返回此套接字连接到的远程的 Inet-Address 地址。如果套接字是未连接的，则返回 null。

public SocketAddress getRemoteSocketAddress() 方法的作用是返回此套接字远程端点的 SocketAddress 地址，如果未连接，则返回 null。

创建测试用的项目 SocketTest_5。

Server 类的实现代码如下：

```
public class Server {

public static void main(String[] args) throws IOException {
    ServerSocket serverSocket = new ServerSocket(8888);
    Socket socket = serverSocket.accept();
    InetAddress inetAddress = socket.getInetAddress();
    InetSocketAddress inetSocketAddress = (InetSocketAddress) socket.get-
        RemoteSocketAddress();
    byte[] byteArray1 = inetAddress.getAddress();
    System.out.print("客户端的 IP 地址为: ");
    for (int i = 0; i < byteArray1.length; i++) {
        System.out.print(byteArray1[i] + " ");
    }
```

```
        System.out.println();
        System.out.println(" 客户端的端口为: " + inetSocketAddress.getPort());
        socket.close();
        serverSocket.close();
    }

}
```

Client 类的实现代码如下:

```
public class Client {
public static void main(String[] args) throws IOException {
    Socket socket = new Socket("localhost", 8888);
    socket.close();
}

}
```

上述程序运行后在控制台输出如下信息:

```
客户端的 IP 地址为: 127 0 0 1
客户端的端口为: 59853
```

4.3.6　套接字状态的判断

public boolean isBound() 方法的作用是返回套接字的绑定状态。如果将套接字成功地绑定到一个地址,则返回 true。

public boolean isConnected() 方法的作用是返回套接字的连接状态。如果将套接字成功地连接到服务端,则为 true。

public boolean isClosed() 方法的作用是返回套接字的关闭状态。如果已经关闭了套接字,则返回 true。

public synchronized void close() 方法的作用是关闭此套接字。所有当前阻塞于此套接字上的 I/O 操作中的线程都将抛出 SocketException。套接字被关闭后,便不可在以后的网络连接中使用(即无法重新连接或重新绑定),如果想再次使用套接字,则需要创建新的套接字。

关闭此套接字也将会关闭该套接字的 InputStream 和 OutputStream。如果此套接字有一个与之关联的通道,则关闭该通道。

创建测试用的项目 SocketTest_6。

Server 类的实现代码如下:

```
public class Server {
public static void main(String[] args) throws IOException, InterruptedException {
    ServerSocket serverSocket = new ServerSocket(8888);
    Socket socket = serverSocket.accept();
    socket.close();
    serverSocket.close();
}
}
```

Client 类的实现代码如下:

```
public class Client {
public static void main(String[] args) throws IOException {
    Socket socket = new Socket();
    System.out.println("1 socket.isBound()=" + socket.isBound());
    socket.bind(new InetSocketAddress("localhost", 7777));
    System.out.println("2 socket.isBound()=" + socket.isBound());

    System.out.println("3 socket.isConnected()=" + socket.isConnected());
    socket.connect(new InetSocketAddress("localhost", 8888));
    System.out.println("4 socket.isConnected()=" + socket.isConnected());

    System.out.println("5 socket.isClosed()=" + socket.isClosed());
    socket.close();
    System.out.println("6 socket.isClosed()=" + socket.isClosed());
}

}
```

上述程序运行后在控制台输出如下信息：

```
1 socket.isBound()=false
2 socket.isBound()=true
3 socket.isConnected()=false
4 socket.isConnected()=true
5 socket.isClosed()=false
6 socket.isClosed()=true
```

4.3.7　开启半读与半写状态

public void shutdownInput() 方法的作用是将套接字的输入流置于"流的末尾 EOF"，也就是在套接字上调用 shutdownInput() 方法后从套接字输入流读取内容，流将返回 EOF（文件结束符）。发送到套接字的输入流端的任何数据都将在确认后被静默丢弃。调用此方法的一端进入半读状态（read-half），也就是此端不能获得输入流，但对端却能获得输入流。一端能读，另一端不能读，称为半读。

public void shutdownOutput() 方法的作用是禁用此套接字的输出流。对于 TCP 套接字，任何以前写入的数据都将被发送，并且后跟 TCP 的正常连接终止序列。如果在套接字上调用 shutdownOutput() 方法后写入套接字输出流，则该流将抛出 IOException。调用此方法的一端进入半写状态（write-half），也就是此端不能获得输出流。但对端却能获得输出流。一端能写，另一端不能写，称为半写。

创建名为 SocketTest_7 的测试项目。

先来测试一下 public void shutdownInput() 方法屏蔽输入流（InputStream）的效果。

Server 类的实现代码如下：

```
public class Server {
public static void main(String[] args) throws IOException {
    ServerSocket serverSocket = new ServerSocket(8088);
    Socket socket = serverSocket.accept();
    InputStream inputStream = socket.getInputStream();
    System.out.println("A=" + inputStream.available());
```

```
    byte[] byteArray = new byte[2];
    int readLength = inputStream.read(byteArray);
    System.out.println("server 取得的数据: " + new String(byteArray, 0, readLength));
    socket.shutdownInput();// 屏蔽 InputStream，到达流的结尾
    System.out.println("B=" + inputStream.available());// 静默丢弃其他数据
    readLength = inputStream.read(byteArray);// -1
    System.out.println("readLength=" + readLength);
    // 再次调用 getInputStream 方法出现异常:
    // java.net.SocketException: Socket input is shutdown
    socket.getInputStream();

    socket.close();
    serverSocket.close();
    }
}
```

Client 类的实现代码如下:

```
public class Client {
public static void main(String[] args) throws IOException {
    Socket socket = new Socket("localhost", 8088);
    OutputStream out = socket.getOutputStream();
    out.write("abcdefg".getBytes());
    socket.close();
    }
}
```

首先运行服务端程序（Server 类），然后运行客户端程序（Client 类），控制台输出的信息如下:

```
A=7
server 取得的数据: ab
B=0
readLength=-1
Exception in thread "main" java.net.SocketException: Socket input is shutdown
    at java.net.Socket.getInputStream(Socket.java:907)
    at test1.Server.main(Server.java:23)
```

再来测试一下 public void shutdownOutput() 方法屏蔽输出流（OutputStream）的效果。

Server 类的实现代码如下:

```
public class Server {
public static void main(String[] args) throws IOException {
    ServerSocket serverSocket = new ServerSocket(8088);
    Socket socket = serverSocket.accept();
    OutputStream out = socket.getOutputStream();
    out.write("123".getBytes());
    socket.shutdownOutput();                    // 终止序列
    socket.getOutputStream();                   // 出现异常
    // out.write("456".getBytes());             // 出现异常
    socket.close();
    serverSocket.close();
    }

    }
```

Client 类的实现代码如下：

```java
public class Client {
public static void main(String[] args) throws IOException {
    Socket socket = new Socket("localhost", 8088);
    InputStream inputStream = socket.getInputStream();
    byte[] byteArray = new byte[1000];
    int readLength = inputStream.read(byteArray);
    while (readLength != -1) {
        System.out.println(new String(byteArray, 0, readLength));
        readLength = inputStream.read(byteArray);
    }
    inputStream.close();
    socket.close();
}

}
```

首先运行服务端程序（Server 类），然后运行客户端程序（Client 类），服务端控制台出现的异常信息如下：

```
Exception in thread "main" java.net.SocketException: Socket output is shutdown
    at java.net.Socket.getOutputStream(Socket.java:947)
    at test2.Server.main(Server.java:15)
```

上述异常信息说明输出流被屏蔽。

如果 Server 类的代码更改如下：

```
// socket.getOutputStream();        // 出现异常
out.write("456".getBytes());        // 出现异常
```

程序运行后控制台输出的结果如下：

```
Exception in thread "main" java.net.SocketException: Cannot send after socket shutdown:
    socket write error
    at java.net.SocketOutputStream.socketWrite0(Native Method)
    at java.net.SocketOutputStream.socketWrite(SocketOutputStream.java:111)
    at java.net.SocketOutputStream.write(SocketOutputStream.java:143)
    at test2.Server.main(Server.java:16)
```

说明输出流被屏蔽后不能再使用输出流写出数据。

4.3.8 判断半读半写状态

public boolean isInputShutdown() 方法的作用是返回是否关闭套接字连接的半读状态（read-half）。如果已关闭套接字的输入，则返回 true。

public boolean isOutputShutdown() 方法的作用是返回是否关闭套接字连接的半写状态（write-half）。如果已关闭套接字的输出，则返回 true。

创建测试用的项目 SocketTest_8。

先来测试一下 public boolean isInputShutdown() 方法判断的效果。

Server 类的实现代码如下：

```
public class Server {
public static void main(String[] args) throws IQException {
    ServerSocket serverSocket = new ServerSocket(8088);
    Socket socket = serverSocket.accept();
    System.out.println("A isInputShutdown=" + socket.isInputShutdown());
    socket.shutdownInput();
    System.out.println("B isInputShutdown=" + socket.isInputShutdown());
    socket.close();
    serverSocket.close();
}

}
```

Client 类的实现代码如下：

```
public class Client {
public static void main(String[] args) throws IOException {
    Socket socket = new Socket("localhost", 8088);
    socket.close();
}

}
```

首先运行 Server 类的实现代码，然后运行 Client 类的实现代码，控制台输出内容如下：

```
A isInputShutdown=false
B isInputShutdown=true
```

再来测试一下 public boolean isOutputShutdown() 方法判断的效果。

Server 类的实现代码如下：

```
public class Server {
public static void main(String[] args) throws IOException {
    ServerSocket serverSocket = new ServerSocket(8088);
    Socket socket = serverSocket.accept();
    System.out.println("C isOutputShutdown=" + socket.isOutputShutdown());
    socket.shutdownOutput();
    System.out.println("D isOutputShutdown=" + socket.isOutputShutdown());
    socket.close();
    serverSocket.close();
}

}
```

Client 类的实现代码如下：

```
public class Client {
public static void main(String[] args) throws IOException {
    Socket socket = new Socket("localhost", 8088);
    socket.close();
}

}
```

首先运行 Server 类的实现代码，然后运行 Client 类的实现代码，控制台输出内容如下：

```
C isOutputShutdown=false
D isOutputShutdown=true
```

4.3.9 Socket 选项 TcpNoDelay

public void setTcpNoDelay(boolean on) 方法的作用是启用 / 禁用 TCP_NODELAY（启用 / 禁用 Nagle 算法）。参数为 true，表示启用 TCP_NODELAY；参数为 false，表示禁用。

public boolean getTcpNoDelay() 方法的作用是测试是否启用 TCP_NODELAY。返回值为是否启用 TCP_NODELAY 的 boolean 值。

1. Nagle 算法简介

Socket 选项 TCP_NODELAY 与 Nagle 算法有关。什么是 Nagle 算法？Nagle 算法是以它的发明人 John Nagle 的名字命名的，该算法可以将许多要发送的数据进行本地缓存（这一过程称为 nagling），以减少发送数据包的个数来提高网络软件运行的效率，这就是 Nagle 算法被发明的初衷。

Nagle 算法最早出现在 1984 年的福特航空和通信公司，是解决 TCP/IP 拥塞控制的方法。这个算法在当时将福特航空和通信公司的网络拥塞得到了控制，从那以后这一算法得到了广泛应用。

Nagle 算法解决了处理小数据包众多而造成的网络拥塞。网络拥塞的发生是指如果应用程序 1 次产生 1 个字节的数据，并且高频率地将它发送给对方网络，那么就会出现严重的网络拥塞。为什么只发送 1 个字节的数据就会出现这么严重的网络拥塞呢？这是因为在网络中将产生 1 个 41 字节的数据包，而不是 1 个字节的数据包，这 41 字节的数据包中包括 1 字节的用户数据以及 40 字节的 TCP/IP 协议头，这样的情况对于轻负载的网络来说还是可以接受的，但是在重负载的福特网络就受不了了，网络拥塞就发生了。

Nagle 算法的原理是在未确认 ACK 之前让发送器把数据送到缓存里，后面的数据也继续放入缓存中，直到得到确认 ACK 或者直到"攒到"了一定大小（size）的数据再发送。尽管 Nagle 算法解决的问题只是局限于福特网络，然而同样的问题也可能出现在互联网上，因此，这个算法在互联网中也得到了广泛推广。

先来看看不使用 Nagle 算法时，数据是如何传输的，过程如图 4-57 所示。

客户端向服务端传输很多小的数据包，造成了网络的拥塞，而使用 Nagle 算法后不再出现拥塞了。使用 Nagle 算法的数据传输过程是怎样的呢？其过程如图 4-58 所示。

使用 Nagle 算法的数据传输过程是在第一个 ACK 确认之前，将要发送的数据放入缓存中，接收到 ACK 之后再发送一个大的数据包，以提升网络传输利用率。举个例子，客户端调用 Socket 的写操作将一个 int 型数据 123456789（称为 A 块）写入到网络中，由于此时连接是空闲的（也就是说，还没有未被确认的小段），因此这个 int 类型的数据就会被马上发送到服务端。接着，客户端又调用写操作写入"\r\n"（简称 B 块），这个时候，因为 A 块的 ACK 没有返回，所以可以认为 A 块是一个未被确认的小段，这时 B 块在没有收到 ACK 之前是不会立即被发送到服务端的，一直等到 A 块的 ACK 收到（大概 40ms 之后），B 块才被发送。这里还隐藏了一个问题，就是 A 块数据的 ACK 为什么 40ms 之后才收到？这是因为 TCP/IP 中不仅仅有 Nagle 算法，还有一个 TCP "确认延迟（Delay）ACK"机制，也就是当服务端收到数据之后，它并不会马上向客户端发送 ACK，而是会将 ACK 的发送延迟一段时间（假设为 t），它希望在 t 时间内服务端会向客户端发送应答数据，这样 ACK 就能够和应答数据一起发送，使应答数据和 ACK 一同发送到对方，节省网络通信的开销。

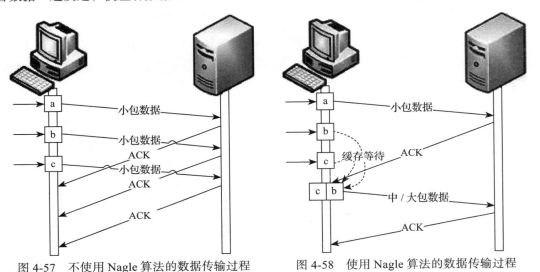

图 4-57　不使用 Nagle 算法的数据传输过程　　　图 4-58　使用 Nagle 算法的数据传输过程

通过前面的介绍可以知道，Nagle 算法是把要发送的数据放在本地缓存中，这就造成客户端与服务端之间交互并不是高互动的，是有一定延迟的，因此，可以使用 TCP_NODELAY 选项在套接字中开启或关闭这个算法。当然，到底使不使用 Nagle 算法是要根据实际的项目需求来决定的。

如果采用 Nagle 算法，那么一个数据包要"攒到"多大才将数据进行发送呢？要"攒到" MSS 大小才发送！什么是 MSS 呢？MSS（Maximum Segment Size）即最大报文段长度。在 TCP/IP 中，无论发送多少数据，总是要在数据前面加上协议头，同时，对方接收到数据，也需要发送回 ACK 以表示确认。为了尽可能地利用网络带宽，TCP 总是希望尽可能一次发送足够大的数据，此时就可以使用 MSS 来进行设置。MSS 选项是 TCP/IP 定义的一个选项，该选项用于在 TCP/IP 连接建立时，收发双方协商通信时每一个报文段所能承载的最大数据长度，它的计算方式如下：

$$MSS = MTU - 20 字节的 TCP 报头 - 20 字节的 IP 报头$$

在以太网环境下，MSS 值一般就是 1500 - 20 - 20 = 1460 字节。TCP/IP 希望每次都能够以 MSS（最大尺寸）的数据块来发送数据，以增加每次网络传输的数据量。

Nagle 算法就是为了尽可能发送大块数据，避免网络中充斥着许多小数据块。Nagle 算法的基本含义是在任意的时刻，最多只能有一个未被确认的小段。所谓"小段"指的是小于 MSS 的数据块；所谓"未被确认"，是指一个数据块发送出去后，没有收到对方发送的

ACK 确认该数据已收到。

注
意 BSD 系统的实现是允许在空闲连接上发送大的写操作剩下的最后的小段，也就是说，当超过 1 个 MSS 数据发送时，内核先依次发送完 n 个完整的 MSS 数据包，然后发送尾部剩余的小数据包，其间不再延时等待。

TCP_NODELAY 选项可以控制是否采用 Nagle 算法。在默认情况下，发送数据采用的是 Nagle 算法，这样虽然提高了网络吞吐量，但是实时性却降低了，在一些交互性很强的应用程序中是不允许的。使用 TCP_NODELAY 选项可以禁止 Nagle 算法。

通过前面的一些知识点的介绍，可以分析出以下两点。

1）如果要求高实时性，那么有数据发送时就要马上发送，此时可以将 TCP_NODELAY 选项设置为 true，也就是屏蔽了 Nagle 算法。典型的应用场景就是开发一个网络格斗游戏，程序设计者希望玩家 A 每点击一次按键都会立即在玩家 B 的计算机中得以体现，而不是等到数据包达到最大时才通过网络一次性地发送全部数据，这时就可以屏蔽 Nagle 算法，传入参数 true 就达到实时效果了。

2）如果不要求高实时性，要减少发送次数达到减少网络交互，就将 TCP_NODELAY 设置为 false，等数据包累积一定大小后再发送。

Nagle 算法适用于大包、高延迟的场合，而对于要求交互速度的 B/S 或 C/S 就不合适了。在 Socket 创建的时候，默认都是使用 Nagle 算法的，这会导致交互速度严重下降，因此，需要屏蔽 Nagle 算法。不过，如果取消了 Nagle 算法，就会导致 TCP 碎片增多，效率可能会降低，因此，要根据实际的运行场景进行有效的取舍。

2. 启用与屏蔽 Nagle 算法的测试

创建测试用的项目 SocketTest_9。本测试要在两台计算机中进行，也就是 Server 类运行在安装 Windows 7 操作系统的计算机中，而 Client 类运行在安装 CentOS 操作系统的计算机中。

Server 类的实现代码如下：

```java
public class Server {
public static void main(String[] args) throws IOException {
    ServerSocket serverSocket = new ServerSocket(8888);
    Socket socket = serverSocket.accept();
    System.out.println("A=" + socket.getTcpNoDelay());
    socket.setTcpNoDelay(true);// 立即发送，不缓存数据，不启用 Nagle 算法
    System.out.println("B=" + socket.getTcpNoDelay());
    OutputStream outputStream = socket.getOutputStream();
    for (int i = 0; i < 10; i++) {
        outputStream.write("1".getBytes());
    }
    socket.close();
    serverSocket.close();
}
}
```

Client 类的实现代码如下：

```java
public class Client {
public static void main(String[] args) throws IOException {
    Socket socket = new Socket("写上服务器IP", 8888);
    socket.setTcpNoDelay(false);
    InputStream inputStream = socket.getInputStream();

    long beginTime = System.currentTimeMillis();

    byte[] byteArray = new byte[1];
    int readLength = inputStream.read(byteArray);
    while (readLength != -1) {
        String newString = new String(byteArray, 0, readLength);
        System.out.println(newString);
        readLength = inputStream.read(byteArray);
    }

    long endTime = System.currentTimeMillis();

    System.out.println(endTime - beginTime);

    socket.close();
}

}
```

首先运行 Server 类的实现代码，然后运行 Client 类的实现代码，控制台输出的内容如下：

```
A=false
B=true
```

使用 wireshark 工具设置过滤策略：

```
(ip.src ==192.168.0.104 and tcp.port==8888) or (ip.dst==192.168.0.104 and tcp.
    port==8888)
```

使用 wireshark 工具抓包，结果如图 4-59 所示。

Time	Source	Prot⌐	Dest⌐	Length	Info
50 6.756202	192.1...	TCP	19...	74	33953 → 8888 [SYN] Seq=0 Win=14600 Len=0 MSS=1460 SACK_PERM=1 TSval=12021154 TSecr=0 WS=128
53 6.760106	192.1...	TCP	19...	74	8888 → 33953 [SYN, ACK] Seq=0 Ack=1 Win=8192 Len=0 MSS=1460 WS=256 SACK_PERM=1 TSval=2641612 TSecr=12021154
54 6.762703	192.1...	TCP	19...	66	33953 → 8888 [ACK] Seq=1 Ack=1 Win=14720 Len=0 TSval=12021160 TSecr=2641612
55 6.765568	192.1...	TCP	19...	67	8888 → 33953 [PSH, ACK] Seq=1 Ack=1 Win=66560 Len=1 TSval=2641613 TSecr=12021160
56 6.765764	192.1...	TCP	19...	67	8888 → 33953 [PSH, ACK] Seq=2 Ack=1 Win=66560 Len=1 TSval=2641613 TSecr=12021160
57 6.765874	192.1...	TCP	19...	67	8888 → 33953 [PSH, ACK] Seq=3 Ack=1 Win=66560 Len=1 TSval=2641613 TSecr=12021160
58 6.765957	192.1...	TCP	19...	67	8888 → 33953 [PSH, ACK] Seq=4 Ack=1 Win=66560 Len=1 TSval=2641613 TSecr=12021160
59 6.766148	192.1...	TCP	19...	67	8888 → 33953 [PSH, ACK] Seq=5 Ack=1 Win=66560 Len=1 TSval=2641613 TSecr=12021160
60 6.766306	192.1...	TCP	19...	67	8888 → 33953 [PSH, ACK] Seq=6 Ack=1 Win=66560 Len=1 TSval=2641613 TSecr=12021160
61 6.766439	192.1...	TCP	19...	67	8888 → 33953 [PSH, ACK] Seq=7 Ack=1 Win=66560 Len=1 TSval=2641613 TSecr=12021160
62 6.766534	192.1...	TCP	19...	67	8888 → 33953 [PSH, ACK] Seq=8 Ack=1 Win=66560 Len=1 TSval=2641613 TSecr=12021160
63 6.766615	192.1...	TCP	19...	67	8888 → 33953 [PSH, ACK] Seq=9 Ack=1 Win=66560 Len=1 TSval=2641613 TSecr=12021160
64 6.766715	192.1...	TCP	19...	67	8888 → 33953 [PSH, ACK] Seq=10 Ack=1 Win=66560 Len=1 TSval=2641613 TSecr=12021160
65 6.767378	192.1...	TCP	19...	66	8888 → 33953 [FIN, ACK] Seq=11 Ack=1 Win=66560 Len=0 TSval=2641613 TSecr=12021160
66 6.794145	192.1...	TCP	19...	66	33953 → 8888 [ACK] Seq=1 Ack=2 Win=14720 Len=0 TSval=12021180 TSecr=2641613
67 6.794202	192.1...	TCP	19...	66	33953 → 8888 [ACK] Seq=1 Ack=3 Win=14720 Len=0 TSval=12021180 TSecr=2641613
68 6.794214	192.1...	TCP	19...	66	33953 → 8888 [ACK] Seq=1 Ack=4 Win=14720 Len=0 TSval=12021180 TSecr=2641613
69 6.794223	192.1...	TCP	19...	66	33953 → 8888 [ACK] Seq=1 Ack=5 Win=14720 Len=0 TSval=12021180 TSecr=2641613
70 6.794231	192.1...	TCP	19...	66	33953 → 8888 [ACK] Seq=1 Ack=6 Win=14720 Len=0 TSval=12021180 TSecr=2641613
71 6.794241	192.1...	TCP	19...	66	33953 → 8888 [ACK] Seq=1 Ack=7 Win=14720 Len=0 TSval=12021180 TSecr=2641613
72 6.794250	192.1...	TCP	19...	66	33953 → 8888 [ACK] Seq=1 Ack=8 Win=14720 Len=0 TSval=12021180 TSecr=2641613
73 6.794259	192.1...	TCP	19...	66	33953 → 8888 [ACK] Seq=1 Ack=9 Win=14720 Len=0 TSval=12021180 TSecr=2641613
74 6.794267	192.1...	TCP	19...	66	33953 → 8888 [ACK] Seq=1 Ack=10 Win=14720 Len=0 TSval=12021180 TSecr=2641613
75 6.794277	192.1...	TCP	19...	66	33953 → 8888 [ACK] Seq=1 Ack=11 Win=14720 Len=0 TSval=12021180 TSecr=2641613
76 6.794288	192.1...	TCP	19...	66	33953 → 8888 [FIN, ACK] Seq=1 Ack=12 Win=14720 Len=0 TSval=12021181 TSecr=2641613
77 6.794315	192.1...	TCP	19...	66	8888 → 33953 [ACK] Seq=12 Ack=2 Win=66560 Len=0 TSval=2641615 TSecr=12021181

图 4-59　立即发送数据

从面 4-59 来看，如果高频度地发送小数据包，势必会造成网络的拥塞。下面就来测试一下启用 Nagle 算法的通信方式。

Server2 类的实现代码如下：

```
public class Server2 {
public static void main(String[] args) throws IOException {
    ServerSocket serverSocket = new ServerSocket(8888);
    Socket socket = serverSocket.accept();
    System.out.println("A=" + socket.getTcpNoDelay());
    socket.setTcpNoDelay(false);// 缓存数据
    System.out.println("B=" + socket.getTcpNoDelay());
    OutputStream outputStream = socket.getOutputStream();
    for (int i = 0; i < 50000; i++) {////// 循环 50000 次
        outputStream.write("1".getBytes());
    }
    socket.close();
    serverSocket.close();
}
}
```

首先运行 Server2 类的实现代码，然后运行 Client 类的实现代码，控制台输出内容如下：

```
A=false
B=false
```

使用 wireshark 工具抓包，结果如图 4-60 所示。

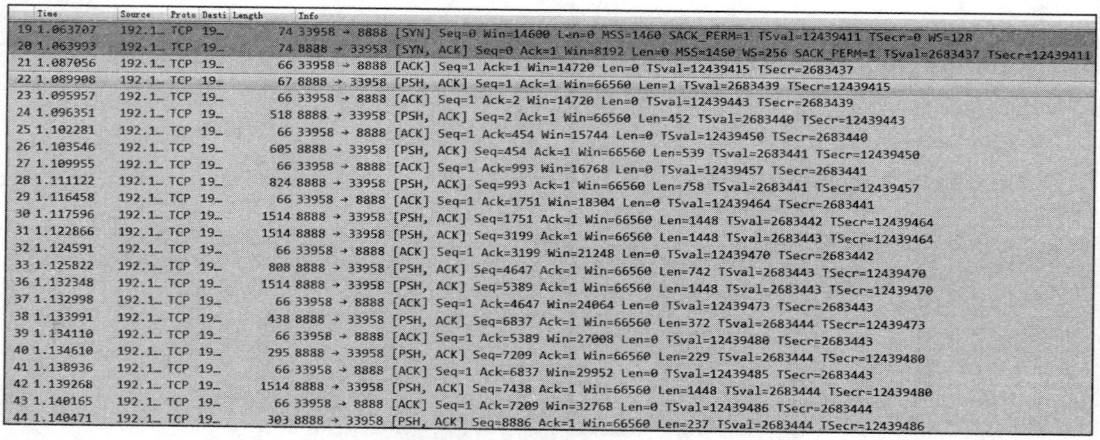

	Time	Source	Proto	Desti	Length	Info
19	1.063707	192.1…	TCP	19…	74	33958 → 8888 [SYN] Seq=0 Win=14600 Len=0 MSS=1460 SACK_PERM=1 TSval=12439411 TSecr=0 WS=128
20	1.063993	192.1…	TCP	19…	74	8888 → 33958 [SYN, ACK] Seq=0 Ack=1 Win=8192 Len=0 MSS=1460 WS=256 SACK_PERM=1 TSval=2683437 TSecr=12439411
21	1.087056	192.1…	TCP	19…	66	33958 → 8888 [ACK] Seq=1 Ack=1 Win=14720 Len=0 TSval=12439415 TSecr=2683437
22	1.089908	192.1…	TCP	19…	67	8888 → 33958 [PSH, ACK] Seq=1 Ack=1 Win=66560 Len=1 TSval=2683439 TSecr=12439415
23	1.095957	192.1…	TCP	19…	66	33958 → 8888 [ACK] Seq=1 Ack=2 Win=14720 Len=0 TSval=12439443 TSecr=2683439
24	1.096351	192.1…	TCP	19…	518	8888 → 33958 [PSH, ACK] Seq=2 Ack=1 Win=66560 Len=452 TSval=2683440 TSecr=12439443
25	1.102281	192.1…	TCP	19…	66	33958 → 8888 [ACK] Seq=1 Ack=454 Win=15744 Len=0 TSval=12439450 TSecr=2683440
26	1.103546	192.1…	TCP	19…	605	8888 → 33958 [PSH, ACK] Seq=454 Ack=1 Win=66560 Len=539 TSval=2683441 TSecr=12439450
27	1.109955	192.1…	TCP	19…	66	33958 → 8888 [ACK] Seq=1 Ack=993 Win=16768 Len=0 TSval=12439457 TSecr=2683441
28	1.111122	192.1…	TCP	19…	824	8888 → 33958 [PSH, ACK] Seq=993 Ack=1 Win=66560 Len=758 TSval=2683441 TSecr=12439457
29	1.116458	192.1…	TCP	19…	66	33958 → 8888 [ACK] Seq=1 Ack=1751 Win=18304 Len=0 TSval=12439464 TSecr=2683441
30	1.117596	192.1…	TCP	19…	1514	8888 → 33958 [PSH, ACK] Seq=1751 Ack=1 Win=66560 Len=1448 TSval=2683442 TSecr=12439464
31	1.122866	192.1…	TCP	19…	1514	8888 → 33958 [PSH, ACK] Seq=3199 Ack=1 Win=66560 Len=1448 TSval=2683443 TSecr=12439464
32	1.124591	192.1…	TCP	19…	66	33958 → 8888 [ACK] Seq=1 Ack=3199 Win=21248 Len=0 TSval=12439470 TSecr=2683442
33	1.125822	192.1…	TCP	19…	808	8888 → 33958 [PSH, ACK] Seq=4647 Ack=1 Win=66560 Len=742 TSval=2683443 TSecr=12439470
36	1.132348	192.1…	TCP	19…	1514	8888 → 33958 [PSH, ACK] Seq=5389 Ack=1 Win=66560 Len=1448 TSval=2683443 TSecr=12439470
37	1.132998	192.1…	TCP	19…	66	33958 → 8888 [ACK] Seq=1 Ack=4647 Win=24064 Len=0 TSval=12439473 TSecr=2683443
38	1.133991	192.1…	TCP	19…	438	8888 → 33958 [PSH, ACK] Seq=6837 Ack=1 Win=66560 Len=372 TSval=2683444 TSecr=12439473
39	1.134110	192.1…	TCP	19…	66	33958 → 8888 [ACK] Seq=1 Ack=5389 Win=27008 Len=0 TSval=12439480 TSecr=2683443
40	1.134610	192.1…	TCP	19…	295	8888 → 33958 [PSH, ACK] Seq=7209 Ack=1 Win=66560 Len=229 TSval=2683444 TSecr=12439480
41	1.138936	192.1…	TCP	19…	66	33958 → 8888 [ACK] Seq=1 Ack=6837 Win=29952 Len=0 TSval=12439485 TSecr=2683443
42	1.139268	192.1…	TCP	19…	1514	8888 → 33958 [PSH, ACK] Seq=7438 Ack=1 Win=66560 Len=1448 TSval=2683444 TSecr=12439480
43	1.140165	192.1…	TCP	19…	66	33958 → 8888 [ACK] Seq=1 Ack=7209 Win=32768 Len=0 TSval=12439486 TSecr=2683444
44	1.140471	192.1…	TCP	19…	303	8888 → 33958 [PSH, ACK] Seq=8886 Ack=1 Win=66560 Len=237 TSval=2683444 TSecr=12439486

图 4-60 缓存发送数据

从抓包的过程来看，启用 Nagle 算法会将数据进行缓存，以便“攒成”一个大的数据包再进行发送，从而提高网络运行效率。

4.3.10 Socket 选项 SendBufferSize

Socket 中的 SO_RCVBUF 选项是设置接收缓冲区的大小的，而 SO_SNDBUF 选项是设置发送缓冲区的大小的。

public synchronized void setSendBufferSize(int size) 方法的作用是将此 Socket 的 SO_SND-BUF 选项设置为指定的值。平台的网络连接代码将 SO_SNDBUF 选项用作设置底层网络 I/O 缓存的大小的提示。由于 SO_SNDBUF 是一种提示，因此想要验证缓冲区设置大小的应用程序应该调用 getSendBufferSize() 方法。参数 size 用来设置发送缓冲区的大小，此值必须大于 0。

public int getSendBufferSize() 方法的作用是获取此 Socket 的 SO_SNDBUF 选项的值，该值是平台在 Socket 上输出时使用的缓冲区大小。返回值是此 Socket 的 SO_SNDBUF 选项的值。

创建测试用的项目 SocketTest_13。

Server 类的实现代码如下：

```java
public class Server {
public static void main(String[] args) {
    try {
        ServerSocket serverSocket = new ServerSocket(8888);
        Socket socket = serverSocket.accept();
        InputStream inputStream = socket.getInputStream();
        InputStreamReader inputStreamReader = new InputStreamReader(inputStream);
        char[] charArray = new char[1024];
        int readLength = inputStreamReader.read(charArray);
        long beginTime = System.currentTimeMillis();
        while (readLength != -1) {
            String newString = new String(charArray, 0, readLength);
            System.out.println(newString);
            readLength = inputStreamReader.read(charArray);
        }
        long endTime = System.currentTimeMillis();
        System.out.println(endTime - beginTime);
        socket.close();
        serverSocket.close();
    } catch (SocketTimeoutException e) {
        e.printStackTrace();
    } catch (IOException e) {
        e.printStackTrace();
    }
}

}
```

Client 类的实现代码如下：

```java
public class Client {
public static void main(String[] args) {
    try {
        Socket socket = new Socket();
        System.out.println("A client socket.getSendBufferSize()=" + socket.
            getSendBufferSize());
        socket.setSendBufferSize(1);
        System.out.println("B client socket.getSendBufferSize()=" + socket.
            getSendBufferSize());
        socket.connect(new InetSocketAddress("localhost", 8888));
        OutputStream outputStream = socket.getOutputStream();
```

```
        for (int i = 0; i < 5000000; i++) {
            outputStream.write("12345678912345678912345678912345678912345
                789".getBytes());
            System.out.println(i + 1);
        }
        outputStream.write("end!".getBytes());
        outputStream.close();
        socket.close();
    } catch (UnknownHostException e) {
        e.printStackTrace();
    } catch (IOException e) {
        e.printStackTrace();
    }
}
}
```

首先运行 Server 类的实现代码，然后运行 Client 类的实现代码，大概需要耗时 216019ms。
而如果把 Client 类中的代码由

```
socket.setSendBufferSize(1);
```

改成

```
socket.setSendBufferSize(1024 * 1024);
```

则程序运行需要耗时 112323ms，时间节省了将近一半，说明设置合适的发送缓冲区大小能
提高程序运行的效率。

代码语句 "socket.setSendBufferSize(1024 * 1024);" 所在的项目是 SocketTest_13。

4.3.11 Socket 选项 Linger

Socket 中的 SO_LINGER 选项用来控制 Socket 关闭 close() 方法时的行为。在默认情况
下，执行 Socket 的 close() 方法后，该方法会立即返回，但底层的 Socket 实际上并不会立即
关闭，它会延迟一段时间。在延迟的时间里做什么呢？是将 "发送缓冲区" 中的剩余数据在
延迟的时间内继续发送给对方，然后才会真正地关闭 Socket 连接。

public void setSoLinger(boolean on, int linger) 方法的作用是启用 / 禁用具有指定逗留时
间（以秒为单位）的 SO_LINGER。最大超时值是特定于平台的。该设置仅影响套接字关闭。
参数 on 的含义为是否逗留，参数 linger 的含义为逗留时间，单位为秒。

public int getSoLinger() 方法的作用是返回 SO_LINGER 的设置。返回 -1 意味着禁用该
选项。该设置仅影响套接字关闭。返回值代表 SO_LINGER 的设置。

public void setSoLinger(boolean on, int linger) 方法的源代码如下：

```
public void setSoLinger(boolean on, int linger) throws SocketException {
    if (isClosed())
        throw new SocketException("Socket is closed");
    if (!on) {
        getImpl().setOption(SocketOptions.SO_LINGER, new Boolean(on));
    } else {
```

```
        if (linger < 0) {
            throw new IllegalArgumentException("invalid value for SO_LINGER");
        }
        if (linger > 65535)
            linger = 65535;
        getImpl().setOption(SocketOptions.SO_LINGER, new Integer(linger));
    }
}
```

从 public void setSoLinger(boolean on, int linger) 方法的源代码中可以发现以下几点内容。

1）on 传入 false，SO_LINGER 功能被屏蔽，因为对代码语句

```
getImpl().setOption(SocketOptions.SO_LINGER, new Boolean(on));
```

中的 new Boolean() 传入了 false 值。对参数 on 传入 false 值是 close() 方法的默认行为，也就是 close() 方法立即返回，但底层 Socket 并不关闭，直到发送完缓冲区中的剩余数据，才会真正地关闭 Socket 的连接。

2）on 传入 true，linger 等于 0，当调用 Socket 的 close() 方法时，将立即中断连接，也就是彻底丢弃在缓冲区中未发送完的数据，并且发送一个 RST 标记给对方。此知识点是根据 TCP 中的 SO_LINGER 特性总结而来的。

3）on 传入 true，linger 大于 65535 时，linger 值就被赋值为 65535。

4）on 传入 true，linger 不大于 65535 时，linger 值就是传入的值。

5）如果执行代码 "socket.setSoLinger(true, 5)"，那么执行 Socket 的 close() 方法时的行为随着数据量的多少而不同，总结如下。

❑ 数据量小：如果将"发送缓冲区"中的数据发送到对方的时间需要耗时 3s，则 close() 方法阻塞 3s，数据会被完整发送，3s 后 close() 方法立即返回，因为 3<5。

❑ 数据量大：如果将"发送缓冲区"中的数据发送到对方的时间需要耗时 8s，则 close() 方法阻塞 5s，5s 之后发送 RST 标记给对方，连接断开，因为 8>5。

本测试要结合 public synchronized void setSendBufferSize(int size) 方法进行，目的是增加缓冲区的大小，以让更多的数据存留在缓冲区中。

1. 验证：在 on=true、linger=0 时，close() 方法立即返回且丢弃数据，并且发送 RST 标记

创建验证用的项目 SocketTest_10_2。

Server 类的实现代码如下：

```
public class Server {
public static void main(String[] args) throws IOException, InterruptedEx-
    ception {
    ServerSocket serverSocket = new ServerSocket(8088);
    Socket socket = serverSocket.accept();
    System.out.println("A socket.getSoLinger()=" + socket.getSoLinger());
    socket.setSoLinger(true, 0);
    System.out.println("B socket.getSoLinger()=" + socket.getSoLinger());

    OutputStream out = socket.getOutputStream();
    for (int i = 0; i < 10; i++) {
```

```
        out.write(
                "1234567890123456789012345678901234567890123456789012345678901234567
                      89012345678901234567890123456789012345678901234567890"
                            .getBytes());
        }
        out.write("end!".getBytes());
        System.out.println("socket close before=" + System.currentTimeMillis());
        out.close();
        socket.close();
        System.out.println("socket close  after=" + System.currentTimeMillis());
        serverSocket.close();
    }
}
```

Client 类的实现代码如下:

```
public class Client {
public static void main(String[] args) throws IOException, InterruptedException {
    Socket socket = new Socket();
    // 设置超小的接收缓冲区
    // 目的是先让 Server 服务发送端 close()
    // 然后将服务端发送缓冲区中的数据再传入客户端的接收缓冲区中
    // 虽然服务端的 socket.close() 已经执行，但是数据不会丢失
    socket.setReceiveBufferSize(1);// windows size
    // 然后绑定
    socket.bind(new InetSocketAddress("localhost", 7077));
    // 进行连接
    socket.connect(new InetSocketAddress("localhost", 8088));

    InputStream inputStream = socket.getInputStream();
    byte[] byteArray = new byte[1];
    int readLength = inputStream.read(byteArray);
    while (readLength != -1) {
        System.out.println(new String(byteArray, 0, readLength));
        readLength = inputStream.read(byteArray);
    }
    System.out.println("client read end time=" + System.currentTimeMillis());
    inputStream.close();
    socket.close();
}
}
```

首先运行 Server 类的实现代码，然后运行 Client 类的实现代码。
服务端控制台输出的结果如下:

```
A socket.getSoLinger()=-1
B socket.getSoLinger()=0
socket close before=1514450008629
socket close  after=1514450008629
```

before=1514450008629 和 after=1514450008629 表示的时间几乎相同，说明 close() 方法是立即返回。

客户端控制台输出部分结果如下:

```
1
2
3
Exception in thread "main" java.net.SocketException: Connection reset
    at java.net.SocketInputStream.read(SocketInputStream.java:210)
    at java.net.SocketInputStream.read(SocketInputStream.java:141)
    at java.net.SocketInputStream.read(SocketInputStream.java:127)
    at test1.Client.main(Client.java:26)
```

使用 wireshark 抓包的过程如图 4-61 所示。

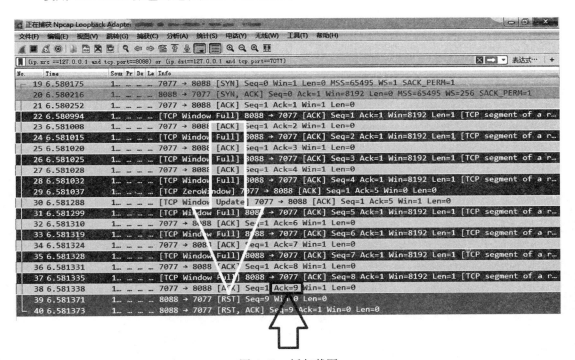

图 4-61　抓包截图

图 4-61 所示的抓包的数据是向参数 on 传入 true、linger 等于 0 时的数据。从抓包过程中可以分析出，服务端向客户端发送了 8 个字节，因为客户端最后的 ACK 值是 9。但是在客户端的控制台中输出的数据却是 1 ～ 3，说明 4 ～ 8 在操作系统的内核空间中。而服务端发送缓冲区中数据的个数为 1000 － 8 = 992。当服务端的 Socket 执行 close() 方法时，立即将 RST 标记传给客户端重置连接，客户端再次执行 read() 方法时出现异常，而且服务端发送缓冲区中的数据被丢弃。

上述结果证明：当向 on 传入 true，linger 等于 0 时，close() 方法是立即返回的，并且发送端丢弃缓冲区中的数据，还要发送 RST 标记给对方。

如果想实现不丢弃数据，那么代码如何修改呢？下面进行介绍。

2. 验证：在 on=false 时，close() 方法立即返回并且数据不丢失，正常进行 4 次"挥手"

创建验证用的项目 SocketTest_10_1。

Server1 类的实现代码如下：

```
public class Server1 {
public static void main(String[] args) throws IOException, InterruptedException {
    ServerSocket serverSocket = new ServerSocket(8088);
    Socket socket = serverSocket.accept();
    System.out.println("A socket.getSoLinger()=" + socket.getSoLinger());
    socket.setSoLinger(false, 123123);
    System.out.println("B socket.getSoLinger()=" + socket.getSoLinger());

    OutputStream out = socket.getOutputStream();
    for (int i = 0; i < 10; i++) {
        out.write(
            "12345678901234567890123456789012345678901234567
                89012345678901234567890123456789012345678890"
                    .getBytes());
    }
    out.write("end!".getBytes());
    System.out.println("socket close before=" + System.currentTimeMillis());
    out.close();
    socket.close();
    System.out.println("socket close  after=" + System.currentTimeMillis());
    serverSocket.close();
}
}
```

Client1 类的实现代码如下：

```
public class Client1 {
public static void main(String[] args) throws IOException, InterruptedException {
    Socket socket = new Socket();
    // 设置超小的接收缓冲区
    // 目的是先让 Server 服务端执行 close()
    // 然后将服务端发送缓冲区中的数据再传入客户端的接收缓冲区中
    // 虽然服务端的 socket.close() 已经执行，但是数据不会丢失
    socket.setReceiveBufferSize(1);// 窗口大小
    // 然后绑定
    socket.bind(new InetSocketAddress("localhost", 7077));
    // 进行连接
    socket.connect(new InetSocketAddress("localhost", 8088));

    InputStream inputStream = socket.getInputStream();
    byte[] byteArray = new byte[1];
    int readLength = inputStream.read(byteArray);
    while (readLength != -1) {
        System.out.println(new String(byteArray, 0, readLength));
        readLength = inputStream.read(byteArray);
    }
    System.out.println("client read end time=" + System.currentTimeMillis());
    inputStream.close();
    socket.close();
}
}
```

首先运行 Server1 类的实现代码，然后运行 Client1 类的实现代码。

服务端控制台输出结果如下：

```
A socket.getSoLinger()=-1
B socket.getSoLinger()=-1
socket close before=1514450941681
socket close  after=1514450941681
```

before=1514450941681 和 after=1514450941681 表示的时间几乎是相同的，说明 close() 方法是立即返回的。

客户端控制台输出部分结果如下：

```
8
9
0
e
n
d
!
client read end time=1514450942010
```

抓包过程如图 4-62 所示。

从抓包结果可以分析出，服务端向客户端一共传输了 1004 个字节，并且实现正常的 4 次"挥手"。

图 4-62　抓包截图

上面的结果就是使用代码语句" socket.setSoLinger(false, 123123);"实现的。如果不写该条代码语句，而是直接执行 close() 方法，那么默认的行为是一致的，都是将服务端发送缓冲区中的数据发送到客户端，然后执行 4 次"挥手"，这个测试在下文进行介绍。

3. 验证：如果只是调用 close() 方法，则立即返回并且数据不丢失，正常进行 4 次 "挥手"

Server2 类的实现代码如下：

```
public class Server2 {
public static void main(String[] args) throws IOException, InterruptedException {
    ServerSocket serverSocket = new ServerSocket(8088);
    Socket socket = serverSocket.accept();

    OutputStream out = socket.getOutputStream();
    for (int i = 0; i < 10; i++) {
        out.write(
                "1234567890123456789012345678901234567890123456789012345678901234567890"
                        .getBytes());
    }
    out.write("end!".getBytes());
    System.out.println("socket close before=" + System.currentTimeMillis());
    out.close();
    socket.close();
    System.out.println("socket close  after=" + System.currentTimeMillis());
    serverSocket.close();
}
}
```

Client2 类的实现代码如下：

```
public class Client2 {
public static void main(String[] args) throws IOException, InterruptedException {
    Socket socket = new Socket();
    // 设置超小的接收缓冲区
    // 目的是先让 Server 服务端执行 close()
    // 然后将服务端发送缓冲区中的数据再传入客户端的接收缓冲区中
    // 虽然服务端的 socket.close() 已经执行，但是数据不会丢失
    socket.setReceiveBufferSize(1);// 窗口大小
    // 然后绑定
    socket.bind(new InetSocketAddress("localhost", 7077));
    // 进行连接
    socket.connect(new InetSocketAddress("localhost", 8088));

    InputStream inputStream = socket.getInputStream();
    byte[] byteArray = new byte[1];
    int readLength = inputStream.read(byteArray);
    while (readLength != -1) {
        System.out.println(new String(byteArray, 0, readLength));
        readLength = inputStream.read(byteArray);
    }
    System.out.println("client read end time=" + System.currentTimeMillis());
    inputStream.close();
    socket.close();
}
}
```

首先运行 Server2 类的实现代码，然后运行 Client2 类的实现代码，控制台输出结果如下：

```
socket close before=1514452045141
socket close  after=1514452045141
```

从输出的时间来看，close() 方法是立即返回。

使用 wireshark 抓包的结果如图 4-63 所示。

在图 4-63 中可以发现，有正常关闭连接的 4 次"挥手"过程，说明使用代码

```
socket.setSoLinger(false, 123243453);
socket.close();
```

与单独使用代码

```
socket.close();
```

效果是一样的，数据不丢失，并且有完整的 4 次"挥手"过程。

图 4-63　抓包截图

4. 测试：在 on=true、linger=10 时，发送数据耗时小于 10s 的情况

如果将"发送缓冲区"中的数据发送给对方需要耗时 3s，则 close() 方法阻塞 3s，数据被完整发送，不会丢失。

创建测试用的项目 SocketTest_10_3。

Server1 类的实现代码如下：

```java
public class Server1 {
public static void main(String[] args) throws IOException {
    StringBuffer buffer = new StringBuffer(1000000);
    for (int i = 0; i < 1000000; i++) {
        buffer.append("1");
    }
    buffer.append("end");
    System.out.println("Server 填充完毕！ ");

    ServerSocket serverSocket = new ServerSocket(8888);
    Socket socket = serverSocket.accept();
```

```
socket.setSendBufferSize(1000000);
// close() 被阻塞的时间就是 "发送缓冲区" 中的数据发送的时间
// 发送的时间小于 10s

socket.setSoLinger(true, 10);

OutputStream out = socket.getOutputStream();
out.write(buffer.toString().getBytes());

long beginTime = 0;
long endTime = 0;
beginTime = System.currentTimeMillis();
System.out.println("C=" + beginTime);
socket.close();
endTime = System.currentTimeMillis();
System.out.println("D=" + endTime);
System.out.println(" 时间差: " + (endTime - beginTime));
serverSocket.close();
    }
}
```

Client 类的实现代码如下：

```
public class Client {
public static void main(String[] args) throws IOException {
    Socket socket = new Socket("localhost", 8888);
    InputStream inputStream = socket.getInputStream();
    byte[] byteArray = new byte[1];
    int readLength = inputStream.read(byteArray);
    while (readLength != -1) {
        String newString = new String(byteArray, 0, readLength);
        System.out.println(newString);
        readLength = inputStream.read(byteArray);
    }
    System.out.println("E=" + System.currentTimeMillis());
    inputStream.close();
    socket.close();
    }
}
```

首先运行 Server1 类的实现代码，然后运行 Client 类的实现代码。

服务端控制台输出结果如下：

```
Server 填充完毕!
C=1514453112775
D=1514453116425
时间差: 3650
```

C 和 D 的时间并不相同，说明 close() 方法阻塞了 3650ms 的时间单位。

客户端控制台输出部分结果如下：

```
1
1
e
```

```
n
d
E=1514453116425
```

客户端收到服务端发送过来的全部数据，使用 wireshark 抓包的结果如图 4-64 所示。

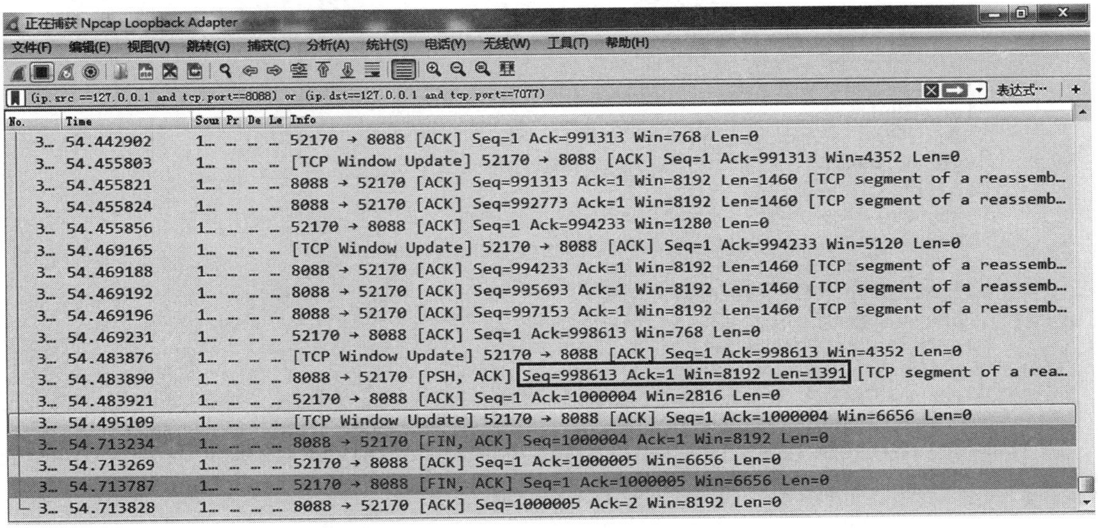

998613+1391=1000004

图 4-64 抓包截图

998613 加 1391 等于 1000004。

本测试结果证明：在 on=true、linger=10 时，若传输小数据量，说明用时少于 10s，则 close() 方法阻塞的时间就是传输数据的时间，并且数据被完整发送，正常进行 3 次"握手"和 4 次"挥手"，并不发送 RST 标记。

5. 测试：在 on=true、linger=1 时，发送数据耗时大于 1s 的情况

如果将"发送缓冲区"中的数据发送给对方需要耗时 8s，则 close() 方法阻塞 1s 后连接立即关闭，并发送 RST 标记给对方。

Server2 类的实现代码如下：

```java
public class Server2 {
public static void main(String[] args) throws IOException, InterruptedException {
    StringBuffer buffer = new StringBuffer(1000000);
    for (int i = 0; i < 1000000; i++) {
        buffer.append("1");
    }
    buffer.append("end");
    System.out.println("Server 填充完毕！ ");

    ServerSocket serverSocket = new ServerSocket(8088);
    Socket socket = serverSocket.accept();
```

```
socket.setSendBufferSize(1000000);
// close() 被阻塞的时间就是"发送缓冲区"中的数据发送的时间
// 发送的时间大于 1s

socket.setSoLinger(true, 1);

OutputStream out = socket.getOutputStream();
out.write(buffer.toString().getBytes());

long beginTime = 0;
long endTime = 0;
beginTime = System.currentTimeMillis();
System.out.println("C=" + beginTime);
socket.close();
endTime = System.currentTimeMillis();
System.out.println("D=" + endTime);
System.out.println(" 时间差: " + (endTime - beginTime));
// 加上 sleep, 保持进程不销毁的效果
Thread.sleep(Integer.MAX_VALUE);
serverSocket.close();
}
}
```

首先运行 Server2 的实现代码，然后运行 Client 类的实现代码（参见随书示例源代码）。
服务端控制台输出结果如下：

```
Server 填充完毕!
C=1514453409964
D=1514453410965
时间差: 1001
```

close() 方法阻塞了大约 1s。

客户端控制台输出异常信息 java.net.SocketException: Connection reset，而且服务端还
发送了 RST 标记给客户端，结果如图 4-65 所示。

图 4-65　发送 RST 标记给客户端

本测试结果证明：在 on=true、linger=1 时，若数据量大，close() 方法最多阻塞 1s，超
过 1s 后不再发送数据，并且把 RST 标记发送给客户端。

提示：在测试 public void setSoLinger(boolean on, int linger) 方法的过程中，可以结合抓

包工具将抓包的时间与使用代码 System.currentTimeMillis() 记录 socket.close() 方法执行的时间进行对比，也能发现上面 5 个验证或测试的运行规律。在 wireshark 工具中设置时间显示格式的步骤如图 4-66 所示。

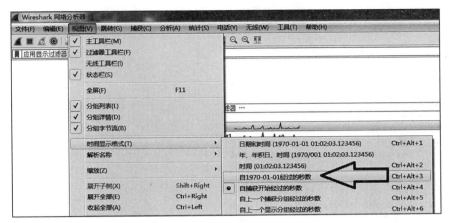

图 4-66　设置时间显示格式

4.3.12　Socket 选项 Timeout

setSoTimeout(int timeout) 方法的作用是启用 / 禁用带有指定超时值的 SO_TIMEOUT，以毫秒为单位。将此选项设为非零的超时值时，在与此 Socket 关联的 InputStream 上调用 read() 方法将只阻塞此时间长度。如果超过超时值，就将引发 java.net.SocketTimeoutException，尽管 Socket 仍旧有效。启用 timeOut 特性必须在进入阻塞操作前被启用才能生效。超时值必须是大于 0 的数。超时值为 0 被解释为无穷大超时值。

public int getSoTimeout() 方法的作用是返回 SO_TIMEOUT 的设置。返回 0 意味着禁用了选项（即无穷大的超时值）。

创建名为 SocketTest_11 的测试项目。

Server 类的实现代码如下：

```java
public class Server {
public static void main(String[] args) {
    try {
        //setSoTimeout 设置超时时间为 5s
        ServerSocket serverSocket = new ServerSocket(8888);
        Socket socket = serverSocket.accept();
        System.out.println("setSoTimeout before " + socket.getSoTimeout());
        socket.setSoTimeout(5000);
        System.out.println("setSoTimeout  after " + socket.getSoTimeout());
        InputStream inputStream = socket.getInputStream();
        byte[] byteArray = new byte[1024];
        System.out.println("read begin__: " + System.currentTimeMillis());
        int readLength = inputStream.read(byteArray);
        System.out.println("read  end: " + System.currentTimeMillis());
```

```
    } catch (SocketTimeoutException e) {
        System.out.println("timeout time: " + System.currentTimeMillis());
        e.printStackTrace();
    } catch (IOException e) {
        e.printStackTrace();
    }
}

}
```

Client 类的实现代码如下：

```
public class Client {
public static void main(String[] args) {
    try {
        Socket socket = new Socket("localhost", 8888);
        Thread.sleep(Integer.MAX_VALUE);
    } catch (UnknownHostException e) {
        e.printStackTrace();
    } catch (IOException e) {
        e.printStackTrace();
    } catch (InterruptedException e) {
        e.printStackTrace();
    }
}
}
```

首先运行服务端代码（Server 类），然后运行客户端代码（Client 类）服务端控制台在超过 5s 后发生超时，出现异常，结果如图 4-67 所示。

```
setSoTimeout before 0
setSoTimeout  after 5000
read begin__: 1505197785676
timeout time: 1505197790676
java.net.SocketTimeoutException: Read timed out
        at java.net.SocketInputStream.socketRead0(Native Method)
        at java.net.SocketInputStream.socketRead(SocketInputStream.java:116)
        at java.net.SocketInputStream.read(SocketInputStream.java:171)
        at java.net.SocketInputStream.read(SocketInputStream.java:141)
        at java.net.SocketInputStream.read(SocketInputStream.java:127)
        at test.Server.main(Server.java:21)
```

图 4-67 read() 方法超过 5s 还未读到数据则发生异常

4.3.13 Socket 选项 OOBInline

Socket 的选项 SO_OOBINLINE 的作用是在套接字上接收的所有 TCP 紧急数据都将通过套接字输入流接收。禁用该选项时（默认），将悄悄丢弃紧急数据。OOB（Out Of Bound，带外数据）可以理解成是需要紧急发送的数据。

setOOBInline(true) 方法的作用是启用 / 禁用 OOBINLINE 选项（TCP 紧急数据的接收者），默认情况下，此选项是禁用的，即在套接字上接收的 TCP 紧急数据被静默丢弃。如果用户希望接收到紧急数据，则必须启用此选项。启用时，可以将紧急数据内嵌在普通数据中接收。注意，仅为处理传入紧急数据提供有限支持。特别要指出的是，不提供传入紧急数据的任何通知并且不存在区分普通数据和紧急数据的功能（除非更高级别的协议提供）。参数 on 传入 true 表示启用 OOBINLINE，传入 false 表示禁用。public void setOOBInline(boolean on) 方法在接收端进行设置来决定是否接收与忽略紧急数据。在发送端，使用 public void sendUrgentData (int data) 方法发送紧急数据。

Socket 类的 public void sendUrgentData (int data) 方法向对方发送 1 个单字节的数据，但是这个单字节的数据并不存储在输出缓冲区中，而是立即将数据发送出去，而在对方程序中并不知道发送过来的数据是由 OutputStream 还是由 sendUrgentData(int data) 发送过来的。

创建测试用的项目 SocketTest_12。

Server 类的实现代码如下：

```java
public class Server {
public static void main(String[] args) {
    try {
        ServerSocket serverSocket = new ServerSocket(8888);
        Socket socket = serverSocket.accept();
        System.out.println("server A getOOBInline=" + socket.getOOBInline());
        socket.setOOBInline(true);
        System.out.println("server B getOOBInline=" + socket.getOOBInline());
        InputStream inputStream = socket.getInputStream();
        InputStreamReader inputStreamReader = new InputStreamReader(inputStream);
        char[] charArray = new char[1024];
        int readLength = inputStreamReader.read(charArray);
        while (readLength != -1) {
            String newString = new String(charArray, 0, readLength);
            System.out.println(newString);
            readLength = inputStreamReader.read(charArray);
        }
        socket.close();
        serverSocket.close();
    } catch (SocketTimeoutException e) {
        e.printStackTrace();
    } catch (IOException e) {
        e.printStackTrace();
    }
}

}
```

Client 类的实现代码如下：

```java
public class Client {
public static void main(String[] args) {
    try {
        Socket socket = new Socket("localhost", 8888);
        OutputStream outputStream = socket.getOutputStream();
        // 必须使用 OutputStreamWriter 类才出现预期的效果
        OutputStreamWriter outputStreamWriter = new OutputStreamWriter(outputStream);
        socket.sendUrgentData(97);
        outputStreamWriter.write("zzzzzzzzzzzzzzzzzzzzzzzzz!");
        socket.sendUrgentData(98);
        socket.sendUrgentData(99);
        // 必须使用 flush()，不然不会出现预期的效果
        outputStreamWriter.flush();
```

```
        socket.sendUrgentData(100);
        outputStream.close();
        socket.close();
    } catch (UnknownHostException e) {
        e.printStackTrace();
    } catch (IOException e) {
        e.printStackTrace();
    }
}
}
```

程序运行后的结果如下：

```
server A getOOBInline=false
server B getOOBInline=true
abczzzzzzzzzzzzzzzzzzzzzzzzz!d
```

从程序运行结果来看，使用 sendUrgentData() 方法发送的数据的确是比使用 write() 方法要优先紧急发送，调用 write() 方法写入的数据其实是放入缓存区中的，直到执行 flush() 方法才发送。

上面使用代码语句" socket.setOOBInline(true);"接收了紧急数据，再来测试一下丢弃紧急数据的情况，测试代码如下：

```
public class Server2 {
public static void main(String[] args) {
    try {
        ServerSocket serverSocket = new ServerSocket(8888);
        Socket socket = serverSocket.accept();
        System.out.println("server A getOOBInline=" + socket.getOOBInline());
        socket.setOOBInline(false);//服务端忽略紧急数据
        System.out.println("server B getOOBInline=" + socket.getOOBInline());
        InputStream inputStream = socket.getInputStream();
        InputStreamReader inputStreamReader = new InputStreamReader(inputStream);
        char[] charArray = new char[1024];
        int readLength = inputStreamReader.read(charArray);
        while (readLength != -1) {
            String newString = new String(charArray, 0, readLength);
            System.out.println(newString);
            readLength = inputStreamReader.read(charArray);
        }
        socket.close();
        serverSocket.close();
    } catch (SocketTimeoutException e) {
        e.printStackTrace();
    } catch (IOException e) {
        e.printStackTrace();
    }
}

}
```

运行 Server2 和 Client 类，程序运行后，服务端控制台输出结果如下：

```
server A getOOBInline=false
server B getOOBInline=false
zzzzzzzzzzzzzzzzzzzzzzzzzzz!
```

客户端向服务端传递的紧急数据"abcd"被服务端忽略且丢弃。

在调用 sendUrgentData() 方法时所发送的数据可以被对方所忽略，结合这个特性可以实现测试网络连接状态的心跳机制，测试代码如下：

```java
public class Test1 {
public static void main(String[] args) {
    try {
        ServerSocket serverSocket = new ServerSocket(8888);
        Socket socket = serverSocket.accept();
        Thread.sleep(Integer.MAX_VALUE);
        socket.close();
        serverSocket.close();
    } catch (SocketException e) {
        e.printStackTrace();
    } catch (IOException e) {
        e.printStackTrace();
    } catch (InterruptedException e) {
        e.printStackTrace();
    }
}
}
```

以上代码是服务端的。

```java
public class Test2 {
public static void main(String[] args) throws Exception {
    // 在 windows7 中执行方法 sendUrgentData() 到 17 次出现异常：
    // Connection reset by peer: send
    // 异常起因是 windows7 服务器发给客户端一个 RST 导致的，
    // 所以 Server 在本实验中要放到 Linux 操作系统中，Client 放在 windows7 中进行测试
    Socket socket = new Socket("192.168.0.102", 8888);
    try {
        int count = 0;
        for (;;) {
            socket.sendUrgentData(1);
            count++;
            System.out.println("执行了 " + count + " 次嗅探");
            Thread.sleep(10000);
        }
    } catch (Exception e) {
        e.printStackTrace();
        System.out.println("------ 网络断开了！");
        socket.close();
    }
}
}
```

以上代码是客户端的。

当网络断开时打印"------ 网络断开了！"信息。

4.3.14　Socket 选项 KeepAlive

Socket 选项 SO_KEEPALIVE 的作用是在创建了服务端与客户端时，使客户端连接上服务端。当设置 SO_KEEPALIVE 为 true 时，若对方在某个时间（时间取决于操作系统内核的设置）

内没有发送任何数据过来，那么端点都会发送一个 ACK 探测包到对方，探测双方的 TCP/IP 连接是否有效（对方可能断电，断网）。如果不设置此选项，那么当客户端宕机时，服务端永远也不知道客户端宕机了，仍然保存这个失效的连接。如果设置了比选项，就会将此连接关闭。

public boolean getKeepAlive() 方法的作用是判断是否启用 SO_KEEPALIVE 选项。

public void setKeepAlive(boolean on) 方法的作用是设置是否启用 SO_KEEPALIVE 选项。参数 on 代表是否开启保持活动状态的套接字。

创建测试用的项目 SocketTest_17。

Server 类的实现代码如下：

```java
public class Server {
public static void main(String[] args) throws IOException, InterruptedException {
    ServerSocket serverSocket = new ServerSocket(8888);
    System.out.println("server begin");
    Socket socket = serverSocket.accept();
    System.out.println("server    end");
    Thread.sleep(Integer.MAX_VALUE);
    socket.close();
    serverSocket.close();
}
}
```

Client 类的实现代码如下：

```java
public class Client {
public static void main(String[] args) throws UnknownHostException, IOException,
    InterruptedException {
    System.out.println("client begin");
    Socket socket = new Socket("localhost", 8888);
    System.out.println("a=" + socket.getKeepAlive());
    socket.setKeepAlive(true);
    System.out.println("b=" + socket.getKeepAlive());
    System.out.println("client    end");
    Thread.sleep(Integer.MAX_VALUE);
    socket.close();
}
}
```

在上述程序运行后，使用抓包软件得出如图 4-68 所示的监测结果。

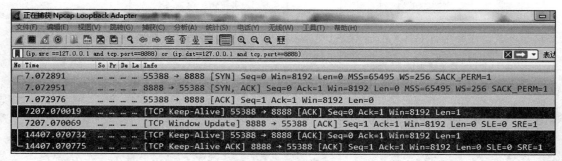

图 4-68　监测结果

上述结果说明在 2 个小时之后，客户端向服务端发送了 TCP Keep-Alive 探测是否存活的 ACK 数据包，而服务端也向客户端发送了同样类型的 ACK 回复数据包，但是该选项在实际软件开发中并不是常用的技术，判断连接是否正常时，较常用的办法是启动 1 个线程，在线程中使用轮询嗅探的方式来判断连接是否为正常的状态。

4.3.15　Socket 选项 TrafficClass

IP 规定了以下 4 种服务类型，用来定性地描述服务的质量。

1）IPTOS_LOWCOST（0x02）：发送成本低。

2）IPTOS_RELIABILITY（0x04）：高可靠性，保证把数据可靠地送到目的地。

3）IPTOS_THROUGHPUT（0x08）：最高吞吐量，一次可以接收或者发送大批量的数据。

4）IPTOS_LOWDELAY（0x10）：最小延迟，传输数据的速度快，把数据快速送达目的地。

这 4 种服务类型还可以使用"或"运算进行相应的组合。

public void setTrafficClass(int tc) 方法的作用是为从此 Socket 上发送的包在 IP 头中设置流量类别（traffic class）。

public int getTrafficClass() 方法的作用是为从此 Socket 上发送的包获取 IP 头中的流量类别或服务类型。

当向 IP 头中设置了流量类型后，路由器或交换机就会根据这个流量类型来进行不同的处理，同时必须要硬件设备进行参与处理。

因为 Windows 7 不支持此特性，所以本测试的客户端需要在 Linux 操作系统中进行，服务端可以安装在 Windows 7 中，然后使用 wireshark 工具进行抓包。

创建测试用的项目 SocketTest_18。

Server 类的实现代码如下：

```java
public class Server {
public static void main(String[] args) throws IOException, InterruptedException {
    ServerSocket serverSocket = new ServerSocket(8888);
    Socket socket = serverSocket.accept();
    socket.close();
    serverSocket.close();
}
}
```

Client 类的实现代码如下：

```java
public class Client {
public static void main(String[] args) throws UnknownHostException, IOException,
    InterruptedException {
    Socket socket = new Socket();
    socket.setTrafficClass(0x10);
    socket.connect(new InetSocketAddress("localhost", 8888));
    OutputStream outStream = socket.getOutputStream();
    outStream.write(" 我是发送的数据！ ".getBytes());
    outStream.close();
```

```
        socket.close();
    }
}
```

本测试使用 wireshark 抓包, 抓包策略为:

```
ip.dst==192.168.0.101 and tcp.port==8888
```

上述程序运行后, 在 IP 包头包含流量类别, 值是 0x10, 如图 4-69 所示。

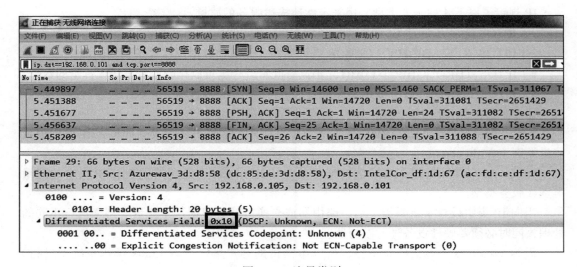

图 4-69   流量类别

4.4   基于 UDP 的 Socket 通信

注意, 在使用 UDP 实现 Socket 通信时一定要使用两台真机, 不要使用虚拟机, 不然会出现 UDP 包无法发送的情况。

UDP (User Datagram Protocol, 用户数据报协议) 是一种面向无连接的传输层协议, 提供不可靠的信息传送服务。

无连接是指通信时服务端与客户端不需要建立连接, 直接把数据包从一端发送到另一端, 对方获取数据包再进行数据的处理。

UDP 是 "不可靠的", 是指该协议在网络环境不好的情况下, 会丢失数据包, 因为没有数据包重传的功能, 另外它也不提供对数据包进行分组、组装, 以及不能对数据包进行排序, 这些都是它和 TCP 最主要的区别。使用 UDP 发送报文后, 是无法得知其是否安全, 以及是否完整地到达目的地的。

UDP 将网络数据流量压缩成数据包的形式, 一个典型的数据包就是一个二进制的数据传输单位, 每一个数据包的前 8 个字节用来包含报头信息, 剩余字节则用来包含具体的传输数据。

因为 UDP 报文没有可靠性保证、没有顺序保证, 以及没有流量控制等功能, 所以它可靠性较差。但是，正因为 UDP 的控制选项较少，在数据传输过程中延迟小、数据传输效率高，因而适合对可靠性要求不高的应用程序。

UDP 和 TCP 都属于传输层协议。

在选择使用某种协议的时候，选择 UDP 必须要谨慎，因为在网络质量不好的情况下，UDP 的数据包丢失的情况会比较严重，但正是因为它是无连接型协议，因而具有资源消耗小、处理速度快的优点。通常音频、视频和普通数据在传送时使用 UDP 较多，因为它们即使偶尔丢失一两个数据包，也不会对接收结果产生太大影响，如视频聊天时，丢失某些帧对聊天效果影响不大。

TCP 中包含了专门的传递保证机制，来确保发送的数据能到达对端，并且是有序的。UDP 与 TCP 不同，UDP 并不提供数据传送的保证机制，如果在从发送方到接收方的传递过程中出现数据报的丢失，协议本身并不能做出任何检测或提示，因此，经常把 UDP 称为不可靠的传输协议。

另外，相对于 TCP，UDP 的另外一个不同之处是不能确保数据的发送和接收的顺序。例如，客户端的应用程序向服务端发送了以下 4 个数据报：

```
D1
D22
D333
D4444
```

但是 UDP 有可能按照以下的顺序接收数据：

```
D333
D1
D4444
D22
```

既然 UDP 是一种不可靠的网络协议，那么还有什么使用价值或必要呢？其实，在有些情况下，UDP 可能会变得非常有用，因为 UDP 具有 TCP 所不具有的速度上的优势。虽然 TCP 中提供了各种安全保障功能，但在实际执行的过程中会占用大量的系统资源和开销，这无疑使运行的效率，也就是运行速度受到严重的影响。反观 UDP，由于排除了信息可靠传递机制，将安全和排序等功能移交给上层应用来完成，因此极大地减少了执行时间，使运行速度得到了保证。TCP 与 UDP 各有利弊，在不同的场景要使用不同的技术。

4.4.1　使用 UDP 实现 Socket 通信

在使用 UDP 实现 Socket 通信时，服务端与客户端都是使用 DatagramSocket 类，传输的数据要存放在 DatagramPacket 类中。

DatagramSocket 类表示用来发送和接收数据报包的套接字。数据报套接字是包投递服务的发送或接收点。每个在数据报套接字上发送或接收的包都是单独编址和路由的。从一台机器发送到另一台机器的多个包可能选择不同的路由，也可能按不同的顺序到达。在 DatagramSocket 上总是启用 UDP 广播发送。为了接收广播包，应该将 DatagramSocket 绑定到通配符地址。在某些实现中，将 DatagramSocket 绑定到一个更加具体的地址时广播包也可以被接收。

示例：

```
DatagramSocket s = new DatagramSocket(null);
s.bind(new InetSocketAddress(8888));
```

这等价于：

```
DatagramSocket s = new DatagramSocket(8888);
```

两个例子都能在 8888 端口上接收使用 UDP 发送的广播 DatagramSocket。

DatagramPacket 类表示数据报包。数据报包用来实现无连接包投递服务。每条报文仅根据该包中包含的信息从一台机器路由到另一台机器。从一台机器发送到另一台机器的多个包可能选择不同的路由，也可能按不同的顺序到达。

DatagramSocket 类中的 public synchronized void receive(DatagramPacket p) 方法的作用是从此套接字接收数据报包。当此方法返回时，DatagramPacket 的缓冲区填充了接收的数据。数据报包也包含发送方的 IP 地址和发送方机器上的端口号。此方法在接收到数据报前一直阻塞。数据报包对象的 length 字段包含所接收信息的长度。如果发送的信息比接收端包关联的 byte[] 长度长，该信息将被截短。如果发送信息的长度大于 65507，则发送端出现异常。

DatagramSocket 类中的 public void send(DatagramPacket p) 方法的作用是从此套接字发送数据报包。DatagramPacket 包含的信息有：将要发送的数据及其长度、远程主机的 IP 地址和远程主机的端口号。

DatagramPacket 类中的 public synchronized byte[] getData() 方法的作用是返回数据缓冲区。接收到的或将要发送的数据从缓冲区中的偏移量 offset 处开始，持续 length 长度。

创建测试用的项目 udp1。

本测试要实现的是客户端使用 UDP 将字符串 1234567890 传递到服务端。

Server 类的实现代码如下：

```
public class Server {
public static void main(String[] args) throws IOException {
    DatagramSocket socket = new DatagramSocket(8888);
    byte[] byteArray = new byte[12];
    // 构造方法第 2 个参数也要写上 10 个，代表要接收数据的长度为 10
    // 和客户端发送数据的长度要一致
    DatagramPacket myPacket = new DatagramPacket(byteArray, 10);
    socket.receive(myPacket);
    socket.close();
    System.out.println(" 包中数据的长度: " + myPacket.getLength());
    System.out.println(new String(myPacket.getData(), 0, myPacket.getLength()));
}
}
```

Client 类的实现代码如下：

```java
public class Client {
// 客户端要发送的数据字节长度为10
// 所以服务端只能最大取得10个数据
public static void main(String[] args) throws IOException {
    DatagramSocket socket = new DatagramSocket();
    socket.connect(new InetSocketAddress("localhost", 8888));
    String newString = "1234567890";
    byte[] byteArray = newString.getBytes();
    DatagramPacket myPacket = new DatagramPacket(byteArray, byteArray.length);
    socket.send(myPacket);
    socket.close();
}
}
```

首先运行 Server 类的实现代码，然后运行 Client 类的实现代码，控制台输出结果如下：

```
包中数据的长度：10
1234567890
```

上述结果说明使用 UDP 实现了 Server 与 Client 的通信。

4.4.2　测试发送超大数据量的包导致数据截断的情况

理论上，一个 UDP 包最大的长度为 2^{16} - 1（65536 − 1 = 65535），因此，IP 包最大的发送长度为 65535。但是，在这 65535 之内包含 IP 协议头的 20 个字节，还有 UDP 协议头的 8 个字节，即 65535 − 20 − 8 = 65507，因此，UDP 传输用户数据最大的长度为 65507。如果传输的数据大于 65507，则在发送端出现异常。

创建测试用的项目 udpSendBigData。

Server 类的实现代码如下：

```java
public class Server {
public static void main(String[] args) throws IOException {
    DatagramSocket socket = new DatagramSocket(8088);
    byte[] byteArray = new byte[65507];
    DatagramPacket packet = new DatagramPacket(byteArray, byteArray.length);
    socket.receive(packet);
    socket.close();
    System.out.println(" 服务端接收到的数据长度为: " + packet.getLength());
    String getString = new String(packet.getData(), 0, packet.getLength());
    FileOutputStream fileOutputStream = new FileOutputStream("c:\\abc\\getData.
        txt");
    fileOutputStream.write(getString.getBytes());
    fileOutputStream.close();
}
}
```

Client 类的实现代码如下：

```java
public class Client {
public static void main(String[] args) throws IOException {
    DatagramSocket socket = new DatagramSocket();
    socket.connect(new InetSocketAddress("localhost", 8088));
```

```
        String sendString = "";
        for (int i = 0; i < 65507 - 3; i++) {
            sendString = sendString + "a";
        }
        sendString = sendString + "end";
        DatagramPacket packet = new DatagramPacket(sendString.getBytes(), sendString.
            getBytes().length);
        socket.send(packet);
        socket.close();
    }
}
```

在上述程序运行后，服务端接收了全部的数据，结果如图 4-70 所示。

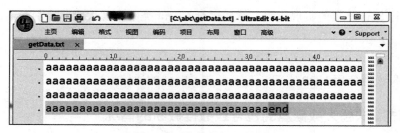

图 4-70　接收全部的数据

如果发送的数据量大于 65507，则发送端出现异常。

服务端测试用的代码如下：

```
public class Server {
public static void main(String[] args) throws IOException {
    DatagramSocket socket = new DatagramSocket(8088);
    byte[] byteArray = new byte[65509];
    DatagramPacket packet = new DatagramPacket(byteArray, byteArray.length);
    socket.receive(packet);
    socket.close();
    System.out.println("服务端接收到的数据长度为：" + packet.getLength());
    String getString = new String(packet.getData(), 0, packet.getLength());
    FileOutputStream fileOutputStream = new FileOutputStream("c:\\abc\\getData.
        txt");
    fileOutputStream.write(getString.getBytes());
    fileOutputStream.close();
}
}
```

客户端测试用的代码如下：

```
public class Client {
public static void main(String[] args) throws IOException {
    DatagramSocket socket = new DatagramSocket();
    socket.connect(new InetSocketAddress("localhost", 8088));
    String sendString = "";
    for (int i = 0; i < 65507 - 3; i++) {
        sendString = sendString + "a";
    }
```

```
sendString = sendString + "end";
sendString = sendString + "zz";
DatagramPacket packet = new DatagramPacket(sendString.getBytes(), sendString.
    getBytes().length);
socket.send(packet);
socket.close();
}
}
```

首先运行服务端，再运行客户端，客户端出现异常，结果如下：

```
Exception in thread "main" java.net.SocketException: The message is larger than
    the maximum supported by the underlying transport: Datagram send failed
    at java.net.DualStackPlainDatagramSocketImpl.socketSend(Native Method)
    at java.net.DualStackPlainDatagramSocketImpl.send(DualStackPlainDatagramSo
        cketImpl.java:136)
    at java.net.DatagramSocket.send(DatagramSocket.java:693)
    at test2.Client.main(Client.java:19)
```

4.4.3　Datagram Packet 类中常用 API 的使用

DatagramPacket 类中的 public synchronized void setData(byte[] buf) 方法的作用是为此包设置数据缓冲区。将此 DatagramPacket 的偏移量设置为 0，长度设置为 buf 的长度。

DatagramPacket 类中的 public synchronized void setData(byte[] buf, int offset, int length) 方法的作用是为此包设置数据缓冲区。此方法设置包的数据、长度和偏移量。

DatagramPacket 类中的 public synchronized int getOffset() 方法的作用是返回将要发送或接收到的数据的偏移量。

DatagramPacket 类中的 public synchronized void setLength(int length) 方法的作用是为此包设置长度。包的长度是指包数据缓冲区中将要发送的字节数，或用来接收数据的包数据缓冲区的字节数。长度必须小于或等于偏移量与包缓冲长度之和。

创建测试用的项目 udp2。

Server 类的实现代码如下：

```
public class Server {
public static void main(String[] args) throws IOException {
    DatagramSocket socket = new DatagramSocket(8888);
    byte[] byteArray = new byte[10];
    DatagramPacket myPacket = new DatagramPacket(byteArray, byteArray.length);
    socket.receive(myPacket);
    socket.close();
    byteArray = myPacket.getData();
    System.out.println(new String(byteArray, 0, myPacket.getLength()));
}
}
```

Client1 类的实现代码如下：

```
public class Client1 {
public static void main(String[] args) throws IOException {
    DatagramSocket socket = new DatagramSocket();
```

```
        socket.connect(new InetSocketAddress("localhost", 8888));
        String newString = "我是员工";
        byte[] byteArray = newString.getBytes();
        DatagramPacket myPacket = new DatagramPacket(new byte[] {}, 0);
        myPacket.setData(byteArray);
        myPacket.setLength(2);
        socket.send(myPacket);
        socket.close();
    }
}
```

Client2 类的实现代码如下：

```
public class Client2 {
public static void main(String[] args) throws IOException {
    DatagramSocket socket = new DatagramSocket();
    socket.connect(new InetSocketAddress("localhost", 8888));
    String newString = "我是员工";
    byte[] byteArray = newString.getBytes();
    DatagramPacket myPacket = new DatagramPacket(new byte[] {}, 0);
    myPacket.setData(byteArray, 2, 6);
    System.out.println("myPacket.getOffset()=" + myPacket.getOffset());
    socket.send(myPacket);
    socket.close();
    }
}
```

首先运行 Server 类的实现代码，然后运行 Client1 类的实现代码，控制台输出结果如下：

我

再次运行 Server 类的实现代码，然后运行 Client2 类的实现代码，Server 端的控制台输出结果如下：

是员工

Client2 端的控制台输出结果如下：

```
myPacket.getOffset()=2
```

4.4.4　使用 UDP 实现单播

"单播"就是将数据报文让 1 台计算机知道。

笔者在本小节以及后面的所有章节测试的环境是物理的两台便携式计算机。

注意，想要让 Linux 接收 UDP 信息，必须使用 root 管理员角色执行命令关闭防火墙：

```
systemctl stop firewalld.service
```

还需要注意的是，笔者的测试环境使用的是交换机，如果使用路由器将两台计算机进行连接，则 UDP 的广播数据包会出现随机丢失的情况。

两台计算机的子网掩码、网关要一样，这也是设置的重点，这样配置完成后，两个操作系统就可以 ping 通，就可以互相通信了。

将计算机 A 中的 Windows 7 操作系统的 IP 设置为 192.168.0.150，将计算机 B 中的 CentOS 操作系统的 IP 地址设置为 192.168.0.105，最后在控制台或终端互 ping 就可以了。

创建测试用的项目 udp_1。

Server 类的实现代码如下：

```
public class Server {
public static void main(String[] args) throws IOException {
    DatagramSocket socket = new DatagramSocket(8888);
    byte[] byteArray = new byte[10];
    DatagramPacket packet = new DatagramPacket(byteArray, byteArray.length);
    socket.receive(packet);
    byteArray = packet.getData();
    System.out.println(new String(byteArray, 0, packet.getLength()));
    socket.close();
}

}
```

Client 类的实现代码如下：

```
public class Client {
public static void main(String[] args) throws IOException {
    DatagramSocket socket = new DatagramSocket();
    socket.connect(new InetSocketAddress("192.168.0.150", 8888));
    byte[] byteArray = "1234567890".getBytes();
    DatagramPacket packet = new DatagramPacket(byteArray, byteArray.length);
    socket.send(packet);
    socket.close();
}
}
```

上述程序运行后，成功地在服务端的控制台输出如下结果：

```
1234567890
```

4.4.5　使用 UDP 实现广播

"广播"就是将数据报文让其他计算机都知道。

创建测试用的项目 udp3。

Server1 类的实现代码如下：

```
public class Server1 {
public static void main(String[] args) throws IOException {
    DatagramSocket socket = new DatagramSocket(7777);
    byte[] byteArray = new byte[10];
    DatagramPacket myPacket = new DatagramPacket(byteArray, byteArray.length);
    socket.receive(myPacket);
    socket.close();
    byteArray = myPacket.getData();
    System.out.println(new String(byteArray, 0, myPacket.getLength()));
}
}
```

Server1 类是在计算机 A 中运行的。

Server2 类的实现代码如下：

```
public class Server2 {
public static void main(String[] args) throws IOException {
    DatagramSocket socket = new DatagramSocket(7777);
    byte[] byteArray = new byte[10];
    DatagramPacket myPacket = new DatagramPacket(byteArray, byteArray.length);
    socket.receive(myPacket);
    socket.close();
    byteArray = myPacket.getData();
    System.out.println(new String(byteArray, 0, myPacket.getLength()));
}
}
```

Server2 类是在计算机 B 中运行的。

Client1 类的实现代码如下：

```
public class Client1 {
public static void main(String[] args) throws IOException {
    DatagramSocket socket = new DatagramSocket();
    socket.connect(new InetSocketAddress("192.168.0.105", 7777));
    String newString = "12345_____";
    byte[] byteArray = newString.getBytes();
    DatagramPacket myPacket = new DatagramPacket(byteArray, byteArray.length);
    socket.send(myPacket);
    socket.close();
}
}
```

注意，Client1 类实现的不是广播的效果。

首先，在计算机 A 中运行 Server1 类，然后在计算机 B 中运行 Server2 类，最后在计算机 A 中运行 Client1 类，结果是只在计算机 B 中输出了字符，说明 Client1 类只具备单播的功能。

上面的过程并没有实现广播的效果，这时如果想实现两台计算机都能接收到这个数据包，就要使用广播技术了，创建 Client2 类代码如下：

```
public class Client2 {
public static void main(String[] args) throws IOException {
    DatagramSocket socket = new DatagramSocket();
    socket.setBroadcast(true);
    socket.connect(InetAddress.getByName("192.168.0.255"), 7777);
    String newString = "_____12345";
    byte[] byteArray = newString.getBytes();
    DatagramPacket myPacket = new DatagramPacket(byteArray, byteArray.length);
    socket.send(myPacket);
    socket.close();
}
}
```

首先在计算机 A 中运行 Server1 类，然后在计算机 B 中运行 Server2 类，最后在计算机 A 中运行 Client2 类，结果是计算机 A 和计算机 B 都接收到了 UDP 广播的信息。

在 Windows 操作系统中，服务端可以使用代码

```
DatagramSocket socket = new DatagramSocket(new InetSocketAddress("192.168.0.150",
7777));
```

和

```
DatagramSocket socket = new DatagramSocket(7777);
```

来开启服务端的服务，这样都能接收到客户端的 UDP 广播信息。

而在 Linux 中必须使用代码

```
DatagramSocket socket = new DatagramSocket(7777);
```

来开启服务端的服务。经过笔者的测试，如果在 Linux 中使用代码

```
DatagramSocket socket = new DatagramSocket(new InetSocketAddress("192.168.0.150",
·7777));
```

作为服务端，则 Linux 中的 UDP 服务器接收不到 UDP 广播消息。

另外，一定要留意广播地址，错误的广播地址不能实现 UDP 广播的效果。具体使用哪些广播地址，要根据当前计算机中的 IP 进行换算，可自行查看搜索引擎提供的相关资料，或使用如下程序代码获得。

```
public class Test3 {
public static void main(String[] args) throws Exception {
    Enumeration<NetworkInterface> enum1 = NetworkInterface.getNetworkInterfaces();
    while (enum1.hasMoreElements()) {
        NetworkInterface n = enum1.nextElement();
        System.out.println(n.getName() + "    " + n.getDisplayName());
        List<InterfaceAddress> list = n.getInterfaceAddresses();
        for (int i = 0; i < list.size(); i++) {
            InterfaceAddress a = list.get(i);
            InetAddress ip = a.getBroadcast();
            if (ip != null) {
                System.out.println("    " + a.getBroadcast().getHostAddress());
            }
        }
    }
}
}
```

4.4.6　使用 UDP 实现组播

"组播"就是将数据报文让指定的计算机知道。组播也称为多播。

注意，如果在两台物理计算机中进行 UDP 组播的测试，一定要将多余的网卡禁用，不然会出现使用 wireshark 工具可以抓到组播包，但 receive() 方法依然是阻塞的情况，但如果服务端与客户端在同一台中，就不会出现这样的情况。

创建测试用的项目 udp4。

ServerA 类的实现代码如下：

```java
public class ServerA {
public static void main(String[] args) throws IOException {
    MulticastSocket socket = new MulticastSocket(8888);
    socket.joinGroup(InetAddress.getByName("224.0.0.5"));
    byte[] byteArray = new byte[10];
    DatagramPacket packet = new DatagramPacket(byteArray, byteArray.length);
    socket.receive(packet);
    byteArray = packet.getData();
    System.out.println("ServerA " + new String(byteArray, 0, packet.getLength()));
    socket.close();
}

}
```

ServerB 类的实现代码如下：

```java
public class ServerB {
public static void main(String[] args) throws IOException {
    MulticastSocket socket = new MulticastSocket(8888);
    socket.joinGroup(InetAddress.getByName("224.0.0.5"));
    byte[] byteArray = new byte[10];
    DatagramPacket packet = new DatagramPacket(byteArray, byteArray.length);
    socket.receive(packet);
    byteArray = packet.getData();
    System.out.println("ServerB " + new String(byteArray, 0, packet.getLength()));
    socket.close();
}

}
```

Client 类的实现代码如下：

```java
public class Client {
public static void main(String[] args) throws IOException {
    MulticastSocket socket = new MulticastSocket();
    byte[] byteArray = "1234567890".getBytes();
    DatagramPacket packet = new DatagramPacket(byteArray, byteArray.length,
        InetAddress.getByName("224.0.0.5"),
            8888);
    socket.send(packet);
    socket.close();
}
}
```

在上述程序运行后，在两个服务端控制台输出的结果如下：

ServerA 1234567890

ServerB 1234567890

如果是发送数据报包，则可以不调用 joinGroup() 方法加入多播组；如果是接收数据报包，则必须调用 joinGroup() 方法加入多播组。

上述结果表明组播的测试成功。

4.5　小结

本章主要介绍了使用 ServerSocket 和 Socket 实现 TCP/IP 数据通信，使用 DatagramSocket 和 DatagramPacket 实现 UDP 数据通信，并详细介绍了这些类中 API 的使用，以及全部 Socket Option 选项的特性，同时，分析了 TCP/IP 通信时的"握手"与"挥手"，熟练掌握这些知识有助于理解网络编程的特性，对学习 ServerSocketChannel 通道起到非常重要的铺垫作用。那么在下一章就要学习选择器与 ServerSocketChannel 通道实现多路复用，深入到 NIO 高性能处理的核心。

选择器的使用

本章将介绍 NIO 技术中最重要的知识点之一：选择器（Selector）。选择器结合 Selectable-Channel 实现了非阻塞的效果，大大提高了程序运行的效率。因为选择器与 Selectable-Channel 会进行联合使用，所以本章将 SelectableChannel 类一同进行介绍。

选择器实现了 I/O 通道的多路复用，使用它可以节省 CPU 资源，提高程序运行效率，那么这个技术到底是如何使用的呢？下面就开始相关知识的学习。

5.1　选择器与 I/O 多路复用

Selector 选择器是 NIO 技术中的核心组件，可以将通道注册进选择器中，其主要作用就是使用 1 个线程来对多个通道中的已就绪通道进行选择，然后就可以对选择的通道进行数据处理，属于一对多的关系，也就是使用 1 个线程来操作多个通道，这种机制在 NIO 技术中称为"I/O 多路复用"。它的优势是可以节省 CPU 资源，因为只有 1 个线程，CPU 不需要在不同的线程间进行上下文切换。线程的上下文切换是一个非常耗时的动作，减少切换对设计高性能服务器具有很重要的意义。

若不使用"I/O 多路复用"，那会是什么样的设计结构呢？效果如图 5-1 所示。

从在图 5-1 中可以发现，如果不使用 I/O 多路复用，则需要创建多个线程对象，每个线程都对应一个通道，在对应的通道中进行数据的处理。但是，如果在高并发环境下，就会创建很多的线程对象，造成内存占用率升高，增加 CPU 在多个线程之间上下文切换的时间，因此，此种设计就不适用于高并发的场景。

如果使用"I/O 多路复用"，那又会是什么样的设计结构呢？效果如图 5-2 所示。

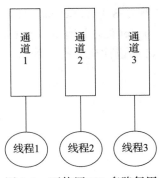

图 5-1 不使用 I/O 多路复用

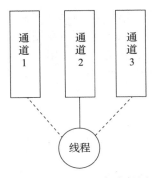

图 5-2 使用 I/O 多路复用

从图 5-2 中可以发现，使用了 I/O 多路复用后，只需要使用 1 个线程就可以操作多个通道，属于一对多的关系。它和"不使用 I/O 多路复用"相比最大的优势就是内存占用率下降了，因为线程对象的数量大幅减少，还有 CPU 不需要过多的上下文切换，这对高并发高频段处理的业务环境有非常重要的优势。

线程数会随着通道的多少而动态地增减以进行适配，在内部其实并不永远是一个线程，多路复用的核心目的就是使用最少的线程去操作更多的通道。在 JDK 的源代码中，创建线程的个数是根据通道的数量来决定的，每注册 1023 个通道就创建 1 个新的线程，这些线程执行 Windows 中的 select() 方法来监测系统 socket 的事件，如果发生事件则通知应用层中的 main 线程终止阻塞，继续向下运行，处理事件。可以在 CMD 中使用 jps 和 jstack 来查看创建线程的数量。

🔎注意　学习 I/O 多路复用时一定要明白一个知识点，就是在使用 I/O 多路复用时，这个线程不是以 for 循环的方式来判断每个通道是否有数据要进行处理，而是以操作系统底层作为"通知器"，来"通知 JVM 中的线程"哪个通道中的数据需要进行处理，这点一定要注意。当不使用 for 循环的方式来进行判断，而是使用通知的方式时，这就大大提高了程序运行的效率，不会出现无限期的 for 循环迭代空运行了。

5.2 核心类 Selector、SelectionKey 和 SelectableChannel 的关系

在使用选择器技术时，主要由 3 个对象以合作的方式来实现线程选择某个通道进行业务处理，这 3 个对象分别是 Selector、SelectionKey 和 SelectableChannel。

先来看看 Selector 类的结构信息，如图 5-3 所示。

Selector 类是抽象类，它是 SelectableChannel 对象的多路复用器。这句话的含义是只有 SelectableChannel 通

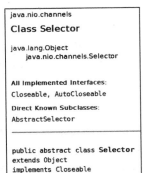

图 5-3 抽象类 Selector 的结构信息

道对象才能被 Selector.java 选择器所复用，那么为什么必须是 SelectableChannel 通道对象才能被 Selector.java 选择器所复用呢？因为只有 SelectableChannel 类才具有 register(Selector sel, int ops) 方法，该方法的作用是将当前的 SelectableChannel 通道注册到指定的选择器中，参数 sel 也说明了这个问题。注册的效果如图 5-4 所示。

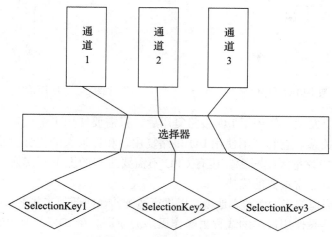

图 5-4　将通道注册到选择器

由选择器来决定对哪个通道中的数据进行处理，这些能被选择器所处理的通道的父类就是 SelectableChannel，它是抽象类，该类的结构信息如图 5-5 所示。

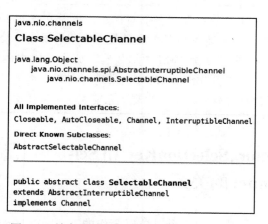

图 5-5　抽象类 SelectableChannel 的结构信息

SelectableChannel 类的继承关系如图 5-6 所示。

SelectableChannel 类和 FileChannel 类是平级关系，都继承自父类 AbstractInterruptibleChannel。抽象类 SelectableChannel 有很多子类，如图 5-7 所示，其中的 3 个通道子类是在选择器技术中使用最为广泛的。

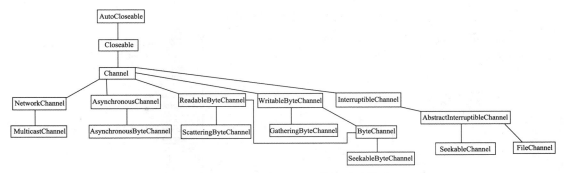

图 5-6　SelectableChannel 类的继承关系

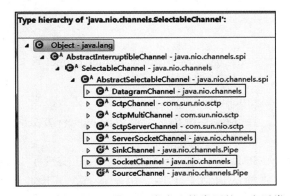

图 5-7　SelectableChannel1 类中比较常用的 3 个子类

抽象类 SelectableChannel 的子类继承关系如图 5-8 所示。

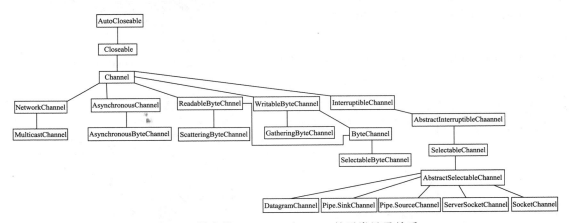

图 5-8　抽象类 SelectableChannel 的子类继承关系

通过图 5-8 表达的内容可以分析出，SelectableChannel 类的子类都可以使用 register (Selector sel, int ops) 方法将自身注册到选择器中。

再来看看 SelectionKey 类的结构信息，如图 5-9 所示。

SelectionKey 类的作用是一个标识，这个标识代表 SelectableChannel 类已经向 Selector 类注册了。

在后续部分将对 SelectableChannel 类的子类进行详细介绍，使读者充分地掌握选择器与通道类的结合使用。

java.nio.channels

Class SelectionKey

java.lang.Object
    java.nio.channels.SelectionKey

Direct Known Subclasses:

AbstractSelectionKey

```
public abstract class SelectionKey
extends Object
```

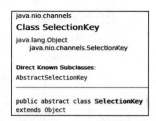

图 5-9 SelectionKey 类的结构信息

5.3 通道类 AbstractInterruptibleChannel 与接口 InterruptibleChannel 的介绍

AbstractInterruptibleChannel 类实现了 InterruptibleChannel 接口，该接口的主要作用，是使通道能以异步的方式进行关闭与中断。

如果通道实现了 asynchronously 和 closeable 特性，那么，当一个线程在一个能被中断的通道上出现了阻塞状态，其他线程调用这个通道的 close() 方法时，这个呈阻塞状态的线程将接收到 AsynchronousCloseException 异常。

如果通道实现了 asynchronously 和 closeable，并且还实现了 interruptible 特性，那么，当一个线程在一个能被中断的通道上出现了阻塞状态，其他线程调用这个阻塞线程的 interrupt() 方法时，通道将被关闭，这个阻塞的线程将接收到 ClosedByInterruptException 异常，这个阻塞线程的状态一直是中断状态。

上面这两个特性已经验证过了。

InterruptibleChannel 接口的 API 结构如图 5-10 所示。

InterruptibleChannel 接口的结构信息如图 5-11 所示。

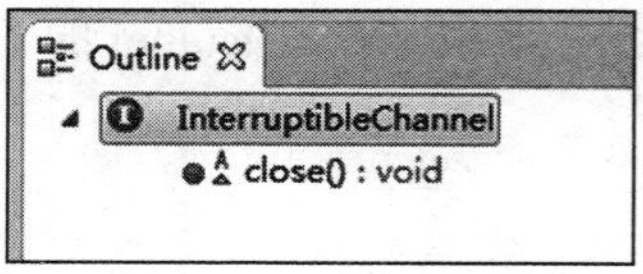

图 5-10 InterruptibleChannel 接口的 API 结构

java.nio.channels

Interface InterruptibleChannel

All Superinterfaces:

AutoCloseable, Channel, Closeable

All Known Implementing Classes:

AbstractInterruptibleChannel, AbstractSelectableChannel, DatagramChannel, FileChannel, Pipe.SinkChannel, Pipe.SourceChannel, SelectableChannel, ServerSocketChannel, SocketChannel

```
public interface InterruptibleChannel
extends Channel
```

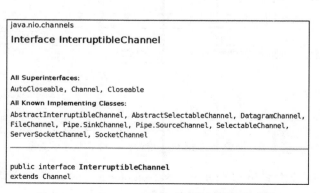

图 5-11 InterruptibleChannel 接口的结构信息

再来看看 InterruptibleChannel 接口的实现类 AbstractInterruptibleChannel 的结构信息，如图 5-12 所示。

AbstractInterruptibleChannel 类是抽象类，其内部的 API 结构比较简单，只有两个方法，如图 5-13 所示。

AbstractInterruptibleChannel 类的主要作用是提供了一个可以被中断的通道基本实现类。

此类封装了能使通道实现异步关闭和中断所需要的最低级别的机制。在调用有可能无限期阻塞的 I/O 操作的之前和之后，通道类必须分别调用 begin() 和 end() 方法。为了确保始终能够调用 end() 方法，应该在 try ... finally 块中使用 begin 和 end() 方法：

```
boolean completed = false;
try {
begin();
completed = ...;     // 执行 blocking I/O 操作
return ...;          // 返回结果
} finally {
 end(completed);
}
```

java.nio.channels.spi

Class AbstractInterruptibleChannel

java.lang.Object
    java.nio.channels.spi.AbstractInterruptibleChannel

All Implemented Interfaces:
Closeable, AutoCloseable, Channel, InterruptibleChannel

Direct Known Subclasses:
FileChannel, SelectableChannel

public abstract class **AbstractInterruptibleChannel**
extends Object
implements Channel, InterruptibleChannel

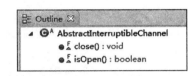

图 5-12　AbstractInterruptibleChannel 类的结构信息

图 5-13　AbstractInterruptibleChannel 类的 API 结构

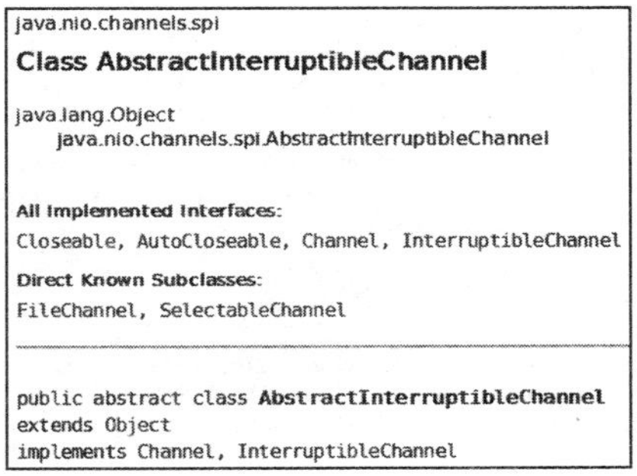

end() 方法的 completed 参数用于告知 I/O 操作实际是否已完成。例如，在读取字节的操作中，只有确实将某些字节传输到目标缓冲区，此参数才应该为 true，代表完成的结果是成功的。

具体的通道类还必须实现 implCloseChannel() 方法，其方式为：如果在调用此方法的同时，另一个线程阻塞在该通道上的本机 I/O 操作中，则该操作将立即返回，要么抛出异常，要么正常返回。如果某个线程被中断，或者异步地关闭了阻塞线程所处的通道，则该通道的 end() 方法会抛出相应的异常。

5.4　通道类 SelectableChannel 的介绍

AbstractInterruptibleChannel 类的子类就包含抽象类 SelectableChannel 和 FileChannel。

SelectableChannel 类的结构信息如图 5-14 所示。

从继承关系的结构信息来看，抽象类 SelectableChannel 并没有实现其他的新接口，只是单纯地从父类 AbstractInterruptibleChannel 进行继承，进行扩展，它的 API 结构如图 5-15 所示。

SelectableChannel 与选择器关联的关键方法就是前面已经介绍过的：

```
public final SelectionKey register(Selector sel, int ops)
```

通过此方法，可将 SelectableChannel 注册到选择器对象上。

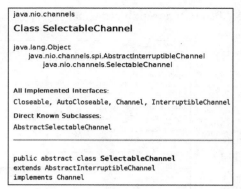

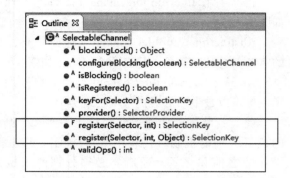

图 5-14 抽象类 SelectableChannel 的结构信息　图 5-15 抽象类 SelectableChannel 的 API 结构

抽象类 SelectableChannel 有很多子类，如图 5-16 所示，其中的 3 个通道子类是在选择器技术中使用最为广泛的。

SelectableChannel 类可以通过选择器实现多路复用。

在与选择器结合使用的时候，需要先调用 SelectableChannel 对象的 register() 方法在选择器对象里注册 SelectableChannel，register() 方法返回一个新的 SelectionKey 对象，SelectionKey 表示该通道已向选择器注册了。

当 SelectableChannel 在选择器里注册后，通道在注销之前将一直保持注册状态。需要注意的是，不能直接注销通道，而是通过调用 SelectionKey 类的 cancel() 方法显式地取消，这

图 5-16 SelectableChannel 类中比较常用的 3 个子类

将在选择器的下一次选择 select() 操作期间去注销通道。无论是通过调用通道的 close() 方法，还是中断阻塞于该通道上 I/O 操作中的线程来关闭该通道，都会隐式地取消该通道的所有 SelectionKey。

如果选择器本身已关闭，则将注销该通道，并且表示其注册的 SelectionKey 将立即无效。

一个通道至多只能在任意特定选择器上注册一次。可以通过调用 isRegistered() 方法来确定是否已经向一个或多个选择器注册了某个通道。

SelectableChannel 在多线程并发环境下是安全的。

SelectableChannel 要么处于阻塞模式，要么处于非阻塞模式。在阻塞模式中，每一个 I/O 操作完成之前都会阻塞在其通道上调用的其他 I/O 操作。在非阻塞模式中，永远不会阻塞 I/O 操作，并且传输的字节可能少于请求的数量，或者可能根本不传输字节。可通过调用 SelectableChannel 的 isBlocking() 方法来确定其是否为阻塞模式。

新创建的 SelectableChannel 总是处于阻塞模式。在结合使用基于选择器的多路复用时，非阻塞模式是最有用的。向选择器注册某个通道前，必须将该通道置于非阻塞模式，并且在注销之前可能无法返回到阻塞模式。

5.5　通道类 AbstractSelectableChannel 的介绍

SelectableChannel 类的子类包含抽象类 AbstractSelectableChannel。AbstractSelectable-Channel 类的结构信息如图 5-17 所示。

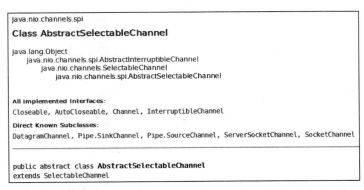

图 5-17　抽象类 AbstractSelectableChannel 的结构信息

从继承关系的结构信息来看，抽象类 AbstractSelectableChannel 并没有实现其他的新接口，只是单纯地从父类 SelectableChannel 进行继承，进行扩展，它的 API 结构如图 5-18 所示。

抽象类 AbstractSelectableChannel 是可选择通道的基本实现类。此类定义了处理通道注册、注销和关闭机制的各种方法。它会维持此通道的当前阻塞模式及其当前的选择键集 SelectionKey。它执行实现 SelectableChannel 规范所需的所有同步。此类中所定义的抽象保护方法的实现不必与同一操作中使用的其他线程同步。

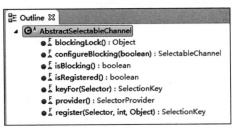

图 5-18　抽象类 AbstractSelectableChannel
的 API 结构

5.6　通道类 ServerSocketChannel 与接口 NetworkChannel 的介绍

抽象类 AbstractSelectableChannel 的子类包含抽象类 ServerSocketChannel，它的结构信息如图 5-19 所示。

从继承关系的结构信息来看，抽象类 ServerSocketChannel 实现了 1 个新的接口 Network-Channel。

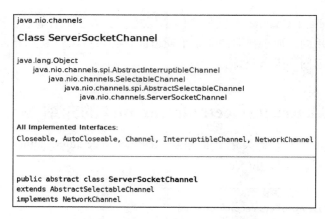

图 5-19 抽象类 ServerSocketChannel 的结构信息

抽象类 ServerSocketChannel 的 API 结构如图 5-20 所示。

ServerSocketChannel 类是针对面向流的侦听套接字的可选择通道。ServerSocketChannel 不是侦听网络套接字的完整抽象，必须通过调用 socket() 方法所获得的关联 ServerSocket 对象来完成对套接字选项的绑定和操作。不可能为任意的已有 ServerSocket 创建通道，也不可能指定与 ServerSocketChannel 关联的 ServerSocket 所使用的 SocketImpl 对象。

通过调用此类的 open() 方法创建 ServerSocketChannel。新创建的 ServerSocketChannel 已打开，但尚未绑定。试图调用未绑定的 ServerSocketChannel 的 accept() 方法会导致抛出 NotYetBoundException。可通过调用相关 ServerSocket 的某个 bind() 方法来绑定 ServerSocketChannel。

多个并发线程可安全地使用服务器套接字通道 ServerSocketChannel。

NetworkChannel 接口的结构信息如图 5-21 所示。

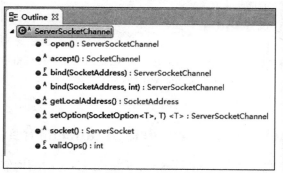

图 5-20 抽象类 ServerSocketChannel 的 API 结构　　图 5-21 NetworkChannel 接口的结构信息

一个 NetworkChannel 代表连接到 Socket 的网络通道。

NetworkChannel 接口的 API 结构如图 5-22 所示。

实现此接口的通道就是网络套接字通道。bind() 方法用于将套接字绑定到本地地址，get-LocalAddress() 方法返回套接字绑定到的地址，setOption() 和 getOption() 方法分别用于设置和查询套接字选项。

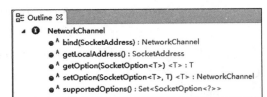

图 5-22　NetworkChannel 接口的 API 结构

ServerSocketChannel 类可供调用的 API 如图 5-23 所示。

图 5-23　ServerSocketChannel 类可供调用的 API

在学习使用这些 API 的过程中，就会掌握如何将通道注册到选择器里。

5.7　ServerSocketChannel 类、Selector 和 SelectionKey 的使用

本节主要介绍 ServerSocketChannel 类、Selector 和 SelectionKey 的联合使用，来实现 ServerSocketChannel 结合 Selector 达到 I/O 多路复用的目的。

5.7.1 获得 ServerSocketChannel 与 ServerSocket socket 对象

ServerSocketChannel 类是抽象的，如图 5-24 所示。

因此，ServerSocketChannel 类并不能直接 new 实例化，但 API 中提供了 public static ServerSocket-Channel open() 方法来创建 ServerSocketChannel 类的实例。open() 方法是静态的，作用是打开服务器套字通道。新通道的套接字最初是未绑定的；可以接受连接之前，必须通过它的某个套接字的 bind() 方法将其绑定到具体的地址。

```
73
74  public abstract class ServerSocketChannel
75      extends AbstractSelectableChannel
76      implements NetworkChannel
77  {
78
```

图 5-24　ServerSocketChannel 类是抽象的

通过调用 open() 方法创建 ServerSocketChannel 类的实例后，可以调用它的 public abstract ServerSocket socket() 方法来返回 ServerSocket 类的对象，然后与客户端套接字进行通信。socket() 方法的作用是获取与此通道关联的服务器套接字 ServerSocket 类的对象。

public final void close() 方法的作用是关闭此通道。如果已关闭该通道，则此方法立即返回。否则，它会将该通道标记为已关闭，然后调用 implCloseChannel() 方法以完成关闭操作。

创建测试用的代码如下：

```java
public class Test1_Server1 {

public static void main(String[] args) throws IOException {
    ServerSocketChannel serverSocketChannel = ServerSocketChannel.open();
    ServerSocket serverSocket = serverSocketChannel.socket();
    serverSocket.bind(new InetSocketAddress("localhost", 8888));
    Socket socket = serverSocket.accept();
    InputStream inputStream = socket.getInputStream();
    InputStreamReader inputStreamReader = new InputStreamReader(inputStream);
    char[] charArray = new char[1024];
    int readLength = inputStreamReader.read(charArray);
    while (readLength != -1) {
        String newString = new String(charArray, 0, readLength);
        System.out.println(newString);
        readLength = inputStreamReader.read(charArray);
    }
    inputStreamReader.close();
    inputStream.close();
    socket.close();
    serverSocket.close();
    serverSocketChannel.close();
}

}
```

可自行创建一个 Socket 客户端对服务端传输数据，以达到服务端与客户端通信的目的。

通过查看上述的示例代码可以发现，在不使用 ServerSocketChannel 类，而只是单纯地使用 ServerSocket 类与 Socket 类，也能实现服务端与客户端通信的目的，那么为什么要使用 ServerSocketChannel 通道呢？因为单纯地使用 ServerSocket 类与 Socket 类，而不使用 ServerSocketChannel 类是实现不了 I/O 多路复用的。关于如何使用 ServerSocketChannel 类实现 I/O 多路复用，可参见后的代码。

5.7.2　执行绑定操作

上文使用如下代码

```
serverSocket.bind(new InetSocketAddress("localhost", 8888));
```

将 ServerSocket 类绑定到指定的地址，而 ServerSocketChannel 类也有 bind() 方法，该方法 public final ServerSocketChannel bind(SocketAddress local) 的作用是将通道的套接字绑定到本地地址并侦听连接。

测试用的代码如下：

```
public class Test1_Server2 {

public static void main(String[] args) throws IOException {
    ServerSocketChannel serverSocketChannel = ServerSocketChannel.open();
    serverSocketChannel.bind(new InetSocketAddress("localhost", 8888));
    // 如果使用 serverSocketChannel 进行了 bind() 绑定，
    // 那么就不再使用 serverSocket 进行 bind() 绑定
    ServerSocket serverSocket = serverSocketChannel.socket();
    Socket socket = serverSocket.accept();
    InputStream inputStream = socket.getInputStream();
    InputStreamReader inputStreamReader = new InputStreamReader(inputStream);
    char[] charArray = new char[1024];
    int readLength = inputStreamReader.read(charArray);
    while (readLength != -1) {
        String newString = new String(charArray, 0, readLength);
        System.out.println(newString);
        readLength = inputStreamReader.read(charArray);
    }
    inputStreamReader.close();
    inputStream.close();
    socket.close();
    serverSocket.close();
    serverSocketChannel.close();
}

}
```

5.7.3　执行绑定操作与设置 backlog

public abstract ServerSocketChannel bind(SocketAddress local, int backlog) 方法的作用是将通道的套接字绑定到本地地址并侦听连接，通过使用参数 backlog 来限制客户端连接的数量。

Test1_Server3 类的实现代码如下：

```
public class Test1_Server3 {
```

```java
public static void main(String[] args) throws IOException, InterruptedException {
    ServerSocketChannel serverSocketChannel = ServerSocketChannel.open();
    serverSocketChannel.bind(new InetSocketAddress("localhost", 8888), 60);
    ServerSocket serverSocket = serverSocketChannel.socket();
    Thread.sleep(5000);
    boolean isRun = true;
    while (isRun == true) {
        Socket socket = serverSocket.accept();
        socket.close();
    }
    Thread.sleep(8000);
    serverSocket.close();
    serverSocketChannel.close();
}
}
```

Test1_Server3_Client 类的实现代码如下：

```java
public class Test1_Server3_Client {
public static void main(String[] args) throws IOException, InterruptedException {
    for (int i = 0; i < 100; i++) {
        Socket socket = new Socket("localhost", 8888);
        socket.close();
        System.out.println("客户端连接个数为: " + (i + 1));
    }
}
}
```

首先运行 Test1_Server3 类的实现代码，然后运行 Test1_Server3_Client 类的实现代码，控制台输出结果如下：

```
客户端连接个数为: 57
客户端连接个数为: 58
客户端连接个数为: 59
客户端连接个数为: 60
Exception in thread "main" java.net.ConnectException: Connection refused: connect
    at java.net.DualStackPlainSocketImpl.connect0(Native Method)
    at java.net.DualStackPlainSocketImpl.socketConnect(DualStackPlainSocketImpl.
        java:79)
    at java.net.AbstractPlainSocketImpl.doConnect(AbstractPlainSocketImpl.java:
        350)
    at java.net.AbstractPlainSocketImpl.connectToAddress(AbstractPlainSocketIm
        pl.java:206)
```

上述结果说明服务端允许接受的客户端连接个数上限为 60。

5.7.4 阻塞与非阻塞以及 accept() 方法的使用效果

public abstract SocketChannel accept() 方法的作用是接受此通道套接字的连接。如果此通道处于非阻塞模式，那么在不存在挂起的连接时，此方法将直接返回 null。否则，在新的连接可用或者发生 I/O 错误之前会无限期地阻塞它。无论此通道的阻塞模式如何，此方法返回的套接字通道（如果有）将处于阻塞模式。

如何切换 ServerSocketChannel 通道的阻塞与非阻塞的执行模式呢？调用 ServerSocket-Channel 的 public final SelectableChannel configureBlocking(boolean block) 方法即可。public final SelectableChannel configureBlocking(boolean block) 方法的作用是调整此通道的阻塞模式，传入 true 是阻塞模式，传入 false 是非阻塞模式。

先来看看阻塞模式的执行特性，代码如下测试：

```java
public class TestBlockServer {
public static void main(String[] args) throws IOException {
    ServerSocketChannel serverSocketChannel = ServerSocketChannel.open();
    System.out.println(serverSocketChannel.isBlocking());
    serverSocketChannel.bind(new InetSocketAddress("localhost", 8888));
    System.out.println("begin " + System.currentTimeMillis());
    SocketChannel socketChannel = serverSocketChannel.accept();
    System.out.println("  end " + System.currentTimeMillis());
    socketChannel.close();
    serverSocketChannel.close();
}
}
```

上述程序运行后控制台输出结果如下：

```
true
begin 1514863858768
```

从输出的结果来看，输出了 begin 却没有输出 end，说明 accept() 方法呈阻塞状态。

再来看看非阻塞模式的执行特性，测试代码如下：

```java
public class TestNotBlockServer {
public static void main(String[] args) throws IOException {
    ServerSocketChannel serverSocketChannel = ServerSocketChannel.open();
    System.out.println(serverSocketChannel.isBlocking());
    serverSocketChannel.configureBlocking(false);
    System.out.println(serverSocketChannel.isBlocking());
    serverSocketChannel.bind(new InetSocketAddress("localhost", 8888));
    System.out.println("begin " + System.currentTimeMillis());
    SocketChannel socketChannel = serverSocketChannel.accept();
    System.out.println("  end " + System.currentTimeMillis() + " socketChannel=" +
        socketChannel);
    socketChannel.close();
    serverSocketChannel.close();
}

}
```

上述程序运行后控制台输出结果如下：

```
true
false
begin 1514863943717
  end 1514863943717 socketChannel=null
Exception in thread "main" java.lang.NullPointerException
    at ServerSocketChannelAPITest.TestNotBlockServer.main(TestNotBlockServer.java:18)
```

在非阻塞模式下，accept() 方法在没有客户端连接时，返回 null 值。

下面继续测试，使用 public abstract SocketChannel accept() 方法结合 ByteBuffer 来获取数据。

测试代码如下：

```
public class Test1_Server4 {
public static void main(String[] args) throws IOException {
    ServerSocketChannel serverSocketChannel = ServerSocketChannel.open();
    serverSocketChannel.bind(new InetSocketAddress("localhost", 8888));
    SocketChannel socketChannel = serverSocketChannel.accept();
    ByteBuffer buteBuffer = ByteBuffer.allocate(2);
    int readLength = socketChannel.read(buteBuffer);
    while (readLength != -1) {
        String newString = new String(buteBuffer.array());
        System.out.println(newString);
        buteBuffer.flip();
        readLength = socketChannel.read(buteBuffer);
    }
    socketChannel.close();
    serverSocketChannel.close();
}

}
```

使用 ServerSocketChannel 类的 accept() 方法的优势是返回 1 个 SocketChannel 通道，此通道是 SelectableChannel（可选择通道）的子类，可以把这个 SocketChannel 通道注册到选择器中实现 I/O 多路复用，另外，SocketChannel 通道使用缓冲区进行数据的读取操作。

前面创建的 3 个服务端处理的 Java 类 Test1_Server1、Test1_Server2 和 Test1_Server4 都可以与 Test1_Client 类进行通信。Test1_Client 类的实现代码如下：

```
public class Test1_Client {
public static void main(String[] args) throws IOException {
    Socket socket = new Socket("localhost", 8888);
    OutputStream outStream = socket.getOutputStream();
    outStream.write("我是发送的数据 Client".getBytes());
    outStream.close();
    socket.close();
}
}
```

注意：上面实验所使用的 *.Java 文件编码格式要统一，不然会出现乱码。

上述程序运行后在控制台可以输出字符串"我是发送的数据 Client"。

5.7.5 获得 Selector 对象

上文一直在使用 ServerSocketChannel 类进行 Socket 服务端与客户端的通信，并没有涉及高性能的 I/O 多路复用，从本小节开始就逐步地向 I/O 多路复用的实现前进。在这之前，需要提前掌握 Selector 类中的一些方法，如 open() 方法。

由于 Selector 类是抽象的，声明如下：

public abstract class Selector **implements** Closeable

因此并不能直接实例化，需要调用 open() 方法获得 Selector 对象。Selector 类的 public static Selector open() 方法的作用是打开 1 个选择器，使 SelectableChannel 能将自身注册到这个选择器上，如图 5-25 所示。

获得 Selector 类实例的代码如下：

```
public class Test1 {
public static void main(String[]
    args) throws IOException {
    Selector selector = Selector.
    open();
    System.out.println(selector);
}
}
```

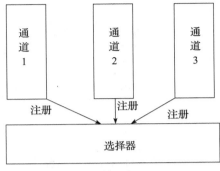

图 5-25　将通道注册到选择器

上述程序运行结果如下：

sun.nio.ch.WindowsSelectorImpl@b4c966a

5.7.6　执行注册操作与获得 SelectionKey 对象

SelectableChannel 类的 public final SelectionKey register(Selector sel, int ops) 方法的作用是向给定的选择器注册此通道，返回一个选择键（SelectionKey）。

参数 sel 代表要向其注册此通道的选择器，参数 ops 代表 register() 方法的返回值 SelectionKey 的可用操作集，操作集是在 SelectionKey 类中以常量的形式进行提供的，如图 5-26 所示。

方法 public final SelectionKey register(Selector sel, int ops) 的 ops 参数就是通道感兴趣的事件，也就是通道能执行操作的集合，可以对 ops 执行位运算。

示例代码如下：

```
public class Test2 {
public static void main(String[]
    args) throws IOException {
    ServerSocketChannel
    serverSocketChannel =
    ServerSocketChannel.open();
    //必须将 ServerSocketChannel 设置成非阻塞的
    //不然会出现：
    //java.nio.channels.IllegalBlockingModeException
    //异常
```

字段摘要	
static int OP_ACCEPT	用于套接字接受操作的操作集位。
static int OP_CONNECT	用于套接字连接操作的操作集位。
static int OP_READ	用于读取操作的操作集位。
static int OP_WRITE	用于写入操作的操作集位。

图 5-26　操作集 ops 常量

```
serverSocketChannel.configureBlocking(false);
ServerSocket serverSocket = serverSocketChannel.socket();
serverSocket.bind(new InetSocketAddress("localhost", 8888));

// 核心代码 - 开始
Selector selector = Selector.open();
SelectionKey key = serverSocketChannel.register(selector, SelectionKey.
    OP_ACCEPT);
// 核心代码 - 结束
System.out.println("selector=" + selector);
System.out.println("key=" + key);
serverSocket.close();
serverSocketChannel.close();
}
}
```

在上述程序运行后，控制台输出的结果如下：

```
selector=sun.nio.ch.WindowsSelectorImpl@4e50df2e
key=sun.nio.ch.SelectionKeyImpl@2f4d3709
```

5.7.7 判断注册的状态

SelectableChannel 类的 public final boolean isRegistered() 方法的作用是判断此通道当前是否已向任何选择器进行了注册。新创建的通道总是未注册的。由于对 SelectionKey 执行取消操作和通道进行注销之间有延迟，因此在已取消某个通道的所有 SelectionKey 后，该通道可能在一定时间内还会保持已注册状态。关闭通道后，该通道可能在一定时间内还会保持已注册状态。

示例代码如下：

```
public class Test3 {
public static void main(String[] args) throws IOException {
    ServerSocketChannel serverSocketChannel = ServerSocketChannel.open();
    serverSocketChannel.configureBlocking(false);
    ServerSocket serverSocket = serverSocketChannel.socket();
    serverSocket.bind(new InetSocketAddress("localhost", 8888));

    System.out.println("A isRegistered=" + serverSocketChannel.isRegistered());

    Selector selector = Selector.open();
    SelectionKey key = serverSocketChannel.register(selector, SelectionKey.
        OP_ACCEPT);

    System.out.println("B isRegistered=" + serverSocketChannel.isRegistered());

    serverSocket.close();
    serverSocketChannel.close();
}
}
```

上述程序运行结果如下：

```
A isRegistered=false
B isRegistered=true
```

5.7.8 将通道设置成非阻塞模式再注册到选择器

在将通道注册到选择器之前，必须将通道设置成非阻塞模式，测试代码如下：

```java
public class Test0 {

public static void main(String[] args) throws IOException {
    ServerSocketChannel serverSocketChannel = ServerSocketChannel.open();
    serverSocketChannel.bind(new InetSocketAddress("localhost", 8888));

    Selector selector = Selector.open();
    System.out.println("selector=" + selector);

    System.out.println("A serverSocketChannel1.isRegistered()=" + server-
        SocketChannel.isRegistered());

    SelectionKey selectionKey = serverSocketChannel.register(selector, Selection-
        Key.OP_ACCEPT);

    System.out.println("B serverSocketChannel1.isRegistered()=" + serverSocket-
        Channel.isRegistered());

    serverSocketChannel.close();
}

}
```

register() 方法的第 2 个参数传入 SelectionKey.OP_ACCEPT 代表监测接受此通道套接字的连接。

上述程序运行后出现异常，结果如图 5-27 所示。

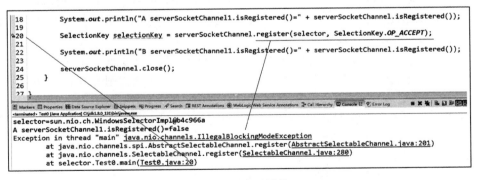

图 5-27　出现异常

出现异常的原因是没有将通道设置成非阻塞模式。如果想把通道注册到选择器中，就必须将通道设置成非阻塞模式。

5.7.9 使用 configureBlocking (false) 方法解决异常

将通道设置成非阻塞模式的代码如下：

```java
public class Test1 {

public static void main(String[] args) throws IOException {
    ServerSocketChannel serverSocketChannel = ServerSocketChannel.open();
    serverSocketChannel.bind(new InetSocketAddress("localhost", 8888));

    System.out.println("A isBlocking=" + serverSocketChannel.isBlocking());
    serverSocketChannel.configureBlocking(false);////// 设置成非阻塞模式
    System.out.println("B isBlocking=" + serverSocketChannel.isBlocking());

    Selector selector = Selector.open();
    System.out.println("selector=" + selector);

    System.out.println("A serverSocketChannel1.isRegistered()=" + serverSocket-
    Channel.isRegistered());

    SelectionKey selectionKey = serverSocketChannel.register(selector, Selection-
        Key.OP_ACCEPT);

    System.out.println("B serverSocketChannel1.isRegistered()=" + serverSocket-
        Channel.isRegistered());

    serverSocketChannel.close();
}

}
```

public final SelectableChannel configureBlocking(boolean block) 方法的作用是调整此通道的阻塞模式。如果向一个或多个选择器注册了此通道，则尝试将此通道置于阻塞模式将导致抛出 IllegalBlockingModeException。可在任意时间调用此方法。新的阻塞模式仅影响在此方法返回后发起的 I/O 操作。对于某些实现，这可能需要阻塞，直到所有挂起的 I/O 操作已完成。如果调用此方法的同时正在进行另一个此方法或 register() 方法的调用，则在另一个操作完成前将首先阻塞该调用。

public final boolean isBlocking() 方法的作用是判断此通道上的每个 I/O 操作在完成前是否被阻塞。新创建的通道总是处于阻塞模式。如果此通道已关闭，则此方法返回的值是未指定的。

上述程序运行后并没有出现异常，控制台输出的信息如下：

```
A isBlocking=true
B isBlocking=false
selector=sun.nio.ch.WindowsSelectorImpl@b4c966a
A serverSocketChannel1.isRegistered()=false
B serverSocketChannel1.isRegistered()=true
```

从控制台输出的信息来看，通道成功地注册到选择器中。

5.7.10 判断打开的状态

public final boolean isOpen() 方法的作用是判断此通道是否处于打开状态。

示例代码如下：

```
public class Test2 {

public static void main(String[] args) throws IOException {
    ServerSocketChannel serverSocketChannel = ServerSocketChannel.open();
    System.out.println("A serverSocketChannel.isOpen()=" + serverSocketChannel.
        isOpen());
    serverSocketChannel.close();
    System.out.println("B serverSocketChannel.isOpen()=" + serverSocketChannel.
        isOpen());
    serverSocketChannel = serverSocketChannel.open();
    System.out.println("C serverSocketChannel.isOpen()=" + serverSocketChannel.
        isOpen());
    serverSocketChannel.close();
}

}
```

在上述程序运行后，控制台输出结果如下：

```
A serverSocketChannel.isOpen()=true
B serverSocketChannel.isOpen()=false
C serverSocketChannel.isOpen()=true
```

5.7.11　获得阻塞锁对象

public final Object blockingLock() 方法的作用是获取其 configureBlocking() 和 register() 方法实现同步的对象，防止重复注册。该方法的源代码如下：

```
private final Object regLock = new Object();
public final Object blockingLock() {
    return regLock;
}
```

示例代码如下：

```
public class Test3 {

public static void main(String[] args) throws IOException {
    ServerSocketChannel serverSocketChannel = ServerSocketChannel.open();
    Object lock = serverSocketChannel.blockingLock();
    System.out.println(lock);
    serverSocketChannel.close();
}

}
```

在上述程序运行后，控制台输出结果如下：

```
java.lang.Object@6d06d69c
```

5.7.12　获得支持的 SocketOption 列表

Set<SocketOption<?>> supportedOptions() 方法的作用是返回通道支持的 Socket Option。

示例代码如下：

```java
public class Test4 {
public static void main(String[] args) throws IOException, InterruptedException {
    Thread t = new Thread() {
        public void run() {
            try {
                Thread.sleep(2000);
                Socket socket = new Socket("localhost", 8088);
                socket.close();
            } catch (UnknownHostException e) {
                e.printStackTrace();
            } catch (IOException e) {
                e.printStackTrace();
            } catch (InterruptedException e) {
                e.printStackTrace();
            }
        }
    };
    t.start();
    ServerSocketChannel serverSocketChannel = ServerSocketChannel.open();
    serverSocketChannel.bind(new InetSocketAddress("localhost", 8088));
    SocketChannel socketChannel = serverSocketChannel.accept();

    Set<SocketOption<?>> set1 = serverSocketChannel.supportedOptions();
    Set<SocketOption<?>> set2 = socketChannel.supportedOptions();

    Iterator iterator1 = set1.iterator();
    Iterator iterator2 = set2.iterator();

    System.out.println("ServerSocketChannel supportedOptions:");
    while (iterator1.hasNext()) {
        SocketOption each = (SocketOption) iterator1.next();
        System.out.println(each.name() + " " + each.getClass().getName());
    }
    System.out.println();
    System.out.println();
    System.out.println("SocketChannel supportedOptions:");
    while (iterator2.hasNext()) {
        SocketOption each = (SocketOption) iterator2.next();
        System.out.println(each.name() + " " + each.getClass().getName());
    }

    socketChannel.close();
    serverSocketChannel.close();
}

}
```

在上述程序运行后，控制台输出信息如下：

```
ServerSocketChannel supportedOptions:
IP_TOS java.net.StandardSocketOptions$StdSocketOption
SO_RCVBUF java.net.StandardSocketOptions$StdSocketOption
SO_REUSEADDR java.net.StandardSocketOptions$StdSocketOption
```

```
SocketChannel supportedOptions:
IP_TOS java.net.StandardSocketOptions$StdSocketOption
SO_SNDBUF java.net.StandardSocketOptions$StdSocketOption
SO_REUSEADDR java.net.StandardSocketOptions$StdSocketOption
TCP_NODELAY java.net.StandardSocketOptions$StdSocketOption
SO_LINGER java.net.StandardSocketOptions$StdSocketOption
SO_RCVBUF java.net.StandardSocketOptions$StdSocketOption
SO_OOBINLINE sun.nio.ch.ExtendedSocketOption$1
SO_KEEPALIVE java.net.StandardSocketOptions$StdSocketOption
```

5.7.13　获得与设置 SocketOption

public abstract <T> ServerSocketChannel setOption(SocketOption<T> name, T value) 方法的作用是设置 Socket Option 值。

<T> T getOption(SocketOption<T> name) 方法的作用是获取 Socket Option 值。

示例代码如下：

```
public class Test5 {
public static void main(String[] args) throws IOException {
    ServerSocketChannel serverSocketChannel = ServerSocketChannel.open();
    // 通道支持什么，Socket Option 就只能设置什么，设置其他的 Socket Option 就会出现异常
    System.out.println("A SO_RCVBUF=" + serverSocketChannel.getOption(Standard-
        SocketOptions.SO_RCVBUF));
    serverSocketChannel.setOption(StandardSocketOptions.SO_RCVBUF, 5678);
    System.out.println("B SO_RCVBUF=" + serverSocketChannel.getOption(Standard-
        SocketOptions.SO_RCVBUF));
    serverSocketChannel.close();
}

}
```

在上述程序运行后，控制台输出结果如下：

```
A SO_RCVBUF=8192
B SO_RCVBUF=5678
```

5.7.14　获得 SocketAddress 对象

public abstract SocketAddress getLocalAddress() 方法的作用是获取绑定的 SocketAddress 对象。

示例代码如下：

```
public class Test6 {
public static void main(String[] args) throws IOException {
    ServerSocketChannel serverSocketChannel = ServerSocketChannel.open();
    serverSocketChannel.bind(new InetSocketAddress("localhost", 8888));

    InetSocketAddress address = (InetSocketAddress) serverSocketChannel.getLocal-
        Address();
    System.out.println(address.getHostString());
    System.out.println(address.getPort());
```

```
        serverSocketChannel.close();
    }

}
```

上述程序运行结果如下：

```
127.0.0.1
8888
```

5.7.15　阻塞模式的判断

public final boolean isBlocking() 方法的作用是判断此通道上的每个 I/O 操作在完成前是否被阻塞。新创建的通道总是处于阻塞模式。如果此通道已关闭，则此方法返回的值是未指定的。返回值代表当且仅当此通道处于阻塞模式时才返回 true。

示例代码如下：

```
public class Test6_isBlockingTest {
public static void main(String[] args) throws IOException {
    ServerSocketChannel serverSocketChannel = ServerSocketChannel.open();
    serverSocketChannel.bind(new InetSocketAddress("localhost", 8888));

    System.out.println(serverSocketChannel.isBlocking());
    serverSocketChannel.configureBlocking(false);
    System.out.println(serverSocketChannel.isBlocking());

    serverSocketChannel.close();
}

}
```

上述程序运行结果如下：

```
true
false
```

5.7.16　根据 Selector 找到对应的 SelectionKey

public final SelectionKey keyFor(Selector sel) 方法的作用是获取通道向给定选择器注册的 SelectionKey。

同一个 SelectableChannel 通道可以注册到不同的选择器对象，然后返回新创建的 Selection-Key 对象，可以使用 public final SelectionKey keyFor(Selector sel) 方法来取得当前通道注册在指定选择器上的 SelectionKey 对象。

示例代码如下：

```
public class Test7 {

public static void main(String[] args) throws IOException {
    ServerSocketChannel serverSocketChannel = ServerSocketChannel.open();
    serverSocketChannel.bind(new InetSocketAddress("localhost", 8888));
    serverSocketChannel.configureBlocking(false);
```

```
        Selector selector = Selector.open();
        SelectionKey selectionKey1 = serverSocketChannel.register(selector, Selec-
            tionKey.OP_ACCEPT);
        System.out.println("A=" + selectionKey1 + " " + selectionKey1.hashCode());
        SelectionKey selectionKey2 = serverSocketChannel.keyFor(selector);
        System.out.println("B=" + selectionKey2 + " " + selectionKey2.hashCode());
        serverSocketChannel.close();
    }

}
```

上述程序运行结果如下：

```
A=sun.nio.ch.SelectionKeyImpl@2f4d3709 793589513
B=sun.nio.ch.SelectionKeyImpl@2f4d3709 793589513
```

上述输出的结果说明是同一个 SelectionKey
对象。

5.7.17　获得 SelectorProvider 对象

public final SelectorProvider provider() 方法的作
用是返回创建此通道的 SelectorProvider。

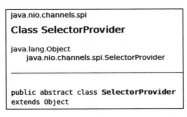

图 5-28　SelectorProvider 类的结构信息

SelectorProvider 类的结构信息如图 5-28 所示。

SelectorProvider 类的作用是用于选择器和可选择通道的服务提供者类。选择器提供者的
实现类是 SelectorProvider 类的一个子类，它具有零参数的构造方法，并实现了抽象方法。给
定的对 Java 虚拟机的调用维护了单个系统级的默认提供者实例，它由 provider() 方法返回。
在第一次调用该方法时，将查找以下指定的默认提供者。系统级的默认提供者由 Datagram-
Channel、Pipe、Selector、ServerSocketChannel 和 SocketChannel 类的静态 open() 方法使用。
除了默认提供者之外，程序还可以使用其他提供者，方法是通过实例化一个提供者，然后直
接调用此类中定义的 open() 方法。多个并发线程可安全地使用此类中的所有方法。

SelectorProvider 类的 API 列表如图 5-29
所示。

SelectorProvider 类的 API 详细使用方式
下文会有介绍。

方法 public final Selectorprovider() 使用
的示例代码如下：

```
public class Test8 {
public static void main(String[]
    args) throws IOException {
    SelectorProvider provider1 =
    SelectorProvider.provider();
    System.out.println(provider1);

    ServerSocketChannel serverSocketChannel = null;
```

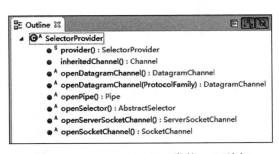

图 5-29　SelectorProvider 类的 API 列表

```
    serverSocketChannel = serverSocketChannel.open();
    SelectorProvider provider2 = serverSocketChannel.provider();
    System.out.println(provider2);
    serverSocketChannel.close();
}
}
```

上述程序运行结果如下：

```
sun.nio.ch.WindowsSelectorProvider@15db9742
sun.nio.ch.WindowsSelectorProvider@15db9742
```

不同的代码写法，获取的却是同一个对象。

5.7.18 通道注册与选择器

1. 相同的通道可以注册到不同的选择器，返回的 SelectionKey 不是同一个对象

创建测试用的代码如下：

```
public class Test9 {
public static void main(String[] args) throws IOException {
    ServerSocketChannel serverSocketChannel = ServerSocketChannel.open();
    serverSocketChannel.bind(new InetSocketAddress("localhost", 8888));

    serverSocketChannel.configureBlocking(false);

    Selector selector1 = Selector.open();
    Selector selector2 = Selector.open();

    SelectionKey selectionKey1 = serverSocketChannel.register(selector1, Selec-
        tionKey.OP_ACCEPT);
    System.out.println("selectionKey1=" + selectionKey1.hashCode());
    SelectionKey selectionKey2 = serverSocketChannel.register(selector2, Selec-
        tionKey.OP_ACCEPT);
    System.out.println("selectionKey2=" + selectionKey2.hashCode());

    serverSocketChannel.close();
}

}
```

上述程序运行后的结果如下：

```
selectionKey1=793589513
selectionKey2=1313922862
```

从上述输出的结果来看，证实了结论：相同的通道可以注册到不同的选择器，返回的
SelectionKey 不是同一个对象。

2. 不同的通道注册到相同的选择器，返回的 SelectionKey 不是同一个对象

创建测试用的代码如下：

```
public class Test9_1 {
```

```
public static void main(String[] args) throws IOException {
    ServerSocketChannel serverSocketChannel1 = null;
    serverSocketChannel1 = serverSocketChannel1.open();
    serverSocketChannel1.configureBlocking(false);

    ServerSocketChannel serverSocketChannel2 = null;
    serverSocketChannel2 = serverSocketChannel2.open();
    serverSocketChannel2.configureBlocking(false);

    Selector selector = Selector.open();

    SelectionKey key1 = serverSocketChannel1.register(selector, SelectionKey.
        OP_ACCEPT);
    SelectionKey key2 = serverSocketChannel2.register(selector, SelectionKey.
        OP_ACCEPT);

    System.out.println(key1);
    System.out.println(key2);

    serverSocketChannel1.close();
    serverSocketChannel2.close();
}
}
```

上述程序运行后的结果如下：

```
sun.nio.ch.SelectionKeyImpl@2f4d3709
sun.nio.ch.SelectionKeyImpl@4e50df2e
```

从上述输出的结果来看，证实了结论：不同的通道注册到相同的选择器，返回的 SelectionKey 不是同一个对象。

3. 不同的通道注册到不同的选择器，返回的 Selectionkey 不是同一个对象
创建测试用的代码如下：

```
public class Test9_2 {
public static void main(String[] args) throws IOException {
    ServerSocketChannel serverSocketChannel1 = null;
    serverSocketChannel1 = serverSocketChannel1.open();
    serverSocketChannel1.configureBlocking(false);

    ServerSocketChannel serverSocketChannel2 = null;
    serverSocketChannel2 = serverSocketChannel2.open();
    serverSocketChannel2.configureBlocking(false);

    Selector selector1 = Selector.open();
    Selector selector2 = Selector.open();

    SelectionKey key1 = serverSocketChannel1.register(selector1, SelectionKey.
        OP_ACCEPT);
    SelectionKey key2 = serverSocketChannel2.register(selector2, SelectionKey.
        OP_ACCEPT);

    System.out.println(key1);
```

```
    System.out.println(key2);

    serverSocketChannel1.close();
    serverSocketChannel2.close();
    }
}
```

上述程序运行结果如下：

```
sun.nio.ch.SelectionKeyImpl@2f4d3709
sun.nio.ch.SelectionKeyImpl@4e50df2e
```

从打印的结果来看，证实了结论：不同的通道注册到不同的选择器，返回的 key 不是同一个对象。

4. 相同的通道重复注册相同的选择器，返回的 SelectionKey 是同一个对象

创建测试用的代码如下：

```
public class Test9_3 {
public static void main(String[] args) throws IOException {
    ServerSocketChannel serverSocketChannel = null;
    serverSocketChannel = serverSocketChannel.open();
    serverSocketChannel.configureBlocking(false);

    Selector selector = Selector.open();

    SelectionKey key1 = serverSocketChannel.register(selector, SelectionKey.
        OP_ACCEPT);
    SelectionKey key2 = serverSocketChannel.register(selector, SelectionKey.
        OP_ACCEPT);

    System.out.println(key1);
    System.out.println(key2);

    serverSocketChannel.close();
    }
}
```

上述程序运行结果如下：

```
sun.nio.ch.SelectionKeyImpl@2f4d3709
sun.nio.ch.SelectionKeyImpl@2f4d3709
```

上述结果说明只有相同的通道重复注册相同的选择器，才会返回相同的 SelectionKey 对象。

5.7.19 返回此通道所支持的操作

public final int validOps() 方法的作用是返回一个操作集，标识此通道所支持的操作。因为服务器套接字通道仅支持接受新的连接，所以此方法返回 SelectionKey.OP_ACCEPT。

示例代码如下：

```
public class Test4 {
```

```
public static void main(String[] args) throws IOException {
    ServerSocketChannel serverSocketChannel = ServerSocketChannel.open();
    SocketChannel socketChannel = SocketChannel.open();

    int value1 = serverSocketChannel.validOps();
    int value2 = socketChannel.validOps();

    System.out.println("value1=" + value1);
    System.out.println("value2=" + value2);
    System.out.println();
    // ServerSocketChannel 只支持 OP_ACCEPT
    System.out.println(SelectionKey.OP_ACCEPT & ~serverSocketChannel.validOps());
    System.out.println(SelectionKey.OP_CONNECT & ~serverSocketChannel.validOps());
    System.out.println(SelectionKey.OP_READ & ~serverSocketChannel.validOps());
    System.out.println(SelectionKey.OP_WRITE & ~serverSocketChannel.validOps());
    System.out.println();
    // SocketChannel 支持 OP_CONNECT、OP_READ、OP_WRITE
    System.out.println(SelectionKey.OP_ACCEPT & ~socketChannel.validOps());
    System.out.println(SelectionKey.OP_CONNECT & ~socketChannel.validOps());
    System.out.println(SelectionKey.OP_READ & ~socketChannel.validOps());
    System.out.println(SelectionKey.OP_WRITE & ~socketChannel.validOps());
    socketChannel.close();
    serverSocketChannel.close();
}
}
```

上述程序运行后的结果如下：

```
value1=16
value2=13

0
8
1
4

16
0
0
0
```

在打印台中，如果输出的结果为 0，就说明支持哪个选项。

5.7.20　执行 Connect 连接操作

public abstract boolean connect(SocketAddress remote) 方法的作用是连接到远程通道的 Socket。如果此通道处于非阻塞模式，则此方法的调用将启动非阻塞连接操作。

如果通道呈阻塞模式，则立即发起连接；如果呈非阻塞模式，则不是立即发起连接，而是在随后的某个时间才发起连接。

如果连接是立即建立的，说明通道是阻塞模式，当连接成功时，则此方法返回 true，连接失败出现异常。如果此通道处于阻塞模式，则此方法的调用将会阻塞，直到建立连接或发生 I/O 错误。

如果连接不是立即建立的，说明通道是非阻塞模式，则此方法返回 false，并且以后必须通过调用 finishConnect() 方法来验证连接是否完成。

虽然可以随时调用此方法，但如果在调用此方法时调用此通道上的读或写操作，则该操作将首先阻止，直到此调用完成为止。如果已尝试连接但失败，即此方法的调用引发检查异常，则该通道将关闭。

返回值代表如果建立了连接，则为 true。如果此通道处于非阻塞模式且连接操作正在进行中，则为 false。

创建测试类，代码如下：

```java
public class ConnectServer {
public static void main(String[] args) throws IOException, InterruptedException {
    ServerSocketChannel serverSocketChannel1 = ServerSocketChannel.open();
    serverSocketChannel1.bind(new InetSocketAddress("localhost", 8088));
    SocketChannel socketChannel = serverSocketChannel1.accept();
    socketChannel.close();
    serverSocketChannel1.close();
    System.out.println("server end!");
}
}
```

创建测试类，以阻塞模式进行连接操作，代码如下：

```java
public class ConnectTest1 {
public static void main(String[] args) {
    long beginTime = 0;
    long endTime = 0;
    boolean connectResult = false;
    try {
        // SocketChannel 是阻塞模式
        // 在发生错误或连接到目标之前，connect() 方法一直是阻塞的
        SocketChannel socketChannel = SocketChannel.open();
        beginTime = System.currentTimeMillis();
        connectResult = socketChannel.connect(new InetSocketAddress("localhost",
            8088));
        endTime = System.currentTimeMillis();
        System.out.println(" 正常连接耗时: " + (endTime - beginTime) + " connect-
            Result=" + connectResult);
        socketChannel.close();
    } catch (IOException e) {
        e.printStackTrace();
        endTime = System.currentTimeMillis();
        System.out.println(" 异常连接耗时: " + (endTime - beginTime) + " connect-
            Result=" + connectResult);
    }
}
}
```

单独运行测试类 ConnectTest1 的实现代码，控制台输出的结果如下：

```
java.net.ConnectException: Connection refused: connect
```

```
    at sun.nio.ch.Net.connect0(Native Method)
    at sun.nio.ch.Net.connect(Net.java:454)
    at sun.nio.ch.Net.connect(Net.java:446)
    at sun.nio.ch.SocketChannelImpl.connect(SocketChannelImpl.java:648)
    at ServerSocketChannelAPITest.ConnectTest1.main(ConnectTest1.java:17)
异常连接耗时: 1012 connectResult=false
```

出现异常说明连接建立失败，输出 false 的原因是因为变量 connectResult 的初始值为 false，在程序执行的过程中并未对这个变量再次进行赋值。

再来创建新的测试类，以非阻塞模式进行连接操作，代码如下：

```
public class ConnectTest2 {
public static void main(String[] args) throws IOException, InterruptedException {
    long beginTime = 0;
    long endTime = 0;
    SocketChannel socketChannel = SocketChannel.open();
    // SocketChannel 是非阻塞模式
    socketChannel.configureBlocking(false);
    beginTime = System.currentTimeMillis();
    boolean connectResult = socketChannel.connect(new InetSocketAddress("localhost",
        8088));
    endTime = System.currentTimeMillis();
    System.out.println("连接耗时: " + (endTime - beginTime) + " connectResult=" +
        connectResult);
    Thread.sleep(10000);
    socketChannel.close();
    }
}
```

单独运行测试类 ConnectTest2 的实现代码，控制台输出的结果如下：

```
连接耗时: 10 connectResult=false
```

输出 false 说明此通道处于非阻塞模式且连接操作正在进行中，此时 connect() 方法返回 false。

上面两个类都是单独运行的，并没有运行服务端 ConnectServer 类，目的就是查看当连接失败时阻塞与非阻塞连接在耗时上的区别。从输出的时间来看，当连接失败的时候，阻塞模式耗时比非阻塞模式耗时多，是因为阻塞模式在执行 connect() 方法时在内部发起了 3 次 SYN 请求，完成 3 次 SYN 请求连接后才返回，而非阻塞模式是在执行 connect() 方法后立即返回，耗时较少，尽管非阻塞模式在内部也发起了 3 次 SYN 请求。

下面测试一下使用阻塞与非阻塞模式正常连接到服务端的时间差别。

1）首先运行 ConnectServer 类的实现代码，然后运行 ConnectTest1 类的实现代码，控制台输出的结果如下：

```
正常连接耗时: 9 connectResult=true
```

2）首先运行 ConnectServer 类的实现代码，然后运行 ConnectTest2 类的实现代码，控制台输出的结果如下：

```
连接耗时: 10 connectResult=false
```

从两者的输出时间来看，耗时的差距不大，但阻塞模式由于正确连接到服务器，因此返回值为 true，而非阻塞模式由于正在连接服务器，因此返回 false。

5.7.21 判断此通道上是否正在进行连接操作

public abstract boolean isConnectionPending() 方法的作用是判断此通道上是否正在进行连接操作。返回值是 true 代表当且仅当已在此通道上发起连接操作，但是尚未通过调用 finish-Connect() 方法完成连接。还可以是在通道 accept() 之后和通道 close() 之前，isConnection-Pending() 方法的返回值都是 true。

下面用 4 个测试来验证 public abstract boolean isConnectionPending() 方法的使用情况。

首先创建服务器端代码：

```
public class ConnectServer {
public static void main(String[] args) throws IOException, InterruptedException {
    ServerSocketChannel serverSocketChannel1 = ServerSocketChannel.open();
    serverSocketChannel1.bind(new InetSocketAddress("localhost", 8088));
    SocketChannel socketChannel = serverSocketChannel1.accept();
    socketChannel.close();
    serverSocketChannel1.close();
    System.out.println("server end!");
}
}
```

（1）阻塞通道，IP 不存在

示例代码如下：

```
public class ConnectTest3_1 {
// 阻塞, IP 不存在
public static void main(String[] args) {
    SocketChannel socketChannel = null;
    try {
        socketChannel = SocketChannel.open();
        System.out.println(socketChannel.isConnectionPending());
        // 192.168.0.123 此 IP 不存在
        socketChannel.connect(new InetSocketAddress("192.168.0.123", 8088));
        socketChannel.close();
    } catch (IOException e) {
        e.printStackTrace();
        System.out.println("catch " + socketChannel.isConnectionPending());
    }
}
}
```

上述程序运行结果如下：

```
false
java.net.ConnectException: Connection timed out: connect
    at sun.nio.ch.Net.connect0(Native Method)
    at sun.nio.ch.Net.connect(Net.java:454)
    at sun.nio.ch.Net.connect(Net.java:446)
```

```
        at sun.nio.ch.SocketChannelImpl.connect(SocketChannelImpl.java:648)
        at ServerSocketChannelAPITest.ConnectTest3_1.main(ConnectTest3_1.java:15)
catch false
```

此测试结果出现异常代表通道建立连接失败，然后在 catch 中输出 false，表示当前并没有进行连接。

（2）非阻塞通道，IP 不存在

示例代码如下：

```java
public class ConnectTest3_2 {
public static void main(String[] args) throws IOException {
    //非阻塞，IP 不存在
    SocketChannel socketChannel = null;
    socketChannel = SocketChannel.open();
    socketChannel.configureBlocking(false);
    System.out.println(socketChannel.isConnectionPending());
    //192.168.0.123 此 IP 不存在
    socketChannel.connect(new InetSocketAddress("192.168.0.123", 8088));
    System.out.println(socketChannel.isConnectionPending());
    socketChannel.close();
}
}
```

上述程序运行结果如下：

```
false
true
```

最后输出值为 true，说明非阻塞通道正在建立连接。

（3）阻塞通道，IP 存在

示例代码如下：

```java
public class ConnectTest3_3 {
public static void main(String[] args) throws IOException {
    //阻塞，IP 存在
    SocketChannel socketChannel = null;
    socketChannel = SocketChannel.open();
    System.out.println(socketChannel.isConnectionPending());
    socketChannel.connect(new InetSocketAddress("localhost", 8088));
    System.out.println(socketChannel.isConnectionPending());
    socketChannel.close();
}
}
```

本测试首先运行服务端 ConnectServer.java 类，然后运行客户端。

上述程序运行结果如下：

```
false
false
```

上述程序运行结果并未出现异常，最后输出值为 false，说明阻塞通道并没有正在建立连接。

（4）非阻塞通道，IP 存在
示例代码如下：

```
public class ConnectTest3_4 {
public static void main(String[] args) throws IOException {
    // 非阻塞，IP 存在
    SocketChannel socketChannel = null;
    socketChannel = SocketChannel.open();
    socketChannel.configureBlocking(false);
    System.out.println(socketChannel.isConnectionPending());
    socketChannel.connect(new InetSocketAddress("localhost", 8088));
    System.out.println(socketChannel.isConnectionPending());
    socketChannel.close();
}
}
```

本实验首先运行服务端 ConnectServer.java 类，然后再运行客户端。
上述程序运行结果如下：

```
false
true
```

最后输出值为 true，说明非阻塞通道正在建立连接。

5.7.22　完成套接字通道的连接过程

public abstract boolean finishConnect() 方法的作用是完成套接字通道的连接过程。通过将套接字通道置于非阻塞模式，然后调用其 connect() 方法来发起非阻塞连接操作。如果连接操作失败，则调用此方法将导致抛出 IOException。

一旦建立了连接，或者尝试已失败，该套接字通道就变为可连接的，并且可调用此方法完成连接序列。

如果已连接了此通道，则不阻塞此方法并且立即返回 true。如果此通道处于非阻塞模式，那么当连接过程尚未完成时，此方法将返回 false。

如果此通道处于阻塞模式，当连接成功之后返回 true，连接失败时抛出描述该失败的、经过检查的异常。在连接完成或失败之前都将阻塞此方法。

虽然可在任意时间调用此方法，但如果正在调用此方法时在此通道上调用读取或写入操作，则在此调用完成前将首先阻塞该操作。

如果试图发起连接但失败了，也就是说，调用此方法导致抛出经过检查的异常，则关闭此通道。返回值当且仅当已连接此通道的套接字时才返回 true。

创建测试用的代码如下：

```
public class ConnectTest4_1 {
public static void main(String[] args) throws IOException, InterruptedException {
    long beginTime = 0;
    long endTime = 0;
    SocketChannel socketChannel = SocketChannel.open();
```

```
// SocketChannel 是非阻塞模式
socketChannel.configureBlocking(false);
// connect() 方法的返回值表示如果建立了连接，则为 true
// 如果此通道处于非阻塞模式且连接操作正在进行中，则为 false
boolean connectResult = socketChannel.connect(new InetSocketAddress("localhost",
    8088));
if (connectResult == false) {
    System.out.println("connectResult == false");
    while (!socketChannel.finishConnect()) {
        System.out.println(" 一直在尝试连接 ");
    }
}
socketChannel.close();
}
}
```

在单独运行此程序后，控制台输出的部分结果如下：

```
一直在尝试连接
一直在尝试连接
一直在尝试连接
一直在尝试连接
一直在尝试连接
一直在尝试连接
一直在尝试连接
一直在尝试连接
一直在尝试连接
一直在尝试连接
一直在尝试连接
Exception in thread "main" java.net.ConnectException: Connection refused: no further
    information
    at sun.nio.ch.SocketChannelImpl.checkConnect(Native Method)
    at sun.nio.ch.SocketChannelImpl.finishConnect(SocketChannelImpl.java:717)
    at ServerSocketChannelAPITest.ConnectTest4_1.main(ConnectTest4_1.java:19)
```

上述结果说明在没有服务端时，客户端一直在使用 finishConnect() 方法判断连接是否成功，最终检测出客户端连接服务端失败，出现异常。

下面测试一下客户端成功连接服务端的情况，代码如下：

```
public class ConnectTest4_2 {
public static void main(String[] args) throws IOException, InterruptedException {
    long beginTime = 0;
    long endTime = 0;
    SocketChannel socketChannel = SocketChannel.open();
    // SocketChannel 是非阻塞模式
    socketChannel.configureBlocking(false);
    boolean connectResult = socketChannel.connect(new InetSocketAddress("localhost",
    8088));
    Thread t = new Thread() {
        @Override
        public void run() {
            try {
                Thread.sleep(50);
                ServerSocketChannel serverSocketChannel1 = ServerSocket-
                    Channel.open();
```

```
                serverSocketChannel1.bind(new InetSocketAddress("localhost",
                    8088));
                SocketChannel socketChannel = serverSocketChannel1.accept();
                socketChannel.close();
                serverSocketChannel1.close();
                System.out.println("server end!");
            } catch (IOException e) {
                e.printStackTrace();
            } catch (InterruptedException e) {
                e.printStackTrace();
            }
        }
    };
    t.start();
    if (connectResult == false) {
        System.out.println("connectResult == false");
        while (!socketChannel.finishConnect()) {
            System.out.println(" 一直在尝试连接 ");
        }
    }
    socketChannel.close();
}
}
```

运行上述测试类，控制台输出的结果如下：

```
一直在尝试连接
一直在尝试连接
一直在尝试连接
一直在尝试连接
一直在尝试连接
......
一直在尝试连接
一直在尝试连接
一直在尝试连接
一直在尝试连接
一直在尝试连接
一直在尝试连接
一直在尝试连接
server end!
```

从运行结果来看，客户端成功连接到了服务端。

5.7.23 类 FileChannel 中的 long transferTo (position, count, WritableByteChannel) 方法的使用

方法 transferTo() 的作用是试图读取此通道文件中给定 position 处开始的 count 个字节，并将其写入目标通道中，但是此方法的调用不一定传输所有请求的字节，是否传输取决于通道的性质和状态。本节就验证一下"此方法的调用不一定传输所有请求的字节"。

创建测试用的代码如下，目的是发送一个超大的文件。

```java
public class Test5 {
public static void main(String[] args) throws Exception {
    ServerSocketChannel channel1 = ServerSocketChannel.open();
    SocketChannel socketChannel = null;
    channel1.configureBlocking(false);
    channel1.bind(new InetSocketAddress("localhost", 8088));

    Selector selector = Selector.open();
    channel1.register(selector, SelectionKey.OP_ACCEPT);
    boolean isRun = true;
    while (isRun == true) {
        selector.select();
        Set<SelectionKey> set = selector.selectedKeys();
        Iterator<SelectionKey> iterator = set.iterator();
        while (iterator.hasNext()) {
            SelectionKey key = iterator.next();
            iterator.remove();
            if (key.isAcceptable()) {
                socketChannel = channel1.accept();
                socketChannel.configureBlocking(false);
                socketChannel.register(selector, SelectionKey.OP_WRITE);
            }
            if (key.isWritable()) {
                RandomAccessFile file = new RandomAccessFile(
"c:\\abc\\oepe-indigo-installer-12.1.1.0.1.2012031
    20349-12.1.1-win32.exe", "rw");
                            // 此 exe 文件大小大约 1.2GB
                System.out.println("file.length()=" + file.length());
                FileChannel fileChannel = file.getChannel();
                fileChannel.transferTo(0, file.length(), socketChannel);
                fileChannel.close();
                file.close();
                socketChannel.close();
            }
        }
    }
    channel1.close();
}
}
```

创建测试用的代码，目的是验证不是每一次都要接收完整 50 000 字节的数据。

```java
public class Test6 {
public static void main(String[] args) throws Exception {
    SocketChannel channel1 = SocketChannel.open();
    channel1.configureBlocking(false);
    channel1.connect(new InetSocketAddress("localhost", 8088));
    Selector selector = Selector.open();
    channel1.register(selector, SelectionKey.OP_CONNECT);
    boolean isRun = true;
    while (isRun == true) {
        System.out.println("begin selector");
        if (channel1.isOpen() == true) {
            selector.select();
            System.out.println("  end selector");
            Set<SelectionKey> set = selector.selectedKeys();
```

```
            Iterator<SelectionKey> iterator = set.iterator();
        while (iterator.hasNext()) {
            SelectionKey key = iterator.next();
            iterator.remove();
            if (key.isConnectable()) {
                while (!channel1.finishConnect()) {
                }
                channel1.register(selector, SelectionKey.OP_READ);
            }
            if (key.isReadable()) {
                ByteBuffer byteBuffer = ByteBuffer.allocate(50000);
                int readLength = channel1.read(byteBuffer);
                byteBuffer.flip();
                long count = 0;
                while (readLength != -1) {
                    count = count + readLength;
                    readLength = channel1.read(byteBuffer);
                    System.out.println("count=" + count + " readLength=" +
                        readLength);
                    byteBuffer.clear();
                }
                System.out.println("读取结束");
                channel1.close();
            }
        }
    } else {
        break;
    }
    }
    }
}
```

程序运行后在服务端控制台输出结果如下：

```
file.length()=1214126714
```

程序运行后在客户端控制台输出结果如下：

```
count=240900 readLength=7300
count=248200 readLength=8760
count=256960 readLength=5182
count=262142 readLength=-1
读取结束
begin selector
```

说明：transferTo() 方法每一次传输的字节数有可能是小于 50 000 个的。transferTo() 方法结合 SocketChannel 通道传输数据时，最终传输数据的大小不是 1 214 126 714。

5.7.24 方法 public static SocketChannel open (SocketAddress remote) 与 Socket- Option 的执行顺序

如果先调用 public static SocketChannel open(SocketAddress remote) 方法，然后设置 Socket-Option，则不会出现预期的效果，因为在 public static SocketChannel open(SocketAddress remote) 方法中已经自动执行了 connect() 方法，源代码如下：

```
public static SocketChannel open(SocketAddress remote)
    throws IOException
{
    SocketChannel sc = open();
    try {
        sc.connect(remote);
    } catch (Throwable x) {
        try {
            sc.close();
        } catch (Throwable suppressed) {
            x.addSuppressed(suppressed);
        }
        throw x;
    }
    assert sc.isConnected();
    return sc;
}
```

　　而在设置某些 SocketOption 特性时，需要在 connect() 方法执行之前进行初始化，先给出服务端代码，然后来看看正确和错误的客户端代码的对比。

　　服务端代码如下：

```
public class Test7 {
public static void main(String[] args) throws IOException {
    ServerSocket serverSocket = new ServerSocket(8088);
    Socket socket = serverSocket.accept();
    InputStream inputStream = socket.getInputStream();
    byte[] byteArray = new byte[1024];
    int readLength = inputStream.read(byteArray);
    while (readLength != -1) {
        System.out.println(new String(byteArray, 0, readLength));
        readLength = inputStream.read(byteArray);
    }
    inputStream.close();
    socket.close();
    serverSocket.close();
}

}
```

　　错误的客户端代码如下：

```
public class Test8 {
public static void main(String[] args) throws IOException {
    SocketChannel socketChannel = SocketChannel.open(new InetSocketAddress
        ("localhost", 8088));
    socketChannel.setOption(StandardSocketOptions.SO_RCVBUF, 1234);
    socketChannel.write(ByteBuffer.wrap("我是中国人我来自客户端！".getBytes()));
    socketChannel.close();
}
}
```

　　运行程序后通过抓包并没有发现设置了 SO_RCVBUF 为 1234。

正确的客户端代码更改如下：

```
public class Test8 {
public static void main(String[] args) throws IOException {
    SocketChannel socketChannel = SocketChannel.open();
    socketChannel.setOption(StandardSocketOptions.SO_RCVBUF, 1234);
    socketChannel.connect(new InetSocketAddress("localhost", 8088));
    socketChannel.write(ByteBuffer.wrap(" 我是中国人我来自客户端！ ".getBytes()));
    socketChannel.close();
}
}
```

使用新版本的代码后在握手时就可以看到设置接收缓冲区的大小为 1234 了，握手抓包信息如下：

```
65325 → 8088 [SYN] Seq=0 Win=1234 Len=0 MSS=65495 WS=1 SACK_PERM=1
```

5.7.25   传输大文件

创建服务端代码如下：

```
public class BigFileServer {
public static void main(String[] args) throws Exception {
    ServerSocketChannel channel1 = ServerSocketChannel.open();
    channel1.configureBlocking(false);
    channel1.bind(new InetSocketAddress("localhost", 8088));

    Selector selector = Selector.open();
    channel1.register(selector, SelectionKey.OP_ACCEPT);
    boolean isRun = true;
    while (isRun == true) {
        selector.select();
        Set<SelectionKey> set = selector.selectedKeys();
        Iterator<SelectionKey> iterator = set.iterator();
        while (iterator.hasNext()) {
            SelectionKey key = iterator.next();
            iterator.remove();
            if (key.isAcceptable()) {
                SocketChannel socketChannel = channel1.accept();
                socketChannel.configureBlocking(false);
                socketChannel.register(selector, SelectionKey.OP_WRITE);
            }
            if (key.isWritable()) {
                SocketChannel socketChannel = (SocketChannel) key.channel();
                FileInputStream file = new FileInputStream(
                        "c:\\abc\\oepe-indigo-installer-12.1.1.0.1.2012031
                            20349-12.1.1-win32.exe");
                FileChannel fileChannel = file.getChannel();
                ByteBuffer byteBuffer = ByteBuffer.allocateDirect(524288000);
                    // 500MB 空间

                while (fileChannel.position() < fileChannel.size()) {
                    fileChannel.read(byteBuffer);
                    byteBuffer.flip();
```

```
                    while (byteBuffer.hasRemaining()) {
                        socketChannel.write(byteBuffer);
                    }
                    byteBuffer.clear();
                    System.out.println(fileChannel.position() + " " + file-
                        Channel.size());
                }
                System.out.println(" 结束写操作 ");
                socketChannel.close();
            }
        }
    }
    channel1.close();
}
}
```

创建客户端代码如下：

```
public class BigFileClient {
public static void main(String[] args) throws Exception {
    SocketChannel channel1 = SocketChannel.open();
    channel1.configureBlocking(false);
    channel1.connect(new InetSocketAddress("localhost", 8088));
    Selector selector = Selector.open();
    channel1.register(selector, SelectionKey.OP_CONNECT);
    boolean isRun = true;
    while (isRun == true) {
        System.out.println("begin selector");
        if (channel1.isOpen() == true) {
            selector.select();
            System.out.println("  end selector");
            Set<SelectionKey> set = selector.selectedKeys();
            Iterator<SelectionKey> iterator = set.iterator();
            while (iterator.hasNext()) {
                SelectionKey key = iterator.next();
                iterator.remove();
                if (key.isConnectable()) {
                    while (!channel1.finishConnect()) {
                    }
                    channel1.register(selector, SelectionKey.OP_READ);
                }
                if (key.isReadable()) {
                    ByteBuffer byteBuffer = ByteBuffer.allocate(50000);
                    int readLength = channel1.read(byteBuffer);
                    byteBuffer.flip();
                    long count = 0;
                    while (readLength != -1) {
                        count = count + readLength;
                        System.out.println("count=" + count + " readLength=" +
                            readLength);
                        readLength = channel1.read(byteBuffer);
                        byteBuffer.clear();
                    }
                    System.out.println(" 读取结束 ");
                    channel1.close();
```

```
            }
        }
    } else {
        break;
    }
}
```

通过上面的 2 个类就可以实现服务端与客户端之间传输大文件的需求。

5.7.26 验证 read 和 write 方法是非阻塞的

执行代码 configureBlocking(false) 代表当前的 I/O 为非阻塞的，NIO 就是同步非阻塞模型，所以 read 和 write 方法也呈现此特性，下面开始实验。

先测试一下 read 为非阻塞的特性。创建服务端代码如下：

```java
public class ReadNONBlock_Server {
public static void main(String[] args) throws Exception {
    ServerSocketChannel channel1 = ServerSocketChannel.open();
    channel1.configureBlocking(false);
    channel1.bind(new InetSocketAddress("localhost", 7077));

    Selector selector = Selector.open();
    channel1.register(selector, SelectionKey.OP_ACCEPT);
    selector.select();
    Set<SelectionKey> selectedKeysSet = selector.selectedKeys();
    Iterator<SelectionKey> iterator = selectedKeysSet.iterator();
    while (iterator.hasNext()) {
        SelectionKey key = iterator.next();
        ServerSocketChannel serverSocketChannel = (ServerSocketChannel) key.
            channel();
        SocketChannel socketChannel = serverSocketChannel.accept();
        socketChannel.configureBlocking(false);
        ByteBuffer byteBuffer = ByteBuffer.allocate(100);
        System.out.println("begin " + System.currentTimeMillis());
        socketChannel.read(byteBuffer);
        System.out
                .println("  end " + System.currentTimeMillis() + " byte-
                    Buffer.position()=" + byteBuffer.position());
    }
    channel1.close();
}
}
```

创建客户端代码如下：

```java
public class ReadNONBlock_Client {
public static void main(String[] args) throws Exception {
    SocketChannel channel1 = SocketChannel.open();
    channel1.connect(new InetSocketAddress("localhost", 7077));
    channel1.close();
}
}
```

程序运行结果如下：

```
begin 1524130875256
    end 1524130875256 byteBuffer.position()=0
```

方法 read 并没有读到数据就继续向下运行，说明 read 具有非阻塞特性。

再来测试一下 write 为非阻塞的特性。创建服务端代码如下：

```java
public class WriteNONBlock_Server {
public static void main(String[] args) throws Exception {
    ServerSocketChannel channel1 = ServerSocketChannel.open();
    channel1.configureBlocking(false);
    channel1.bind(new InetSocketAddress("localhost", 7077));

    Selector selector = Selector.open();
    channel1.register(selector, SelectionKey.OP_ACCEPT);
    selector.select();
    Set<SelectionKey> selectedKeysSet = selector.selectedKeys();
    Iterator<SelectionKey> iterator = selectedKeysSet.iterator();
    while (iterator.hasNext()) {
        SelectionKey key = iterator.next();
        ServerSocketChannel serverSocketChannel = (ServerSocketChannel) key.
            channel();
        SocketChannel socketChannel = serverSocketChannel.accept();
        socketChannel.configureBlocking(false);
        ByteBuffer byteBuffer = ByteBuffer.allocate(Integer.MAX_VALUE / 10);
        System.out.println("byteBuffer.limit()=" + byteBuffer.limit());
        System.out.println("begin " + System.currentTimeMillis());
        socketChannel.write(byteBuffer);
        System.out
                .println("  end " + System.currentTimeMillis() + " byte-
                    Buffer.position()=" + byteBuffer.position());
    }
    channel1.close();
}
}
```

创建客户端代码如下：

```java
public class WriteNONBlock_Client {
public static void main(String[] args) throws Exception {
    SocketChannel channel1 = SocketChannel.open();
    channel1.connect(new InetSocketAddress("localhost", 7077));
    channel1.close();
}
}
```

程序运行结果如下：

```
byteBuffer.limit()=214748364
begin 1524130959378
    end 1524130959469 byteBuffer.position()=131071
```

方法 write 并没有将全部的 214 748 364 字节传输到对端，只传输了 131 071 个字节，说明 write 具有非阻塞特性。

5.8　Selector 类的使用

Selector 类的主要作用是作为 SelectableChannel 对象的多路复用器。

可通过调用 Selector 类的 open() 方法创建选择器，该方法将使用系统的默认 Selector-Provider 创建新的选择器。也可通过调用自定义选择器提供者的 openSelector() 方法来创建选择器。在通过选择器的 close() 方法关闭选择器之前，选择器一直保持打开状态。

通过 SelectionKey 对象来表示 SelectableChannel（可选择通道）到选择器的注册。选择器维护了 3 种 SelectionKey-Set（选择键集）。

1）键集：包含的键表示当前通道到此选择器的注册，也就是通过某个通道的 register() 方法注册该通道时，所带来的影响是向选择器的键集中添加了一个键。此集合由 keys() 方法返回。键集本身是不可直接修改的。

2）已选择键集：在首先调用 select() 方法选择操作期间，检测每个键的通道是否已经至少为该键的相关操作集所标识的一个操作准备就绪，然后调用 selectedKeys() 方法返回已就绪键的集合。已选择键集始终是键集的一个子集。

3）已取消键集：表示已被取消但其通道尚未注销的键的集合。不可直接访问此集合。已取消键集始终是键集的一个子集。在 select() 方法选择操作期间，从键集中移除已取消的键。

在新创建的选择器中，这 3 个集合都是空集合。

无论是通过关闭某个键的通道还是调用该键的 cancel() 方法来取消键，该键都被添加到其选择器的已取消键集中。取消某个键会导致在下一次 select() 方法选择操作期间注销该键的通道，而在注销时将从所有选择器的键集中移除该键。

通过 select() 方法选择操作将键添加到已选择键集中。可通过调用已选择键集的 remove() 方法，或者通过调用从该键集获得的 iterator 的 remove() 方法直接移除某个键。通过任何其他方式都无法直接将键从已选择键集中移除，特别是，它们不会因为影响选择操作而被移除。不能将键直接添加到已选择键集中。

下面再来了解一下选择操作的相关知识。

在每次 select() 方法选择操作期间，都可以将键添加到选择器的已选择键集或从中将其移除，并且可以从其键集和已取消键集中将其移除。选择是由 select()、select(long) 和 selectNow() 方法执行的，涉及以下 3 个步骤。

1）将已取消键集中的每个键从所有键集中移除（如果该键是键集的成员），并注销其通道。此步骤使已取消键集成为空集。

2）在开始进行 select() 方法选择操作时，应查询基础操作系统来更新每个剩余通道的准备就绪信息，以执行由其键的相关集合所标识的任意操作。对于已为至少一个这样的操作准备就绪的通道，执行以下两种操作之一。

❑ 如果该通道的键尚未在已选择键集中，则将其添加到该集合中，并修改其准备就绪操作集，以准确地标识那些通道现在已报告为之准备就绪的操作。丢弃准备就绪操作集中以前记录的所有准备就绪信息。

❑ 如果该通道的键已经在已选择键集中，则修改其准备就绪操作集，以准确地标识所有通道已报告为之准备就绪的新操作。保留准备就绪操作集以前记录的所有准备就绪信息。换句话说，基础系统所返回的准备就绪操作集是和该键的当前准备就绪操作集按位分开（bitwise-disjoined）的。

如果在此步骤开始时键集中的所有键都为空的相关集合，则不会更新已选择键集和任意键的准备就绪操作集。

3）如果在步骤 2）进行时已将任何键添加到已取消的键集，则它们将按照步骤 1）进行处理。

是否阻塞选择操作以等待一个或多个通道准备就绪，以及要等待多久，是这 3 种选择方法之间的本质差别。

下面再来了解一下并发操作的相关知识。

选择器自身可由多个并发线程安全使用，但是其键集并非如此。

选择操作在选择器本身上、在键集上和在已选择键集上是同步的，顺序也与此顺序相同。在执行上面的步骤 1）和步骤 3）时，它们在已取消键集上也是同步的。

在执行选择操作的过程中，更改选择器键的相关集合对该操作没有影响；进行下一次选择操作才会看到此更改。

可在任意时间取消键和关闭通道。因此，在一个或多个选择器的键集中出现某个键并不意味着该键是有效的，也不意味着其通道处于打开状态。如果存在另一个线程取消某个键或关闭某个通道的可能性，那么应用程序代码进行同步时应该小心，并且必要时应该检查这些条件。

阻塞在 select() 或 select(long) 方法中的某个线程可能被其他线程以下列 3 种方式之一中断：

1）通过调用选择器的 wakeup() 方法；

2）通过调用选择器的 close() 方法；

3）在通过调用已阻塞线程的 interrupt() 方法的情况下，将设置其中断状态并且将调用该选择器的 wakeup() 方法。

close() 方法在选择器上是同步的，并且所有 3 个键集都与选择操作中的顺序相同。

一般情况下，选择器的键和已选择键集由多个并发线程使用是不安全的。如果这样的线程可以直接修改这些键集之一，那么应该通过对该键集本身进行同步来控制访问。这些键集的 iterator() 方法所返回的迭代器是快速失败的：如果在创建迭代器后以任何方式（调用迭代器自身的 remove() 方法除外）修改键集，则会抛出 Concurr-entModificationException。

Selector 类的 API 列表如图 5-30 所示。

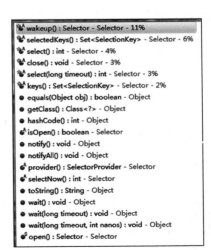

图 5-30　Selector 类的 API 列表

下面对 Selector 类的 API 进行详细介绍，同时增加若干测试来验证一些相关问题。

5.8.1 验证 public abstract int select() 方法具有阻塞性

public abstract int select() 方法的作用是选择一组键，其相应的通道已为 I/O 操作准备就绪。此方法执行处于阻塞模式的选择操作。仅在至少选择一个通道、调用此选择器的 wakeup() 方法，或者当前的线程已中断（以先到者为准）后，此方法才返回。返回值代表添加到就绪操作集的键的数目，该数目可能为零，为零代表就绪操作集中的内容并没有添加新的键，保持内容不变。

验证 select() 方法有阻塞特性的示例代码如下：

```java
public class Test10 {
public static void main(String[] args) throws IOException {
    ServerSocketChannel serverSocketChannel = ServerSocketChannel.open();
    System.out.println("1");
    serverSocketChannel.bind(new InetSocketAddress("localhost", 8888));
    System.out.println("2");
    serverSocketChannel.configureBlocking(false);
    System.out.println("3");
    Selector selector1 = Selector.open();
    System.out.println("4");
    SelectionKey selectionKey1 = serverSocketChannel.register(selector1,
        SelectionKey.OP_ACCEPT);
    System.out.println("5");
    int keyCount = selector1.select();
    System.out.println("6 keyCount=" + keyCount);
    serverSocketChannel.close();
    System.out.println("7 end!");
}

}
```

客户端连接服务端示例代码如下：

```java
public class Test11 {
public static void main(String[] args) throws IOException {
    Socket socket = new Socket("localhost", 8888);
    socket.close();
}
}
```

首先运行 Test10 类的实现代码，结果如下：

```
1
2
3
4
5
```

上述结果说明执行代码

```java
int keyCount = selector1.select();
```

时出现了阻塞

然后运行 Test11 类的实现代码，控制台输出完整的结果如下：

```
1
2
3
4
5
6 keyCount=1
7 end!
```

客户端运行后，服务端阻塞状态消失，程序继续向下运行。

在程序中使用代码

```
serverSocketChannel.register(selector1, SelectionKey.OP_ACCEPT);
```

将 OP_ACCEPT 事件当成感兴趣的事件。因此，在运行 Test11 这个客户端类后，select() 方法感知到有客户端的连接请求，服务端中的 ServerSocketChannel 通道需要接受，则 select() 方法不再出现阻塞的效果，程序继续向下运行。

Test10 类不阻塞后继续向下运行，进程结束，但随后客户端也连接不到服务端了，因为服务端进程已经销毁。其实在大多数的情况下，服务端的进程并不需要销毁，因此，就要使用 while(true) 无限循环来无限地接受客户端的请求。但在这个过程中，有可能出现 select() 方法不出现阻塞的情况，造成的结果就是真正地出现"死循环"了，下一节就会解释其原因并给出相应的解决办法。

5.8.2　select() 方法不阻塞的原因和解决办法

在某些情况下，select() 方法是不阻塞的，服务端测试代码如下：

```
public class Test101 {
public static void main(String[] args) throws IOException {
    ServerSocketChannel serverSocketChannel = ServerSocketChannel.open();
    serverSocketChannel.bind(new InetSocketAddress("localhost", 8888));
    serverSocketChannel.configureBlocking(false);
    Selector selector1 = Selector.open();
    SelectionKey selectionKey1 = serverSocketChannel.register(selector1,
        SelectionKey.OP_ACCEPT);
    boolean isRun = true;
    while (isRun == true) {
        int keyCount = selector1.select();
        Set<SelectionKey> set1 = selector1.keys();
        Set<SelectionKey> set2 = selector1.selectedKeys();
        System.out.println("keyCount =" + keyCount);
        System.out.println("set1 size=" + set1.size());
        System.out.println("set2 size=" + set2.size());
        System.out.println();
    }
    serverSocketChannel.close();
}

}
```

客户端测试代码如下：

```java
public class Test102 {
public static void main(String[] args) throws IOException {
    Socket socket = new Socket("localhost", 8888);
    socket.close();
}
}
```

首先运行 Test101 类的实现代码，然后运行 Test102 类的实现代码，控制台将出现"死循环"，前 3 次循环的输出结果如下：

```
keyCount =1
set1 size=1
set2 size=1

keyCount =0
set1 size=1
set2 size=1

keyCount =0
set1 size=1
set2 size=1
```

出现"死循环"的原因是在客户端连接服务端时，服务端中的通道对 accept 事件并未处理，导致 accept 事件一直存在，也就是 select() 方法一直检测到有准备好的通道要对 accept 事件进行处理，但一直未处理，就一直呈"死循环"输出的状态了。解决"死循环"的办法是将 accept 事件消化处理。

创建新的服务端测试类代码如下：

```java
public class Test103 {
public static void main(String[] args) throws IOException {
    ServerSocketChannel serverSocketChannel = ServerSocketChannel.open();
    serverSocketChannel.bind(new InetSocketAddress("localhost", 8888));
    serverSocketChannel.configureBlocking(false);
    Selector selector1 = Selector.open();
    SelectionKey selectionKey1 = serverSocketChannel.register(selector1,
        SelectionKey.OP_ACCEPT);
    boolean isRun = true;
    while (isRun == true) {
        int keyCount = selector1.select();
        Set<SelectionKey> set1 = selector1.keys();
        Set<SelectionKey> set2 = selector1.selectedKeys();
        System.out.println("keyCount =" + keyCount);
        System.out.println("set1 size=" + set1.size());
        System.out.println("set2 size=" + set2.size());
        System.out.println();
        Iterator<SelectionKey> iterator = set2.iterator();
        while (iterator.hasNext()) {
            SelectionKey key = iterator.next();
            ServerSocketChannel channel = (ServerSocketChannel) key.channel();
            channel.accept();// 使用方法 accept() 将事件处理掉
        }
    }
```

```
        serverSocketChannel.close();
    }

}
```

首先运行 Test103 类的实现代码，再运行 Test102 类的实现代码，控制台不再出现"死循环"的状态，输出结果如下：

```
keyCount =1
set1 size=1
set2 size=1
```

select() 方法又呈阻塞状态了，因为 accept 事件已经处理。

5.8.3　出现重复消费的情况

如果两个不同的通道注册到相同的选择器，那么极易出现重复消费的情况。

创建服务端测试类代码如下：

```java
public class Test104 {
public static void main(String[] args) throws IOException {
    ServerSocketChannel serverSocketChannel1 = ServerSocketChannel.open();
    serverSocketChannel1.bind(new InetSocketAddress("localhost", 7777));
    serverSocketChannel1.configureBlocking(false);

    ServerSocketChannel serverSocketChannel2 = ServerSocketChannel.open();
    serverSocketChannel2.bind(new InetSocketAddress("localhost", 8888));
    serverSocketChannel2.configureBlocking(false);

    Selector selector1 = Selector.open();

    SelectionKey selectionKey1 = serverSocketChannel1.register(selector1,
        SelectionKey.OP_ACCEPT);
    SelectionKey selectionKey2 = serverSocketChannel2.register(selector1,
        SelectionKey.OP_ACCEPT);

    boolean isRun = true;
    while (isRun == true) {
        int keyCount = selector1.select();
        Set<SelectionKey> set1 = selector1.keys();
        Set<SelectionKey> set2 = selector1.selectedKeys();
        System.out.println("keyCount =" + keyCount);
        System.out.println("set1 size=" + set1.size());
        System.out.println("set2 size=" + set2.size());
        Iterator<SelectionKey> iterator = set2.iterator();
        while (iterator.hasNext()) {
            SelectionKey key = iterator.next();
            ServerSocketChannel serverSocketChannel = (ServerSocketChannel)
                key.channel();
            SocketChannel socketChannel = serverSocketChannel.accept();
            if (socketChannel == null) {
                System.out.println("打印这条信息证明是连接 8888 服务器时，重复消费
                    的情况发生，");
                System.out.println("将 7777 关联的 SelectionKey 对应的 Socket-
```

```
                            Channel 通道取出来, ");
                    System.out.println(" 但是值为 null, socketChannel == null。");
                }
                InetSocketAddress ipAddress = (InetSocketAddress) serverSocket-
                    Channel.getLocalAddress();
                System.out.println(ipAddress.getPort() + " 被客户端连接了! ");
                System.out.println();
            }
        }
        serverSocketChannel1.close();
        serverSocketChannel2.close();
    }

}
```

客户端 A 程序代码如下:

```
public class Test105 {
public static void main(String[] args) throws IOException {
    Socket socket = new Socket("localhost", 7777);
    socket.close();
}
}
```

客户端 B 程序代码如下:

```
public class Test106 {
public static void main(String[] args) throws IOException {
    Socket socket = new Socket("localhost", 8888);
    socket.close();
}
}
```

首先运行 Test104 类的实现代码, 然后运行 Test105 类的实现代码, 控制台输出的结果如下:

```
keyCount =1
set1 size=2
set2 size=1
7777 被客户端连接了!
```

上述结果说明端口 7777 被客户端连接了。

最后运行 Test106 类的实现代码, 控制台完整输出的结果如下:

```
keyCount =1
set1 size=2
set2 size=1
7777 被客户端连接了!

keyCount =1
set1 size=2
set2 size=2
打印这条信息证明是连接 8888 服务器时, 重复消费的情况发生,
将 7777 关联的 SelectionKey 对应的 SocketChannel 通道取出来,
但是值为 null, socketChannel == null。
```

7777 被客户端连接了!

8888 被客户端连接了!
 打印了信息:
打印这条信息证明是连接 8888 服务器时, 重复消费的情况发生,
将 7777 关联的 SelectionKey 对应的 SocketChannel 通道取出来,
但是值为 null, socketChannel == null。

上述结果说明运行 Test106 类的实现代码连接服务端时, 服务端对 Test106 类的连接请求处理过程中的 set2 进行第一次循环时, 从 SelectionKey 取得的通道是绑定到 7777 端口上的, 但本次连接的端口是 8888, 因此, 在本次循环中执行以下代码:

```
SocketChannel socketChannel = serverSocketChannel.accept();
```

返回的 socketChannel 对象的值是 null。如果在后面有业务型代码, 那些代码被无效地执行, 下一次循环还要处理连接 8888 的业务, 这样来看, 第 1 次循环就是重复消费了。因此, 这样是错误的, 也就是出现重复无效的消费。那么内部的技术原因是什么呢? 下面继续分析。

Test106 类连接的端口是 8888, 但却重复输出 "7777 被客户端连接了!" 信息, 造成这样的原因是变量 set2 在每一次循环中使用的是底层提供的同一个对象, 一直在往 set2 里面添加已就绪的 SelectionKey, 一个是关联 7777 端口的 SelectionKey, 另一个是关联 8888 端口的 SelectionKey。在这期间, 从未从 set2 中删除 SelectionKey, 因此, set2 的 size 值为 2, 再使用 while(iterator.hasNext()) 对 set2 循环两次, 就导致了重复消费。解决重复消费问题的方法就是使用 remove() 方法删除 set2 中处理过后的 SelectionKey。

5.8.4 使用 remove() 方法解决重复消费问题

创建新的服务端程序代码如下:

```java
public class Test107 {
public static void main(String[] args) throws IOException {
    ServerSocketChannel serverSocketChannel1 = ServerSocketChannel.open();
    serverSocketChannel1.bind(new InetSocketAddress("localhost", 7777));
    serverSocketChannel1.configureBlocking(false);

    ServerSocketChannel serverSocketChannel2 = ServerSocketChannel.open();
    serverSocketChannel2.bind(new InetSocketAddress("localhost", 8888));
    serverSocketChannel2.configureBlocking(false);

    Selector selector1 = Selector.open();

    SelectionKey selectionKey1 = serverSocketChannel1.register(selector1,
        SelectionKey.OP_ACCEPT);
    SelectionKey selectionKey2 = serverSocketChannel2.register(selector1,
        SelectionKey.OP_ACCEPT);

    boolean isRun = true;
    while (isRun == true) {
        int keyCount = selector1.select();
        Set<SelectionKey> set1 = selector1.keys();
        Set<SelectionKey> set2 = selector1.selectedKeys();
```

```
        System.out.println("keyCount =" + keyCount);
        System.out.println("set1 size=" + set1.size());
        System.out.println("set2 size=" + set2.size());
        Iterator<SelectionKey> iterator = set2.iterator();
        while (iterator.hasNext()) {
            SelectionKey key = iterator.next();
            ServerSocketChannel channel = (ServerSocketChannel) key.channel();
            channel.accept();
            InetSocketAddress ipAddress = (InetSocketAddress) channel.getLocal-
                Address();
            System.out.println(ipAddress.getPort() + " 被客户端连接了! ");
            System.out.println();
            iterator.remove();///// 删除当前的 SelectionKey
        }

    }
    serverSocketChannel1.close();
    serverSocketChannel2.close();
}

}
```

首先运行 Test107 类的实现代码，然后运行 Test105 类的实现代码，控制台输出的结果如下：

```
keyCount =1
set1 size=2
set2 size=1
7777 被客户端连接了!
```

上述结果说明端口 7777 被客户端连接了。

最后运行 Test106 类的实现代码，控制台完整输出的结果如下：

```
keyCount =1
set1 size=2
set2 size=1
7777 被客户端连接了!

keyCount =1
set1 size=2
set2 size=1
8888 被客户端连接了!
```

服务端并没有出现重复消费的情况，这就是使用 remove() 方法的原因。

注意，每一次 while(iterator.hasNext()) 循环执行时，set2 的对象永远是一个，不会因为执行下一次循环创建新的 set2 变量所对应的对象，这个对象是 NIO 底层提供的，这和以往的认知具有非常大的不同。下面就证明一下 set2 永远是同一个对象。

5.8.5　验证产生的 set1 和 set2 关联的各自对象一直是同一个

本小节要测试 set1 一直关联 set1Object，而 set2 一直关联的是 set2Object。

先创建验证是不同对象的代码如下：

```
public class Test100 {
public static void main(String[] args) throws IOException {
    SimpleDateFormat format = new SimpleDateFormat();
    format = new SimpleDateFormat();
    format = new SimpleDateFormat();
    format = new SimpleDateFormat();
}
}
```

通过 debug 调试可以查看到，每一次 new SimpleDateFormat() 实例化新的对象后，id 值是不一样的，如图 5-31 和图 5-32 所示。

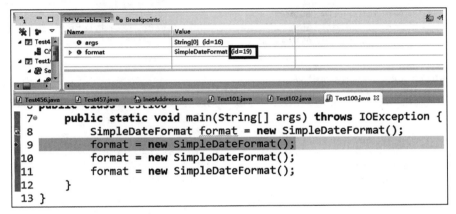

图 5-31　第一次产生的对象 id 值是 19

变量 format 对应对象的 id 值由 19 变成 25，说明产生了新的 SimpleDateFormat 对象，而变量 set2 对应对象的 id 值会永远不变，永远是一个对象，开始验证。

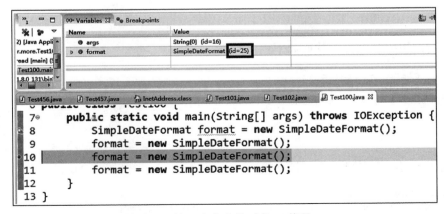

图 5-32　第二次产生的对象 id 值是 25

创建测试用的服务端代码如下，目的是验证 set 变量使用的对象是同一个。

```java
public class Test101 {
public static void main(String[] args) throws IOException {
    ServerSocketChannel serverSocketChannel1 = ServerSocketChannel.open();
    serverSocketChannel1.bind(new InetSocketAddress("localhost", 7777));
    serverSocketChannel1.configureBlocking(false);

    ServerSocketChannel serverSocketChannel2 = ServerSocketChannel.open();
    serverSocketChannel2.bind(new InetSocketAddress("localhost", 8888));
    serverSocketChannel2.configureBlocking(false);

    Selector selector1 = Selector.open();

    SelectionKey selectionKey1 = serverSocketChannel1.register(selector1,
        SelectionKey.OP_ACCEPT);
    SelectionKey selectionKey2 = serverSocketChannel2.register(selector1,
        SelectionKey.OP_ACCEPT);

    boolean isRun = true;
    while (isRun == true) {
        int keyCount = selector1.select();
        Set<SelectionKey> set1 = selector1.keys();
        Set<SelectionKey> set2 = selector1.selectedKeys();
        System.out.println("keyCount =" + keyCount);
        System.out.println("set1 size=" + set1.size());
        System.out.println("set2 size=" + set2.size());
        System.out.println();
        Iterator<SelectionKey> iterator = set2.iterator();
        while (iterator.hasNext()) {
            SelectionKey key = iterator.next();
            ServerSocketChannel serverSocketChannel = (ServerSocketChannel)
                key.channel();
            serverSocketChannel.accept();
        }
    }
    serverSocketChannel1.close();
}

}
```

创建测试用的客户端 A 代码如下：

```java
public class Test102_1 {
public static void main(String[] args) throws IOException {
    Socket socket = new Socket("localhost", 7777);
    socket.close();
}
}
```

创建测试用的客户端 B 代码如下：

```java
public class Test102_2 {
public static void main(String[] args) throws IOException {
    Socket socket = new Socket("localhost", 8888);
    socket.close();
}
}
```

在 Test101 类的实现代码的第 31 行设置断点，如图 5-33 所示。

```
29          Set<SelectionKey> set1 = selector1.keys();
30          Set<SelectionKey> set2 = selector1.selectedKeys();
•31         System.out.println("keyCount =" + keyCount);
32          System.out.println("set1 size=" + set1.size());
33          System.out.println("set2 size=" + set2.size());
```

图 5-33　在第 31 行设置断点

首先执行 Test101 类的实现代码，然后执行 Test102_1 类的实现代码，调试结果如图 5-34 所示。

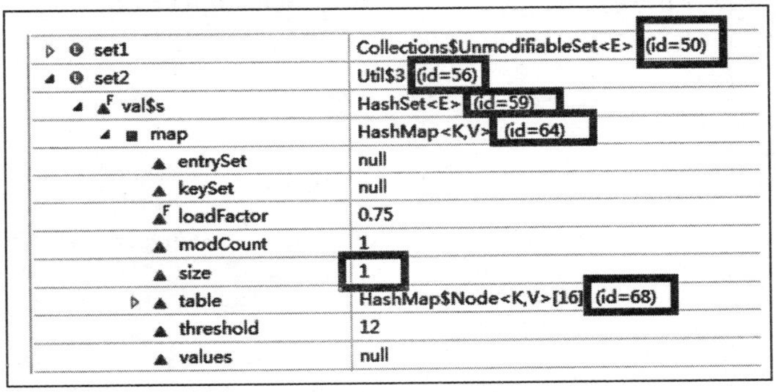

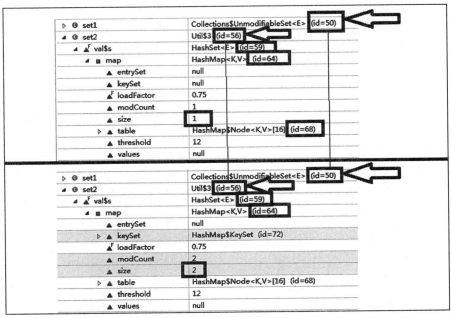

图 5-34　执行 Test102_1 类的实现代码后的调试结果

最后执行 Test102_2 类的实现代码，调试结果如图 5-35 所示。

图 5-35　执行 Test102_2 类的实现代码后的调试结果与第一次进行对比

从对比结果中可以发现，变量 set1 对应对象的 id 值一直是 50，变量 set2 对应对象的 id 值一直是 56。虽然两次进入了 while (isRun == true) 循环体，set2 中的元素个数也由 1 变成 2，但并没有创建变量 set2 对应的新对象，一直向 set2 中添加端口 7777 和 8888 的 SelectionKey。

结论：set1 和 set2 一直在使用各自不变的对象，也就会出现一直向 set2 中添加 Selection-Key 造成重复消费的效果，因此，就要结合 remove() 方法避免重复消费。

5.8.6　int selector.select() 方法返回值的含义

int selector.select() 方法返回值的含义是已更新其准备就绪操作集的键的数目，该数目可能为零或排零，非零的情况就是向 set2 中添加 SelectionKey 的个数，值为零的情况是 set2 中的元素并没有更改。

服务端示例代码如下：

```java
public class Test201 {
public static void main(String[] args) throws IOException, Interrupted-
    Exception {
    ServerSocketChannel serverSocketChannel1 = ServerSocketChannel.open();
    serverSocketChannel1.bind(new InetSocketAddress("localhost", 7777));
    serverSocketChannel1.configureBlocking(false);

    ServerSocketChannel serverSocketChannel2 = ServerSocketChannel.open();
    serverSocketChannel2.bind(new InetSocketAddress("localhost", 8888));
    serverSocketChannel2.configureBlocking(false);

    ServerSocketChannel serverSocketChannel3 = ServerSocketChannel.open();
    serverSocketChannel3.bind(new InetSocketAddress("localhost", 9999));
    serverSocketChannel3.configureBlocking(false);

    Selector selector1 = Selector.open();

    SelectionKey selectionKey1 = serverSocketChannel1.register(selector1,
        SelectionKey.OP_ACCEPT);
    SelectionKey selectionKey2 = serverSocketChannel2.register(selector1,
        SelectionKey.OP_ACCEPT);
    SelectionKey selectionKey3 = serverSocketChannel3.register(selector1,
        SelectionKey.OP_ACCEPT);

    boolean isRun = true;
    while (isRun == true) {
        int keyCount = selector1.select();
        Set<SelectionKey> set1 = selector1.keys();
        Set<SelectionKey> set2 = selector1.selectedKeys();
        System.out.println("keyCount =" + keyCount);
        System.out.println("set1 size=" + set1.size());
        System.out.println("set2 size=" + set2.size());
        System.out.println();
        Iterator<SelectionKey> iterator = set2.iterator();
        while (iterator.hasNext()) {
            SelectionKey key = iterator.next();
            ServerSocketChannel serverSocketChannel = (ServerSocketChannel)
                key.channel();
```

```
                serverSocketChannel.accept();
            }
            Thread.sleep(10000);
        }
        serverSocketChannel1.close();
        serverSocketChannel2.close();
        serverSocketChannel3.close();
    }

}
```

客户端 A 示例代码如下：

```
public class Test202 {
public static void main(String[] args) throws IOException {
    Socket socket7777 = new Socket("localhost", 7777);
    socket7777.close();
}
}
```

客户端 B 示例代码如下：

```
public class Test203 {
public static void main(String[] args) throws IOException {
    Socket socket8888 = new Socket("localhost", 8888);
    socket8888.close();

    Socket socket9999 = new Socket("localhost", 9999);
    socket9999.close();
}
}
```

首先运行 Test201 类的实现代码，然后运行 Test202 类的实现代码，控制台输出的结果如下：

```
keyCount =1
set1 size=3
set2 size=1
```

运行结果 keyCount =1 的含义是在已就绪键值中添加了 1 个 SelectionKey，因此，key-Count 值是 1。

运行结果 set1 size=3 的含义是因为有 3 个通道注册到了同一个选择器中，键集个数为 3。

运行结果 set2 size=1 的含义是已就绪键集中存在 1 个 SelectionKey，这个 SelectionKey 代表 7777 端口对应的 ServerSocketChannel。

然后再运行 Test202.java，控制台输出的完整结果如下：

```
keyCount =1
set1 size=3
set2 size=1

keyCount =0
set1 size=3
set2 size=1
```

运行结果 keyCount =0 的含义是在已就绪键集中已存在 7777 为端口的通道对应的 SelectionKey，再次运行 Test202.java 时，对原有的 SelectionKey 进行复用，并没有在已就绪键集中添加新的 SelectionKey，值为 0，代表影响的个数是 0。

运行结果 set1 size=3 的含义是因为有 3 个通道注册到了同一个选择器中，键集个数为 3。

运行结果 set2 size=1 的含义是已就绪键集中存在 1 个 SelectionKey，这个 SelectionKey 还是代表 7777 端口对应的 ServerSocketChannel。

再来看看 keyCount 的值大于 1 时的情况。

将 Test201 类的进程停止，重置测试环境。

首先运行 Test201 类的实现代码，然后运行 Test202 类的实现代码，最后运行 Test203 类的实现代码，程序运行后控制台完整输出的结果如下：

```
keyCount =1
set1 size=3
set2 size=1

keyCount =2
set1 size=3
set2 size=3
```

运行结果 keyCount =2 代表在执行 sleep(10000) 方法的时候，端口 8888 和 9999 被客户端所连接，在已就绪键集中添加了两个新的 SelectionKey，因此，keyCount 的值是 2。

5.8.7 从已就绪的键集中获得通道中的数据

下面就来看一下完整的从通道中取得数据的代码，其中服务端示例代码如下：

```java
public class Test12 {
public static void main(String[] args) throws IOException {
    ServerSocketChannel serverSocketChannel = ServerSocketChannel.open();
    serverSocketChannel.bind(new InetSocketAddress("localhost", 8888));
    serverSocketChannel.configureBlocking(false);
    Selector selector = Selector.open();
    SelectionKey selectionKey1 = serverSocketChannel.register(selector,
        SelectionKey.OP_ACCEPT);
    boolean isRun = true;
    while (isRun == true) {
        int keyCount = selector.select();
        Set<SelectionKey> set = selector.selectedKeys();
        Iterator<SelectionKey> iterator = set.iterator();
        while (iterator.hasNext()) {
            SelectionKey key = iterator.next();
            if (key.isAcceptable()) {
                ServerSocketChannel channel = (ServerSocketChannel) key.channel();
                ServerSocket serverSocket = channel.socket();
                Socket socket = serverSocket.accept();
                InputStream inputStream = socket.getInputStream();
                byte[] byteArray = new byte[1000];
                int readLength = inputStream.read(byteArray);
                while (readLength != -1) {
                    String newString = new String(byteArray, 0, readLength);
```

```
                    System.out.println(newString);
                        readLength = inputStream.read(byteArray);
                    }
                    inputStream.close();
                    socket.close();

                    iterator.remove();// 删除
                }

            }
        }
        serverSocketChannel.close();
    }

    }
```

客户端示例代码如下：

```
public class Test13 {
public static void main(String[] args) throws IOException {
    Socket socket = new Socket("localhost", 8888);
    OutputStream outputStream = socket.getOutputStream();
    outputStream.write(" 我是中国人，我来自客户端！ ".getBytes());
    socket.close();
}
}
```

首先运行 Test12 类的实现代码程序，然后重复运行 3 次 Test13 类的实现代码，控制台
输出的结果如下：

```
我是中国人，我来自客户端！
我是中国人，我来自客户端！
我是中国人，我来自客户端！
```

5.8.8　对相同的通道注册不同的相关事件返回同一个 SelectionKey

创建测试用的服务端代码如下：

```
public class Test301 {
public static void main(String[] args) throws IOException, Interrupted-
    Exception {
    ServerSocketChannel serverSocketChannel1 = ServerSocketChannel.open();
    serverSocketChannel1.bind(new InetSocketAddress("localhost", 7777));
    serverSocketChannel1.configureBlocking(false);

    Selector selector1 = Selector.open();

    SelectionKey selectionKey1 = serverSocketChannel1.register(selector1,
        SelectionKey.OP_ACCEPT);

    boolean isRun = true;
    while (isRun == true) {
        int keyCount = selector1.select();
        Set<SelectionKey> set1 = selector1.keys();
```

```
            Set<SelectionKey> set2 = selector1.selectedKeys();
            System.out.println("keyCountA =" + keyCount);
            System.out.println("set1 size=" + set1.size());
            System.out.println("set2 size=" + set2.size());
            System.out.println();
            Iterator<SelectionKey> iterator = set2.iterator();
            while (iterator.hasNext()) {
                SelectionKey key = iterator.next();
                ServerSocketChannel serverSocketChannel = (ServerSocketChannel)
                    key.channel();
                SocketChannel socketChannel = serverSocketChannel.accept();
                socketChannel.configureBlocking(false);
                SelectionKey key2 = socketChannel.register(selector1, SelectionKey.
                    OP_READ);
                System.out.println("key2.isReadable()=" + ((SelectionKey.OP_READ &
                    ~key2.interestOps()) == 0));
                System.out.println("key2.isWritable()=" + ((SelectionKey.OP_WRITE &
                    ~key2.interestOps()) == 0));

                SelectionKey key3 = socketChannel.register(selector1, SelectionKey.
                    OP_READ | SelectionKey.OP_WRITE);
                System.out.println("key3.isReadable()=" + ((SelectionKey.OP_READ &
                    ~key3.interestOps()) == 0));
                System.out.println("key3.isWritable()=" + ((SelectionKey.OP_WRITE &
                    ~key3.interestOps()) == 0));

                System.out.println("keyCountB =" + keyCount);
                System.out.println("set1 size=" + set1.size());
                System.out.println("set2 size=" + set2.size());
                System.out.println("key2==key3 结果: " + (key2 == key3));
            }
            Thread.sleep(Integer.MAX_VALUE);
        }
        serverSocketChannel1.close();
    }

}
```

创建测试用的客户端代码如下：

```
public class Test302 {
public static void main(String[] args) throws IOException {
    Socket socket7777 = new Socket("localhost", 7777);
    socket7777.getOutputStream().write("12345".getBytes());
    socket7777.close();
}
}
```

在上述程序运行后，控制台输出的结果如下：

```
keyCountA =1
set1 size=1
set2 size=1

key2.isReadable()=true
key2.isWritable()=false
key3.isReadable()=true
```

```
key3.isWritable()=true
keyCountB =1
set1 size=2
set2 size=1
key2==key3 结果: true
```

一个 SocketChannel 通道注册两个事件并没有创建出两个 SelectionKey,而是创建出一个,read 和 write 事件是在同一个 SelectionKey 中进行注册的。

另一个 SelectionKey 代表关联的是 ServerSocketChannel 通道。

5.8.9 判断选择器是否为打开状态

public abstract boolean isOpen() 方法的作用是告知此选择器是否已打开。返回值当且仅当此选择器已打开时才返回 true。

public abstract void close() 方法的作用是关闭此选择器。如果某个线程目前正阻塞在此选择器的某个选择方法中,则中断该线程,如同调用该选择器的 wakeup() 方法。所有仍与此选择器关联的未取消键已无效,其通道已注销,并且与此选择器关联的所有其他资源已释放。如果此选择器已经关闭,则调用此方法无效。关闭选择器后,除了调用此方法或 wakeup() 方法外,以任何其他方式继续使用它都将导致抛出 ClosedSelectorException。

示例代码如下:

```java
public class Test18 {
public static void main(String[] args) throws IOException, InterruptedException {
    Selector selector = Selector.open();
    System.out.println(selector.isOpen());
    selector.close();
    System.out.println(selector.isOpen());
}
}
```

在上述程序运行后,控制台输出的结果如下:

```
true
false
```

5.8.10 获得 SelectorProvider provider 对象

public abstract SelectorProvider provider() 方法的作用是返回创建此通道的提供者。

示例代码如下:

```java
public class Test19 {
public static void main(String[] args) throws IOException, InterruptedException {
    SelectorProvider provider1 = SelectorProvider.provider();
    SelectorProvider provider2 = Selector.open().provider();

    System.out.println(provider1);
    System.out.println(provider2);
}
}
```

在上述程序运行后，控制台输出的结果如下：

```
sun.nio.ch.WindowsSelectorProvider@b4c966a
sun.nio.ch.WindowsSelectorProvider@b4c966a
```

5.8.11　返回此选择器的键集

public abstract Set<SelectionKey> keys() 方法的作用是返回此选择器的键集。不可直接修改键集。仅在已取消某个键并且已注销其通道后才移除该键。试图修改键集会导致抛出 UnsupportedOperationException。

示例代码如下：

```java
public class Test20 {
public static void main(String[] args) throws IOException, InterruptedException {
    ServerSocketChannel serverSocketChannel1 = ServerSocketChannel.open();
    serverSocketChannel1.bind(new InetSocketAddress("localhost", 8888));
    serverSocketChannel1.configureBlocking(false);

    ServerSocketChannel serverSocketChannel2 = ServerSocketChannel.open();
    serverSocketChannel2.bind(new InetSocketAddress("localhost", 9999));
    serverSocketChannel2.configureBlocking(false);

    ServerSocketChannel serverSocketChannel3 = ServerSocketChannel.open();
    serverSocketChannel3.bind(new InetSocketAddress("localhost", 7777));
    serverSocketChannel3.configureBlocking(false);

    Selector selector = Selector.open();

    SelectionKey selectionKey1 = serverSocketChannel1.register(selector,
        SelectionKey.OP_ACCEPT);
    SelectionKey selectionKey2 = serverSocketChannel2.register(selector,
        SelectionKey.OP_ACCEPT);
    SelectionKey selectionKey3 = serverSocketChannel3.register(selector,
        SelectionKey.OP_ACCEPT);

    System.out.println(selectionKey1.hashCode());
    System.out.println(selectionKey2.hashCode());
    System.out.println(selectionKey3.hashCode());
    System.out.println();

    Set<SelectionKey> keysSet = selector.keys();
    Iterator<SelectionKey> iterator = keysSet.iterator();
    while (iterator.hasNext()) {
        SelectionKey key = iterator.next();
        System.out.println(key.hashCode());
    }
}

}
```

在上述程序运行后，控制台输出的结果如下：

793589513

```
1313922862
495053715

495053715
793589513
1313922862
```

5.8.12　public abstract int select(long timeout) 方法的使用

public abstract int select(long timeout) 方法的作用是选择一组键，其相应的通道已为 I/O 操作准备就绪。此方法执行处于阻塞模式的选择操作。仅在至少选择一个通道、调用此选择器的 wakeup() 方法、当前的线程已中断，或者给定的超时期满（以先到者为准）后，此方法才返回。此方法不提供实时保证：它安排了超时时间，就像调用 Object.wait(long) 方法一样。参数 timeout 代表如果为正，则在等待某个通道准备就绪时最多阻塞 timeout 毫秒；如果为零，则无限期地阻塞；必须为非负数。返回值代表已更新其准备就绪操作集的键的数目，该数目可能为零。

示例代码如下：

```java
public class Test22 {
public static void main(String[] args) throws IOException, InterruptedException {
    ServerSocketChannel serverSocketChannel1 = ServerSocketChannel.open();
    serverSocketChannel1.bind(new InetSocketAddress("localhost", 8888));
    serverSocketChannel1.configureBlocking(false);

    Selector selector = Selector.open();
    SelectionKey selectionKey1 = serverSocketChannel1.register(selector,
        SelectionKey.OP_ACCEPT);
    boolean isRun = true;
    while (isRun == true) {
        System.out.println("while (isRun == true) " + System.currentTimeMillis());
        int keyCount = selector.select(5000);
        Set<SelectionKey> selectedKeysSet = selector.selectedKeys();

        Iterator<SelectionKey> iterator = selectedKeysSet.iterator();
        while (iterator.hasNext()) {
            System.out.println(" 进入 while");
            SelectionKey key = iterator.next();
            if (key.isAcceptable()) {
                ServerSocketChannel channel = (ServerSocketChannel) key.channel();
                Socket socket = channel.socket().accept();
                socket.close();
            }
            iterator.remove();
        }
    }
    serverSocketChannel1.close();
}

}
```

在上述程序运行后，控制台输出的结果如下：

```
while (isRun == true) 1511423992891
while (isRun == true) 1511423997892
while (isRun == true) 1511424002893
while (isRun == true) 1511424007893
while (isRun == true) 1511424012893
```

5.8.13　public abstract int selectNow() 方法的使用

public abstract int selectNow() 方法的作用是选择一组键，其相应的通道已为 I/O 操作准备就绪。此方法执行非阻塞的选择操作。如果自从前一次选择操作后，没有通道变成可选择的，则此方法直接返回零。调用此方法会清除所有以前调用 wakeup() 方法所得的结果。返回值代表由选择操作更新其准备就绪操作集的键的数目，该数目可能为零。

示例代码如下：

```
public class Test23 {
public static void main(String[] args) throws IOException, InterruptedException {
    ServerSocketChannel serverSocketChannel1 = ServerSocketChannel.open();
    serverSocketChannel1.bind(new InetSocketAddress("localhost", 8888));
    serverSocketChannel1.configureBlocking(false);

    Selector selector = Selector.open();
    SelectionKey selectionKey1 = serverSocketChannel1.register(selector,
        SelectionKey.OP_ACCEPT);
    boolean isRun = true;
    while (isRun == true) {
        System.out.println("while (isRun == true) " + System.currentTimeMillis());
        int keyCount = selector.selectNow();
        System.out.println("while (isRun == true) " + System.currentTimeMillis());
        Set<SelectionKey> selectedKeysSet = selector.selectedKeys();

        Iterator<SelectionKey> iterator = selectedKeysSet.iterator();
        while (iterator.hasNext()) {
            System.out.println("进入 while");
            SelectionKey key = iterator.next();
            if (key.isAcceptable()) {
                ServerSocketChannel channel = (ServerSocketChannel) key.channel();
                Socket socket = channel.socket().accept();
                socket.close();
            }
            iterator.remove();
        }
    }
    serverSocketChannel1.close();
}

}
```

在上述程序运行后，控制台输出的部分结果如下：

```
while (isRun == true) 1511424082297
while (isRun == true) 1511424082297
while (isRun == true) 1511424082297
while (isRun == true) 1511424082297
```

```
while (isRun == true) 1511424082297
while (isRun == true) 1511424082297
```

5.8.14　唤醒操作

public abstract Selector wakeup() 方法的作用是使尚未返回的第一个选择操作立即返回。如果另一个线程目前正阻塞在 select() 或 select(long) 方法的调用中，则该调用将立即返回。如果当前未进行选择操作，那么在没有同时调用 selectNow() 方法的情况下，对上述方法的下一次调用将立即返回。在任一情况下，该调用返回的值可能是非零的。如果未同时再次调用此方法，则照常阻塞 select() 或 select(long) 方法的后续调用。在两个连续的选择操作之间多次调用此方法与只调用一次的效果相同。

示例代码如下：

```java
public class Test24 {
private static Selector selector;

public static void main(String[] args) throws IOException, InterruptedException {

    Thread thread = new Thread() {
        @Override
        public void run() {
            try {
                Thread.sleep(2000);
                selector.wakeup();
                Set<SelectionKey> set1 = selector.keys();
                Set<SelectionKey> set2 = selector.selectedKeys();
                System.out.println("执行 wakeup() 方法之后的 selector 的信息：");
                System.out.println("set1.size()=" + set1.size());
                System.out.println("set2.size()=" + set2.size());
            } catch (InterruptedException e) {
                e.printStackTrace();
            }
        }
    };
    thread.start();

    ServerSocketChannel serverSocketChannel1 = ServerSocketChannel.open();
    serverSocketChannel1.bind(new InetSocketAddress("localhost", 8888));
    serverSocketChannel1.configureBlocking(false);

    selector = Selector.open();
    SelectionKey selectionKey1 = serverSocketChannel1.register(selector,
        SelectionKey.OP_ACCEPT);
    int keyCount = selector.select();
    Set<SelectionKey> selectedKeysSet = selector.selectedKeys();
    Iterator<SelectionKey> iterator = selectedKeysSet.iterator();
    while (iterator.hasNext()) {
        SelectionKey key = iterator.next();
        if (key.isAcceptable()) {
            ServerSocketChannel channel = (ServerSocketChannel) key.channel();
            Socket socket = channel.socket().accept();
            socket.close();
```

```
        }
            iterator.remove();
        }
    serverSocketChannel1.close();
    System.out.println("main end!");
    }


    }
```

运行上述程序，在 2s 之后，控制台输出的结果如下：

```
执行 wakeup() 方法之后的 selector 的信息：
set1.size()=1
main end!
set2.size()=0
```

键集中至少保留了 1 个 SelectionKey。

5.8.15　测试若干细节

下面开始测试在使用选择器过程中需要注意的一些细节知识点。

1. 对 SelectionKey 执行 cancel() 方法后的效果

调用该键的 cancel() 方法来取消键，该键都被添加到其选择器的已取消键集中。取消某个键会导致在下一次 select() 方法选择操作期间注销该键的通道，而在注销时将从所有选择器的键集中移除该键。

测试用的代码如下：

```java
public class Test1 {
public static void main(String[] args) throws IOException, InterruptedException {
    ServerSocketChannel serverSocketChannel1 = ServerSocketChannel.open();
    serverSocketChannel1.bind(new InetSocketAddress("localhost", 7777));
    serverSocketChannel1.configureBlocking(false);

    ServerSocketChannel serverSocketChannel2 = ServerSocketChannel.open();
    serverSocketChannel2.bind(new InetSocketAddress("localhost", 8888));
    serverSocketChannel2.configureBlocking(false);

    Selector selector = Selector.open();

    SelectionKey selectionKey1 = serverSocketChannel1.register(selector,
        SelectionKey.OP_ACCEPT);
    SelectionKey selectionKey2 = serverSocketChannel2.register(selector,
        SelectionKey.OP_ACCEPT);

    Thread client = new Thread() {
        public void run() {
            try {
                Socket socket1 = new Socket("localhost", 7777);
                OutputStream outputStream1 = socket1.getOutputStream();
                outputStream1.write(" 我是中国人，我来自客户端 to7777！ ".getBytes());
                socket1.close();
```

```
                    Socket socket2 = new Socket("localhost", 8888);
                    OutputStream outputStream2 = socket2.getOutputStream();
                    outputStream2.write("我是中国人，我来自客户端 to8888！".getBytes());
                    socket2.close();
                } catch (UnknownHostException e) {
                    e.printStackTrace();
                } catch (IOException e) {
                    e.printStackTrace();
                }
            }
        };
    };
client.start();

Thread getInfo = new Thread() {
    public void run() {
        try {
            Thread.sleep(10000);
            System.out.println();
            Set<SelectionKey> keys = selector.keys();
            Set<SelectionKey> selectedKeys = selector.selectedKeys();
            System.out.println("select()方法执行第 2 次后的信息：");
            System.out.println("keys.size()=" + keys.size());
            System.out.println("selectedKeys.size()=" + selectedKeys.size());
        } catch (InterruptedException e) {
            e.printStackTrace();
        }
    };
};
getInfo.start();

Thread.sleep(1000);// 目的是先让客户端连接服务端

boolean isRun = true;
while (isRun == true) {
    int keyCount = selector.select();
    Set<SelectionKey> keys = selector.keys();
    Set<SelectionKey> selectedKeys = selector.selectedKeys();
    System.out.println("取消之前的信息：");
    System.out.println("keys.size()=" + keys.size());
    System.out.println("selectedKeys.size()=" + selectedKeys.size());
    System.out.println();
    Iterator<SelectionKey> iterator = selectedKeys.iterator();
    while (iterator.hasNext()) {
        SelectionKey key = iterator.next();
        if (key.isAcceptable()) {
            ServerSocketChannel channel = (ServerSocketChannel) key.channel();
            ServerSocket serverSocket = channel.socket();
            Socket socket = serverSocket.accept();
            InputStream inputStream = socket.getInputStream();
            byte[] byteArray = new byte[1000];
            int readLength = inputStream.read(byteArray);
            while (readLength != -1) {
                String newString = new String(byteArray, 0, readLength);
                System.out.println(newString);
                readLength = inputStream.read(byteArray);
```

```
                        }
                        inputStream.close();
                        socket.close();
                        // iterator.remove();
                        if (serverSocket.getLocalPort() == 7777) {
                            key.cancel();
                            AbstractSelectionKey abc;
                            System.out.println(" 取消之后的信息: ");
                            System.out.println("keys.size()=" + keys.size());
                            System.out.println("selectedKeys.size()=" + selectedKeys.size());
                        }
                    }
                }
            }
        serverSocketChannel1.close();
        serverSocketChannel2.close();
    }

    }
```

上述程序运行结果如下：

```
取消之前的信息:
keys.size()=2
selectedKeys.size()=2

我是中国人，我来自客户端 to7777！
取消之后的信息:
keys.size()=2
selectedKeys.size()=2
我是中国人，我来自客户端 to8888！
select() 方法执行第 2 次后的信息:
keys.size()=1
selectedKeys.size()=1
```

对 SelectionKey 执行 cancel() 方法操作会将 SelectionKey 放入取消键集中，并且在下一次执行 select() 方法时删除这个 SelectionKey 所有的键集，并且通道被注销，因此，在控制台的最后输出两个 1：

```
keys.size()=1
selectedKeys.size()=1
```

2. 对通道执行 close() 方法后的效果

关闭某个键的通道，通道对应的键都被添加到其选择器的已取消键集中，会导致在下一次 select() 方法选择操作期间注销该键的通道，而在注销时将从所有选择器的键集中移除该键。

测试代码如下：

```
public class Test1 {
public static void main(String[] args) throws IOException, InterruptedException {
    ServerSocketChannel serverSocketChannel1 = ServerSocketChannel.open();
```

```java
serverSocketChannel1.bind(new InetSocketAddress("localhost", 7777));
serverSocketChannel1.configureBlocking(false);

ServerSocketChannel serverSocketChannel2 = ServerSocketChannel.open();
serverSocketChannel2.bind(new InetSocketAddress("localhost", 8888));
serverSocketChannel2.configureBlocking(false);

Selector selector = Selector.open();

SelectionKey selectionKey1 = serverSocketChannel1.register(selector,
    SelectionKey.OP_ACCEPT);
SelectionKey selectionKey2 = serverSocketChannel2.register(selector,
    SelectionKey.OP_ACCEPT);

Thread client = new Thread() {
    public void run() {
        try {
            Socket socket1 = new Socket("localhost", 7777);
            OutputStream outputStream1 = socket1.getOutputStream();
            outputStream1.write("我是中国人，我来自客户端 to7777！".getBytes());
            socket1.close();

            Socket socket2 = new Socket("localhost", 8888);
            OutputStream outputStream2 = socket2.getOutputStream();
            outputStream2.write("我是中国人，我来自客户端 to8888！".getBytes());
            socket2.close();
        } catch (UnknownHostException e) {
            e.printStackTrace();
        } catch (IOException e) {
            e.printStackTrace();
        }
    };
};
client.start();

Thread getInfo = new Thread() {
    public void run() {
        try {
            Thread.sleep(10000);
            System.out.println();
            Set<SelectionKey> keys = selector.keys();
            Set<SelectionKey> selectedKeys = selector.selectedKeys();
            System.out.println("channel.close() 之后的信息：");
            System.out.println("keys.size()=" + keys.size());
            System.out.println("selectedKeys.size()=" + selectedKeys.size());
        } catch (InterruptedException e) {
            e.printStackTrace();
        }
    };
};
getInfo.start();

Thread.sleep(1000);// 先让客户端连接到服务器
```

```
    boolean isRun = true;
    while (isRun == true) {
        int keyCount = selector.select();
        Set<SelectionKey> keys = selector.keys();
        Set<SelectionKey> selectedKeys = selector.selectedKeys();
        System.out.println("channel.close() 之前的信息: ");
        System.out.println("keys.size()=" + keys.size());
        System.out.println("selectedKeys.size()=" + selectedKeys.size());
        System.out.println();
        Iterator<SelectionKey> iterator = selectedKeys.iterator();
        while (iterator.hasNext()) {
            SelectionKey key = iterator.next();
            if (key.isAcceptable()) {
                ServerSocketChannel channel = (ServerSocketChannel) key.channel();
                ServerSocket serverSocket = channel.socket();
                Socket socket = serverSocket.accept();
                InputStream inputStream = socket.getInputStream();
                byte[] byteArray = new byte[1000];
                int readLength = inputStream.read(byteArray);
                while (readLength != -1) {
                    String newString = new String(byteArray, 0, readLength);
                    System.out.println(newString);
                    readLength = inputStream.read(byteArray);
                }
                inputStream.close();
                socket.close();
                // iterator.remove();
                if (serverSocket.getLocalPort() == 7777) {
                    channel.close();
                }
            }
        }

    }
    serverSocketChannel1.close();
    serverSocketChannel2.close();
}

}
```

上述程序运行结果如下：

```
channel.close() 之前的信息:
keys.size()=2
selectedKeys.size()=2

我是中国人，我来自客户端 to7777！
我是中国人，我来自客户端 to8888！
channel.close() 之后的信息:
keys.size()=1
selectedKeys.size()=1
```

对 ServerSocketChannel 调用 close() 方法后，在下一次 select() 方法选择时将 Server-SocketChannel 对应的 SelectionKey 从所有键集中删除，并且将这个 ServerSocketChannel 通

道从 Selector 中注销。

3. 在新创建的选择器中，3 个集合都是空集合

测试用的代码如下：

```
public class Test1 {
public static void main(String[] args) throws IOException, InterruptedException {
    Selector selector = Selector.open();
    Set<SelectionKey> keys = selector.keys();
    Set<SelectionKey> selectedKeys = selector.selectedKeys();
    System.out.println("keys.size()=" + keys.size());
    System.out.println("selectedKeys.size()=" + selectedKeys.size());
}
}
```

上述程序运行结果如下：

```
keys.size()=0
selectedKeys.size()=0
```

4. 删除键集中的键会导致 UnsupportedOperationException 异常

测试用的代码如下：

```
public class Test1 {
public static void main(String[] args) throws IOException, InterruptedException {
    ServerSocketChannel serverSocketChannel1 = ServerSocketChannel.open();
    serverSocketChannel1.bind(new InetSocketAddress("localhost", 7777));
    serverSocketChannel1.configureBlocking(false);

    Selector selector = Selector.open();
    SelectionKey selectionKey1 = serverSocketChannel1.register(selector,
        SelectionKey.OP_ACCEPT);

    selector.keys().remove(selectionKey1);
}
}
```

上述程序运行后的结果如下：

```
Exception in thread "main" java.lang.UnsupportedOperationException
    at java.util.Collections$UnmodifiableCollection.remove(Collections.java:1058)
    at Seletor.moretest.test4.Test1.main(Test1.java:18)
```

上述结果表明键集中的元素不可以显式修改。

5. 多线程环境下删除键集中的键会导致 ConcurrentModificationException 异常

一般情况下，选择器的键和已选择键集由多个并发线程使用是不安全的。如果这样的
线程可以直接修改这些键集之一，那么应该通过对该键集本身进行同步来控制访问。这些
键集的 iterator() 方法所返回的迭代器是快速失败的：如果在创建迭代器后以任何方式（调
用迭代器自身的 remove() 方法除外）修改键集，则会抛出 ConcurrentModificationException

异常。

示例代码如下：

```java
public class Test1 {
public static void main(String[] args) throws InterruptedException {
    Set set = new HashSet();
    set.add("abc1");
    set.add("abc2");
    set.add("abc3");
    set.add("abc4");
    set.add("abc5");
    set.add("abc6");

    new Thread() {
        public void run() {
            try {
                Thread.sleep(1500);
                set.remove("abc3");
            } catch (InterruptedException e) {
                e.printStackTrace();
            }
        };
    }.start();

    Iterator iterator = set.iterator();
    while (iterator.hasNext()) {
        Thread.sleep(1000);
        iterator.next();
    }
}

}
```

上述程序运行后的结果如下：

```
Exception in thread "main" java.util.ConcurrentModificationException
    at java.util.HashMap$HashIterator.nextNode(HashMap.java:1437)
    at java.util.HashMap$KeyIterator.next(HashMap.java:1461)
    at Seletor.moretest.test5.Test1.main(Test1.java:31)
```

6. 阻塞在 select() 或 select (long) 方法中的线程通过选择器的 close() 方法被中断

测试用的代码如下：

```java
public class Test1 {
private static Selector selector;

public static void main(String[] args) throws IOException, InterruptedException {
    ServerSocketChannel serverSocketChannel1 = ServerSocketChannel.open();
    serverSocketChannel1.bind(new InetSocketAddress("localhost", 7777));
    serverSocketChannel1.configureBlocking(false);

    selector = Selector.open();

    SelectionKey selectionKey1 = serverSocketChannel1.register(selector,
```

```
            SelectionKey.OP_ACCEPT);

        Thread client = new Thread() {
            public void run() {
                try {
                    Thread.sleep(2000);
                    selector.close();
                } catch (InterruptedException e) {
                    e.printStackTrace();
                } catch (IOException e) {
                    e.printStackTrace();
                }
            };
        };
        client.start();

        boolean isRun = true;
        while (isRun == true) {
            System.out.println("begin " + System.currentTimeMillis());
            int keyCount = selector.select();
            System.out.println("  end " + System.currentTimeMillis());
            Set<SelectionKey> keys = selector.keys();
            Set<SelectionKey> selectedKeys = selector.selectedKeys();
            Iterator<SelectionKey> iterator = selectedKeys.iterator();
            while (iterator.hasNext()) {
                SelectionKey key = iterator.next();
                iterator.remove();
                if (key.isAcceptable()) {
                    ServerSocketChannel channel = (ServerSocketChannel) key.channel();
                    ServerSocket serverSocket = channel.socket();
                    Socket socket = serverSocket.accept();
                    socket.close();
                }
            }
        }
        serverSocketChannel1.close();
    }

}
```

上述程序运行后的结果如下：

```
begin 1515141679828
  end 1515141681828
Exception in thread "main" java.nio.channels.ClosedSelectorException
    at sun.nio.ch.SelectorImpl.keys(SelectorImpl.java:68)
    at Seletor.moretest.test6.Test1.main(Test1.java:47)
```

7. 阻塞在 select() 或 select (long) 方法中的线程调用 interrupt() 方法被中断

测试用的代码如下：

```
public class Test1 {
private static Thread mainThread = Thread.currentThread();

public static void main(String[] args) throws IOException, InterruptedException {
```

```
ServerSocketChannel serverSocketChannel1 = ServerSocketChannel.open();
serverSocketChannel1.bind(new InetSocketAddress("localhost", 7777));
serverSocketChannel1.configureBlocking(false);

Selector selector = Selector.open();

SelectionKey selectionKey1 = serverSocketChannel1.register(selector,
    SelectionKey.OP_ACCEPT);
Thread client = new Thread() {
    public void run() {
        try {
            Thread.sleep(2000);
            // interrupt() 含义是不想让线程工作了，也就是要销毁线程
            // interrupt() 方法只是对线程对象打一个标记，
            // 代表这个线程要销毁，因此，要结合 interrupted() 进行判断，
            // 如果结果为 true，以 break 退出 while(true)，结束当前线程的执行
            mainThread.interrupt();// 中断主线程
        } catch (InterruptedException e) {
            e.printStackTrace();
        }
    };
};
client.start();

boolean isRun = true;
while (isRun == true) {
    System.out.println("begin " + System.currentTimeMillis());
    int keyCount = selector.select();
    mainThread.interrupted();// 清除中断状态，继续无限循环运行
    System.out.println("  end " + System.currentTimeMillis() + " keyCount=" +
        keyCount);
    Set<SelectionKey> keys = selector.keys();
    Set<SelectionKey> selectedKeys = selector.selectedKeys();
    Iterator<SelectionKey> iterator = selectedKeys.iterator();
    while (iterator.hasNext()) {
        SelectionKey key = iterator.next();
        iterator.remove();
        if (key.isAcceptable()) {
            ServerSocketChannel channel = (ServerSocketChannel) key.channel();
            ServerSocket serverSocket = channel.socket();
            Socket socket = serverSocket.accept();
            socket.close();
        }
    }
}
serverSocketChannel1.close();
}

}
```

上述程序运行后的结果如下：

```
begin 1515143811021
    end 1515143813021 keyCount=0
begin 1515143813022
```

8. 调用 Selector.close() 方法删除全部键并且通道注销

测试的代码如下：

```java
public class Test1 {
private static Selector selector;

public static void main(String[] args) throws IOException, InterruptedException {

    Thread thread = new Thread() {
        @Override
        public void run() {
            try {
                Thread.sleep(2000);
                selector.close();
            } catch (InterruptedException e) {
                e.printStackTrace();
            } catch (IOException e) {
                e.printStackTrace();
            }
        }
    };
    thread.start();

    ServerSocketChannel serverSocketChannel1 = ServerSocketChannel.open();
    serverSocketChannel1.bind(new InetSocketAddress("localhost", 8888));
    serverSocketChannel1.configureBlocking(false);

    selector = Selector.open();
    SelectionKey selectionKey1 = serverSocketChannel1.register(selector,
        SelectionKey.OP_ACCEPT);
    int keyCount = selector.select();
    Set<SelectionKey> selectedKeysSet = selector.selectedKeys();
    Iterator<SelectionKey> iterator = selectedKeysSet.iterator();
    while (iterator.hasNext()) {
        SelectionKey key = iterator.next();
        if (key.isAcceptable()) {
            ServerSocketChannel channel = (ServerSocketChannel) key.channel();
            Socket socket = channel.socket().accept();
            socket.close();
        }
        iterator.remove();
    }
    serverSocketChannel1.close();
    System.out.println("main end!");
}

}
```

上述程序运行后的结果如下：

```
Exception in thread "main" java.nio.channels.ClosedSelectorException
    at sun.nio.ch.SelectorImpl.selectedKeys(SelectorImpl.java:74)
    at Seletor.moretest.test8.Test1.main(Test1.java:39)
```

在程序代码 " Set<SelectionKey> selectedKeysSet = *selector*.selectedKeys();" 处出现异

常，因为执行 Selector 的 close() 方法后，除了再次调用 close() 和 wakeup() 方法外，调用
Selector 的其他方法均出现异常。

5.9 SelectionKey 类的使用

SelectionKey 类表示 SelectableChannel 在选择器中的注册的标记。

在每次向选择器注册通道时，就会创建一个选择键（SelectionKey）。通过调用某个键
的 cancel() 方法、关闭其通道，或者通过关闭其选择器取消该键之前，通道一直保持有效。
取消某个键不会立即从其选择器中移除它，而是将该键添加到选择器的已取消键集，以便
在下一次进行 select() 方法操作时移除它。可通过调用某个键的 isValid() 方法来测试其有
效性。

选择键包含两个集，是表示为整数值的操作集，其中每一位都表示该键通道所支持的
一类可选择操作。

1）interest 集，确定了下一次调用某个选择器的 select() 方法时，将测试哪类操作的准
备就绪信息。创建该键时使用给定的值初始化 interest 集合，之后可通过 interestOps(int) 方
法对其进行更改。

2）ready 集，标识了这样一类操作，即某个键的选择器检测到该键的通道已为此类操
作准备就绪。在创建该键时，ready 集初始化为零，可以在之后的 select() 方法操作中通过选
择器对其进行更新，但不能直接更新它。

选择键的 ready 集指示，其通道对某个操作类别已准备就绪，该指示只是一个提
示，并不保证线程可执行此类别中的操作而不发生线程阻塞。ready 集很可能一完成选
择操作就是准确的。ready 集可能由于外部事件和在相应通道上调用的 I/O 操作而变得不
准确。

SelectionKey 类定义了所有已知的操作集位（operation-set bit），但是给定的通道具体支
持哪些位则取决于该通道的类型。SelectableChannel 的每个子类都定义了 validOps() 方法，
该方法返回的集合恰好标识该通道支持的操作。试图设置或测试某个键的通道所不支持的操
作集位将导致抛出相应的运行时异常。

通常必须将某个特定于应用程序的数据与某个选择键相关联，如表示高级协议状态
的对象和为了实现该协议而处理准备就绪通知的对象。因此，选择键支持将单个任意对象
附加到某个键的操作。可通过 attach() 方法附加对象，然后通过 attachment() 方法获取该
对象。

多个并发线程可安全地使用选择键。一般情况下，读取和写入 interest 集的操作将与
选择器的某些操作保持同步。具体如何执行该同步操作与实现有关：在一般实现中，如果
正在进行某个选择操作，那么读取或写入 interest 集可能会无限期地阻塞；在高性能的实现
中，可能只会暂时阻塞。无论在哪种情况下，选择操作将始终使用该操作开始时的 interest
集值。

选择器是线程安全的，而键集却不是。

SelectionKey 类的 API 列表如图 5-36 所示。

下面开始具体介绍 SelectionKey 类中 API 的使用。

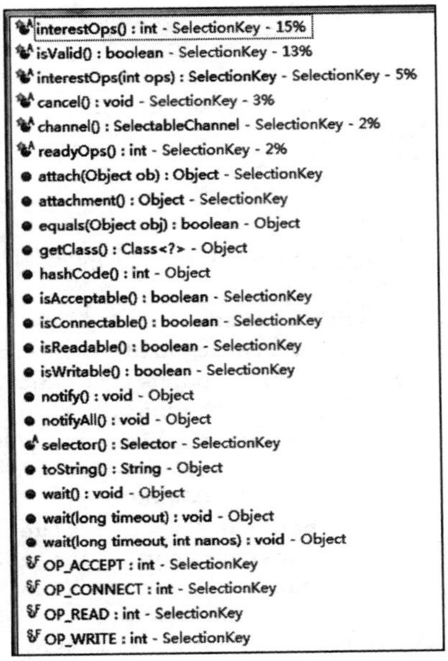

5.9.1 判断是否允许连接 SelectableChannel 对象

public final boolean isAcceptable() 方法的作用是测试此键的通道是否已准备好接受新的套接字连接。调用此方法的形式为 k.isAcceptable()，该调用与以下调用的作用完全相同：k.readyOps() & OP_ACCEPT != 0。如果此键的通道不支持套接字连接操作，则此方法始终返回 false。返回值当且仅当 readyOps() & OP_ACCEPT 为非零值时才返回 true。

public final boolean isConnectable() 方法的作用是测试此键的通道是否已完成其套接字连接操作。调用此方法的形式为 k.isConnectable()，该调用与以下调用的作用完全相同：k.readyOps() & OP_CONNECT != 0。如果此键的通道不支持套接字连接操作，则此方法始终返回 false。返回值当且仅当 readyOps() & OP_CONNECT 为非零值时才返回 true。

图 5-36　SelectionKey 类的 API 列表

public abstract SelectableChannel channel() 方法的作用是返回为之创建此键的通道。即使已取消该键，此方法仍继续返回通道。

isAcceptable() 方法的示例代码如下：

```java
public class Test1_1 {
public static void main(String[] args) throws IOException, InterruptedException {
    ServerSocketChannel serverSocketChannel1 = ServerSocketChannel.open();
    serverSocketChannel1.bind(new InetSocketAddress("localhost", 8888));
    serverSocketChannel1.configureBlocking(false);
    Selector selector = Selector.open();
    SelectionKey selectionKey1 = serverSocketChannel1.register(selector,
        SelectionKey.OP_ACCEPT);
    boolean isRun = true;
    while (isRun == true) {
        selector.select();
        Set<SelectionKey> selectedKeysSet = selector.selectedKeys();
        Iterator<SelectionKey> iterator = selectedKeysSet.iterator();
        while (iterator.hasNext()) {
            SelectionKey key = iterator.next();
            ServerSocketChannel channel = (ServerSocketChannel) key.channel();
            Socket socket = null;
            if (key.isAcceptable()) {
                socket = channel.socket().accept();
                System.out.println("server isAcceptable()");
            }
```

```
            socket.close();
            iterator.remove();
        }
    }
    serverSocketChannel1.close();
}


}
```

isConnectable() 方法的示例代码如下：

```java
public class Test1_2 {
public static void main(String[] args) throws IOException, InterruptedException {
    SocketChannel socketChannel = SocketChannel.open();
    socketChannel.configureBlocking(false);
    Selector selector = Selector.open();
    SelectionKey selectionKey1 = socketChannel.register(selector, SelectionKey.
        OP_CONNECT);
    boolean isRun = true;
    socketChannel.connect(new InetSocketAddress("localhost", 8888));
    while (isRun == true) {
        int keyCount = selector.select();
        Set<SelectionKey> selectedKeysSet = selector.selectedKeys();
        Iterator<SelectionKey> iterator = selectedKeysSet.iterator();
        while (iterator.hasNext()) {
            SelectionKey key = iterator.next();
            if (key.isConnectable()) {
                System.out.println("client isConnectable()");
                // 需要在此处使用 finishConnect() 方法完成连接，
                // 因为 socketChannel 是非阻塞模式
                while (!socketChannel.finishConnect()) {
                    System.out.println("!socketChannel.finishConnect()");
                }
                SocketChannel channel = (SocketChannel) key.channel();
                channel.close();
            }
            iterator.remove();
        }
    }
    socketChannel.close();
    System.out.println("");
}


}
```

首先运行 isAcceptable() 方法的示例代码，然后运行 isConnectable() 方法的示例代码，控制台输出的结果如下：

```
server isAcceptable()

client isConnectable()
```

上述结果说明客户端接受连接，以及客户端已经成功连接到服务端。

5.9.2　判断是否已准备好进行读取

public final boolean isReadable() 方法的作用是测试此键的通道是否已准备好进行读取。调用此方法的形式为 k.isReadable()，该调用与以下调用的作用完全相同：k.readyOps() & OP_READ != 0。如果此键的通道不支持读取操作，则此方法始终返回 false。返回值当且仅当 readyOps() & OP_READ 为非零值时才返回 true。

测试用的服务端代码如下：

```java
public class Test2_1 {
public static void main(String[] args) throws IOException, InterruptedException {
    ServerSocketChannel serverSocketChannel1 = ServerSocketChannel.open();
    serverSocketChannel1.bind(new InetSocketAddress("localhost", 8088));
    serverSocketChannel1.configureBlocking(false);
    Selector selector = Selector.open();
    SelectionKey selectionKey1 = serverSocketChannel1.register(selector,
        SelectionKey.OP_ACCEPT);
    SocketChannel socketChannel1 = null;
    boolean isRun = true;
    while (isRun == true) {
        selector.select();
        Set<SelectionKey> selectedKeysSet = selector.selectedKeys();
        Iterator<SelectionKey> iterator = selectedKeysSet.iterator();
        while (iterator.hasNext()) {
            SelectionKey key = iterator.next();
            if (key.isAcceptable()) {
                ServerSocketChannel channel = (ServerSocketChannel) key.channel();
                System.out.println("server isAcceptable()");
                socketChannel = channel.accept();
                socketChannel.configureBlocking(false);
                // 对 socketChannel 注册读的事件
                socketChannel.register(selector, SelectionKey.OP_READ);
            }
            if (key.isReadable()) {
                System.out.println("server isReadable()");
                ByteBuffer buffer = ByteBuffer.allocate(1000);
                int readLength = socketChannel.read(buffer);
                while (readLength != -1) {
                    String newString = new String(buffer.array(), 0, readLength);
                    System.out.println(newString);
                    readLength = socketChannel.read(buffer);
                }
                socketChannel.close();
            }
            iterator.remove();
        }
    }
    serverSocketChannel1.close();
}

}
```

测试用的客户端代码如下：

```
public class Test2_2 {
public static void main(String[] args) throws InterruptedException {
    try {
        SocketChannel socketChannel = SocketChannel.open();
        socketChannel.configureBlocking(false);
        Selector selector = Selector.open();
        SelectionKey selectionKey1 = socketChannel.register(selector,
            SelectionKey.OP_CONNECT);
        socketChannel.connect(new InetSocketAddress("localhost", 8088));
        int keyCount = selector.select();
        Set<SelectionKey> selectedKeysSet = selector.selectedKeys();
        Iterator<SelectionKey> iterator = selectedKeysSet.iterator();
        while (iterator.hasNext()) {
            SelectionKey key = iterator.next();
            if (key.isConnectable()) {
                // 需要在此处使用 finishConnect() 方法完成连接，因为 socketChannel 是非阻塞模式
                while (!socketChannel.finishConnect()) {
                    System.out.println("!socketChannel.finishConnect()--------");
                }
                System.out.println("client isConnectable()");
                SocketChannel channel = (SocketChannel) key.channel();
                byte[] writeDate = "我来自客户端，你好，服务器！".getBytes();
                ByteBuffer buffer = ByteBuffer.wrap(writeDate);
                channel.write(buffer);
                channel.close();
            }
        }
        System.out.println("client end !");
    } catch (ClosedChannelException e) {
        e.printStackTrace();
    } catch (IOException e) {
        e.printStackTrace();
    }
}

}
```

首先运行 Test2_1 类的实现代码，然后运行 Test2_2 类的实现代码，控制台输出的内容如下：

```
server isAcceptable()
server isReadable()
我来自客户端，你好，服务器！

client isConnectable()
client end !
```

5.9.3 判断是否已准备好进行写入

public final boolean isWritable() 方法的作用是测试此键的通道是否已准备好进行写入。调用此方法的形式为 k.isWritable()，该调用与以下调用的作用完全相同：k.readyOps() & OP_WRITE != 0。如果此键的通道不支持写入操作，则此方法始终返回 false。返回值当且

仅当 readyOps() & OP_WRITE 为非零值时才返回 true。

测试用的服务端代码如下：

```java
public class Test3_1 {
public static void main(String[] args) throws IOException, InterruptedException {
    ServerSocketChannel serverSocketChannel1 = ServerSocketChannel.open();
    serverSocketChannel1.bind(new InetSocketAddress("localhost", 8888));
    serverSocketChannel1.configureBlocking(false);
    Selector selector = Selector.open();
    SelectionKey selectionKey1 = serverSocketChannel1.register(selector,
        SelectionKey.OP_ACCEPT);
    SocketChannel socketChannel = null;
    boolean isRun = true;
    while (isRun == true) {
        selector.select();
        Set<SelectionKey> selectedKeysSet = selector.selectedKeys();
        Iterator<SelectionKey> iterator = selectedKeysSet.iterator();
        while (iterator.hasNext()) {
            SelectionKey key = iterator.next();
            if (key.isAcceptable()) {
                ServerSocketChannel channel = (ServerSocketChannel) key.channel();
                System.out.println("server isAcceptable()");
                socketChannel = channel.accept();
                socketChannel.configureBlocking(false);
                socketChannel.register(selector, SelectionKey.OP_READ);
            }
            if (key.isReadable()) {
                System.out.println("server isReadable()");
                ByteBuffer buffer = ByteBuffer.allocate(1000);
                int readLength = socketChannel.read(buffer);
                while (readLength != -1) {
                    String newString = new String(buffer.array(), 0, readLength);
                    System.out.println(newString);
                    readLength = socketChannel.read(buffer);
                }
                socketChannel.close();
            }
            iterator.remove();
        }
    }
    serverSocketChannel1.close();
}

}
```

测试用的客户端代码如下：

```java
public class Test3_2 {
public static void main(String[] args) throws IOException, InterruptedException {
    SocketChannel socketChannel = SocketChannel.open();
    socketChannel.configureBlocking(false);
    Selector selector = Selector.open();
    SelectionKey selectionKey1 = socketChannel.register(selector, SelectionKey.
        OP_CONNECT);
    socketChannel.connect(new InetSocketAddress("localhost", 8888));
```

```
        boolean isRun = true;
        while (isRun == true) {
            int keyCount = selector.select();
            Set<SelectionKey> selectedKeysSet = selector.selectedKeys();
            Iterator<SelectionKey> iterator = selectedKeysSet.iterator();
            while (iterator.hasNext()) {
                SelectionKey key = iterator.next();
                if (key.isConnectable()) {
                    System.out.println("client isConnectable()");
                    if (socketChannel.isConnectionPending()) {
                        while (!socketChannel.finishConnect()) {
                            System.out.println("!socketChannel.finishConnect()
                                --------");
                        }
                        socketChannel.register(selector, SelectionKey.OP_WRITE);
                    }
                }
                if (key.isWritable()) {
                    System.out.println("client isWritable()");
                    byte[] writeDate = "我来自客户端，你好，服务器！".getBytes();
                    ByteBuffer buffer = ByteBuffer.wrap(writeDate);
                    socketChannel.write(buffer);
                    socketChannel.close();
                }
            }
        }
        System.out.println("client end !");
    }

}
```

在上述程序运行后，控制台输出的结果如下：

```
server isAcceptable()
server isReadable()
我来自客户端，你好，服务器！

client isConnectable()
client isWritable()
```

5.9.4   返回 SelectionKey 关联的选择器

public abstract Selector selector() 方法的作用是返回 SelectionKey 关联的选择器。即使已取消该键，此方法仍将继续返回选择器。

测试用的代码如下：

```
public class Test4 {
public static void main(String[] args) throws IOException, InterruptedException {
    ServerSocketChannel serverSocketChannel1 = ServerSocketChannel.open();
    serverSocketChannel1.bind(new InetSocketAddress("localhost", 8888));
    serverSocketChannel1.configureBlocking(false);
    Selector selector1 = Selector.open();
    SelectionKey selectionKey1 = serverSocketChannel1.register(selector1,
```

```
        SelectionKey.OP_ACCEPT);
    Selector selector2 = selectionKey1.selector();
    System.out.println(selector1 + " " + selector1.hashCode());
    System.out.println(selector2 + " " + selector2.hashCode());
    serverSocketChannel1.close();
}

}
```

程序运行结果显示为同一个 Selector 对象，输出如下：

```
sun.nio.ch.WindowsSelectorImpl@4e50df2e 1313922862
sun.nio.ch.WindowsSelectorImpl@4e50df2e 1313922862
```

5.9.5　在注册操作时传入 attachment 附件

SelectableChannel 类中的 public final SelectionKey register(Selector sel, int ops, Object att) 方法的作用是向给定的选择器注册此通道，返回一个选择键。如果当前已向给定的选择器注册了此通道，则返回表示该注册的选择键。该键的相关操作集将更改为 ops，就像调用 interestOps(int) 方法一样。如果 att 参数不为 null，则将该键的附件设置为该值。如果已取消该键，则抛出 CancelledKeyException 异常。如果尚未向给定的选择器注册此通道，则注册该通道并返回得到的新键。该键的初始可用操作集是 ops，并且其附件是 att。可在任意时间调用此方法。如果调用此方法的同时正在进行另一个此方法或 configureBlocking() 方法的调用，则在另一个操作完成前将首先阻塞该调用。然后，此方法将在选择器的键集上实现同步。因此，如果调用此方法时并发地调用了涉及同一选择器的另一个注册或选择操作，则可能阻塞此方法的调用。如果正在进行此操作时关闭了此通道，则此方法返回的键是已取消的，因此返回键无效。参数 sel 代表要向其注册此通道的选择器，ops 代表所得键的可用操作集，att 代表所得键的附件，attr 参数可能为 null。返回值表示此通道向给定选择器注册的键。

SelectionKey 类中的 public final Object attachment() 方法的作用是获取当前的附加对象。返回值代表当前已附加到此键的对象，如果没有附加对象，则返回 null。

测试用的服务端代码如下：

```java
public class Test5_1 {
public static void main(String[] args) throws IOException, InterruptedException {
    ServerSocketChannel serverSocketChannel1 = ServerSocketChannel.open();
    serverSocketChannel1.bind(new InetSocketAddress("localhost", 8888));
    serverSocketChannel1.configureBlocking(false);
    Selector selector = Selector.open();
    SelectionKey selectionKey1 = serverSocketChannel1.register(selector,
        SelectionKey.OP_ACCEPT);
    SocketChannel socketChannel = null;
    boolean isRun = true;
    while (isRun == true) {
        selector.select();
        Set<SelectionKey> selectedKeysSet = selector.selectedKeys();
```

```
            Iterator<SelectionKey> iterator = selectedKeysSet.iterator();
        while (iterator.hasNext()) {
            SelectionKey key = iterator.next();
            if (key.isAcceptable()) {
                ServerSocketChannel channel = (ServerSocketChannel) key.channel();
                System.out.println("server isAcceptable()");
                socketChannel = channel.accept();
                socketChannel.configureBlocking(false);
                socketChannel.register(selector, SelectionKey.OP_READ);
            }
            if (key.isReadable()) {
                System.out.println("server isReadable()");
                ByteBuffer buffer = ByteBuffer.allocate(1000);
                int readLength = socketChannel.read(buffer);
                while (readLength != -1) {
                    String newString = new String(buffer.array(), 0, readLength);
                    System.out.println(newString);
                    readLength = socketChannel.read(buffer);
                }
                socketChannel.close();
            }
            iterator.remove();
        }
    }
    serverSocketChannel1.close();
    }


}
```

测试用的客户端代码如下：

```
public class Test5_2 {
public static void main(String[] args) throws IOException, InterruptedException {
    SocketChannel socketChannel = SocketChannel.open();
    socketChannel.configureBlocking(false);
    Selector selector = Selector.open();
    SelectionKey selectionKey1 = socketChannel.register(selector, Selection-
        Key.OP_CONNECT);
    socketChannel.connect(new InetSocketAddress("localhost", 8888));
    boolean isRun = true;
    while (isRun == true) {
        int keyCount = selector.select();
        Set<SelectionKey> selectedKeysSet = selector.selectedKeys();
        Iterator<SelectionKey> iterator = selectedKeysSet.iterator();
        while (iterator.hasNext()) {
            SelectionKey key = iterator.next();
            if (key.isConnectable()) {
                System.out.println("client isConnectable()");
                if (socketChannel.isConnectionPending()) {
                    while (!socketChannel.finishConnect()) {
                        System.out.println("!socketChannel.finishConnect()
                            --------");
                    }
                    socketChannel.register(selector, SelectionKey.OP_WRITE,
                        "我使用附件进行注册，我来自客户端，你好服务端！");
```

```
                    }
                }
                if (key.isWritable()) {
                    System.out.println("client isWritable()");
                    ByteBuffer buffer = ByteBuffer.wrap(((String) key.attachment()).
                        getBytes());
                    socketChannel.write(buffer);
                    socketChannel.close();
                }
            }
        }
        System.out.println("client end !");
    }

}
```

首先运行 Test5_1 类的实现代码，然后运行 Test5_2 类的实现代码，运行后的结果如下：

```
server isAcceptable()
server isReadable()
我使用附件进行注册 ，我来自客户端，你好服务端!

client isConnectable()
client isWritable()
```

5.9.6　设置 attachment 附件

public final Object attach(Object ob) 方法的作用是将给定的对象附加到此键。之后可通过 attachment() 方法获取已附加的对象。一次只能附加一个对象。调用此方法会导致丢弃所有以前的附加对象。通过附加 null 可丢弃当前的附加对象。参数 ob 代表要附加的对象，可以为 null。返回值代表先前已附加的对象（如果有），否则返回 null。

测试用的代码如下：

```
public class Test5_3 {
public static void main(String[] args) throws IOException, InterruptedException {
    SocketChannel socketChannel = SocketChannel.open();
    socketChannel.configureBlocking(false);
    Selector selector = Selector.open();
    SelectionKey selectionKey1 = socketChannel.register(selector, Selection-
        Key.OP_CONNECT);
    socketChannel.connect(new InetSocketAddress("localhost", 8888));
    boolean isRun = true;
    while (isRun == true) {
        int keyCount = selector.select();
        Set<SelectionKey> selectedKeysSet = selector.selectedKeys();
        Iterator<SelectionKey> iterator = selectedKeysSet.iterator();
        while (iterator.hasNext()) {
            SelectionKey key = iterator.next();
            if (key.isConnectable()) {
                System.out.println("client isConnectable()");
                if (socketChannel.isConnectionPending()) {
                    while (!socketChannel.finishConnect()) {
                        System.out.println("!socketChannel.finishConnect()
```

```
                                            -------");
                        }
                        socketChannel.register(selector, SelectionKey.OP_WRITE);
                        // 追加附件数据
                        key.attach(" 我使用 attach(Object) 进行注册 ，我来自客户端，你
                            好服务端！ ");
                    }
                }
                if (key.isWritable()) {
                    System.out.println("client isWritable()");
                    ByteBuffer buffer = ByteBuffer.wrap(((String) key.attachment()).
                        getBytes());
                    socketChannel.write(buffer);
                    socketChannel.close();
                }
            }
        }
        System.out.println("client end !");
    }

}
```

首先运行 5.9.5 节的 Test5_1 类的实现代码，然后运行 Test5_3 类的实现代码，控制台
输出的结果如下：

```
server isAcceptable()
server isReadable()
我使用 attach(Object) 进行注册 ，我来自客户端，你好服务端!
```

5.9.7　获取与设置此键的 interest 集合

　　public abstract int interestOps() 方法的作用是获取此键的 interest 集合。可保证返回的集
合仅包含对于此键的通道而言有效的操作位。可在任意时间调用此方法。是否受阻塞，以及
阻塞时间长短都是与实现相关的。返回值代表此键的 interest 集合。

　　public abstract SelectionKey interestOps(int ops) 方法的作用是将此键的 interest 集合设置
为给定值。可在任意时间调用此方法。是否受阻塞，以及阻塞时间长短都是与实现相关的。
参数 ops 代表新的 interest 集合，返回值代表此选择键。

　　测试用的代码如下：

```
public class Test6 {
public static void main(String[] args) throws IOException {
    ServerSocketChannel serverSocketChannel1 = ServerSocketChannel.open();
    serverSocketChannel1.configureBlocking(false);
    SocketChannel socketChannel1 = SocketChannel.open();
    socketChannel1.configureBlocking(false);

    SocketChannel socketChannel2 = SocketChannel.open();
    socketChannel2.configureBlocking(false);

    Selector selector = Selector.open();
    SelectionKey key1 = serverSocketChannel1.register(selector, Selection-
```

```
        Key.OP_ACCEPT);
SelectionKey key2 = socketChannel1.register(selector, SelectionKey.OP_
    CONNECT | SelectionKey.OP_READ);
SelectionKey key3 = socketChannel2.register(selector,
        SelectionKey.OP_CONNECT | SelectionKey.OP_READ | SelectionKey.
            OP_WRITE);

System.out.println(~key1.interestOps() & SelectionKey.OP_ACCEPT);
System.out.println(~key1.interestOps() & SelectionKey.OP_CONNECT);
System.out.println(~key1.interestOps() & SelectionKey.OP_READ);
System.out.println(~key1.interestOps() & SelectionKey.OP_WRITE);
System.out.println();
System.out.println(~key2.interestOps() & SelectionKey.OP_ACCEPT);
System.out.println(~key2.interestOps() & SelectionKey.OP_CONNECT);
System.out.println(~key2.interestOps() & SelectionKey.OP_READ);
System.out.println(~key2.interestOps() & SelectionKey.OP_WRITE);
System.out.println();
System.out.println(~key3.interestOps() & SelectionKey.OP_ACCEPT);
System.out.println(~key3.interestOps() & SelectionKey.OP_CONNECT);
System.out.println(~key3.interestOps() & SelectionKey.OP_READ);
System.out.println(~key3.interestOps() & SelectionKey.OP_WRITE);
System.out.println();
// 使用 public abstract SelectionKey interestOps(int ops) 方法，
// 重新定义感兴趣的事件
key3.interestOps(SelectionKey.OP_WRITE | SelectionKey.OP_CONNECT);
System.out.println(~key3.interestOps() & SelectionKey.OP_ACCEPT);
System.out.println(~key3.interestOps() & SelectionKey.OP_CONNECT);
System.out.println(~key3.interestOps() & SelectionKey.OP_READ);
System.out.println(~key3.interestOps() & SelectionKey.OP_WRITE);

    }
}
```

上述程序运行结果如下：

```
0
8
1
4

16
0
0
4

16
0
0
0

16
0
1
0
```

5.9.8　判断此键是否有效

public abstract boolean isValid() 方法的作用是告知此键是否有效。键在创建时是有效的，并在被取消、其通道已关闭或者其选择器已关闭之前保持有效。返回值当且仅当此键有效时才返回 true。

测试用的代码如下：

```java
public class Test7 {
public static void main(String[] args) throws IOException, InterruptedException {
    ServerSocketChannel serverSocketChannel1 = ServerSocketChannel.open();
    serverSocketChannel1.configureBlocking(false);
    Selector selector = Selector.open();
    SelectionKey selectionKey1 = serverSocketChannel1.register(selector, Selec-
        tionKey.OP_ACCEPT);
    System.out.println(selectionKey1.isValid());
    selectionKey1.cancel();
    System.out.println(selectionKey1.isValid());
    serverSocketChannel1.close();

}

}
```

上述程序运行结果如下：

```
true
false
```

5.9.9　获取此键的 ready 操作集合

public abstract int readyOps() 方法的作用是获取此键的 ready 操作集合，可保证返回的集合仅包含对于此键的通道而言有效的操作位，返回值代表此键的 ready 操作集合。

测试用的服务端代码如下：

```java
public class Test8_1 {
public static void main(String[] args) throws IOException, InterruptedException {
    ServerSocketChannel serverSocketChannel1 = ServerSocketChannel.open();
    serverSocketChannel1.bind(new InetSocketAddress("localhost", 8888));
    serverSocketChannel1.configureBlocking(false);
    Selector selector = Selector.open();
    SelectionKey selectionKey1 = serverSocketChannel1.register(selector,
        SelectionKey.OP_ACCEPT);
    SocketChannel socketChannel = null;
    boolean isRun = true;
    while (isRun == true) {
        selector.select();
        Set<SelectionKey> selectedKeysSet = selector.selectedKeys();
        Iterator<SelectionKey> iterator = selectedKeysSet.iterator();
        while (iterator.hasNext()) {
            SelectionKey key = iterator.next();
            if (key.isAcceptable()) {
                ServerSocketChannel channel = (ServerSocketChannel) key.channel();
```

```java
            System.out.println(
                    "server isAcceptable() OP_ACCEPT  result=" + (Selection-
                        Key.OP_ACCEPT & ~key.readyOps()));
            System.out.println(
                    "server isAcceptable() OP_CONNECT result=" + (Selection-
                        Key.OP_CONNECT & ~key.readyOps()));
            System.out.println(
                    "server isAcceptable() OP_READ   result=" + (Selection-
                        Key.OP_READ & ~key.readyOps()));
            System.out.println(
                    "server isAcceptable() OP_WRITE   result=" + (Selection-
                        Key.OP_WRITE & ~key.readyOps()));
            socketChannel = channel.accept();
            socketChannel.configureBlocking(false);
            socketChannel.register(selector, SelectionKey.OP_READ);
        }
        if (key.isReadable()) {
            System.out.println(
                    "server isReadable() OP_ACCEPT  result=" + (Selection-
                        Key.OP_ACCEPT & ~key.readyOps()));
            System.out.println(
                    "server isReadable() OP_CONNECT result=" + (Selection-
                        Key.OP_CONNECT & ~key.readyOps()));
            System.out.println(
                    "server isReadable() OP_READ   result=" + (Selection-
                        Key.OP_READ & ~key.readyOps()));
            System.out.println(
                    "server isReadable() OP_WRITE   result=" + (Selection-
                        Key.OP_WRITE & ~key.readyOps()));

            ByteBuffer buffer = ByteBuffer.allocate(1000);
            int readLength = socketChannel.read(buffer);
            while (readLength != -1) {
                String newString = new String(buffer.array(), 0, readLength);
                System.out.println(newString);
                readLength = socketChannel.read(buffer);
            }
            socketChannel.close();
        }
        iterator.remove();
    }
}
serverSocketChannel1.close();
}

}
```

测试用的客户端代码如下：

```java
public class Test8_2 {
public static void main(String[] args) throws IOException, InterruptedException {
    SocketChannel socketChannel = SocketChannel.open();
    socketChannel.configureBlocking(false);
    Selector selector = Selector.open();
    SelectionKey selectionKey1 = socketChannel.register(selector, Selection-
```

```
Key.OP_CONNECT);
socketChannel.connect(new InetSocketAddress("localhost", 8888));
boolean isRun = true;
while (isRun == true) {
    int keyCount = selector.select();
    Set<SelectionKey> selectedKeysSet = selector.selectedKeys();
    Iterator<SelectionKey> iterator = selectedKeysSet.iterator();
    while (iterator.hasNext()) {
        SelectionKey key = iterator.next();
        if (key.isConnectable()) {
            System.out.println(
                    "client isConnectable() OP_ACCEPT  result=" + (Selection-
                        Key.OP_ACCEPT & ~key.readyOps()));
            System.out.println(
                    "server isConnectable() OP_CONNECT result=" + (Selection-
                        Key.OP_CONNECT & ~key.readyOps()));
            System.out.println(
                    "server isConnectable() OP_READ   result=" + (Selection-
                        Key.OP_READ & ~key.readyOps()));
            System.out.println(
                    "server isConnectable() OP_WRITE  result=" + (Selection-
                        Key.OP_WRITE & ~key.readyOps()));
            if (socketChannel.isConnectionPending()) {
                while (!socketChannel.finishConnect()) {
                    System.out.println("!socketChannel.finishConnect()
                        --------");
                }
                selectionKey1 = socketChannel.register(selector, Selection-
                    Key.OP_WRITE,
                        "我使用附件进行注册，我来自客户端，你好服务端！");
            }
        }
        if (key.isWritable()) {
            System.out.println(
                    "client isWritable() OP_ACCEPT  result=" + (Selection-
                        Key.OP_ACCEPT & ~key.readyOps()));
            System.out.println(
                    "server isWritable() OP_CONNECT result=" + (Selection-
                        Key.OP_CONNECT & ~key.readyOps()));
            System.out.println(
                    "server isWritable() OP_READ    result=" + (Selection-
                        Key.OP_READ & ~key.readyOps()));
            System.out.println(
                    "server isWritable() OP_WRITE   result=" + (Selection-
                        Key.OP_WRITE & ~key.readyOps()));

            ByteBuffer buffer = ByteBuffer.wrap(((String) key.attachment()).
                getBytes());
            socketChannel.write(buffer);
            socketChannel.close();
            key.cancel();
        }
    }
}
```

```
        System.out.println("client end !");
    }

}
```

上述程序运行后的结果如下：

```
server isAcceptable() OP_ACCEPT   result=0
server isAcceptable() OP_CONNECT  result=8
server isAcceptable() OP_READ     result=1
server isAcceptable() OP_WRITE    result=4
server isReadable()   OP_ACCEPT   result=16
server isReadable()   OP_CONNECT  result=8
server isReadable()   OP_READ     result=0
server isReadable()   OP_WRITE    result=4
我使用附件进行注册 ，我来自客户端，你好服务端！

client isConnectable() OP_ACCEPT   result=16
server isConnectable() OP_CONNECT  result=0
server isConnectable() OP_READ     result=1
server isConnectable() OP_WRITE    result=4
client isWritable()   OP_ACCEPT   result=16
server isWritable()   OP_CONNECT  result=8
server isWritable()   OP_READ     result=1
server isWritable()   OP_WRITE    result=0
```

5.9.10　取消操作

public abstract void cancel() 方法的作用是请求取消此键的通道到其选择器的注册。一旦返回，该键就是无效的，并且将被添加到其选择器的已取消键集中。在进行下一次选择操作时，将从所有选择器的键集中移除该键。如果已取消了此键，则调用此方法无效。一旦取消某个键，SelectionKey.isValid() 方法返回 false。可在任意时间调用 cancel() 方法。此方法与选择器的已取消键集保持同步，因此，如果通过涉及同一选择器的取消或选择操作并发调用它，则它可能会暂时受阻塞。

测试用的服务端代码如下：

```java
public class Test9_1 {
private static Set<SelectionKey> selectedKeysSet;

public static void main(String[] args) throws IOException, InterruptedException {
    ServerSocketChannel serverSocketChannel1 = ServerSocketChannel.open();
    serverSocketChannel1.bind(new InetSocketAddress("localhost", 8888));
    serverSocketChannel1.configureBlocking(false);
    Selector selector = Selector.open();
    SelectionKey selectionKey1 = serverSocketChannel1.register(selector, Selection-
        Key.OP_ACCEPT);
    SocketChannel socketChannel = null;
    new Thread() {
        public void run() {
            try {
                Thread.sleep(3000);
```

```
                    System.out.println("cancel() after selector.keys().size()=" +
                        selector.keys().size());
                } catch (InterruptedException e) {
                    e.printStackTrace();
                }
            };
        }.start();
        boolean isRun = true;
        while (isRun == true) {
            selector.select();
            selectedKeysSet = selector.selectedKeys();
            System.out.println("cancel() before selector.keys().size()=" + selector.
                keys().size());
            Iterator<SelectionKey> iterator = selectedKeysSet.iterator();
            while (iterator.hasNext()) {
                SelectionKey key = iterator.next();
                if (key.isAcceptable()) {
                    ServerSocketChannel channel = (ServerSocketChannel) key.channel();
                    socketChannel = channel.accept();
                }
                key.cancel();
            }
        }
        serverSocketChannel1.close();
    }

}
```

测试用的客户端代码如下：

```
public class Test9_2 {
public static void main(String[] args) throws IOException, InterruptedException {
    SocketChannel socketChannel = SocketChannel.open();
    socketChannel.configureBlocking(false);
    socketChannel.connect(new InetSocketAddress("localhost", 8888));
    socketChannel.close();
}

}
```

首先运行 Test9_1 类的实现代码，然后运行 Test9_2 类的实现代码，控制台输出的结果
如下：

```
cancel() before selector.keys().size()=1
cancel() after selector.keys().size()=0
```

5.10   DatagramChannel 类的使用

DatagramChannel 类是针对面向 DatagramSocket 的可选择通道。DatagramChannel 不是
DatagramSocket 的完整抽象，必须通过调用 socket() 方法获得的关联 DatagramSocket 对象
来完成套接字选项的绑定和操作。不可能为任意的已有 DatagramSocket 创建通道，也不可
能指定与 DatagramChannel 关联的 DatagramSocket 所使用的 DatagramSocketImpl 对象。

通过调用此类的 open() 方法创建 DatagramChannel。新创建的 DatagramChannel 已打开，但尚未连接。使用 send() 和 receive() 方法，不需要将 DatagramChannel 进行连接，但是每次 send 和 receive 操作时都要执行安全检查，会造成系统开销，要避免这种情况也可以通过调用 DatagramChannel 的 connect() 方法来建立 DatagramChannel 连接。为了使用 read() 和 write() 方法，必须建立 DatagramChannel 连接，因为这些方法不接受或返回套接字地址。

一旦建立连接，在断开 DatagramChannel 的连接或将其关闭之前，该 DatagramChannel 保持连接状态。可通过调用 DatagramChannel 的 isConnected() 方法来确定它是否已连接。

多个并发线程可安全地使用 DatagramChannel。尽管在任意给定时刻最多只能有一个线程进行读取和写入操作，但 DatagramChannel 支持并发读写。

DatagramChannel 类的结构信息如图 5-37 所示。

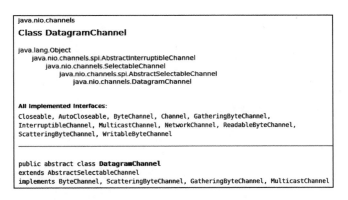

图 5-37　DatagramChannel 类的结构信息

DatagramChannel 类的继承关系如图 5-38 所示。

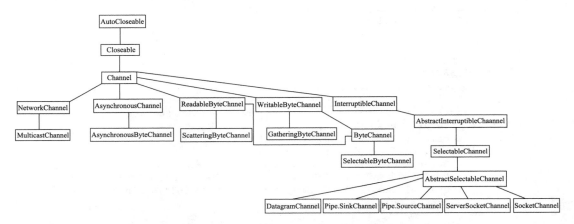

图 5-38　DatagramChannel 类的继承关系

5.10.1 使用 DatagramChannel 类实现 UDP 通信

测试用的服务端代码如下：

```java
public class Test1_1 {
public static void main(String[] args) throws IOException, InterruptedException {
    DatagramChannel channel = DatagramChannel.open();
    channel.configureBlocking(false);
    // 如果在两台物理计算机中进行实验，则要把 localhost 改成服务端的 IP 地址
    channel.bind(new InetSocketAddress("localhost", 8888));
    Selector selector = Selector.open();
    SelectionKey selectionKey1 = channel.register(selector, SelectionKey.OP_READ);
    boolean isRun = true;
    while (isRun == true) {
        selector.select();
        Set<SelectionKey> selectedKeysSet = selector.selectedKeys();
        Iterator<SelectionKey> iterator = selectedKeysSet.iterator();
        while (iterator.hasNext()) {
            SelectionKey key = iterator.next();
            if (key.isReadable()) {
                channel = (DatagramChannel) key.channel();
                ByteBuffer buffer = ByteBuffer.allocate(1000);
                channel.receive(buffer);
                System.out.println(new String(buffer.array(), 0, buffer.position()));
            }
            iterator.remove();
        }
    }
    channel.close();
}

}
```

测试用的客户端代码如下：

```java
public class Test1_2 {
public static void main(String[] args) throws IOException, InterruptedException {
    DatagramChannel channel = DatagramChannel.open();
    channel.configureBlocking(false);

    Selector selector = Selector.open();
    SelectionKey selectionKey1 = channel.register(selector, SelectionKey.
        OP_WRITE);
    int keyCount = selector.select();
    Set<SelectionKey> selectedKeysSet = selector.selectedKeys();
    Iterator<SelectionKey> iterator = selectedKeysSet.iterator();
    while (iterator.hasNext()) {
        SelectionKey key = iterator.next();
        if (key.isWritable()) {
            ByteBuffer buffer = ByteBuffer.wrap("我来自客户端！".getBytes());
            // 如果在两台物理计算机中进行实验，则要把 localhost 改成客户端的 IP 地址
            channel.send(buffer, new InetSocketAddress("localhost", 8888));
            channel.close();
        }
    }
}
```

```
        System.out.println("client end !");
    }

}
```

在多次运行客户端程序后，控制台输出的结果如下：

我来自客户端!
我来自客户端!
我来自客户端!
我来自客户端!
我来自客户端!

5.10.2　连接操作

public abstract DatagramChannel connect(SocketAddress remote) 方法的作用是连接此通道的套接字。

测试用的客户端代码如下：

```java
public class Test1_3 {
public static void main(String[] args) throws IOException, InterruptedException {
    DatagramChannel channel = DatagramChannel.open();
    channel.configureBlocking(false);
    // 如果在两台物理计算机中进行实验，则要把 localhost 改成服务端的 IP 地址
    channel.connect(new InetSocketAddress("localhost", 8888));
    Selector selector = Selector.open();
    SelectionKey selectionKey1 = channel.register(selector, SelectionKey.
        OP_WRITE);
    int keyCount = selector.select();
    Set<SelectionKey> selectedKeysSet = selector.selectedKeys();
    Iterator<SelectionKey> iterator = selectedKeysSet.iterator();
    while (iterator.hasNext()) {
        SelectionKey key = iterator.next();
        if (key.isWritable()) {
            ByteBuffer buffer = ByteBuffer.wrap("我来自客户端! ".getBytes());
            channel.write(buffer);
            channel.close();
        }
    }
    System.out.println("client end !");
}

}
```

首先运行 5.10.1 节的 Test1_1 类的实现代码，然后多次运行 Test1_3 类的实现代码，控制台输出的结果如下：

我来自客户端!
我来自客户端!
我来自客户端!
我来自客户端!
我来自客户端!

5.10.3 断开连接

public abstract DatagramChannel disconnect() 方法的作用是断开此通道套接字的连接。
测试用的客户端代码如下：

```
public class Test1_4 {
public static void main(String[] args) throws IOException, InterruptedException {
    DatagramChannel channel = DatagramChannel.open();
    channel.configureBlocking(false);
    channel.connect(new InetSocketAddress("localhost", 8888));
    channel.disconnect();
    Selector selector = Selector.open();
    SelectionKey selectionKey1 = channel.register(selector, SelectionKey.
        OP_WRITE);
    int keyCount = selector.select();
    Set<SelectionKey> selectedKeysSet = selector.selectedKeys();
    Iterator<SelectionKey> iterator = selectedKeysSet.iterator();
    while (iterator.hasNext()) {
        SelectionKey key = iterator.next();
        if (key.isWritable()) {
            ByteBuffer buffer = ByteBuffer.wrap(" 我来自客户端！ ".getBytes());
            channel.write(buffer);
            channel.close();
        }
    }
    System.out.println("client end !");
}
}
```

首先运行 5.10.1 节的 Test1_1 类的实现代码，然后多次运行 Test1_4 类的实现代码，控
制台输出的结果如下：

```
Exception in thread "main" java.nio.channels.NotYetConnectedException
    at sun.nio.ch.DatagramChannelImpl.write(DatagramChannelImpl.java:596)
    at DatagramChannelAPITest.Test1_4.main(Test1_4.java:27)
```

5.10.4 将通道加入组播地址

注意，首先在 Linux 中使用命令

```
systemctl stop firewalld.service
```

关闭防火墙，然后屏蔽服务端上多余的网卡。

MembershipKey join(InetAddress group, NetworkInterface interf) 方法的作用是将通道加
入到组播地址中。

创建测试用的代码，本类需要运行在计算机 A 中，程序代码如下：

```
public class Test1_5 {
public static void main(String[] args) throws IOException, InterruptedException {
    DatagramChannel channel = DatagramChannel.open(StandardProtocolFamily.INET);
    channel.join(InetAddress.getByName("224.0.0.5"),
            NetworkInterface.getByInetAddress(InetAddress.getByName("192.
```

```
                    168.0.150")));
        // 必须执行 bind 操作，不然客户端发送数据本类接收不到
        channel.bind(new InetSocketAddress("192.168.0.150", 8088));
        channel.configureBlocking(false);
        Selector selector = Selector.open();
        SelectionKey selectionKey1 = channel.register(selector, SelectionKey.
            OP_READ);
        boolean isRun = true;
        while (isRun == true) {
            selector.select();
            Set<SelectionKey> selectedKeysSet = selector.selectedKeys();
            Iterator<SelectionKey> iterator = selectedKeysSet.iterator();
            while (iterator.hasNext()) {
                SelectionKey key = iterator.next();
                if (key.isReadable()) {
                    channel = (DatagramChannel) key.channel();
                    ByteBuffer buffer = ByteBuffer.allocate(1000);
                    channel.receive(buffer);
                    System.out.println(new String(buffer.array(), 0, buffer.position(),
                        "utf-8"));
                }
                iterator.remove();
            }
        }
        channel.close();
    }
}
```

创建测试用的代码，本类需要运行在计算机 B 中，程序代码如下：

```
public class Test1_6 {
public static void main(String[] args) throws IOException, InterruptedException {
    DatagramChannel channel = DatagramChannel.open(StandardProtocolFamily.
        INET);
    channel.connect(new InetSocketAddress("224.0.0.5", 8088));
    channel.configureBlocking(false);
    Selector selector = Selector.open();
    SelectionKey selectionKey1 = channel.register(selector, SelectionKey.
        OP_WRITE);
    int keyCount = selector.select();
    Set<SelectionKey> selectedKeysSet = selector.selectedKeys();
    Iterator<SelectionKey> iterator = selectedKeysSet.iterator();
    while (iterator.hasNext()) {
        SelectionKey key = iterator.next();
        if (key.isWritable()) {
            ByteBuffer buffer = ByteBuffer.wrap("我来自客户端！".getBytes());
            channel.write(buffer);
            channel.close();
        }
    }
    System.out.println("client end !");
}
}
```

首先在计算机 A 中运行 Test1_5 类的实现代码，然后在计算机 B 中运行 Test1_6 类的实

现代码，计算机 A 控制台输出结果如下：

我来自客户端！

5.10.5 将通道加入组播地址且接收指定客户端数据

MembershipKey join(InetAddress group, NetworkInterface interf，InetAddress source) 方法的作用是将通道加入到组播地址中，但是会通过 source 参数来接收指定客户端 IP 发来的数据包。

创建测试用的代码，本类需要运行在计算机 A 中，程序代码如下：

```
public class Test1_7 {
public static void main(String[] args) throws IOException, InterruptedException {
    DatagramChannel channel = DatagramChannel.open(StandardProtocolFamily.INET);
    channel.join(InetAddress.getByName("224.0.0.5"), NetworkInterface.
    getByName("wlan0"),
            InetAddress.getByName("192.168.0.105"));
    channel.bind(new InetSocketAddress("192.168.0.150", 8088));
    channel.configureBlocking(false);
    Selector selector = Selector.open();
    SelectionKey selectionKey1 = channel.register(selector, SelectionKey.
        OP_READ);
    boolean isRun = true;
    while (isRun == true) {
        selector.select();
        Set<SelectionKey> selectedKeysSet = selector.selectedKeys();
        Iterator<SelectionKey> iterator = selectedKeysSet.iterator();
        while (iterator.hasNext()) {
            SelectionKey key = iterator.next();
            if (key.isReadable()) {
                channel = (DatagramChannel) key.channel();
                ByteBuffer buffer = ByteBuffer.allocate(1000);
                channel.receive(buffer);
                System.out.println(new String(buffer.array(), 0, buffer.position(),
                    "utf-8"));
            }
            iterator.remove();
        }
    }
    channel.close();
}
}
```

创建测试用的代码，本类需要运行在计算机 B 中，程序代码如下：

```
public class Test1_8 {
public static void main(String[] args) throws IOException, InterruptedException {
    DatagramChannel channel = DatagramChannel.open(StandardProtocolFamily.INET);
    channel.bind(new InetSocketAddress("192.168.0.150", 9099));
    channel.connect(new InetSocketAddress("224.0.0.5", 8088));
    channel.configureBlocking(false);
    Selector selector = Selector.open();
    SelectionKey selectionKey1 = channel.register(selector, SelectionKey.
        OP_WRITE);
    int keyCount = selector.select();
```

```
    Set<SelectionKey> selectedKeysSet = selector.selectedKeys();
    Iterator<SelectionKey> iterator = selectedKeysSet.iterator();
    while (iterator.hasNext()) {
        SelectionKey key = iterator.next();
        if (key.isWritable()) {
            ByteBuffer buffer = ByteBuffer.wrap("from Linux！ ".getBytes());
            channel.write(buffer);
            channel.close();
        }
    }
    System.out.println("client end !");
}
}
```

创建测试用的代码，本类需要运行在计算机 A 中，程序代码如下：

```
public class Test1_9 {
public static void main(String[] args) throws IOException, InterruptedException {
    DatagramChannel channel = DatagramChannel.open(StandardProtocolFamily.INET);
    channel.bind(new InetSocketAddress("192.168.0.150", 9099));
    channel.connect(new InetSocketAddress("224.0.0.5", 8088));
    channel.configureBlocking(false);
    Selector selector = Selector.open();
    SelectionKey selectionKey1 = channel.register(selector, SelectionKey.OP_WRITE);
    int keyCount = selector.select();
    Set<SelectionKey> selectedKeysSet = selector.selectedKeys();
    Iterator<SelectionKey> iterator = selectedKeysSet.iterator();
    while (iterator.hasNext()) {
        SelectionKey key = iterator.next();
        if (key.isWritable()) {
            ByteBuffer buffer = ByteBuffer.wrap("我来自客户端！ ".getBytes());
            channel.write(buffer);
            channel.close();
        }
    }
    System.out.println("client end !");
}
}
```

首先在计算机 A 中运行 Test1_7 类的实现代码，然后在计算机 B 中运行 Test1_8 类的实现代码，计算机 A 控制台输出结果如下：

```
from linux!
```

接着在计算机 A 中运行 Test1_9 类的实现代码，计算机 A 中的控制台并没有输出任何的数据信息，说明 Test1_7 类没有接收到任何的数据包，因为已经使用 source 参数限制了接收的来源地址。

5.11　Pipe.SinkChannel 和 Pipe.SourceChannel 类的使用

Pipe.SinkChannel 类表示 Pipe 的可写入结尾的通道，其结构信息如图 5-39 所示。

Pipe.SourceChannel 类表示 Pipe 的可读取结尾的通道，其结构信息如图 5-40 所示。

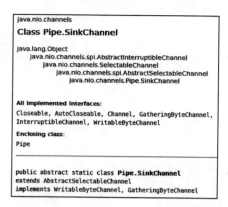

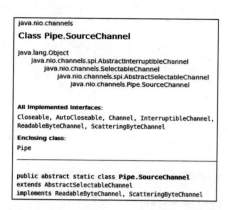

图 5-39　Pipe.SinkChannel 类的结构信息　　　图 5-40　Pipe.SourceChannel 类的结构信息

创建 Pipe.SinkChannel 和 Pipe.SourceChannel 类的实例需要使用 Pipe 类。Pipe 类的结构信息如图 5-41 所示。

Pipe 类实现单向管道传送的通道对。

管道由一对通道组成：一个可写入的 sink 通道和一个可读取的 source 通道。一旦将某些字节写入接收器通道，就可以按照与写入时完全相同的顺序从源通道中读取这些字节。

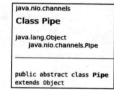

图 5-41　Pipe 类的结构信息

在另一个线程从管道中读取这些字节或先前已写入的字节之前，是否阻塞将该字节写入管道的线程是与系统相关的，因此是未指定的。很多管道实现都对接收器和源通道之间一定数量的字节进行缓冲，但是不应假定会进行这种缓冲。

可写入的 sink 通道和可读取的 source 通道的继承关系参见图 5-38 所示。

下面测试使用管道进行数据传输的情况。

测试用的代码如下：

```
public class Test1_1 {
public static void main(String[] args) throws IOException, InterruptedException {
    Pipe pipe = Pipe.open();
    SinkChannel sinkChannel = pipe.sink();
    SourceChannel sourceChannel = pipe.source();

    Thread t1 = new Thread() {
        @Override
        public void run() {
            try {
                Thread.sleep(1000);
                for (int i = 0; i < 5; i++) {
                    sinkChannel.write(ByteBuffer.wrap(("我来自客户端 A " + (i +
                        1) + "\r\n").getBytes()));
```

```
                    }
                } catch (InterruptedException e) {
                    e.printStackTrace();
                } catch (IOException e) {
                    e.printStackTrace();
                }
            }
        };
        t1.start();

        Thread t2 = new Thread() {
            @Override
            public void run() {
                try {
                    Thread.sleep(1000);
                    for (int i = 0; i < 5; i++) {
                        sinkChannel.write(ByteBuffer.wrap((" 我来自客户端 B " + (i +
                            1) + "\r\n").getBytes()));
                    }
                } catch (InterruptedException e) {
                    e.printStackTrace();
                } catch (IOException e) {
                    e.printStackTrace();
                }
            }
        };
        t2.start();
        Thread.sleep(3000);
        sinkChannel.close();

        ByteBuffer readBuffer = ByteBuffer.allocate(1000);
        int readLength = sourceChannel.read(readBuffer);
        while (readLength != -1) {
            System.out.println(new String(readBuffer.array(), 0, readLength));
            readLength = sourceChannel.read(readBuffer);
        }
        sourceChannel.close();
    }

}
```

上述程序的运行结果如下：

```
我来自客户端 B 1
我来自客户端 B 2
我来自客户端 B 3
我来自客户端 B 4
我来自客户端 B 5
我来自客户端 A 1
我来自客户端 A 2
我来自客户端 A 3
我来自客户端 A 4
我来自客户端 A 5
```

5.12 SelectorProvider 类的使用

SelectorProvider 是用于选择器和可选择通道的服务提供者类。选择器提供者实现类是 SelectorProvider 类的一个子类，它具有零参数的构造方法，并实现了以下指定的抽象方法。给定的对 Java 虚拟机的调用维护了单个系统级的默认提供者实例，它由 provider() 方法返回。

第一次调用该方法将查找指定的默认提供者。系统级的默认提供者由 Datagram-Channel、Pipe、Selector、ServerSocketChannel 和 SocketChannel 类的静态 open() 方法使用。System.inheritedChannel() 方法也使用它。除了默认提供者之外，程序还可以使用其他提供者，方法是通过实例化一个提供者，然后直接调用此类中定义的 open() 方法。

多个并发线程可安全地使用 SelectorProvider 类中的所有方法。

SelectorProvider 类的结构信息如图 5-42 所示。

下面介绍 SelectorProvider 类的 API 的使用。

示例代码如下：

```
public class Test1 {

public static void main(String[] args) throws
    IOException {
    SelectorProvider provider = SelectorProvider.
    provider();
    System.out.println("provider=" + provider.
    getClass().getName());
    Selector selector = provider.openSelector();
    DatagramChannel DatagramChannel1 = provider.
    openDatagramChannel();
    DatagramChannel DatagramChannel2 = provider.
    openDatagramChannel(Standa
        rdProtocolFamily.INET);
    DatagramChannel DatagramChannel3 = provider.openDatagramChannel(Standa
        rdProtocolFamily.INET6);
    Pipe pipe = provider.openPipe();
    ServerSocketChannel serverSocketChannel = provider.openServerSocket-
        Channel();
    SocketChannel socketChannel = provider.openSocketChannel();
    // 方法 inheritedChannel() 在源代码中返回的值就是 null
    Channel channel = provider.inheritedChannel();

    System.out.println("openSelector()=" + selector.getClass().getName());
    System.out.println("openDatagramChannel()=" + DatagramChannel1.getClass().
        getName());
    System.out.println("openDatagramChannel(StandardProtocolFamily.INET)=" +
        DatagramChannel2.getClass().getName());
    System.out
            .println("openDatagramChannel(StandardProtocolFamily.INET6)=" +
                DatagramChannel3.getClass().getName());
    System.out.println("openPipe()=" + pipe.getClass().getName());
    System.out.println("openServerSocketChannel()=" + serverSocketChannel.
        getClass().getName());
    System.out.println("openSocketChannel()=" + socketChannel.getClass().
```

```
java.nio.channels.spi

Class SelectorProvider

java.lang.Object
    java.nio.channels.spi.SelectorProvider
_____

public abstract class SelectorProvider
extends Object
```

图 5-42　SelectorProvider 类的结构信息

```
        getName());
    System.out.println("inheritedChannel()=" + channel);
}

}
```

上述程序运行后的结果如下：

```
provider=sun.nio.ch.WindowsSelectorProvider
openSelector()=sun.nio.ch.WindowsSelectorImpl
openDatagramChannel()=sun.nio.ch.DatagramChannelImpl
openDatagramChannel(StandardProtocolFamily.INET)=sun.nio.ch.DatagramChannelImpl
openDatagramChannel(StandardProtocolFamily.INET6)=sun.nio.ch.DatagramChannelImpl
openPipe()=sun.nio.ch.PipeImpl
openServerSocketChannel()=sun.nio.ch.ServerSocketChannelImpl
openSocketChannel()=sun.nio.ch.SocketChannelImpl
inheritedChannel()=null
```

5.13 小结

本章介绍了 NIO 技术中比较重要的技术——选择器。只有使用选择器，才算是使用了 NIO。通过使用选择器来实现 I/O 多路复用，可大大节省 CPU 资源，大幅减少多个线程上下文切换的时间，提高程序运行的效率。

AIO 的使用

在学习 I/O 技术时，需要了解几个技术点，包括同步阻塞、同步非阻塞、异步阻塞及异步非阻塞。这些都是 I/O 模型，是学习 I/O、NIO、AIO 必须要了解的概念。只有清楚了这些概念，才能更好地理解不同 I/O 的优势。

但在本章开始不想生硬地介绍这些枯燥的概念，而要先学习与 AIO 有关类的使用，在使用的过程中慢慢体会这些不同 I/O 模型所带来的差异。

6.1 AsynchronousFileChannel 类的使用

AsynchronousFileChannel 类用于读取、写入和操作文件的异步通道。

在通过调用此类定义的 open() 方法打开文件时，将创建一个异步文件通道。该文件包含可读写的、可查询其当前大小的可变长度的字节序列。当写入字节超出其当前大小时，文件的大小会增加。文件的大小在截断时会减小。

异步文件通道在文件中没有当前位置，而是将文件位置指定给启动异步操作的每个读取和写入方法。CompletionHandler 被指定为参数，并被调用以消耗 I/O 操作的结果。此类还定义了启动异步操作的读取和写入方法，并返回 Future 对象以表示操作的挂起结果。将来可用于检查操作是否已完成，等待完成，然后检索结果。

除了读写操作之外，此类还定义了以下操作：

1）对文件所做的更新可能会被强制到底层存储设备，以确保在发生系统崩溃时不会丢失数据。

2）文件的某个区域可能被其他程序的访问锁定。

AsynchronousFileChannel 与一个线程池关联，任务被提交来处理 I/O 事件，并发送到使用通道上 I/O 操作结果的 CompletionHandler 对象。在通道上启动的 I/O 操作的 Completion-Handler 保证由线程池中的一个线程调用（这样可以确保 CompletionHandler 程序由具有预期标识的线程运行）。如果 I/O 操作立即完成，并且起始线程本身是线程池中的线程，则启动线程可以直接调用完成处理程序。当创建 AsynchronousFileChannel 而不指定线程池时，该通道将与系统相关的默认线程池关联，该线程池可能与其他通道共享。默认线程池由 AsynchronousChannelGroup 类定义的系统属性配置。

此类型的通道可以安全地由多个并发线程使用。可以在任何时候调用 close() 方法，如通道接口所指定的那样。这将导致通道上的所有未完成的异步操作都使用异常 AsynchronousCloseException。多个读写操作在同一时间可能是未完成的。当多个读写操作未完成时，将不指定 I/O 操作的顺序以及调用 CompletionHandler 程序的顺序。特别是，它们没有保证按照行动的启动顺序执行。读取或写入时使用的 ByteBuffers 不安全，无法由多个并发 I/O 操作使用。此外，在启动 I/O 操作之后，应注意确保在操作完成后才能访问缓冲区。

与 FileChannel 一样，此类的实例提供的文件的视图保证与同一程序中其他实例提供的同一文件的其他视图一致。但是，该类的实例提供的视图可能与其他并发运行的程序所看到的视图一致，也可能不一致，这是由于底层操作系统所执行的缓存和网络文件系统协议引起的延迟。无论编写这些程序的语言是什么，也无论它们是在同一台机器上运行还是在其他机器上，都是如此。任何此类不一致的确切性质都依赖于系统，因此未指定。

6.1.1 获取此通道文件的独占锁

public final Future<FileLock> lock() 方法的作用是获取此通道文件的独占锁。此方法启动一个操作以获取此通道的文件的独占锁。该方法返回一个表示操作的挂起结果的 Future 对象。Future 的 get() 方法在成功完成时返回 FileLock。调用此方法的行为及调用的方式与代码 ch.lock(0L, Long.MAX_VALUE, false) 完全相同。返回值表示待定结果的 Future 对象。

测试用的 A 进程代码如下：

```
public class Test1 {
public static void main(String[] args) throws IOException, InterruptedException,
    ExecutionException {
    Path path = Paths.get("c:\\abc\\a.txt");
    AsynchronousFileChannel channel = AsynchronousFileChannel.open(path,
        StandardOpenOption.WRITE);
    Future<FileLock> future = channel.lock();
    FileLock lock = future.get();
    System.out.println("A     get lock time=" + System.currentTimeMillis());
    Thread.sleep(8000);// 给出一些时间，用来启动 Test2 类
    lock.release();
    System.out.println("A release lock time=" + System.currentTimeMillis());
    channel.close();
}
}
```

测试用的 B 进程代码如下：

```
public class Test2 {
public static void main(String[] args) throws IOException, Interrupted-
    Exception, ExecutionException {
    Path path = Paths.get("c:\\abc\\a.txt");
    AsynchronousFileChannel channel = AsynchronousFileChannel.open(path,
    StandardOpenOption.WRITE);
    System.out.println("lock begin " + System.currentTimeMillis());
    Future<FileLock> future = channel.lock();
    System.out.println("lock   end " + System.currentTimeMillis());
    FileLock lock = future.get();
    System.out.println("B     get lock time=" + System.currentTimeMillis());
    lock.release();
    channel.close();
}
}
```

首先运行 Test1 类的实现代码，然后运行 Test2 类的实现代码，控制台输出的结果如下：

```
A     get lock time=1515481494662
A release lock time=1515481502664

lock begin 1515481496909
lock   end 1515481496909
B     get lock time=1515481502665
```

从输出的时间来看，在"A release lock time=1515481502664"释放锁后，"B get lock time=1515481502665"才获得锁对象，说明 Test1 类锁定成功。

6.1.2　获取通道文件给定区域的锁

public abstract Future<FileLock> lock(long position, long size, boolean shared) 方法的作用是获取此通道文件给定区域的锁。此方法启动一个操作以获取此信道文件的给定区域的锁。该方法的行为与 lock(long, long, boolean, Object, CompletionHandler) 方法完全相同，不同之处在于，此方法不指定 CompletionHandler 程序，而是返回一个表示待定结果的 Future 对象。Future 的 get() 方法在成功完成时返回 FileLock。

参数 position 代表锁定区域的起始位置，必须是非负数。size 代表锁定区域的大小，必须是非负数，并且 position + size 的结果必须是非负数。shared 值为 true 代表请求的是共享锁，在这种情况下，此通道必须为读取（并可能写入）打开，如果请求排他锁，在这种情况下，此通道必须为写入而打开（并且可能读取）。返回值代表待定结果的 Future 对象。

测试用的 A 进程代码如下：

```
public class Test3 {
public static void main(String[] args) throws IOException, InterruptedException,
    ExecutionException {
    Path path = Paths.get("c:\\abc\\a.txt");
    AsynchronousFileChannel channel = AsynchronousFileChannel.open(path,
        StandardOpenOption.WRITE);
```

```
    Future<FileLock> future = channel.lock(0, 3, false);
    FileLock lock = future.get();
    System.out.println("A      get lock time=" + System.currentTimeMillis());
    Thread.sleep(8000);// 给出一些时间，用来启动 Test2 类
    lock.release();
    System.out.println("A release lock time=" + System.currentTimeMillis());
    channel.close();
}
}
```

测试用的 B 进程代码如下：

```
public class Test4 {
public static void main(String[] args) throws IOException, InterruptedException,
    ExecutionException {
    Path path = Paths.get("c:\\abc\\a.txt");
    AsynchronousFileChannel channel = AsynchronousFileChannel.open(path,
        StandardOpenOption.WRITE);
    System.out.println("B lock begin " + System.currentTimeMillis());
    Future<FileLock> future = channel.lock(0, 3, false);
    System.out.println("B lock    end " + System.currentTimeMillis());
    FileLock lock = future.get();
    System.out.println("B     get lock time=" + System.currentTimeMillis());
    lock.release();
    channel.close();
}
}
```

测试用的 C 进程代码如下：

```
public class Test5 {
public static void main(String[] args) throws IOException, InterruptedException,
    ExecutionException {
    Path path = Paths.get("c:\\abc\\a.txt");
    AsynchronousFileChannel channel = AsynchronousFileChannel.open(path,
        StandardOpenOption.WRITE);
    System.out.println("C lock begin " + System.currentTimeMillis());
    Future<FileLock> future = channel.lock(4, 4, false);
    System.out.println("C lock    end " + System.currentTimeMillis());
    FileLock lock = future.get();
    System.out.println("C     get lock time=" + System.currentTimeMillis());
    lock.release();
    channel.close();
}
}
```

首先运行 Test3 类的实现代码，然后运行 Test4 类的实现代码，控制台输出的结果如下：

```
A      get lock time=1515482609871
A release lock time=1515482617873

B lock begin 1515482612787
B lock    end 1515482612788
B      get lock time=1515482617873
```

从时间信息来看，Test3 类成功锁定范围内前 3 个数据区域。

再次运行 Test3 类的实现代码，然后运行 Test5 类的实现代码，控制台输出的结果如下：

```
A    get lock time=1515482665135
A release lock time=1515482673137

C lock begin 1515482667533
C lock   end 1515482667534
C    get lock time=1515482667534
```

从时间信息来看，Test3 类和 Test5 类锁定的文件范围并不相同，因此，Test5 类并没有出现阻塞的现象。

6.1.3　实现重叠锁定

在两个进程对同一个文件的锁定范围有重叠时，会出现阻塞的状态。
A 进程示例代码如下：

```
public class Test17 {
public static void main(String[] args) throws IOException, InterruptedException,
    ExecutionException {
    Path path = Paths.get("c:\\abc\\a.txt");
    AsynchronousFileChannel channel = AsynchronousFileChannel.open(path,
        StandardOpenOption.WRITE);
    Future<FileLock> future = channel.lock(0, 3, false);
    FileLock lock = future.get();
    System.out.println("A    get lock time=" + System.currentTimeMillis());
    Thread.sleep(8000);
    lock.release();
    System.out.println("A release lock time=" + System.currentTimeMillis());
    channel.close();
}
}
```

B 进程示例代码如下：

```
public class Test18 {
public static void main(String[] args) throws IOException, InterruptedException,
    ExecutionException {
    Path path = Paths.get("c:\\abc\\a.txt");
    AsynchronousFileChannel channel = AsynchronousFileChannel.open(path,
        StandardOpenOption.WRITE);
    System.out.println("lock begin " + System.currentTimeMillis());
    Future<FileLock> future = channel.lock(1, 5, false);
    System.out.println("lock   end " + System.currentTimeMillis());
    FileLock lock = future.get();
    System.out.println("B    get lock time=" + System.currentTimeMillis());
    lock.release();
    channel.close();
}
}
```

在上述程序运行后，控制台输出的结果如下：

```
A    get lock time=1515482812753
```

```
A release lock time=1515482820753

lock begin 1515482814994
lock   end 1515482814995
B     get lock time=1515482820754
```

6.1.4　返回此通道文件当前大小与通道打开状态

public abstract long size() 方法的作用是返回此通道文件的当前大小。

public boolean isOpen() 方法的作用是判断通道是否呈打开的状态。

a.txt 文件的内容如下：12345。

测试用的代码如下：

```
public class Test6 {
public static void main(String[] args) throws IOException, InterruptedException,
    ExecutionException {
    Path path = Paths.get("c:\\abc\\a.txt");
    AsynchronousFileChannel channel = AsynchronousFileChannel.open(path,
        StandardOpenOption.WRITE);
    System.out.println("File size=" + channel.size());
    System.out.println("A isOpen=" + channel.isOpen());
    channel.close();
    System.out.println("B isOpen=" + channel.isOpen());
}
}
```

上述程序运行结果如下：

```
File size=5
A isOpen=true
B isOpen=false
```

6.1.5　CompletionHandler 接口的使用

public final <A> void lock(A attachment,CompletionHandler<FileLock,? super A> handler) 方法的作用是获取此通道文件的独占锁。此方法启动一个操作以获取此通道文件的给定区域的锁。handler 参数是在获取锁（或操作失败）时调用的 CompletionHandler 对象。传递给 CompletionHandler 的结果是生成的 FileLock。

调用此方法 ch.lock(att, handler) 的行为及方式与 ch.lock(0L, Long.MAX_VALUE, false, att, handler) 完全相同。参数 A 代表附件的数据类型。参数 attachment 代表要附加到 IO 操作的对象，可以为空。CompletionHandler 代表处理程序，用于消耗结果的处理程序。

测试用的代码如下：

```
public class Test8 {
public static void main(String[] args) throws IOException, InterruptedException,
    ExecutionException {
    Path path = Paths.get("c:\\abc\\a.txt");
    AsynchronousFileChannel channel = AsynchronousFileChannel.open(path,
```

```
                    StandardOpenOption.WRITE);
            System.out.println("begin time=" + System.currentTimeMillis());
            channel.lock("我是附加值", new CompletionHandler<FileLock, String>() {
                @Override
                public void completed(FileLock result, String attachment) {
                    try {
                        System.out.println(
                                "public void completed(FileLock result, String attachment)
                                    attachment=" + attachment);
                        result.release();
                        channel.close();
                        System.out.println("release and close");
                    } catch (IOException e) {
                        e.printStackTrace();
                    }
                }

                @Override
                public void failed(Throwable exc, String attachment) {
                    System.out.println("public void failed(Throwable exc, String
                        attachment) attachment=" + attachment);
                    System.out.println("getMessage=" + exc.getMessage());
                }
            });
            System.out.println("  end time=" + System.currentTimeMillis());
            Thread.sleep(3000);
    }
}
```

上述程序运行后的结果如下：

```
begin time=1511835578953
    end time=1511835578955
public void completed(FileLock result, String attachment) attachment=我是附加值
release and close
```

从输出信息

```
begin time=1511835578953
    end time=1511835578955
```

可以发现，begin 和 end 的时间非常接近，几乎是相同的时间，这就是异步（asynchronized）的优势。

6.1.6 public void failed (Throwable exc, A attachment) 方法调用时机

public void failed(Throwable exc, A attachment) 方法被调用的时机是出现 I/O 操作异常时。测试用的代码如下：

```
public class Test9 {
private static AsynchronousFileChannel channel;

public static void main(String[] args) throws IOException, InterruptedException {
    Path path = Paths.get("c:\\abc\\abc.txt");
```

```
AsynchronousFileChannel channel = AsynchronousFileChannel.open(path,
    StandardOpenOption.WRITE,
        StandardOpenOption.READ);
channel.close();
channel.lock("我是字符串我是附件", new CompletionHandler<FileLock, String>() {
    @Override
    public void completed(FileLock result, String attachment) {
        try {
            result.release();
        } catch (IOException e) {
            e.printStackTrace();
        }
    }

    @Override
    public void failed(Throwable exc, String attachment) {
        System.out.println("public void failed(Throwable exc, String
            attachment)");
        System.out.println("attachment=" + attachment + " exc.getMessage()=" +
            exc.getMessage());
        System.out.println("exc.getClass().getName()=" + exc.getClass().
            getName());
    }
});
Thread.sleep(3000);
}
}
```

在上述程序运行后，控制台输出的结果如下：

```
public void failed(Throwable exc, String attachment)
attachment=我是字符串我是附件 exc.getMessage()=null
exc.getClass().getName()=java.nio.channels.ClosedChannelException
```

6.1.7　执行指定范围的锁定与传入附件及整合接口

public abstract <A> void lock(long position,long size,boolean shared,A attachment,CompletionHandler<FileLock,? super A> handler) 方法的作用是将 public abstract Future<FileLock> lock(long position, long size, boolean shared) 方法和 public final <A> void lock(A attachment,CompletionHandler<FileLock,? super A> handler) 方法进行了整合。

测试用的代码如下：

```
public class Test11 {
public static void main(String[] args) throws IOException, InterruptedException,
    ExecutionException {
    Path path = Paths.get("c:\\abc\\a.txt");
    AsynchronousFileChannel channel = AsynchronousFileChannel.open(path,
        StandardOpenOption.WRITE);
    System.out.println("begin time=" + System.currentTimeMillis());
    channel.lock(0, 3, false, "我是附加值", new CompletionHandler<FileLock,
        String>() {
        @Override
        public void completed(FileLock result, String attachment) {
```

```
        try {
            System.out.println(
                    "public void completed(FileLock result, String
                        attachment) attachment=" + attachment);
            result.release();
        } catch (IOException e) {
            e.printStackTrace();
        }
    }

    @Override
    public void failed(Throwable exc, String attachment) {
        System.out.println("public void failed(Throwable exc, String
            attachment) attachment=" + attachment);
        System.out.println("getMessage=" + exc.getMessage());
    }
});
System.out.println("  end time=" + System.currentTimeMillis());
Thread.sleep(3000);
channel.close();
    }
}
```

上述程序运行结果如下：

```
begin time=1515488588683
    end time=1515488588685
public void completed(FileLock result, String attachment) attachment= 我是附加值
```

6.1.8   执行锁定与传入附件及整合接口 CompletionHandler

如果 public final <A> void lock(A attachment,CompletionHandler<FileLock,? super A> handler) 方法获得不到锁，则一直等待。

测试用的 A 进程代码如下：

```
public class Test8_1 {
public static void main(String[] args) throws IOException, InterruptedException,
    ExecutionException {
    Path path = Paths.get("c:\\abc\\a.txt");
    AsynchronousFileChannel channel = AsynchronousFileChannel.open(path,
        StandardOpenOption.WRITE);
    System.out.println("A begin time=" + System.currentTimeMillis());
    channel.lock(" 我是附加值 A", new CompletionHandler<FileLock, String>() {
        @Override
        public void completed(FileLock result, String attachment) {
            try {
                Thread.sleep(9000);
                result.release();
                System.out.println("A release lock time=" + System.current-
                    TimeMillis());
            } catch (IOException e) {
                e.printStackTrace();
            } catch (InterruptedException e) {
```

```
                e.printStackTrace();
            }
        }

        @Override
        public void failed(Throwable exc, String attachment) {
            System.out.println("public void failed(Throwable exc, String
                attachment) attachment=" + attachment);
            System.out.println("getMessage=" + exc.getMessage());
        }
    });
    System.out.println("A  end time=" + System.currentTimeMillis());
    Thread.sleep(10000);
    channel.close();
}
}
```

测试用的 B 进程代码如下：

```
public class Test8_2 {
public static void main(String[] args) throws IOException, InterruptedException,
    ExecutionException {
    Path path = Paths.get("c:\\abc\\a.txt");
    AsynchronousFileChannel channel = AsynchronousFileChannel.open(path,
        StandardOpenOption.WRITE);
    System.out.println("B begin time=" + System.currentTimeMillis());
    channel.lock("我是附加值B", new CompletionHandler<FileLock, String>() {
        @Override
        public void completed(FileLock result, String attachment) {
            try {
                System.out.println(
                        "B public void completed(FileLock result, String
                            attachment) attachment=" + attachment);
                result.release();
                System.out.println("B get lock time=" + System.current-
                    TimeMillis());
                result.release();
                channel.close();
            } catch (IOException e) {
                e.printStackTrace();
            }
        }

        @Override
        public void failed(Throwable exc, String attachment) {
            System.out.println("public void failed(Throwable exc, String
                attachment) attachment=" + attachment);
            System.out.println("getMessage=" + exc.getMessage());
        }
    });
    System.out.println("B  end time=" + System.currentTimeMillis());
    Thread.sleep(50000);
}
}
```

上述程序运行结果如下：

```
A begin time=1515488789617
A  end time=1515488789619
A release lock time=1515488798619

B begin time=1515488792157
B  end time=1515488792159
B public void completed(FileLock result, String attachment) attachment= 我是附加值 B
B get lock time=1515488798620
```

时间单位 1515488798620 减去 1515488789617 等于 9003，说明 Test8_1 类锁定了 9s，9s 之后 Test8_2 类才获得锁。

6.1.9 lock (position, size, shared, attachment,CompletionHandler) 方法的特点

如果 lock(position, size, shared, attachment,CompletionHandler) 方法获得不到锁，则一直等待。

测试用的 A 进程代码如下：

```java
public class Test11_1 {
public static void main(String[] args) throws IOException, InterruptedException,
    ExecutionException {
    Path path = Paths.get("c:\\abc\\a.txt");
    AsynchronousFileChannel channel = AsynchronousFileChannel.open(path,
        StandardOpenOption.WRITE);
    System.out.println("A begin time=" + System.currentTimeMillis());
    channel.lock(0, 3, false, " 我是附加值A", new CompletionHandler<FileLock,
        String>() {
        @Override
        public void completed(FileLock result, String attachment) {
            try {
                Thread.sleep(9000);
                result.release();
                System.out.println("A release lock time=" + System.current-
                    TimeMillis());
            } catch (IOException e) {
                e.printStackTrace();
            } catch (InterruptedException e) {
                e.printStackTrace();
            }
        }

        @Override
        public void failed(Throwable exc, String attachment) {
            System.out.println("public void failed(Throwable exc, String
                attachment) attachment=" + attachment);
            System.out.println("getMessage=" + exc.getMessage());
        }
    });
    System.out.println("A  end time=" + System.currentTimeMillis());
    Thread.sleep(10000);
```

```
        channel.close();
    }
}
```

测试用的 B 进程代码如下：

```java
public class Test11_2 {
public static void main(String[] args) throws IOException, Interrupted-
    Exception, ExecutionException {
    Path path = Paths.get("c:\\abc\\a.txt");
    AsynchronousFileChannel channel = AsynchronousFileChannel.open(path,
        StandardOpenOption.WRITE);
    System.out.println("B begin time=" + System.currentTimeMillis());
    channel.lock(0, 3, false, "我是附加值B", new CompletionHandler<FileLock,
        String>() {
        @Override
        public void completed(FileLock result, String attachment) {
            try {
                System.out.println(
                        "B public void completed(FileLock result, String
                            attachment) attachment=" + attachment);
                result.release();
                System.out.println("B get lock time=" + System.currentTime-
                    Millis());
                result.release();
                channel.close();
            } catch (IOException e) {
                e.printStackTrace();
            }
        }

        @Override
        public void failed(Throwable exc, String attachment) {
            System.out.println("public void failed(Throwable exc, String
                attachment) attachment=" + attachment);
            System.out.println("getMessage=" + exc.getMessage());
        }
    });
    System.out.println("B  end time=" + System.currentTimeMillis());
    Thread.sleep(50000);
}
}
```

上述程序运行结果如下：

```
A begin time=1515489173316
A  end time=1515489173318
A release lock time=1515489182318

B begin time=1515489175697
B  end time=1515489175699
B public void completed(FileLock result, String attachment) attachment=我是附加值 B
B get lock time=1515489182320
```

时间单位 1515489182320 减去 1515489173316 等于 9004，说明 Test11_1 类锁定了 9s，

9s 之后 Test11_2 类才获得锁。

6.1.10 读取数据方式 1

public abstract Future<Integer> read(ByteBuffer dst, long position) 方法的作用是从给定的文件位置开始，从该通道将字节序列读入给定的缓冲区。此方法从给定的文件位置开始，将从该通道的字节序列读取到给定的缓冲区。此方法返回 Future 对象。如果给定位置大于或等于在尝试读取时文件的大小，则 Future 的 get() 方法将返回读取的字节数或 −1。

此方法的工作方式与 AsynchronousByteChannel.read(ByteBuffer) 方法相同，只是从给定文件位置开始读取字节。如果给定的文件位置大于文件在读取时的大小，则不读取任何字节。参数 dst 代表要将字节传输到的缓冲区。参数 position 代表开始的文件位置，必须是非负数。

a.txt 文件的内容：12345。

测试用的代码如下：

```java
public class Test13 {
public static void main(String[] args) throws IOException, Interrupted-
    Exception, ExecutionException {
    Path path = Paths.get("c:\\abc\\a.txt");
    AsynchronousFileChannel channel = AsynchronousFileChannel.open(path,
        StandardOpenOption.READ);
    ByteBuffer buffer = ByteBuffer.allocate(3);
    Future<Integer> future = channel.read(buffer, 0);
    System.out.println("length=" + future.get());
    channel.close();
    byte[] byteArray = buffer.array();
    for (int i = 0; i < byteArray.length; i++) {
        System.out.print((char) byteArray[i]);
    }
}
}
```

上述程序运行结果如下：

```
length=3
123
```

6.1.11 读取数据方式 2

a.txt 文件的内容：12345。

测试用的代码如下：

```java
public class Test14 {
public static void main(String[] args) throws IOException, Interrupted-
    Exception, ExecutionException {
    Path path = Paths.get("c:\\abc\\a.txt");
    AsynchronousFileChannel channel = AsynchronousFileChannel.open(path,
```

```
                StandardOpenOption.READ);
        ByteBuffer buffer = ByteBuffer.allocate(3);
        channel.read(buffer, 0, "我是附加的参数", new CompletionHandler<Integer,
            String>() {
            @Override
            public void completed(Integer result, String attachment) {
                System.out.println("public void completed(Integer result, String
                    attachment) result=" + result
                        + " attachment=" + attachment);
            }

            @Override
            public void failed(Throwable exc, String attachment) {
                System.out.println("public void failed(Throwable exc, String
                    attachment) attachment=" + attachment);
                System.out.println("getMessage=" + exc.getMessage());
            }
        });
        channel.close();
        Thread.sleep(2000);
        byte[] byteArray = buffer.array();
        for (int i = 0; i < byteArray.length; i++) {
            System.out.print((char) byteArray[i]);
        }
    }
}
```

上述程序运行结果如下：

```
public void completed(Integer result, String attachment) result=3 attachment=
我是附加的参数
123
```

6.1.12　写入数据方式 1

a.txt 文件的内容：12345。

测试用的代码如下：

```
public class Test15 {
public static void main(String[] args) throws IOException, Interrupted-
    Exception, ExecutionException {
    Path path = Paths.get("c:\\abc\\a.txt");
    AsynchronousFileChannel channel = AsynchronousFileChannel.open(path,
        StandardOpenOption.WRITE);
    ByteBuffer buffer = ByteBuffer.wrap("abcde".getBytes());
    Future<Integer> future = channel.write(buffer, channel.size());
    System.out.println("length=" + future.get());
    channel.close();
}
}
```

在上述程序运行后，a.txt 文件的内容如下：

```
12345abcde
```

6.1.13　写入数据方式 2

a.txt 文件的内容：12345。

测试用的代码如下：

```java
public class Test16 {
public static void main(String[] args) throws IOException, Interrupted-
    Exception, ExecutionException {
    Path path = Paths.get("c:\\abc\\a.txt");
    AsynchronousFileChannel channel = AsynchronousFileChannel.open(path,
        StandardOpenOption.WRITE);
    ByteBuffer buffer = ByteBuffer.wrap("abcde".getBytes());
    channel.write(buffer, channel.size(), "我是附加的数据", new CompletionHandler<
        Integer, String>() {
        @Override
        public void completed(Integer result, String attachment) {
            System.out.println("public void completed(Integer result, String
                attachment) result=" + result
                    + " attachment=" + attachment);
        }

        @Override
        public void failed(Throwable exc, String attachment) {
            System.out.println("public void failed(Throwable exc, String
                attachment) attachment=" + attachment);
            System.out.println("getMessage=" + exc.getMessage());
        }
    });
    channel.close();
    Thread.sleep(2000);
}
}
```

在上述程序运行后，a.txt 文件的内容如下：

```
12345abcde
```

控制台输出的结果如下：

```
public void completed(Integer result, String attachment) result=5 attachment=
我是附加的数据
```

6.2　AsynchronousServerSocketChannel 和 AsynchronousSocketChannel 类的使用

AsynchronousServerSocketChannel 类是面向流的侦听套接字的异步通道。1 个 Asynchronous-
ServerSocketChannel 通道是通过调用此类的 open() 方法创建的。新创建的 Asynchronous-
ServerSocketChannel 已打开但尚未绑定。它可以绑定到本地地址，并通过调用 bind() 方法
来配置为侦听连接。一旦绑定，accept() 方法被用来启动接受连接到通道的 Socket。尝试在

未绑定通道上调用 accept() 方法将导致引发 NotYetBoundException 异常。

此类型的通道是线程安全的，可由多个并发线程使用，但在大多数情况下，在任何时候都可以完成一个 accept 操作。如果线程在上一个接受操作完成之前启动接受操作，则会引发 AcceptPendingException 异常。

可以使用 setOption() 方法设置如下的 Socket Option，如图 6-1 所示。

其他的 Socket Option 是否支持取决于实现。

AsynchronousServerSocketChannel 类的使用示例如下：

Option Name	Description
SO_RCVBUF	The size of the socket receive buffer
SO_REUSEADDR	Re-use address

图 6-1　AsynchronousServerSocketChannel 支持的 Socket Option

```java
public static void main(String[]
    args) throws IOException,
    InterruptedException,
    ExecutionException {
final AsynchronousServerSocketChannel serverSocketChannel = Asynchronous-
    ServerSocketChannel.open()
        .bind(new InetSocketAddress(8088));
serverSocketChannel.accept(null, new CompletionHandler<AsynchronousSocket
    Channel, Void>() {
    public void completed(AsynchronousSocketChannel ch, Void att) {
        serverSocketChannel.accept(null, this);
        // 方法 handle 用来处理这个连接
        handle(ch);
    }
    public void failed(Throwable exc, Void att) {
    }
});
}
```

AsynchronousServerSocketChannel 类的结构信息如图 6-2 所示。

AsynchronousServerSocketChannel 类的继承关系如图 6-3 所示。

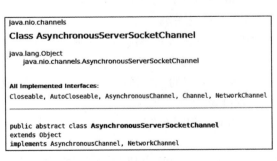

```
java.nio.channels
Class AsynchronousServerSocketChannel

java.lang.Object
    java.nio.channels.AsynchronousServerSocketChannel

All Implemented Interfaces:
Closeable, AutoCloseable, AsynchronousChannel, Channel, NetworkChannel

public abstract class AsynchronousServerSocketChannel
extends Object
implements AsynchronousChannel, NetworkChannel
```

图 6-2　AsynchronousServerSocketChannel
类的结构信息

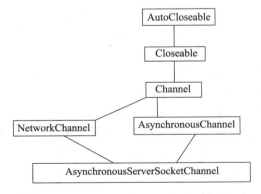

图 6-3　AsynchronousServerSocketChannel
类的继承关系

因为 AsynchronousServerSocketChannel 类是抽象类，所以不能直接 new 实例化，需要

借助于 open() 方法。该类的 API 列表如图 6-4 所示。

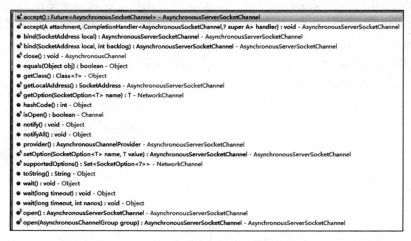

图 6-4　AsynchronousServerSocketChannel 类的 API 列表

AsynchronousSocketChannel 类是面向流的连接套接字的异步通道。

使用 AsynchronousSocketChannel 类的 open() 方法创建的是未连接状态的 Asynchronous-SocketChannel 对象，之后再使用 connect() 方法将未连接的 AsynchronousSocketChannel 变成已连接的 AsynchronousSocketChannel 对象，详述如下：

1）创建 AsynchronousSocketChannel 是通过调用此类定义的 open() 方法，新创建的 AsynchronousSocketChannel 呈已打开但尚未连接的状态。当连接到 AsynchronousServerSocket-Channel 的套接字时，将创建连接的 AsynchronousSocketChannel 对象。不可能为任意的、预先存在的 Socket 创建异步套接字通道。

2）通过调用 connect() 方法将未连接的通道变成已连接，连接后该通道保持连接，直到关闭。是否连接套接字通道可以通过调用其 getRemoteAddress() 方法来确定。尝试在未连接的通道上调用 IO 操作将导致引发 NotYetConnectedException 异常。

此类型的通道可以安全地由多个并发线程使用。它们支持并发读写，虽然最多一次读取操作，并且一个写操作可以在任何时候未完成。如果一个线程在上一个读操作完成之前启动了 read 操作，则会引发 ReadPendingException 异常。类似的，尝试在前一个写操作完成之前启动一个写运算将会引发一个 WritePendingException 异常。

可以使用 setOption() 方法设置如下的 Socket Option，如图 6-5 所示。

其他的 Socket Option 是否支持取决于实现。

此类定义的 read() 和 write() 方法允许在启动读或写操作时指定超时。如果在操作完成之前超时，则操作将以 InterruptedByTimeoutException 异常完成。超时可能会使通道或基础连接处于不一致状态。如果实现不能保证字节没有从通道中读取，那么它就会将通道置于实现特定的错误状态，随后尝试启动读取操作会导致引发未指定的运行时异常。类似的，如果写操作超时并且实现不能保证字节尚未写入信道，则进一步尝试写入信道会导致引发未指定的运行时异常。如果超时时间已过，则不定义 I/O 操作的缓冲区或缓冲区序列的状态，应丢弃缓冲区，或者至少要注意确保在通道保持打开状态时不访问缓冲区。所有接受超时参数的方法都将值处理得小于或等于零，这意味着 I/O 操作不会超时。

AsynchronousSocketChannel 类的结构信息如图 6-6 所示。

Option Name	Description
SO_SNDBUF	The size of the socket send buffer
SO_RCVBUF	The size of the socket receive buffer
SO_KEEPALIVE	Keep connection alive
SO_REUSEADDR	Re-use address
TCP_NODELAY	Disable the Nagle algorithm

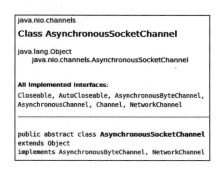

图 6-5　AsynchronousSocketChannel 支持
　　　　的 Socket Option

图 6-6　AsynchronousSocketChannel 类
　　　　的结构信息

AsynchronousSocketChannel 类的继承关系如图 6-7 所示。

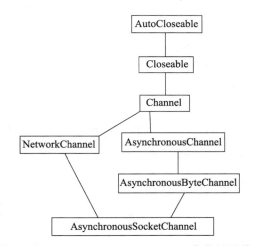

图 6-7　AsynchronousSocketChannel 类的继承关系

6.2.1　接受方式 1

测试用的服务端代码如下：

```
public class Test1 {
public static void main(String[] args) throws IOException, InterruptedException,
    ExecutionException {
```

```
    final AsynchronousServerSocketChannel serverSocketChannel = Asynchronous-
        ServerSocketChannel.open()
            .bind(new InetSocketAddress(8088));
    serverSocketChannel.accept(null, new CompletionHandler<AsynchronousSoc-
        ketChannel, Void>() {
        public void completed(AsynchronousSocketChannel ch, Void att) {
            try {
                serverSocketChannel.accept(null, this);
                System.out.println("public void completed ThreadName=" +
                    Thread.currentThread().getName());
                ByteBuffer byteBuffer = ByteBuffer.allocate(20);
                Future<Integer> readFuture = ch.read(byteBuffer);
                System.out.println(new String(byteBuffer.array(), 0, read-
                    Future.get()));
                ch.close();
            } catch (InterruptedException e) {
                e.printStackTrace();
            } catch (ExecutionException e) {
                e.printStackTrace();
            } catch (IOException e) {
                e.printStackTrace();
            }
        }

        public void failed(Throwable exc, Void att) {
            System.out.println("public void failed");
        }
    });
    while (true) {
    }
}
}
```

测试用的客户端代码如下：

```
public class Test2 {
public static void main(String[] args) throws IOException, Interrupted-
    Exception, ExecutionException {
    Socket socket = new Socket("localhost", 8088);
    OutputStream out = socket.getOutputStream();
    out.write("我来自客户端1".getBytes());
    out.flush();
    out.close();
}
}
```

测试用的客户端 2 代码如下：

```
public class Test3 {
public static void main(String[] args) throws IOException, Interrupted-
    Exception, ExecutionException {
    AsynchronousSocketChannel socketChannel = AsynchronousSocketChannel.open();
    socketChannel.connect(new InetSocketAddress("localhost", 8088), null,
        new CompletionHandler<Void, Void>() {
        @Override
        public void completed(Void result, Void attachment) {
```

```
        try {
            Future<Integer> writeFuture = socketChannel.write(ByteBuffer.
                wrap("我来自客户端2".getBytes())));
            System.out.println("写入大小: " + writeFuture.get());
            socketChannel.close();
        } catch (InterruptedException e) {
            e.printStackTrace();
        } catch (ExecutionException e) {
            e.printStackTrace();
        } catch (IOException e) {
            e.printStackTrace();
        }
    }

    @Override
    public void failed(Throwable exc, Void attachment) {
    }
});
Thread.sleep(1000);
}
}
```

首先运行 Test1 类的实现代码，再运行 Test2 类的实现代码，控制台输出的结果如下：

```
public void completed ThreadName=Thread-9
我来自客户端1
```

然后运行 Test3 类的实现代码，控制台输出的完整结果如下：

```
public void completed ThreadName=Thread-9
我来自客户端1
public void completed ThreadName=Thread-9
我来自客户端2
```

从输出的结果来看，除了 main 主线程外，还有一个 Thread-9 线程执行了 completed() 方法。

6.2.2　接受方式 2

测试用的服务端代码如下：

```
public class Test4 {
public static void main(String[] args) throws IOException, Interrupted-
    Exception, ExecutionException {
AsynchronousServerSocketChannel serverSocketChannel = Asynchronous-
    ServerSocketChannel.open()
        .bind(new InetSocketAddress(8088));
System.out.println("A " + System.currentTimeMillis());
Future<AsynchronousSocketChannel> socketChannelFuture = serverSocket-
    Channel.accept();
System.out.println("B " + System.currentTimeMillis());
AsynchronousSocketChannel socketChannel = socketChannelFuture.get();
System.out.println("C " + System.currentTimeMillis());
ByteBuffer byteBuffer = ByteBuffer.allocate(20);
System.out.println("D " + System.currentTimeMillis());
Future<Integer> readFuture = socketChannel.read(byteBuffer);
```

```
        System.out.println("E " + System.currentTimeMillis());
        System.out.println(new String(byteBuffer.array(), 0, readFuture.get()));
        System.out.println("F " + System.currentTimeMillis());
        Thread.sleep(40000);
    }
}
```

首先运行 Test4 类的实现代码，再运行 6.2.1 节的 Test2 类的实现代码，控制台输出的结果如下：

```
A 1515641822136
B 1515641822137
C 1515641829318
D 1515641829318
E 1515641829319
我来自客户端1
F 1515641829319
```

再次运行 Test4 类的实现代码，然后运行 6.2.1 节的 Test3 类的实现代码，控制台输出的完整结果如下：

```
A 1515641851665
B 1515641851666
C 1515641854127
D 1515641854128
E 1515641854128
我来自客户端2
F 1515641854128
```

6.2.3　重复读与重复写出现异常

测试用的服务端代码如下：

```
public class Test5 {
public static void main(String[] args) throws IOException, Interrupted-
    Exception, ExecutionException {
    AsynchronousServerSocketChannel serverSocketChannel = Asynchronous-
        ServerSocketChannel.open()
            .bind(new InetSocketAddress(8088));
    Future<AsynchronousSocketChannel> socketChannelFuture = serverSocket-
        Channel.accept();
    AsynchronousSocketChannel socketChannel = socketChannelFuture.get();
    ByteBuffer byteBuffer = ByteBuffer.allocate(20);
    Future<Integer> readFuture1 = socketChannel.read(byteBuffer);
    Future<Integer> readFuture2 = socketChannel.read(byteBuffer);
    }
}
```

首先运行 Test5 类的实现代码，然后运行 6.2.1 节的 Test2 类的实现代码，控制台出现的异常如下：

```
Exception in thread "main" java.nio.channels.ReadPendingException
    at sun.nio.ch.AsynchronousSocketChannelImpl.read(AsynchronousSocketChannel-
```

```
Impl.java:251)
    at sun.nio.ch.AsynchronousSocketChannelImpl.read(AsynchronousSocketChannel-
        Impl.java:283)
    at AsynchronousServerSocketChannelAPITest.Test5.main(Test5.java:19)
```

因为 read() 方法是非阻塞的，所以执行第 1 个 read() 方法后立即继续执行第 2 个 read()
方法，但由于第 1 个 read() 方法并没有完成读的操作，因为并没有调用 future.get() 方法，
因此出现 ReadPendingException 异常。

重复写也是同样的道理，出现 WritePendingException 异常，在此不再举例说明。

6.2.4　读数据

public abstract <A> void read(ByteBuffer dst,long timeout,TimeUnit unit,A attachment,Co-
mpletionHandler<Integer,? super A> handler) 方法的作用是将此通道中的字节序列读入给定
的缓冲区。此方法启动一个异步读取操作，以便将该通道中的字节序列读入给定的缓冲区。
handler 参数是在读取操作完成或失败时调用的 CompletionHandler。传递给 completed() 方
法的结果是读取的字节数，如果无法读取字节，则为 -1，因为信道已达到 end-of-stream。

如果指定了 timeout 并且在操作完成之前发生超时的情况，则操作将以异常 Interrupted-
ByTimeoutException 完成。在发生超时的情况下，实现无法保证字节没有被读取，或者不会
从通道读取到给定的缓冲区，那么进一步尝试从通道读取将导致引发不运行时异常，否则，
此方法的工作方式与 public final <A> void read(ByteBuffer dst, A attachment,CompletionHand
ler<Integer,? super A> handler) 方法相同。

创建正常传输数据的服务端，其测试用的代码如下：

```java
public class Test7_1 {

public static void main(String[] args) throws IOException, Interrupted-
    Exception, ExecutionException {
    final AsynchronousServerSocketChannel serverSocketChannel = Asynchronous-
        ServerSocketChannel.open()
            .bind(new InetSocketAddress(8088));
    serverSocketChannel.accept(null, new CompletionHandler<AsynchronousSoc-
        ketChannel, Void>() {
        public void completed(AsynchronousSocketChannel ch, Void att) {
            serverSocketChannel.accept(null, this);// continue next accept
            ByteBuffer byteBuffer = ByteBuffer.allocate(Integer.MAX_VALUE / 100);
            ch.read(byteBuffer, 10, TimeUnit.SECONDS, null, new Completion-
                Handler<Integer, Void>() {
                @Override
                public void completed(Integer result, Void attachment) {
                    if (result == -1) {
                        System.out.println("客户端没有传输数据就执行 close 了，到
                            stream end");
                    }
                    if (result == byteBuffer.limit()) {
                        System.out.println("服务端获得客户端完整数据");
                    }
                    try {
```

```
                        ch.close();
                        System.out.println("服务端close");
                    } catch (IOException e) {
                        e.printStackTrace();
                    }
                }

                @Override
                public void failed(Throwable exc, Void attachment) {
                    System.out.println("read public void failed(Throwable
                        exc, Void attachment)");
                    System.out.println("exc getMessage()=" + exc.getClass().
                        getName());
                }
            });
        }

        public void failed(Throwable exc, Void att) {
            System.out.println("accept public void failed");
        }
    });
    while (true) {
    }
}
}
```

创建正常传输数据的客户端，创建测试用的代码如下：

```
public class Test8 {
public static void main(String[] args) throws IOException, Interrupted-
    Exception, ExecutionException {
    final AsynchronousSocketChannel socketChannel = AsynchronousSocket-
        Channel.open();
    socketChannel.connect(new InetSocketAddress("localhost", 8088), null,
        new CompletionHandler<Void, Void>() {
        @Override
        public void completed(Void result, Void attachment) {
            try {
                ByteBuffer byteBuffer = ByteBuffer.allocate(Integer.MAX_
                    VALUE / 100);
                for (int i = 0; i < Integer.MAX_VALUE / 100 - 3; i++) {
                    byteBuffer.put("1".getBytes());
                }
                byteBuffer.put("end".getBytes());
                byteBuffer.flip();
                int writeSum = 0;
                // 由于write()方法是异步的，所以执行write()方法后
                // 并不能100%将数据写出，所以得通过writeLength变量
                // 来判断具体写出多少字节的数据
                while (writeSum < byteBuffer.limit()) {
                    Future<Integer> writeFuture = socketChannel.write(byteBuffer);
                    Integer writeLength = writeFuture.get();
                    writeSum = writeSum + writeLength;
                }
                socketChannel.close();
            } catch (InterruptedException e) {
```

```
                    e.printStackTrace();
                } catch (ExecutionException e) {
                    e.printStackTrace();
                } catch (IOException e) {
                    e.printStackTrace();
                }

            }

            @Override
            public void failed(Throwable exc, Void attachment) {
                System.out.println("connect public void failed(Throwable exc,
                    Void attachment)");
                System.out.println("exc getMessage()=" + exc.getClass().getName());
            }
        });
        Thread.sleep(10000);
    }
}
```

运行 Test7_1.java 和 Test8.java 后控制台输出结果如下：

```
服务端获得客户端完整数据
服务端 close
```

验证出现读超时异常，创建测试用的代码如下：

```
public class Test7_2 {
public static void main(String[] args) throws IOException,
    InterruptedException, ExecutionException {
    final AsynchronousServerSocketChannel serverSocketChannel = Asynchronous-
        ServerSocketChannel.open()
            .bind(new InetSocketAddress(8088));
    serverSocketChannel.accept(null, new CompletionHandler<AsynchronousSoc-
        ketChannel, Void>() {
        public void completed(AsynchronousSocketChannel ch, Void att) {
            serverSocketChannel.accept(null, this);//continue next accept
            ByteBuffer byteBuffer = ByteBuffer.allocate(Integer.MAX_VALUE / 100);
            ch.read(byteBuffer, 1, TimeUnit.MICROSECONDS, null, new Comp-
                letionHandler<Integer, Void>() {
                @Override
                public void completed(Integer result, Void attachment) {
                    if (result == -1) {
                        System.out.println(" 客户端没有传输数据就执行 close 了，到
                            stream end");
                    }
                    if (result == byteBuffer.limit()) {
                        System.out.println(" 服务端获得客户端完整数据 ");
                    }
                    try {
                        ch.close();
                        System.out.println(" 服务端 close");
                    } catch (IOException e) {
                        e.printStackTrace();
                    }
                }
```

```
                @Override
                public void failed(Throwable exc, Void attachment) {
                    System.out.println("read public void failed(Throwable
                        exc, Void attachment)");
                    System.out.println("exc getMessage()=" + exc.getClass().
                        getName());
                }
            });
        }

        public void failed(Throwable exc, Void att) {
            System.out.println("accept public void failed");
        }
    });
    while (true) {
    }
}
}
```

运行 Test7_2.java 和 Test8.java 后，控制台输出结果如下：

```
read public void failed(Throwable exc, Void attachment)
exc getMessage()=java.nio.channels.InterruptedByTimeoutException
```

验证 result == −1 的情况，测试代码如下：

```
public class Test9 {
public static void main(String[] args) throws IOException, Interrupted-
    Exception, ExecutionException {
    final AsynchronousSocketChannel socketChannel = AsynchronousSocketChannel.
        open();
    socketChannel.connect(new InetSocketAddress("localhost", 8088), null,
        new CompletionHandler<Void, Void>() {
        @Override
        public void completed(Void result, Void attachment) {
            try {
                socketChannel.close();
            } catch (IOException e) {
                e.printStackTrace();
            }
        }

        @Override
        public void failed(Throwable exc, Void attachment) {
            System.out.println("connect public void failed(Throwable exc,
                Void attachment)");
            System.out.println("exc getMessage()=" + exc.getClass().getName());
        }
    });
    Thread.sleep(10000);
}
}
```

运行 Test7_1.java 和 Test9.java 后，控制台输出结果如下：

客户端没有传输数据就执行 close 了，到 stream end
服务端 close

6.2.5　写数据

public abstract <A> void write(ByteBuffer src,long timeout,TimeUnit unit,A attachment,CompletionHandler<Integer,? super A> handler) 方法的作用是从给定缓冲区向此通道写入一个字节序列。此方法启动异步写入操作，以便从给定缓冲区向此通道写入一个字节序列。handler 参数是在写操作完成或失败时调用的 CompletionHandler。传递给 completed() 方法的结果是写入的字节数。

如果指定了 timeout，并且在操作完成之前发生了超时，则它将以异常 Interrupted-ByTimeoutException 完成。如果发生超时，并且实现无法保证字节尚未写入或不会从给定的缓冲区写入通道，则进一步尝试写入信道将导致引发不运行时异常，否则，此方法的工作方式与 public final <A> void write(ByteBuffer src,A attachment,CompletionHandler<Integer,? super A> handler) 方法相同。

测试用的服务端代码如下：

```
public class Test10 {
public static void main(String[] args) throws IOException, Interrupted-
    Exception, ExecutionException {
    final AsynchronousServerSocketChannel serverSocketChannel = Asynchronous-
        ServerSocketChannel.open()
            .bind(new InetSocketAddress(8088));
    serverSocketChannel.accept(null, new CompletionHandler<AsynchronousSoc-
        ketChannel, Void>() {
        public void completed(AsynchronousSocketChannel ch, Void att) {
            serverSocketChannel.accept(null, this);//继续下一个 accept 接作
            ByteBuffer byteBuffer = ByteBuffer.allocate(Integer.MAX_VALUE / 100);
            ch.read(byteBuffer, 10, TimeUnit.SECONDS, null, new Completion-
                Handler<Integer, Void>() {
                @Override
                public void completed(Integer result, Void attachment) {
                    if (result == -1) {
                    System.out.println(" 客户端没有传输数据就执行 close 了，到 stream
                        end");
                    }
                    if (result == byteBuffer.limit()) {
                        System.out.println(" 服务端获得客户端完整数据 ");
                    }
                    try {
                        ch.close();
                        System.out.println(" 服务端 close");
                    } catch (IOException e) {
                        e.printStackTrace();
                    }
                }

                @Override
                public void failed(Throwable exc, Void attachment) {
                    System.out.println("read public void failed(Throwable
```

```
                        exc, Void attachment)");
                System.out.println("exc getMessage()=" + exc.getClass().
                    getName());
            }
        });
    }

    public void failed(Throwable exc, Void att) {
        System.out.println("accept public void failed");
    }
});
    while (true) {
    }
}
}
```

测试正常写操作的客户端代码如下：

```
public class Test11_1 {
public static void main(String[] args) throws IOException, Interrupted-
    Exception, ExecutionException {
    final AsynchronousSocketChannel socketChannel = AsynchronousSocketChannel.
        open();
    socketChannel.connect(new InetSocketAddress("localhost", 8088), null,
        new CompletionHandler<Void, Void>() {
        @Override
        public void completed(Void result, Void attachment) {
            ByteBuffer byteBuffer = ByteBuffer.allocate(Integer.MAX_VALUE / 100);
            for (int i = 0; i < Integer.MAX_VALUE / 100 - 3; i++) {
                byteBuffer.put("1".getBytes());
            }
            byteBuffer.put("end".getBytes());
            byteBuffer.flip();
            socketChannel.write(byteBuffer, 1, TimeUnit.SECONDS, null, new
                CompletionHandler<Integer, Void>() {
                @Override
                public void completed(Integer result, Void attachment) {
                    try {
                        socketChannel.close();
                        System.out.println("client close");
                    } catch (IOException e) {
                        e.printStackTrace();
                    }
                }

                @Override
                public void failed(Throwable exc, Void attachment) {
                    System.out.println("write public void failed(Throwable
                        exc, Void attachment)");
                    System.out.println("exc getMessage()=" + exc.getClass().
                        getName());
                }
            });
        }

        @Override
```

```
    public void failed(Throwable exc, Void attachment) {
        System.out.println("connect public void failed(Throwable exc,
            Void attachment)");
        System.out.println("exc getMessage()=" + exc.getClass().getName());
    }
});
    Thread.sleep(5000);
}
}
```

运行 Test10.java 和 Test11_1.java 后控制台输出结果如下：

服务端获得客户端完整数据
服务端 close

测试写操作超时的客户端代码如下：

```
public class Test11_2 {
public static void main(String[] args) throws IOException, Interrupted-
    Exception, ExecutionException {
    final AsynchronousSocketChannel socketChannel = AsynchronousSocket-
        Channel.open();
    socketChannel.connect(new InetSocketAddress("localhost", 8088), null,
        new CompletionHandler<Void, Void>() {
        @Override
        public void completed(Void result, Void attachment) {
            ByteBuffer byteBuffer = ByteBuffer.allocate(Integer.MAX_VALUE / 100);
            for (int i = 0; i < Integer.MAX_VALUE / 100 - 3; i++) {
                byteBuffer.put("1".getBytes());
            }
            byteBuffer.put("end".getBytes());
            byteBuffer.flip();
            socketChannel.write(byteBuffer, 1, TimeUnit.MILLISECONDS, null,
                new CompletionHandler<Integer, Void>() {
                @Override
                public void completed(Integer result, Void attachment) {
                    try {
                        socketChannel.close();
                        System.out.println("client close");
                    } catch (IOException e) {
                        e.printStackTrace();
                    }
                }

                @Override
                public void failed(Throwable exc, Void attachment) {
                    System.out.println("write public void failed(Throwable
                        exc, Void attachment)");
                    System.out.println("exc getMessage()=" + exc.getClass().
                        getName());
                }
            });
        }

        @Override
        public void failed(Throwable exc, Void attachment) {
```

```
            System.out.println("connect public void failed(Throwable exc,
                Void attachment)");
            System.out.println("exc getMessage()=" + exc.getClass().getName());
        }
    });
    Thread.sleep(5000);
}
}
```

运行 Test10.java 和 Test11_2.java 后，控制台输出结果如下：

```
write public void failed(Throwable exc, Void attachment)
exc getMessage()=java.nio.channels.InterruptedByTimeoutException
```

还有另外两个方法：

1）read(dsts, offset, length, timeout, unit, attachment, handler);

2）ch.write(srcs, offset, length, timeout, unit, attachment, handler);

功能就是分散读、聚合写。这两个方法与以下两个方法功能非常相似，在此不再重复演示。

1）ch.read(dst, timeout, unit, attachment, handler);

2）ch.write(src, timeout, unit, attachment, handler);

6.3 同步、异步、阻塞与非阻塞之间的关系

同步、异步、阻塞与非阻塞可以组合成以下 4 种排列：

1）同步阻塞

2）同步非阻塞

3）异步阻塞

4）异步非阻塞

在使用普通的 InputStream、OutputStream 类时，就是属于同步阻塞，因为执行当前读写任务一直是当前线程，并且读不到或写不出去就一直是阻塞的状态。阻塞的意思就是方法不返回，直到读到数据或写出数据为止。

NIO 技术属于**同步非阻塞**。当执行 "serverSocketChannel.configureBlocking(false)" 代码后，也是一直由当前的线程在执行读写操作，但是读不到数据或数据写不出去时读写方法就返回了，继续执行读或写后面的代码。

而异步当然就是指多个线程间的通信。例如，A 线程发起一个读操作，这个读操作要 B 线程进行实现，A 线程和 B 线程就是异步执行了。A 线程还要继续做其他的事情，这时 B 线程开始工作，如果读不到数据，B 线程就呈阻塞状态了，如果读到数据，就通知 A 线程，并且将拿到的数据交给 A 线程，这种情况是异步阻塞。

最后一种是异步非阻塞，是指 A 线程发起一个读操作，这个读操作要 B 线程进行实现，因为 A 线程还要继续做其他的事情，这时 B 线程开始工作，如果读不到数据，B 线程

就继续执行后面的代码，直到读到数据时，B 线程就通知 A 线程，并且将拿到的数据交给 A 线程。

从大的概念上来讲，同步和异步关注的是消息通信机制，阻塞和非阻塞关注的是程序在等待调用结果时的状态。文件通道永远都是阻塞的，不能设置成非阻塞模式。

首先一个 I/O 操作其实分成了两个步骤：

1）发起 I/O 请求；

2）实际的 I/O 操作。

同步 I/O 和异步 I/O 的区别就在于第二个步骤是否阻塞。如果实际的 I/O 读写阻塞请求进程，那么就是同步 I/O。因此，阻塞 I/O、非阻塞 I/O、I/O 复用、信号驱动 I/O 都是同步 I/O。如果不阻塞，而是操作系统帮用户做完 IO 操作再将结果返回给用户，那么就是异步 I/O。

阻塞 I/O 和非阻塞 I/O 的区别在于第一步，即发起 I/O 请求是否会被阻塞。如果阻塞直到完成，那么就是传统的阻塞 I/O；如果不阻塞，那么就是非阻塞 I/O。

6.4　小结

本章介绍了 AIO 技术的使用，读者应该着重掌握与 Socket 有关的异步技术，因为该技术是开发高性能的软件项目必备的技能。在 Java SE 技术中，笔者认为有 4 个技术是重点，分别是多线程、并发、Socket 及 NIO/AIO，只有将这 4 个知识点进行全面掌握，才可以开始学习架构 / 高并发 / 高可用等与互联网有关的技术。

推荐阅读

Java多线程编程核心技术

作者：高洪岩 ISBN：978-7-111-50206-7 定价：69.00元

Java并发编程：核心方法与框架

作者：高洪岩 ISBN：978-7-111-53521-8 定价：79.00元